U0142878

鍾健平 編著 | 陳耀茂 總校閱

品質經營管理

提升品質是競爭力的源泉

五南圖書出版公司 印行

序言

Preface

品質管理的基本在於品質的想法與看法，此想法與看法即為理念(philosophy)，有了適切的理念，行動才不會發生偏差，也才能達到期望的結果，此即為國父所說的「有了思想才有信仰，有了信仰才會有力量」的道理。因此本書將此理念放在第一篇，其中介紹品質的原理、管理的原理及品管定律等，有助於瞭解以品質作為核心的經營想法。

日本企業的改善，從 1970 年代到 80 年代，特別是品質管理中的改善受到世界的矚目。在此時代的許多日本企業，針對品質 (質)、成本、速率、生產力等，建構起積極地改善各自的過程的此種文化獲得相當的成功。譬如，利用 QCC 活動在製造現場降低不良、改善品質、降低成本，就是其明顯的例子。

競爭變得激烈化的現代，組織要生存繁榮，有需要針對顧客所希望的「好品質的產品、好品質的服務」，以「低廉的成本」且能「迅速地提供」。產品、服務若是屬於單純的時代，生產現場或服務的提供現場，只要努力打拚均能設法做到。可是，像目前產品或服務變得複雜化時，不只是特定的部門，所有的部門如不改善各自的過程，產品的品質或服務的品質、成本、速率、生產力等綜合性的水準是無法提升的。

那麼，改善要如何進行才好？核心是「正確地掌握事實，以邏輯的方式判斷」。以經驗、直覺、膽識 (KKD) 來進行改善，如果結果變好，那是可以的，可是，實際上無法如此的情形也很多。並且，大型的專案為了避免失敗，儘可能提高改善的成功機率更是有需要的。此即為本書將「改善」放在第二篇的理由。

本書為了使改善導向成功，說明了標準式的步驟。這是指「整理背景」、「分析現狀」、「探索要因」、「研擬對策」、「驗證效果」、「引進及管制」。並且，在這些步驟中，介紹有幫助的手法。並且，在第二篇第 16 章中，就生產、服務介紹各種的改善實踐例。

本書不僅是為直接參與生產、服務的有關人員，也是為所有部門的人員能夠閱讀而執筆的。這如先前所說明的，品質 (質)、成本、速率、生產力的改善，所有部門的參與是不可欠缺的。總之，以改善為中心的進行方式，不妨以本書作為入門，相關書籍作為參考，想必可以加深內化知識。

本書中所介紹的改善步驟、方法，雖然是以品質為中心所發展起來的，但如第二篇第 16 章的事例，像成本、速率、生產力等所有主題均能適用，因之確信對讀者所參與的自身過程的改善會有甚大的貢獻。

改善是要使用工具的，因之，本書將品管中常用的手法放在第三篇。

常用的品管手法包括品管七工具 (Q7) 與品管新七工具 (NQ7)，一般的問題使用此等手法均可迎刃而解，除非是較為特殊的問題才需要用到較為高深的手法，因之，不可本末倒置忽略此等有用的 QC 手法，期盼各企業能積極推廣此常用的 QC 手法，使各階層均能活用此常用的 QC 手法解決所面對的品質及企業問題。

品管七工具 (Q7) 包括特性要因圖、柏拉圖、查檢表、統計圖、直方圖、管制圖、散佈圖。Q7 中除特性要因圖外，其他的六種手法均為定量的手法。

品管新七工具 (NQ7) 包括親和圖、關聯圖、系統圖、矩陣圖、PDPC 法、箭線圖、矩陣資料分析法。NQ7 中除矩陣資料分析法外，其餘的六種手法均為定性的手法。

定量的手法與定性的手法配合使用，常可收到預期的功效，尤其在 QCC 活動中，此常用的 QC 手法更是不可或缺。

TQM 活動，已在許多的企業中極為活躍地進行，且獲有甚大的成果，這已是眾所週知的事情。即使海外，日本的產品也是顯露頭角，究其日本產品優良的原因，可以說日本企業努力推行 TQM 活動的關係。如今日本不僅是製造業，甚至連建築業、服務業、金融業等的所有業界，明智且果斷地引進 TQM 的企業也是有增無減。此即為本書將 TQM 放在第四篇的理由。

第四篇是介紹推行 TQM 活動所需的體系及模式。第 19 章是概說 TQM 是什麼，第 20 章是介紹支撐 TQM 的行動指針與基本想法，第 21 章是介紹提升各過程水準的方法，第 22 章是介紹提升組織全體水準的方法，第 23 章是介紹各階段 TQM 的重點，第 24 章是介紹 TQM 的模式與其效果的活用。

綜觀本書係採系統式循序漸進的解說品質經營的應有作法，有別於其他書將品質管理均放在統計品質管理的解說上，而且本書簡明易懂，著者衷心期盼能一讀本書，以內化品管知識，提升發現及解決問題能力。最後書中如有謬誤之處，尚請賢達指正。

鍾健平 謹誌

目錄

Contents

Part 1

品管理念篇

Chapter 1

「品質」的原理

1-1 何謂品質

所謂好的品質是指產品及服務能給予顧客很高的滿意度而言。

今天所謂好的品質，光是顧客沒有不滿是不夠的，必須積極地給予滿足才行。

好的品質＝當然品質 × 魅力品質

1-2 品質的定義

根據 JIS 8101 對品質所下的定義是：

「決定物品及服務是否滿足使用目的而成為評價對象的整個固有的性質與性能」。

備註：

(1) 在判定物品及服務是否滿足使用目的時，必須考慮該物品及服務對社會的影響。

(2) 品質由品質特性所構成。例如，一般照明用之螢光燈的品質，就包括了電力的消耗量、直徑、長度、金屬環口的形狀、大小、啟動特性、開始特性、光束維持率、壽命、金屬環口的接著強度、光源、色澤、外觀等等品質特性。

1-3 使用的合適性

品質＝使用者的滿意度 → 設計品質 × 適合品質

所謂品質，以較傳統的說法來解釋是指對產品規格的適合度 (簡稱為適合品質)。但是，在市場經濟之下，只有考慮規格的適合是不夠的，還要滿足市場的潛在、顯在性要求才行。例如，在省能源盛行的時代，就暖氣效果來說，不論它在規格上的特性是如何地完美，如果在設計上沒有考量到省能源的問題，那麼它就不能算是一個品質良好的產品。

從這樣的觀點衍生了另外的一些想法，即「所謂品質就是使用者的滿意度」，或「所謂品質就是使用的適合度」。為使這些想法實現，有二個必要的階段必須完成 (見圖 1-1 的「近代的觀念」)，第一是將使用者的要求，充分反映到產品規格 (其反映度稱為設計品質)，第二是在製造階段生產符合該規格的產品 (其合適度稱為合適品質)。

這樣的想法對於工程也好，買賣或服務也好，都可以直接適用。例如在考慮建設工程的品質時，工程規格等設計文件所指示的「設計品質」以及施工是否依照設計文件進行的「適合品質」，此兩者都必須符合使用者及施工業主的需求才行。另外，無形的產品，換句話說在考慮服務這一類的品質時，針對服務所制定的服務基準，其品質和實際實現之品質兩者，都必須讓享受服務之人獲得滿意才行。總而言之，施予服務者的意圖與接受服務者滿意度必須是一致才行。

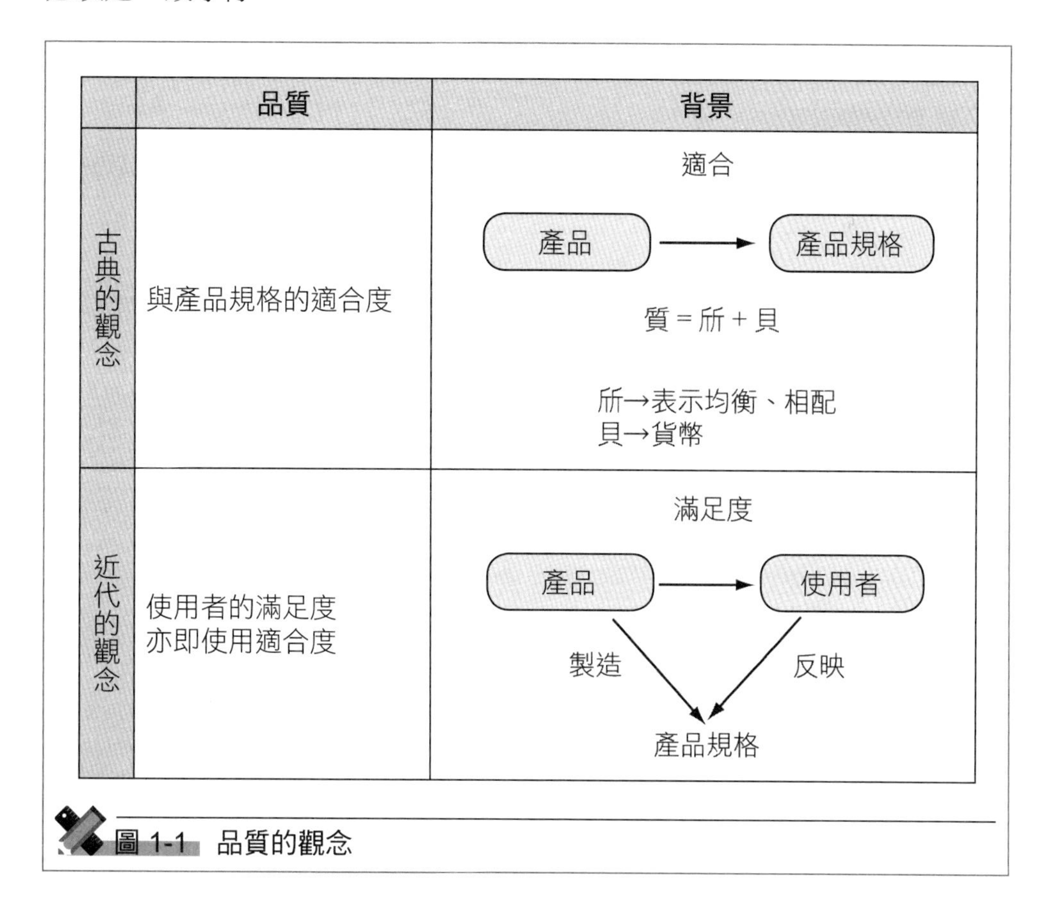

圖 1-1　品質的觀念

1-4 誰是顧客

生產大眾消費財的製造業在實踐全面品質管理 (TQM；參第四篇) 時，對於這個問題可以不必那麼在意。但生產生產財的製造業或建設業也開始引進 TQM，這個問題就逐漸浮現了。近年來第三次產業也逐漸有不少企業在引進 TQM，這點就變得愈來愈重要了。

例如，就以製造業為限定範圍來看，下列各項都是要考慮的對象，即：

(1) 顧客。
(2) 使用者。
(3) 在產品的生產、使用、丟棄時受到影響的人當中，除了顧客與使用者之外的其他人。

消費財的話，多半是「顧客 = 使用者」，但也有不是這樣的情形，例如贈品用的商品、公寓用的廚房器具等便是其例。另外，很多的生產財也未必「顧客 = 使用者」。

若是建設業的話，一般來說會與上述的 (1)、(2)、(3) 不同，若是第三次產業的話，關係就更為複雜了。例如銀行的顧客是誰？廣播公司的顧客、電力公司的顧客又是誰？只要試著這樣自問自答，就不難了解其複雜性。如果在這裡判斷錯誤的話，就算有再卓越的技術，也無法達成滿足顧客需求的品質。

1-5 品質的兩個層面

從「當然的品質」向「魅力的品質」去實現

一般在使用「質」或「品質」這個用語時，會因為狀況而區分成二個意義來使用。例如買一枝原子筆回來寫寫看，一般只要能寫字的話，會認為這是「理所當然」的，不會特別感到不滿，也不會特別雀躍滿意。但是如果墨水出不來，無法寫字的話，就會感到強烈的不滿。相對的，如果買回來的原子筆比想像的還要滑順好寫，不但會感到很滿意，同時還想推薦周圍的人也去買。

前者墨水出不來的情形是「當然的品質」出了問題，後者想推薦給其他人的情形是「魅力的品質」做得成功。這兩者常會被混淆，產生爭議而引起混亂，但若就品質的組成立場來看，其著手方式通常是差異相當大的。

以過去許多引進 TQM 的企業例子來判斷，在剛引進的時候都以當然的品質問題為主要挑戰對象，漸漸的再把精神貫注在魅力的品質問題，這樣的做法似乎比較能順利進行。這種過程與棒球等運動中的防守與攻擊的關係很相似。

1-6 品質展開

從 1960 年左右，開始有人嘗試將品質展開引進到 QC 的開發階段中。但是，只有 PDCA 與 SQC 手法的話，很難去除開發部門的深厚障壁，強制執行只會令其更強烈的抗拒。為了突破這種狀況，1972 年日人鈴木康之先生 (三菱重工、神戶造船所) 發表了品質表，品質展開才開始有了發展。以下的例子即為打火機品質表的一部分。

品質展開是以品質的實現過程中的三個基本認識為立足點所開發出來的一種手法。

(1) 在討論某個產品的品質時，使用者與製造者所使用的語言是屬於不同的語言體系。另外，產品方面的語言與零件的語言也有同樣的情形。設計中所用的語言與製造中所用的語言也是一樣。一般的情形也都可以依這種方式擴張來想。

(2) 各個語言可用階層構造 (樹形圖) 來表現。

(3) 各個不同的語言體系必須加以翻譯，而品質表的功用就相當於翻譯時所用的字典。

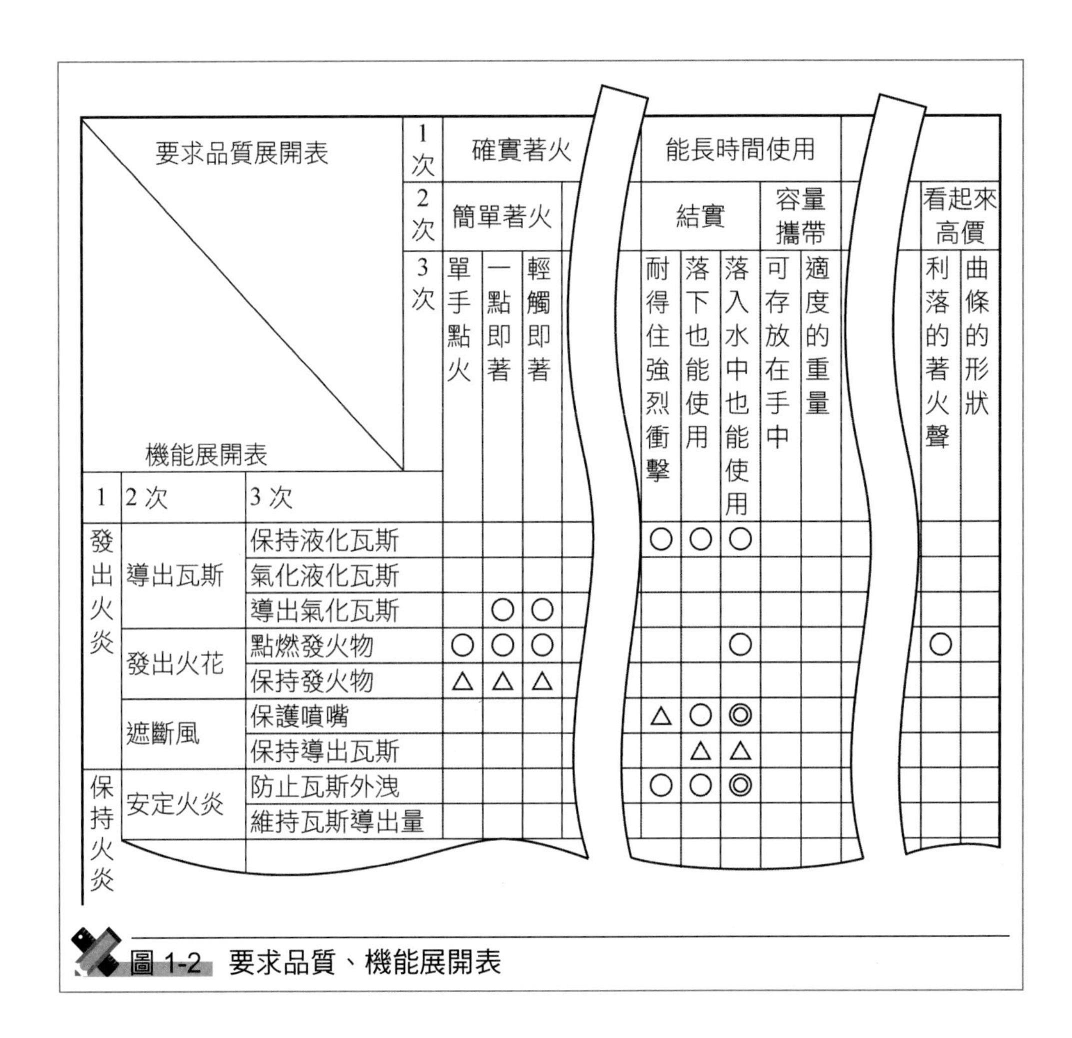

要求品質展開表 / 機能展開表		1次	確實著火			能長時間使用						
		2次	簡單著火			結實			容量攜帶		看起來高價	
		3次	單手點火	一點即著	輕觸即著	耐得住強烈衝擊	落下也能使用	落入水中也能使用	可存放在手中	適度的重量	利落的著火聲	曲條的形狀
1	2次	3次										
發出火炎	導出瓦斯	保持液化瓦斯				○	○	○				
		氣化液化瓦斯										
		導出氣化瓦斯		○	○							
	發出火花	點燃發火物	○	○	○			○			○	
		保持發火物	△	△	△							
	遮斷風	保護噴嘴				△	○	◎				
		保持導出瓦斯					△	△				
保持火炎	安定火炎	防止瓦斯外洩				○	○	◎				
		維持瓦斯導出量										

圖 1-2 要求品質、機能展開表

1-7 可靠性與維護性

銷售物品 → 銷售機能

1960 年後半以後，受到彩色電視 (Color TV)、汽車 (Car)、冷氣 (Cooler) 等所謂「3C」的機能性耐久消費財普及的影響，一方面又受到「可靠性技術」與「可靠性管理」之集大成的阿波羅計劃 (1969 年) 的刺激，商品 (製品) 的可靠性開始漸漸受到重視。換句話說，隨著這些機能商品的普及，消費者的觀念也產生了變化，由「購買商品」的觀念變成了「購買其機能」。設計得再漂亮的車子如果動不了，那跟一堆廢鐵也沒有什麼兩樣。而且，機能若頂多只能在保證期間的一、二年內維持還是不夠的，正如耐久消費財之名，顧客所要要求的是高度的可靠性，即在相當的期間內不發生故障，而且使用的準確率要高。製造商面對些需求，也漸漸地懂得收集可靠性設計、可靠性實驗及有關可靠性的一些回饋資訊，將之活用在品質保證的活動當中。

另一方面，還有一個與可靠性活動一樣漸漸受到強調的活動是維護性活動 (可以使用售後服務等用語來代表)。前者的可靠性活動所追求的是不要讓故障產生，後者的維護性活動著重的是當故障發生時，如何迅速地去修復它。維護工作對汽車、冰箱或工作機等修理之後通常還可以使用的產品，尤其重要。

可靠性與維護性就猶如車之兩輪，必須考慮彼此的成本效益，取得其平衡來進行才行。換句話說，若過度追求可靠性，最後會因為材料變更、實驗時間的延長等，使得成本提高。因此，如果可靠性已經提升到某個程度，接著更重要的反而是設法做好產品設計，讓產品即使發生故障也能立即復元，並確立售後服務的體制，儘量減少帶給顧客困擾。

像這樣，除了要考慮可靠性與維護性兩方面之外，還要設法提高實質的可用性 (availability)。

1-8 產品責任 (PL) 及其預防 (PLP)

產品瑕疵與性能不良 → 社會責任

「最終消費者使用製造者所銷售之瑕疵商品，致使身體受到傷害或財產蒙受損害，製造者為此負起賠償問題，謂之產品責任 (Product Liability: PL)」。(引用朝香、石川所著《品質保證指南》，日科技連出版，p.330)。在很多情況之下，這些賠償責任是當作民事訴訟來追究。以日本國內的 PL 案例來說，含砷 (砒素) 的奶粉，撒利多邁得胺 (thalidomide、鎮靜安眠藥) 事件都是其例子，PL 的用語開始在品管領域中提出，是 1972 年海外品管視察團第七次訪問美國發表其視察報告以後的事。

PL 問題是一個攸關企業存亡的大問題，很多企業都非常重視它。因為過去的品質問題再怎樣說，都只是產品性能方面的不良問題而已，然而一旦在 PL 上出現問題，正如前面定義所說的，它是在產品的安全面產生瑕疵問題。如果是性能方面的不良，企業的補償金額頂多直接以一台產品的價格為基準計算即可。但如果是因為產品本身有缺陷造成使用者身體上的傷害或財產的損失，甚至致死時，要補償使用者物理上、精神上所受的傷害，必須花費相當龐大的費用。由於其金額是根據使用者的傷害、損失來計算決定，因此有時候可能超過產品價格的數百萬倍。為了規避這樣的事態發生，有必要全力做好產品的責任預防 (Product Liability Prevention:PLP) 工作，以防範 PL 問題的產生。

PL 牽涉到社會制度、法律及傷害保險等等的問題，所以在處理時必須與各方面的專家仔細討論才可以。

1-9 品質保證的精神

後工程就是顧客！[1] → 先解決自己部門的問題

為了以本章最前頭所敘述的觀念來實現品質，應該實踐什麼樣的活動才好呢？這是一個問題的所在。由於「使用者的滿足」是品質的定義，所以若以品質的角度來看，工廠內與使用者最接近的地方就是出貨檢查負責部門，所以不管什麼地方都會出現只要做好嚴格的產品檢查即可的想法。但是，這種想法要在以下三個前提條件都成立下才具效用，即：

(1) 檢查必須進行得沒有任何誤失。
(2) 檢查必須能夠確認所有的機能、可靠性。
(3) 確認的項目、方法、基準必須與使用的一致。

這三項前提都要完全成立是非常罕見的。況且作出不良品再經由檢查檢出之後，再施與修理也是需要很高的成本的。

如果無法以出貨檢查來做保證的話，那麼要怎麼做才好呢？接著經常出

1 也有說成「下工程是顧客」。由於「下工程」會讓人以為只是接著而來的那個工程，所以改稱為「後工程」的說法。請注意英文的說法是「The next processes are our customers!」，其中採用的是複數的表現。若是單數形的話，其意思就會變成「下一個工程是顧客」了。

現的觀念是「品質是全員的責任 (Quality is everybody's responsibility!)」。

「後工程就是顧客」是為突破這種狀況而產生的一個想法。不管什麼樣的產品、服務或是工程，要完成一個整體性的工作，必須經歷很多的工程才行。上述的想法是要每一個工程把自己的後工程都當作顧客，就像設法讓顧客滿足一樣，把好的成果提供給自己後面的工程。

換句話說，這種想法是把產品品質觀念中的製造者與使用者 (= 顧客) 的關係，運用在自己的工程與後續工程的關係上，以水平思考的方式來進行日常的作業。像製造者在掌握自己給使用者帶來多大困擾 (即讓抱怨等顯現化並加以掌握) 一樣，自己的工程對於帶給後續工程的不便，設法使之顯現化並加以掌握。這種想法很容易理解，任何人都可以接受，但是在實際引進 TQM 時卻是最困難的原理。許多未引進 TQM 的工作單位都會有一種理所當然的想法，那就是他們認為「後續的工程只會專門找我們的碴」。要消解這種狀況，經營者、管理者的角色可以說極為重要。

以下讓我們用實際的例子來說明。

例 1

有家機械工廠引進了品質管理 (QC)，同時舉行了第一次的 QC 推進學習會。為了決定當前的推進目標，由十位課長各自提出三點自己部門內的最大問題。在檢討各課長列出的這些問題時，發現這些大部分都不是自己部門責任下所發生的問題，而是前面的工程或其他工程的責任才產生的問題 (= 受害者意識)。

例 2

本例出現於中部地區所舉行的以中層管理者為對象的小組研究會 (GD) 上。

GD 的主題是「舉出中部地區的企業在推進 QC 上的問題並尋求其原因與對策」，為期二天由八個小組各以二個小時的時間討論。第一天的作業是先請大家將主要的問題點列出，由協調人在第一天的進度完了時報告其內容。其內容正如我所預測的一樣，幾乎沒有提出自己的中層管理者及工程師或 QC 部門的問題點。這個傾向不只是中層管理者的問題而已，後來繼續實施的高階經營層的研討會也有同樣的情形。

例 3

我曾訪問過美國幾家日系企業並與美國的經理們進行過討論。我曾問他們：「貴工廠有沒有什麼工作的質或品質方面的問題，他們的回答是：「多得數不清」。再問他們：「你所負責的部門有沒有什麼問題是因為工作方式的原因產生的？」，結果他們都異口同聲地回答：「我們自己的部門什麼問題也沒有」。

由以上三個例子可以看出，不論是東方或西方，組織內的人都具有一共通的特點，那就是一旦發生什麼問題，都會設法逃避責任。為什麼會有這樣的情形呢？當然這是因為工作都會牽涉到自己和家人的生活，如果背負責任的話，一家的生活也許會因此失去依怙。

但是，若不要就責任的觀點，而以解決問題的立場來考慮的話，最了解問題的部門 (人) 當然是引起該問題的部門 (人)。但是如果這個部門 (或這個人) 不讓問題明確，那麼就算有再好的解決問題手法，也是一點兒幫助都沒有。

要使責任論的立場與解決問題的立場兩者之間的差距弭平，要靠上司改變他們追究責任的方法。即：

(1) 不論任何部門，首先要掌握自己部門的問題，也就是自己帶給後續工程多少不便，使其明確。再者，上司對於使問題明確這個勇氣應予以讚賞，保留追究責任。
(2) 其次是針對該問題，追究、解析其原因並採取防止再發的對策。
(3) 若負責的部門未進行上述的第 (2) 項活動，致使相同 (或類似) 的問題再次發生的話，則嚴格追究其責任。

許多未引進 TQM 的企業在做法上就不是依循這樣的原則，問題發生時，本末倒置地把防範該問題再發的對策擺在最後，直接就追究起責任。負責部門則在「不願提出犧牲者」的大義名分之下，設法使問題的發生不要明朗化，藉以逃避責任。如果，未謀求所需的解析、對策，使得同樣的問題仍是一而再的發生，形成惡性循環。在這種狀況之下，最高主導者就算以近乎歇斯底里的分貝大聲急吼：「要讓問題杜絕！」，恐怕問題還是不會減少的。

1-10 從狹義的品質到廣義的品質

從產品品質 → 業務的質 → 企業體質

企業引進 TQM 時，對品質的定義方法各自不同，但如果將之大致分類的話，可分為以「產品品質」為限定範圍的品質，或以整個「質」作為問題提出二種。以前者的立場來說，收音機製造者就是以收音機的質、汽車生產者是以汽車的質為其問題。以後者的立場來說的話，教育的質、銷售的質、窗口業務的質、服務台受理顧客的質等包括很廣，一般這些都當作「工作的質」來考慮。

在以 TQM 為旗幟實施品質的情況下，正如前面述及其發展歷史之處所說的，一般都是以包含業務的質在內的廣義品質來考慮。而關於業務的質，如圖 1-1 所示，有傳統 (古典) 的想法與近代的想法兩種相互對應的觀念存在。

第一種觀念是試圖以對各業務規定 (例如○○業務要領、○○作業標準) 等的遵守程度來看質的好壞。第二種觀念是以業務的實施結果對達成該業務目的的貢獻程度，來看它的質的好壞。第一種觀念簡單的說就是「只要照著指示去做就可以了」。如果徹底循這個觀念，那麼即使所付予的標準與目的的達成不相配，可是只要按照標準去實施的話，就算是執行了良好品質的業務了。我們執行業務的目的無非是要達成某個目的，所以這種觀念不能算是實施真正的高品質業務。

TQM 裡所說的業務的質，當然是要以這樣的觀念為立足才行。但是第二個觀念並不表示不需要標準的意思。它所強調的是評價業務執行結果時，與目的做一對照，如果發現有什麼地方與目的相左的話，就應該究明其原因是因為未遵守標準呢？還是標準本身有問題？將原因釐清。換句話說，它與只以結果為重點的結果主義是不同的，這一點希望各位能嚴格地加以區分。

這裡還有一點要強調的是我們可以在提高生產力、降低成本等多重目的之下實施 TQM，這並不會造成什麼妨害，但是要特別留意的是不能因此而輕忽了產品的品質。

1-11 社會的品質

只有使用者的滿意是不夠的！

1960 年代後期開始逐漸有產品公害的問題產生，汽車所排放的廢氣、家電產品所形成的廢鐵等等都是其代表性問題，這也使得在過去的品質觀念之外，不得不追加新的觀念。換句話說，過去的品質所討論的是製造者與使用者的關係，但是這類公害的發生已經顯示製造者只讓使用者滿足還是不夠的。在使消費者滿意的同時，其設計、生產及銷售等各項活動還必須不能給第三者 (= 社會大眾) 帶來不便、麻煩。因日照權的問題成為建設居民運動的問題也可視為這一類的事件。

以這樣的觀點所討論的品質，亦可稱之為「社會的品質」。

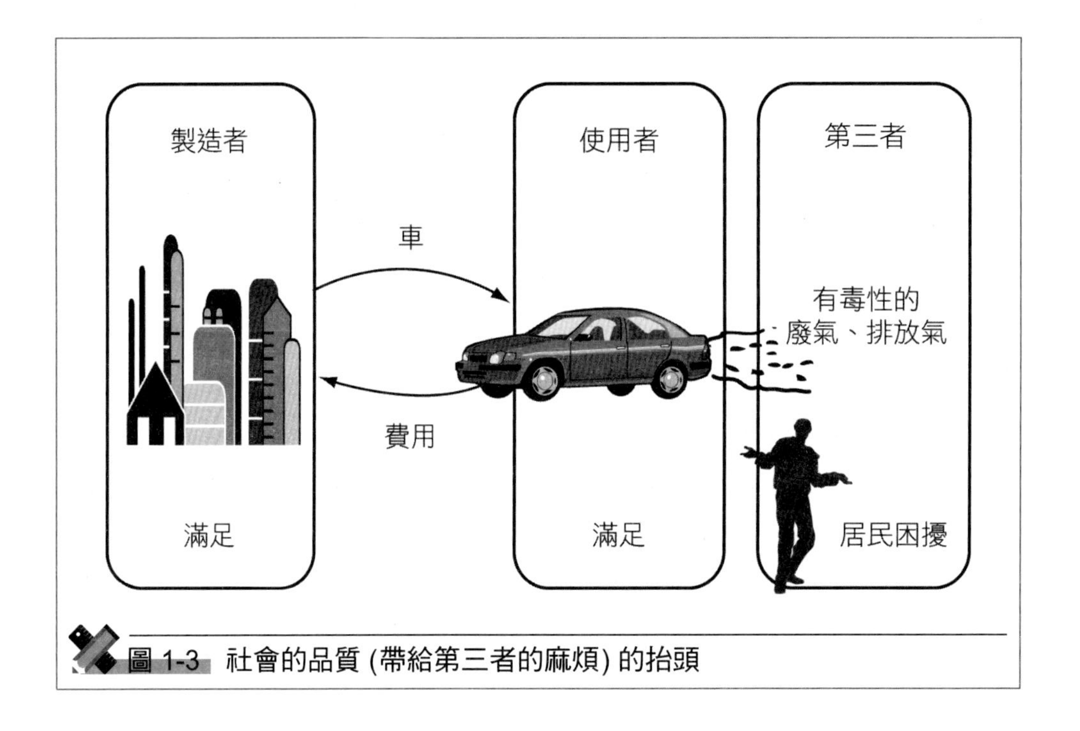

圖 1-3 社會的品質 (帶給第三者的麻煩) 的抬頭

1-12 與周邊技術的關聯

要實現前面談到的這種意義的品質，需要有必要的技術與學問，圖 1-4

中所表示者即為支撐各種產品的固有技術及以 QC 技術為中心的周邊技術。今後，與周邊技術的融合變得愈來愈重要。尤其是今後所追求的品質，所意味的必然是多品種化，要實現這種品質，有彈性、能變通的生產管理也就顯得愈加不可或缺了。

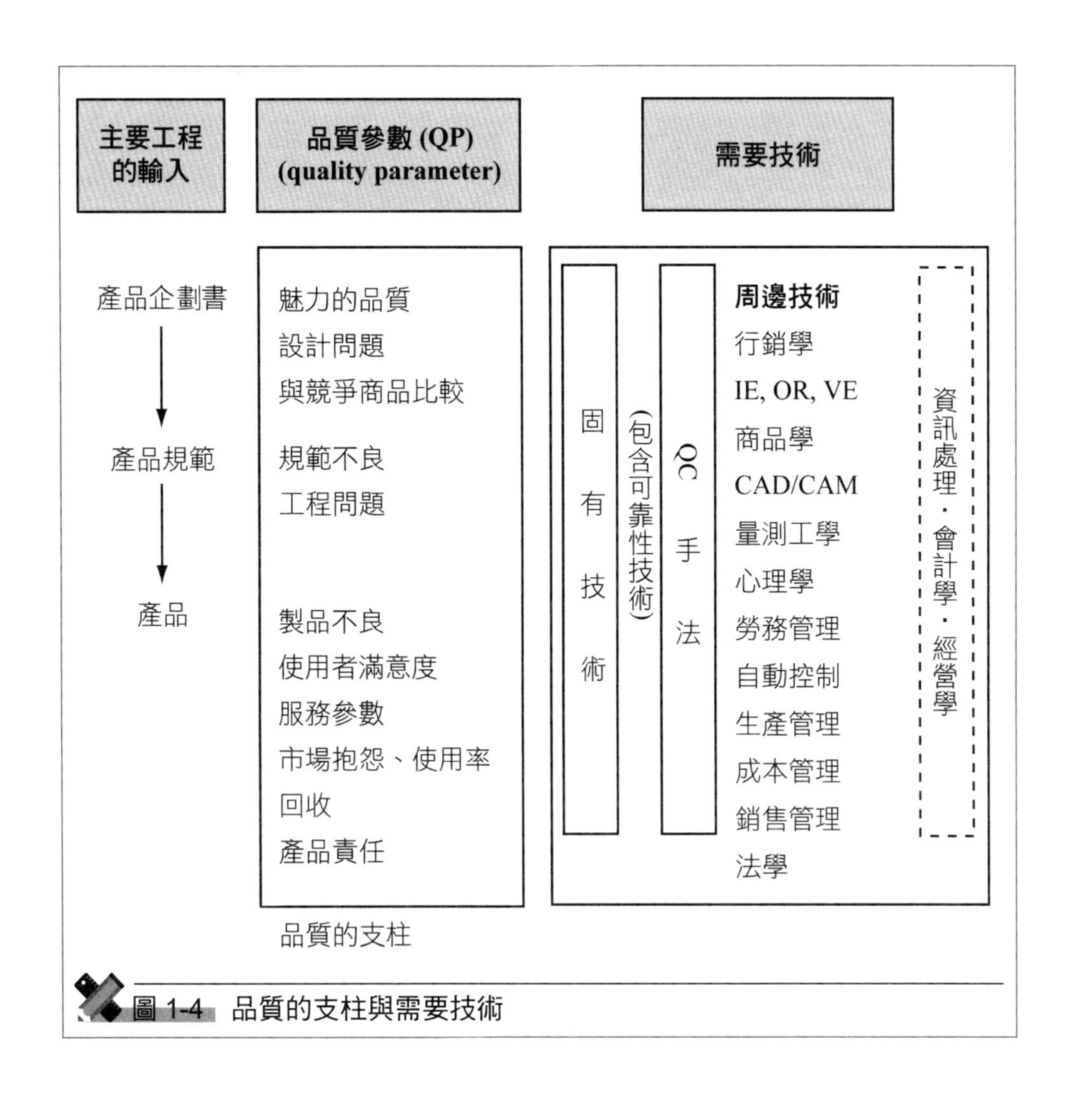

圖 1-4 品質的支柱與需要技術

Chapter 2

「管理」的原理

2-1 管理的循環 (cycle)

管理＝達成目的的一切活動

所謂管理是指以持續方式有效率地達成某個目的所需要的一切活動而言。為達成目的，需要訂立計劃 (Plan)、付諸實行 (Do)、進行確認 (Check)、並採取修正處理 (Action) 等四項機能。這裡所說的 Plan、Do、Check、Action (簡稱 PDCA) 又稱為「管理循環」。

管理的循環可以活用在各種階段。其中的一種活用法是在決定一個新工作的管理方法時，使所需的計劃 (P) ——目的的目標、作業標準、表單等——明確，然後根據該計劃實施 (D)，再將實施結果與計劃做對照比較進行確認 (C)，如果發現與計劃之間出現差距，則就其差異進行解析、採取對策 (A)，事前將這些工作當作一貫性的體制準備著。

另外一種使用方式是當某些問題發生時，在該問題發生的工程裡，先看看作業是依照作業標準 (P) 實施 (D) 才發生問題？還是以異於作業標準 (P) 的方法實施 (D) 才發生的，對此進行確認 (C) 以便採取對策 (A)。前者因作業標準 (P) 有問題，所以必須針對 (P) 進行解析；至於後者究竟是實施上出

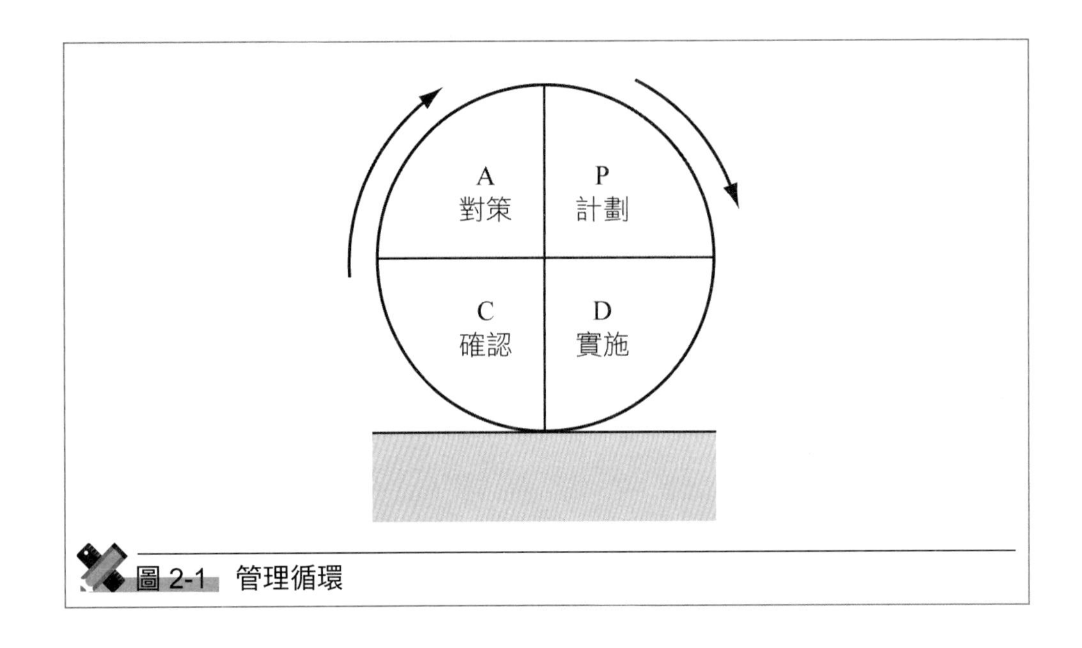

圖 2-1 管理循環

問題呢？還是作業標準無法實施呢？必須先明確區別以便解析。

不只是企業活動才需要管理，個人生活也需要有管理活動。例如買自己的房子或孩子的教育等等都是需要管理的。

關於管理還有一個要注意的地方是 TQM 裡所說的「管理」與經營學所說的「管理」有所不同。在過去的經營領域裡所說的管理都被認為是管理者的行為，一般都認為從業人員只要服從管理者的命令就行了。然而 TQM 裡所說的管理則不限於管理者，包括一般從業人員在內，為達成目的的一切活動都是管理的範圍。這一點與過去經營學裡所說的管理，在意義上是不同的。在 TQM 的導入時期，對於這一點必須充分留意才行。

例如後面我們將學習的品管圈等等，就是在這樣的觀念下成立的。

2-2 標準化是活的 (活的標準化)

標準化是管理循環中的計劃 (plan) 階段的活動。以下是此標準化的一些觀念。

「來自同樣的過程，產生的結果也會大致相同。想要持續獲得期待目標的結果，必須尋求能獲得這樣結果的過程條件【過程的解析】，把能獲得這些結果的條件明確記述成過程 (程序、方法、資材、機械 etc)【標準的製作】，然後依照該記述之內容實行即可【標準的實施】。」

本節的標題是「活的」標準化，一旦加上了這個修飾語，下述的 (1) ～ (3) 步驟就很容易變成主要部分，(9) 的以實績為依據修訂標準一項反而被等閒視之，這一點必須特別戒慎。另外，標準化亦具有防止再發的抑制效用，關於這點，接下來的部分將會述及。

有些部門會對標準化表示抗拒。例如銷售部門裡就常可以見到這種例子。調查原因之下，原來大家誤以為所謂標準化就與製造現場的作業標準一樣，一舉手一投足都要程序化，但是銷售階段裡的促銷方式是因人而異的，所以有人就認為很難引進這種體制。銷售階段的標準化並不代表一定要有嚴密的程序化。例如對上述流程中各階段的重要事項、留意事項加以規定，這也是標準化。另外，銷售方法方面，如果面對的是性格互異複數產品系列，那麼只要將之依產品系列別或銷售方法加以分類，再進行標準化即可。再者，如果對標準化這樣的用語有排斥的話，也可以採用手冊化的說法，這是不會造成什麼妨礙的。

標準化的步驟如下：

(1) 過程解析
(2) 決定程序
(3) 將程序文書化
}標準的製作

(4) 整備所需的資材、機械
(5) 教育訓練
(6) 實施
}標準的實施

(7) 確認實績與標準
(8) 沒問題的話，再回到 (6)
(9) 若有問題的話，則針對標準、實績的差異進行解析。必要的話，採取修訂標準的措施。這裡所說的措施行動並不是追究實施責任，多半指標準的修訂等在內。

2-3 「異常」的處理

Action = 應急對策 + 防止再發對策

管理循環中最具特徵的地方是其中的對策 (A) 部分。對策分為「應急對策」與「防止再發對策」二種，應急對策只能去除現象，防止再發對策則必須將原因去除。管理循環中所說的採取對策，光是應急對策是不夠的，要做到防止再發才能算是真正的採取對策。圖 2-2 中以流行感冒為例來說明這個道理。第一階段中的阿斯匹靈是除去發燒的現象，所以是屬於應急對策，若真的要防止再發，必須做到除去原因的第二個階段。

不管是生產或銷售，現場所採行的對策常常只止於應急對策，很容易把防止再發對策忘記。以銷售階段的例子來說，下列這類列子可說屢見不鮮。

(1) 由於本月的銷售量未達到目標，所以找幾家平常比較熟的店，想辦法請他們多惠顧一些，才算安下心來。(對於為何不能達到目標並

罹患感冒發40° 高燒

(1) 吃阿斯匹靈 (去除現象，即應急對策)
(2) 查明患感冒的原因，針對此原因採取對策

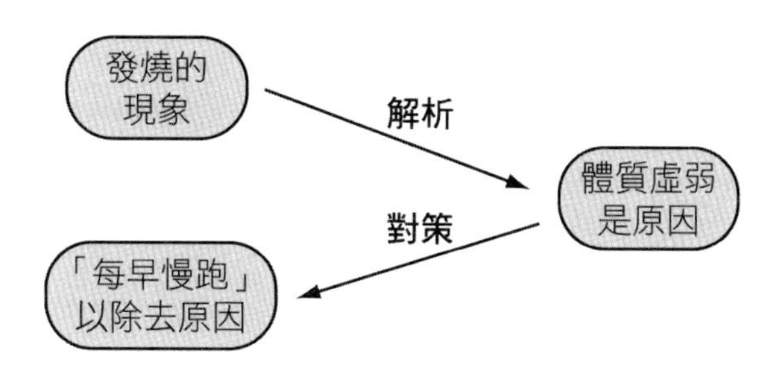

• 要防止再發必須進行解析 (從現象去究明原因)
• 先採取應急對策，然後再採取防止再發對策

圖 2-2 應急對策與防止再發對策

未加以追究，這樣下去，下個月同樣的情形還是會再發生)

(2) 某個物品已經缺貨，所以從附近的營業所設法調貨過來才渡過緊急的狀況。(對於為何缺貨未加解析)

(3) 由於某店即將倒閉，故迅速前往將自己公司的產品撤回，成功地保住了債權。(為何產品一直放到對方要倒閉了才採取動作？)

(4) 因為有很客人抱怨品質、大發雷霆，故迅速前往道歉。(為什麼會讓品質抱怨問題發生？)

(5) 盤點時發現帳目與現貨不合，故調出傳票以核對帳目。(為何帳目會不合？)

(6) 某零售店的退貨增加，所以本月開始不再接受其退貨。(為什麼退貨會增加呢？)

以上這些例子所採取的都是應急對策。如果有心想要防止這些現象再次發生的話，必須分析其原因，針對原因採取對策。如果老是說「這個道理是懂的，但太忙了沒有時間」的話，那麼改善企業的體質永遠只是望梅止渴罷了。

這裡有一點要注意的是，不能因為 TQM 是以防止再發為取向就輕視了應急對策。我們提出批評的是不能光以應急對策作為徹底解決事情的對策，至於迅速且適切地採取應急對策仍然是很重要的。關於這一點，我們會藉由事例做更詳細的說明，此處就點到此為止。

2-4 過程管理——品質的形成

品質是在製程 (過程) 中形成的，光靠檢查無法達成品質！

1. 檢查的問題點

我們常可以看到這類廣告：「本公司產品檢驗嚴格，敬請安心購買」。此外，消費者在對製造者追究瑕疵產品責任時，也多半集中在檢查一項上。

靠檢查是否真的能製造出品質良好的東西呢？

「的」的這個字的檢查——隨便哪一本書都可，請任意翻開其中一頁，數數看裡面有幾個「的」的數目。正確答案是 39 字，但結果有七成的人回答是 20 字到 30 字。答對者僅有三人。

我們把這個例子中的頁當做「批」來想，其中的文字是產品，「的」這個字是不良品。假設現在對這個由 1,100 個產品組成的批進行全數檢查，結果不良品有 39 個，但大部分的檢查人員只能發現 30 個左右。由這個例子可以顯示即使是進行全數檢查，還是很難將不良完全檢查出來，其他任何檢查也都是如此情形。

另外，即使引進自動檢查機器，它和人類一樣也不是容易將所有的不良都找出來。多數的自動檢查機器都是由不良品檢出構造與不良品除去構造所構成。檢出的構造多依據電氣或光學原理，故其可靠性很高，但此檢出構造中的產品投入與去除不良品的構造是由機械做成的，既會有錯誤的動作，故障也不少。因此，即使是引進自動檢查機器，還是無法使出貨的物品都是百分之百的良品。所以不管是由人類或是機器來做，原則上「要靠檢查發現所有的不良品並除去之是很困難的」，這一點是我們必須要了解的。

2. 從檢查到過程管理

現在我們像圖 2-3 一樣，將 QC 的發展分為三階段來考慮。首先第一階段可以稱為「無管制狀態的工廠」；換句話說，它雖有生產，但並沒有對品質做任何檢查就逕行出貨的階段 (這樣的工廠在開發中國家目前仍然可見)。這種情形會讓買到不良品的消費者抱怨蜂湧而至。工廠的狀況就好像一個人得了流行性感冒，開始出現發燒的症狀。

檢查及對這些有瑕疵的不良品採取處理，相當於阿斯匹靈劑對高燒所產生的功用。因此，在第二階段引進了檢查。但是所謂檢查只是將良品與不良品混在一起的產品加以篩選而已。就算對今天的批進行了檢查，這並不表示對明天的批可以有任何的保證。另外，對已產生的不良品必須有一些處理。在這種狀況之下，自然會讓人理解並非做了不良品之後再做篩選、重修，而是應該想辦法在一開始就不要讓不良品產生。

因此便有第三個階段，也就是針對過程採取防止再發的預防活動。想要做好預防，對於究明原因的解析方法、過程管理的方法等等，都有必要加以理解。

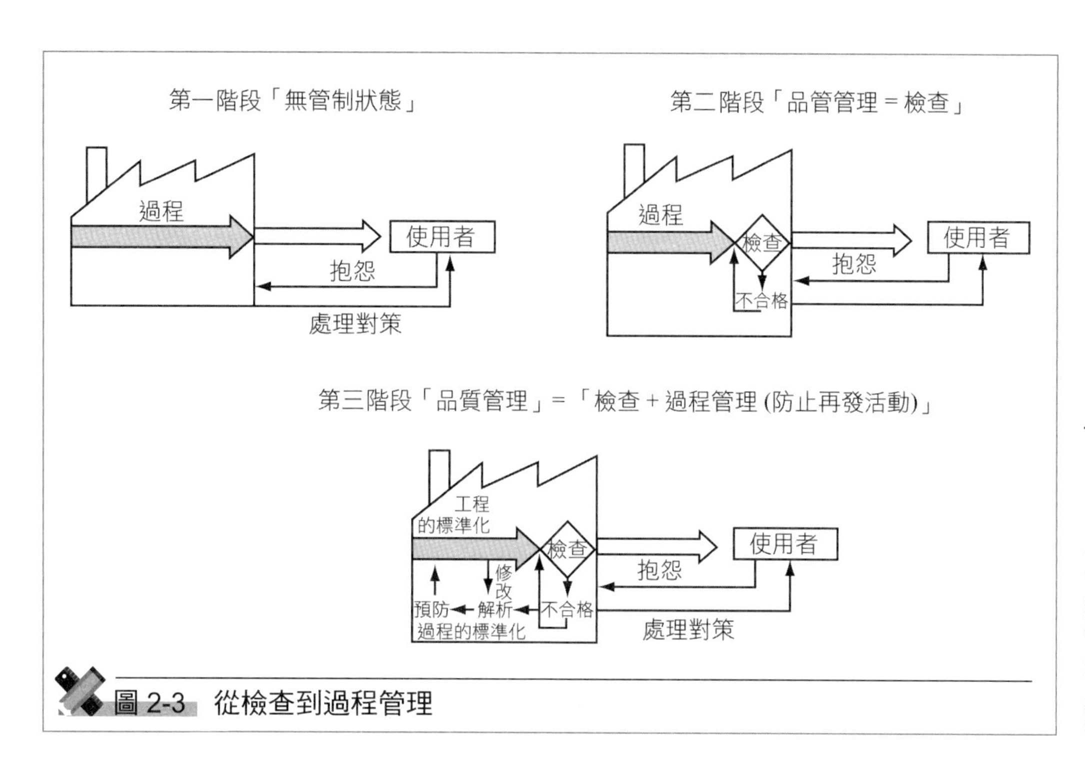

圖 2-3　從檢查到過程管理

3. 品質應於過程中形成

綜合上面敘述的兩點，相信大家一定可以理解要達成品質，應將重點放在製造的過程上，在此徹底達成所規定的品質水準。在本章的一開頭我們也提及「所謂管理是以持續、有效率的方式達成目的」，以檢查為中心的主義無法持續且有效率地達成所要的品質水準。換句話說，檢查及對檢查出來的不良品採取重修等處理，只能算是應急對策。

想要以持續且有效率的方式達成品質水準，應具體針對為何產生不良品的原因進行解析，從製造產品的過程中去找出真正的原因，針對這個原因採取對策並確認其效果，最後再加以標準化。所謂「在過程中形成品質」就是指進行這些活動而言。再者，這裡說到的對過程的真正原因採取對策，是指防止再發的對策。這裡有一點特別需要強調的是要採取這樣的防止再發對策，從現象去究明原因的解析是相當重要的。這一點與靠檢查去保證品質的情形是不同的。TQM 的各階段都極為重視統計手法，這是因為統計手法是一種很有效用的解析方法。

捨去「以檢查來篩選品質」的觀念，貫徹「在過程中形成品質」的想法是日本品質革命成功的最大重點。

4. 不可輕視檢查工作

這裡有一點希望大家注意的是，雖然我們一再強調「在過程中形成品質」的重要，但絕不能因此就輕忽了檢查的工作。尤其是標準作業未明確規定的生產過程，檢查工作更是不能掉以輕心。這就好比感冒時的鍛練身體與阿斯匹靈的作用。高燒到 40 °C 的人首先應讓他服用阿斯匹靈以解熱，同樣的對於一個不良頻發的生產過程，利用檢查使不良品儘量不要出貨也是暫時的權宜之計，先這樣做之後再設法改善過程，在貫徹過程中形成品質。

2-5 應用於工作的質上

在業務品質的管理上，過程管理也是非常重要的！

前項中敘及的觀念未必只適用於製造部門。由於電腦的引進及辦公室的

自動化 (OA) 等省力化的影響，提高非製造部門 (像事務部門等) 的品質也愈來愈有其必要。例如一個小小的記錄失誤就可能造成波及整個公司的問題。如果問說要如何減少這一類的失誤，相信馬上有人會提出意見說「加強確認工作」。但是光靠確認真的有辦法減少失誤嗎？若要以加強確認來減少失誤的話，必須進行多重的確認，但即使投注這麼多勞力，還是無法完全防其發生。

不管怎麼說，確認工作雖然是重要的應急對策，但是失誤多半有其一定的型態，所以有必要利用分類將失誤的型態加以分類，針對失誤為什麼會產生及其過程進行解析，將原因追查出來，然後再針對原因採取處理對策。只靠加強確認工作或個人的留心是不會有太大效果的，這個道理也可從最近十年之間交通事故的減少得到佐證。如圖 2-4 所示，和提升品質一樣，國內在交通安全方面也有顯著的成果，但是這些成果是否只靠加強取締與司機個人的注意力即可達成呢？在交通設施方面有很多制度上的改善。在這些實施的對策當中，我們不可忽視的是對事故都曾做過徹底的解析。

2-6 過程管理

比較原因系數據與結果系數據

以這樣的觀念採行防止再發對策時，最重要的第一個步驟是「原因系的數據」與「結果系的數據」做一對照比較，以查明主要的原因。

想要有效且有效率地進行此步驟，下面二點是關鍵重點。

(1) 原因系與結果系的數據跨越存在於不同的二個部門時，例如：
- 新產品的開發是由技術部門負責進行，所以開發的相關數據資料存在於技術部門，但其結果系的數據－製造的品質、市場品質、銷售業績等卻不在技術部門裡，而是在製造部門或營業部門。
- 對量產管理影響重大的需求預測是由營業部門負責進行，但其結果卻會波及製造部門。

(2) 雖然了解解析的必要性，但日常業務太繁忙，以致沒有時間著手進行。

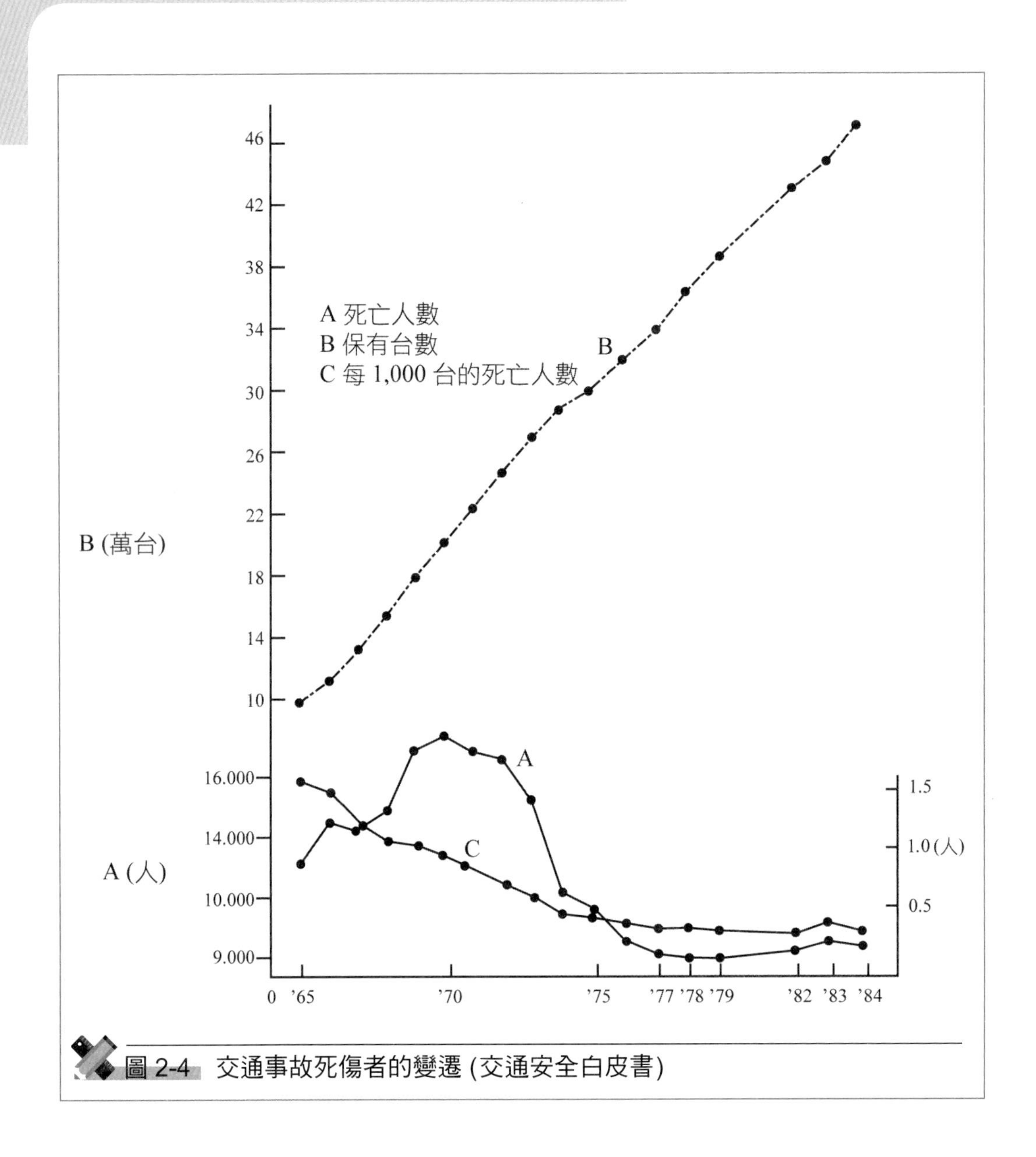

圖 2-4 交通事故死傷者的變遷 (交通安全白皮書)

關於上述的第 (1) 項必須加強兩個部門之間的聯繫。另外，第 (2) 項的時間問題必須設法挪出時間，例如規定每個星期五下午三點以後的時間為解析的時間等等。如果這點無法明確，光是高聲呼籲 TQM，恐怕也不會有什麼進展。

2-7 形式性管理之批判

「管理」並不是「束縛」？

有部分的團體及媒體等常將「管理」一語用在不好的意思上。例如管理社會、管理者的發想、反對強化管理體制等等。

以 TQM 的立場來看，「管理」社會所說的「管理」，是把它當作「形式性的管理」或「束縛」的意思來使用了，和此處所討論的管理，意義完全不同。我們再來想想“反對大學裡的管理體制”的問題。大學裡有大學的校規 (P)，若學生違反了此校規 (D)，懲罰委員會就會開會 (C) 以決定其處分 (A)。乍看之下這個過程有如管理循環之運作。但是，在這個 PDCA 的循環裡，若確認是從校規視為絕對正確的觀點 (就算校規犯了時代錯誤，例如穿制服、戴制帽等) 來採取處分措施的話，其對象即為學生 (Do 的實行者)，而且不會對校規 (P) 加以檢討。也許就是因為這個意思，學生們稱這種 PDCA 的循環運動方式為「強化的管理體制」。以 QC 式的管理觀念來看，對學生的處分只不過是應急的對策。對於為何多數的學生會違反校規應究明其原因，並針對原因採取解決對策。但是，這裡要注意的一點是 QC 裡並不是否定處分的。違反了校規當然要處分。但如果這一類的違反行為一而再的發生時，就有必要進一步究明其原因並採取防止再發的對策。

像這樣，一般處分的對象都只針對實施結果 (D) (例如失誤是由於作業者的疏忽，就會督促作業者注意等)，這種情形會給人「管理 = 束縛」的印象。從工作的體制上去找出為什麼會產生疏忽的問題原因，再採取解決對策，藉由這種做法去破除「管理 = 束縛」的舊有方程式，才是真正的 TQM。

2-8 「管理」的考據

建築的領域裡，監理是與設計、施工一樣，常常被使用的一個用語，在國內早期的國有鐵路稱鐵路管理局、交通部公路總局中有稱為監理所者。為了將管理與監理加以區別，此處我們稱前者為「貫通管理」、後者稱為「監督管理」。

為了調查這兩個字在意義上的差別，我們可以從字源上來看，這將使我們發現有趣的事實。

如圖 2-5 所說明的，「監督管理」只有做確認工作，但「貫通管理」則含有 PDCA 的意義。只有監理未必能提供滿足顧客的產品，只要將之與先前所敘述的管理觀念做一比較，相信一定可以理解這個道理。

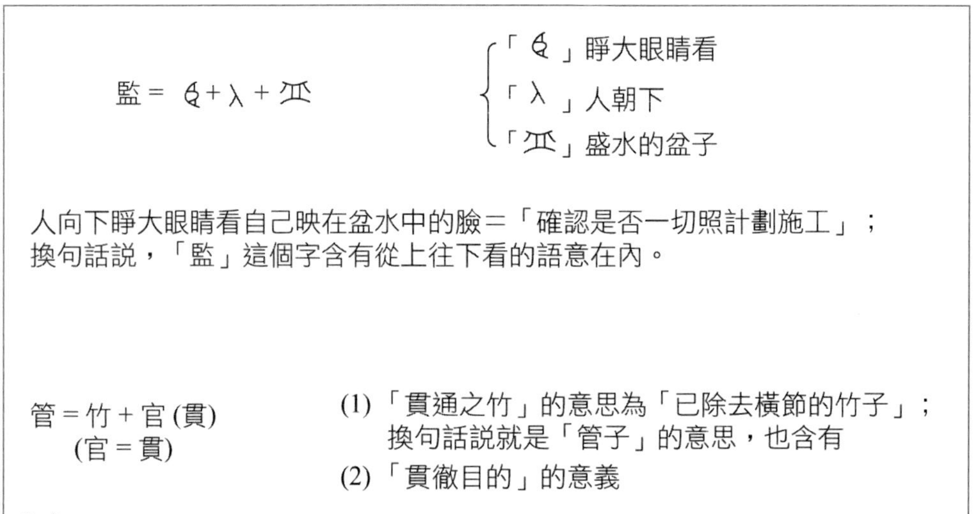

監 = 臣 + 人 + 皿

「臣」睜大眼睛看
「人」人朝下
「皿」盛水的盆子

人向下睜大眼睛看自己映在盆水中的臉＝「確認是否一切照計劃施工」；
換句話說，「監」這個字含有從上往下看的語意在內。

管 = 竹 + 官 (貫)
(官 = 貫)

(1)「貫通之竹」的意思為「已除去橫節的竹子」；換句話說就是「管子」的意思，也含有
(2)「貫徹目的」的意義

圖 2-5　管理與監理

但是，「貫通管理」與「監督管理」的問題，事實上與「尊重人性」的問題亦有很深的關聯。關於這點，我們將在其他的章節 (品管圈之項) 中另做說明。

2-9 與經營理論比較時，TQM 的管理論的特徵

經營管理論對於經營計劃、經營組織等，都是從大處高處來追求經營應有的型態。至於這些計劃如何具體展開到下部組織，如何當作日常業務來實施，如何確認其結果，如何採取對策等，或經營組織中各個部門的分掌業務如何具體地實施，如何確認其結果及如何採取對策等，都缺乏具體的說明。關於這點，TQM 的觀念顯得較具體也較具實踐性，這也是其特徵之處。不過，反過來說的話，經營管理論較拿手的戰略性經營計劃的擬定方式、組織的應有型態等，TQM 方面仍處於未成熟的階段。今後，在這方面還有很多地方必須向經營管理論學習。

Chapter 3

「事實」的管理

3-1 以事實為依據的管理 (fact control)

擺脫以經驗、直覺、膽識 (KKD) 為依據的管理！

所謂 fact control 是指「以事實 (數據) 為根據、訂定計劃 (下決定)、付諸實施 (行動)、確認、採取對策，以長期且有效地達成目的」。非依據事實之管理則是依賴經驗 (K)、直覺 (K)、膽識 (D) ——整個簡稱 KKD ——進行管理的做法。事實管理乃 TQM 的歷史出發點，這一點只要我們回想一下 QC 是從 SQC (統計性品質管制) 出發的，應該就不難理解。另外，TQM 被稱為科學的管理也是指這點而言。許多從 KKD 管理轉型為事實管理的工作單位都有這樣的體驗，那就是「事實比小說還要神奇」。

但是，這裡有一點要注意的是 TQM 裡並沒有完全否定 KKD，甚至還認為這是非常重要的活動要素。以下我們再對 KKD 的觀念做進一步詳細的介紹。

(1) TQM 中調查事實 (數據) 就可真相大白的事，不能再用 KKD 去做甲論乙駁 (翻案)。
(2) 儘可能以事實來整理問題，但碰到只靠事實無法進行判斷的情形——例如對將來的預測等等……，則主張利用 KKD 來處理。
(3) 在找出問題的要因時多半依賴 KKD。但是，找出來的要因只能當作假設而不是結論。要提出結論必須靠事實 (數據) 來檢證假設 (註：這裡並不是主張以數據資料去確認那些已經瞭若指掌的事)。不過，從很多事例中我們會發現，許多我們自以為瞭若指掌的地方，常常會有意想不到的陷阱 (盲點)。不以數據加以確認而引起事端時，對這點就要有相當的覺悟。

在事實管理的進行上，統計的品質管制 (SQC) 是一個非常有力的武器。關於 SQC 手法，市面上有出版許多入門書，所以這裡就不再敘述其具體方法，只看看幾個有關的事例。

例 1

某個計算機的終端機廠商引進全公司的品質管理 (CWQC)。在一次每月例行的檢討會上，營業單位提出修理日數花費太久的意見。製造單位對此質詢的回答是「修理工作一般都在二週以內進行，應該不會拖延那麼久才對」。於是兩者之間產生了激烈的爭辯。這個問題於是提到下次的 QC 學習會當主題討論。學習會的結論是：「在以什麼情形一般都～」或「什麼情形應該是～才對」的原則論之下，永遠只會是一場沒有休止的爭論。所以最重要的還是在這樣的原則之下所實施的事實，目前情況怎麼樣了，並利用數據去調查其結果。」(註：故障的終端機是由銷售單位負責受理，然後送到工廠修理)。

於是，在銷售與製造部門的協助之下，在下次的學習會之前，針對這六個月之間的故障機台，調查自受理修理到處理為止的日數。圖 3-1 為其提出的數據結果。由這些數據可以明白以下的事實。

(1) 實際情況與原則上所說的二星期完全不符合。

(2) 針對需要長時間處理的機件進行調查時，責任未必全在製造部門，多數的責任是在於銷售部門在受理顧客的東西後，將東西放置在銷售部門一些時日才轉交給製造部，以致形成需要的時間拉長。

如果，我們明白一個事實，那就是在本質上雖有修理日數是多少天的原則論，但卻缺乏確認的過程去確定這個原則論是否確實地實施。因此，為使實際狀況能為管理者所掌握，方法之一就是把抱怨的處理日數情況記到每月的品質月報中。結果，除了一些例外之外，修理都能在規定的日數以內實施了。

圖 3-1 的例子包含了幾個教訓。第一，不管有多麼冠冕的體制，如果想讓這個體制發揮實效，而不只是止於原則論的話，必須在這體制當中存在一個能經常監控此體制是否順利運作的制度 (也就是確認的機能)。另一個教訓是沒有數據依據的爭議只會更助長本位主義的形成。通常要破除本位主義，可以併用下述兩個原理。

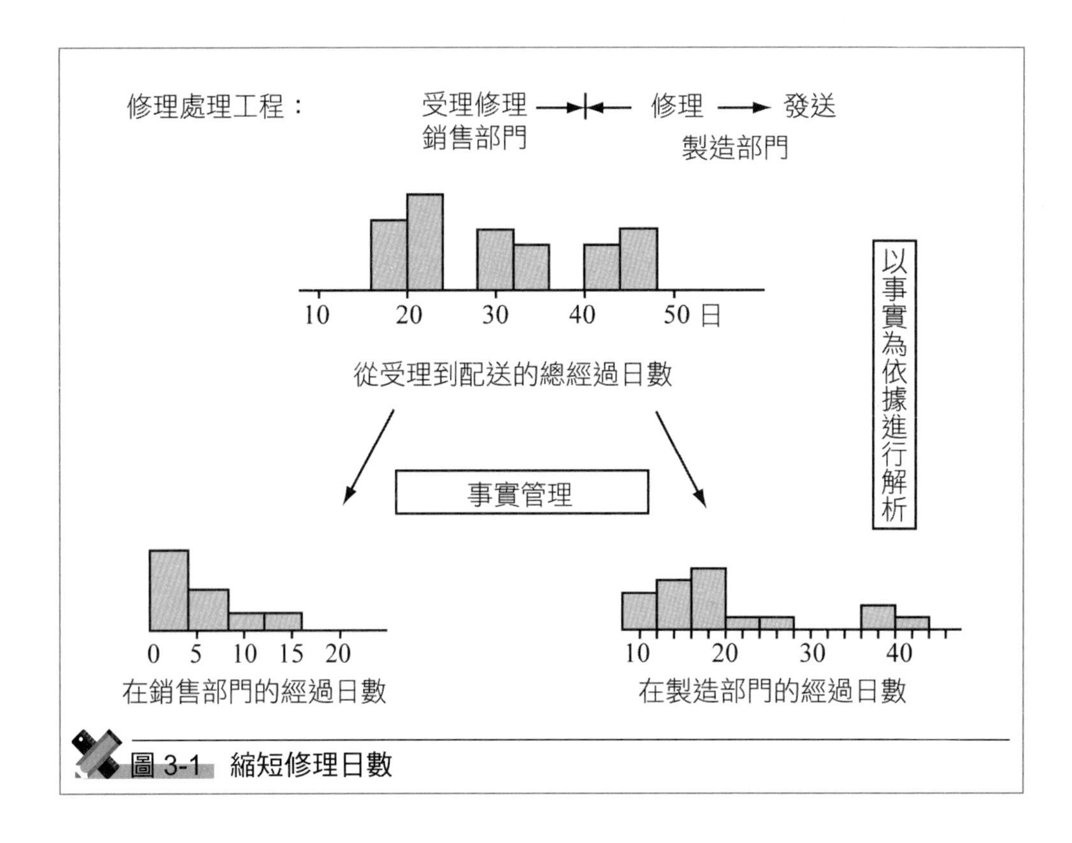

圖 3-1 縮短修理日數

(1) 貫徹「後工程是顧客」的觀念。

(2) 以事實為依據進行管理 (以相對性的數據來表現)。

例 2

(住宅設備製造商的服務部門設定年度方針) 這家製造商整個公司開始推行 TQM 已經有二年了。本年度開始引進方針管理，服務總部提出了「促進服務業務的效率化」為其方針。為達成本方針，除了設法使總部的主要業務「縮短修理時間」達成之外，別無他法。在針對去年度修理過的東西，調查何者最花時間的時候，發現修理都集中在某種機種上。服務部將此資訊回饋給設計部門，委託改良，但由於已經賣出相當多的台數了，修理工作想來暫時還是會持續。如果能使此機種的修理時間縮短一半，那麼就可以使整個修理時間縮短 20% 左右。所以，在使此機種的修理時間減半的目標下，著手「開發修理冶具」，並以此為達成年度方針的具體實施事項。

在這個時期，適巧社長親自實施診斷，以圖 3-2(a) 所示之構圖提示上述的觀念。此時社長提出這樣的意見：「為『縮短修理時間』而『開發修理冶具』有其數據依據是可以理解的，但是以『縮短修理時間』作為『促進服務業務的效率化』的對策，不知是否妥當，是否有數據的依據？」服務總部的部長對此指摘的回答是：「因為總部的主要負責業務是修理，這一點就算沒有數據證明，修理還是理所當然的工作」。社長接著指示：「應該是這樣，不過由於大家是以事實管理為座右銘推進 TQM，所以何不收集數據確認看看呢？這樣應該可以使自己在進行上更具信心才對。」

於是，服務部門便對服務人員的使用時間進行了分析，得到圖 3-2(b) 的結果。這個結果使服務總部的每個人員都感到驚訝，因為他們完全疏忽了移動時間。於是便對移動時間做了各種解析，實施了「縮短尋找客戶的時間」的改善案，以小小的投資 (準備各種地圖) 發揮了甚大的效果。

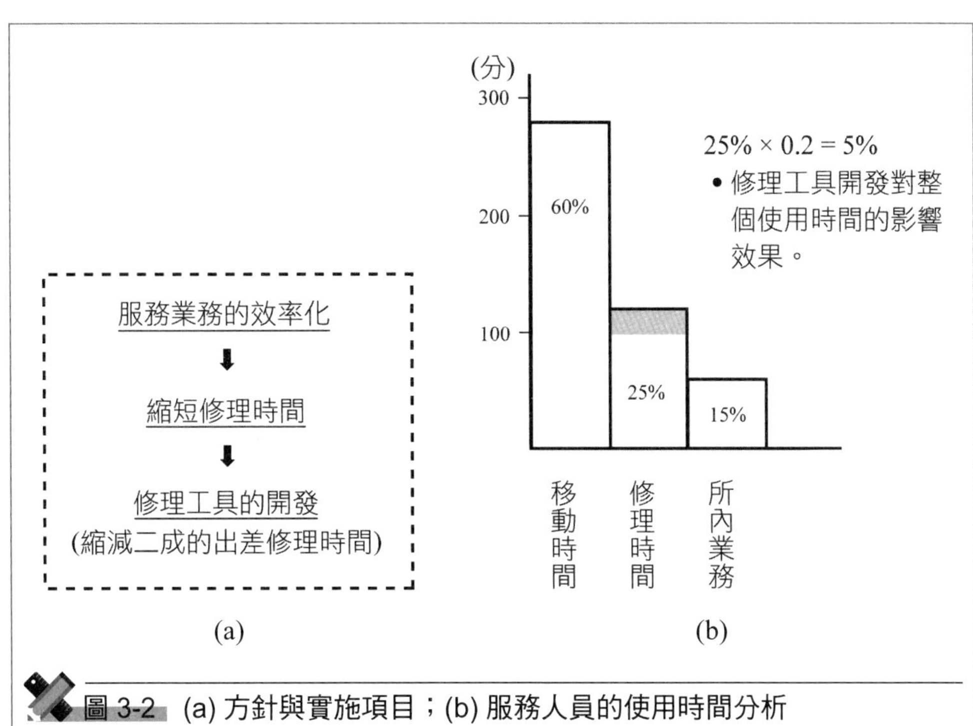

圖 3-2 (a) 方針與實施項目；(b) 服務人員的使用時間分析

3-2 數據的活用

只有收集數據不能算是事實管理！

例 1

(東南亞某日商機械工廠的檢查記錄)　下表是位於越南首都郊外的某日商機械工廠中看到的檢查單。它對於進廠零件，都會從每個批中取出 15 個樣本進行抽樣檢查。從這個表中很清楚可以看出 15 個樣本中有 9 個是不符合規定的。當我們問及對這個批將採取什麼處理，他們的回答是配合生產計劃，將以特殊方式處理，然後我們對其他批的檢查單也做了調查，結果發現不管哪一個批都有下列的情形：

(1) 檢查單上不良的數據並未加上任何記號 (數據記入後，是否有確認良與不良值得懷疑)。
(2) 看了 50 張左右的檢查單，發現這其中包括相當多的不良品，但對這些卻未採取任何措施加以處理。換句話說，雖然收集了數據卻完全未加以活用。

某工廠的檢查記錄

規格上限 14.8　　規格下限 13.9

樣本 No.	測量值	樣本 No.	測量值
1	14.2	9	14.9 ×
2	15.3 ×	10	14.1
3	13.6 ×	11	14.0
4	14.5	12	15.1 ×
5	12.9 ×	13	13.7 ×
6	15.0 ×	14	14.9 ×
7	14.7	15	14.4
8	13.8 ×		

(註)　× 記號表示不良品，本書作者加上去的。

例 2

東南亞某家美商工廠，以貫徹製程中形成品質作為重點活動，與製造部門一起實施，我們非常佩服其做法，就請他們以實際使用的管理資料為依據，為我們詳細解說。他們也有相當於品質保證體系圖的東西，並且也把檢查的數據回饋給製程。另外，每月也製作品質報告表，可以立刻知道哪些問題是重要的品質問題。品質經理的談話與我們理想中的 TQM 觀念與方法也幾乎完全一致。

以這樣的體制去做的話，不久的時日，品質不良應可以改善，不良率也會降低才對。我們是這麼想，所以就請他們讓我們看看不良的數據，結果發現減少的情形並不是很顯著。然後我們再詳細看每月的報告表，它是以圖 3-3 那樣形式記述，比較 11 月與 12 月時，所列出的不良項目幾乎相同，其原因、對策的內容也都大同小異。

於是，我們再請教他們在對策擬定時會進行哪些活動，他們說每月

不良	次數	原因	對策
○○不良	12	沒留心	注意
△△不良	7	慌張	使沉著
×× 不良	5	檢查疏忽	去除疏失
⋮	⋮	⋮	⋮

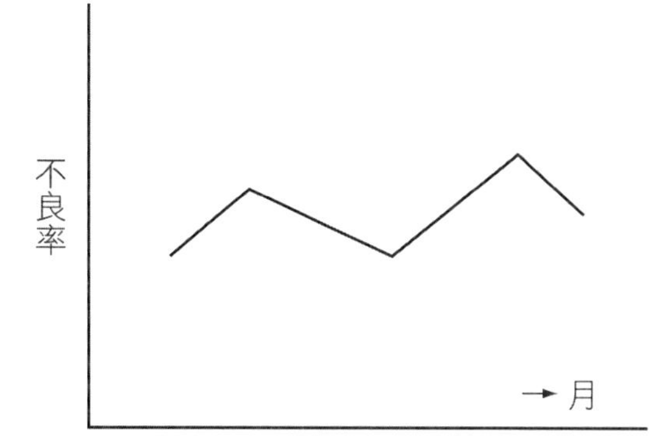

圖 3-3 paper QC (東南亞的美商化學工廠的例子)

都會召集有關的經理、工程人員，以一小時的時間開會檢討原因來決定對策，但並沒有特別收集資料進行解析以查明其原因。

診斷結果發現他們乍看之下很有體系地在進行 QC，但卻無法收到實效，主要原因在於他們未能認識依數據解決問題的重要性，而且也缺乏具體對策的知識。

3-3 事實與數據之間的偏差

要注意顯在的不良與潛在的不良！

一般在品質管理 (QC) 做得不是很徹底的現場，就算它有收集品質抱怨、問題事件、不良等數據，這些數據所顯示的內容多半也只是冰山的一角罷了 (如圖 3-4)，這點必須特別留意。因此，在推進 QC 時，常因潛在抱怨、

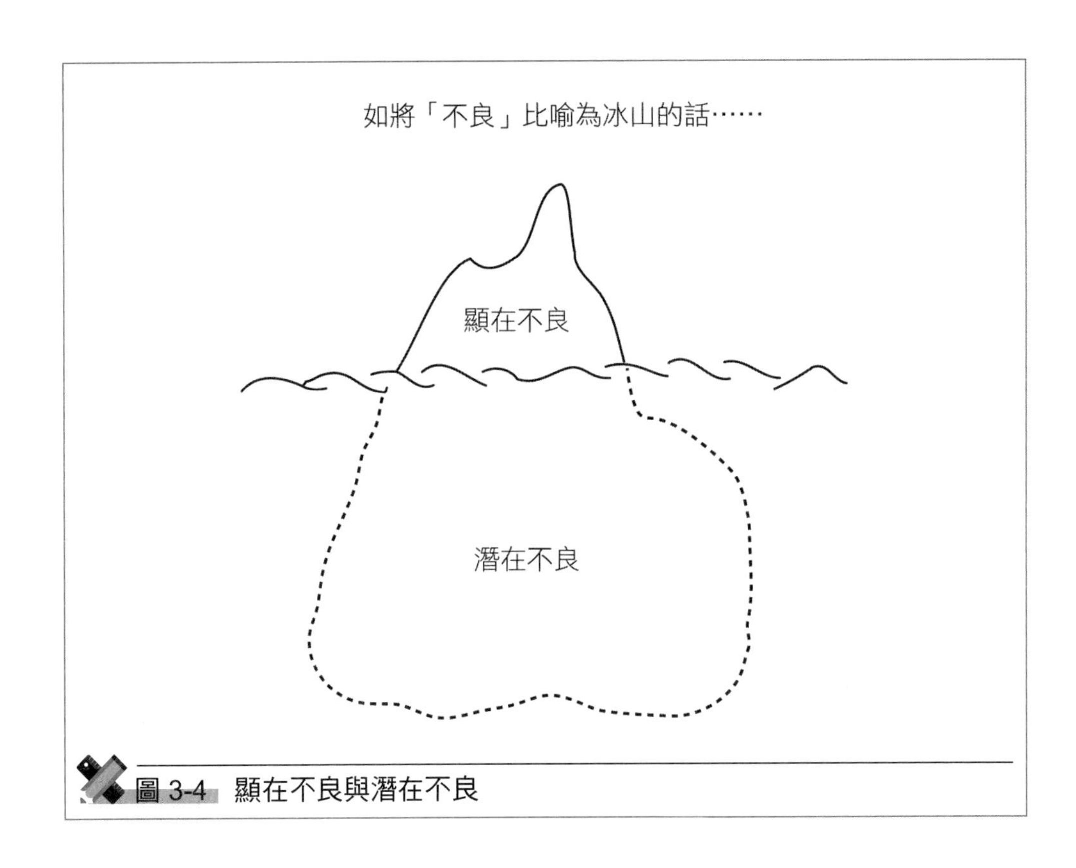

圖 3-4 顯在不良與潛在不良

問題及不良等反而有增多的情形。想要減少問題的件數，卻沒有使潛在的問題表面化 (顯在化)，這樣的做法與品質管理的目的——「滿足顧客」是相去甚遠的，這一點也應該多加注意。

我們曾經問過一位即將引進品質管理的某製造商的社長。「貴公司每個月大約有幾件顧客抱怨問題發生？」，他說:「每個月平均20～30件左右」。與每個月所生產的200萬個產品相比較，這個數目可說相當的少。但是當我們調查他們客訴資訊的收集體制時，才發現從零售店階段到營業所階段回來的所有品質抱怨，都被當作營業抱怨問題，以簡單的處理手續處理掉了。

3-4 統計的發想

承認偏差的存在與將異常值放逐

或許很多人會認為同樣原料、同樣的人及同樣的設備、方法下，所做出來的東西其品質－例如機能、性能、尺寸等－應該會完全相同。但是，現實告訴我們的是「結果一定會有偏差」。當然，這個偏差有大有小，但是偏差是無法避免的這個現象，也說明了「相同」這句話的意義在嚴密性上有問題。換句話說，所謂的相同是相同到什麼程度。別談理論的世界，就是實務的世界裡也不存在完全相同的事物。結果一定會有某些地方不同的。在這樣的情況之下，最重要的是我們不能因為所面對的事物在某種特性上有偏差現象，就受其左右。要以認同偏差本來就存在的態度去處理 (請參照圖 3-5)。

也許有人會擔心如果認同了偏差的存在，是不是以後出現了任何離譜的結果都不能不默認了。關於這一點，在統計學領域裡有明確的「常態分配的三個 sigma 界限」，利用這個可以將一般作業所產生偏差與異常作業結果所產生的異常值加以區別，目前為很多製造現場所採用。

TQM 對於這方面的觀念是這樣的：

(1) 將偏差與異常值加以區分，再針對區分之後的異常值究明原因，然後設法除去異常的原因並防止再發。(請參照圖 3-6 的類型 A)

(2) 將標準作業的結果所產生之偏差 (稱為工程能力) 與依消費者需求所訂定之容許界限內的偏差 (稱為允差、規格界限之幅度、容許差等)

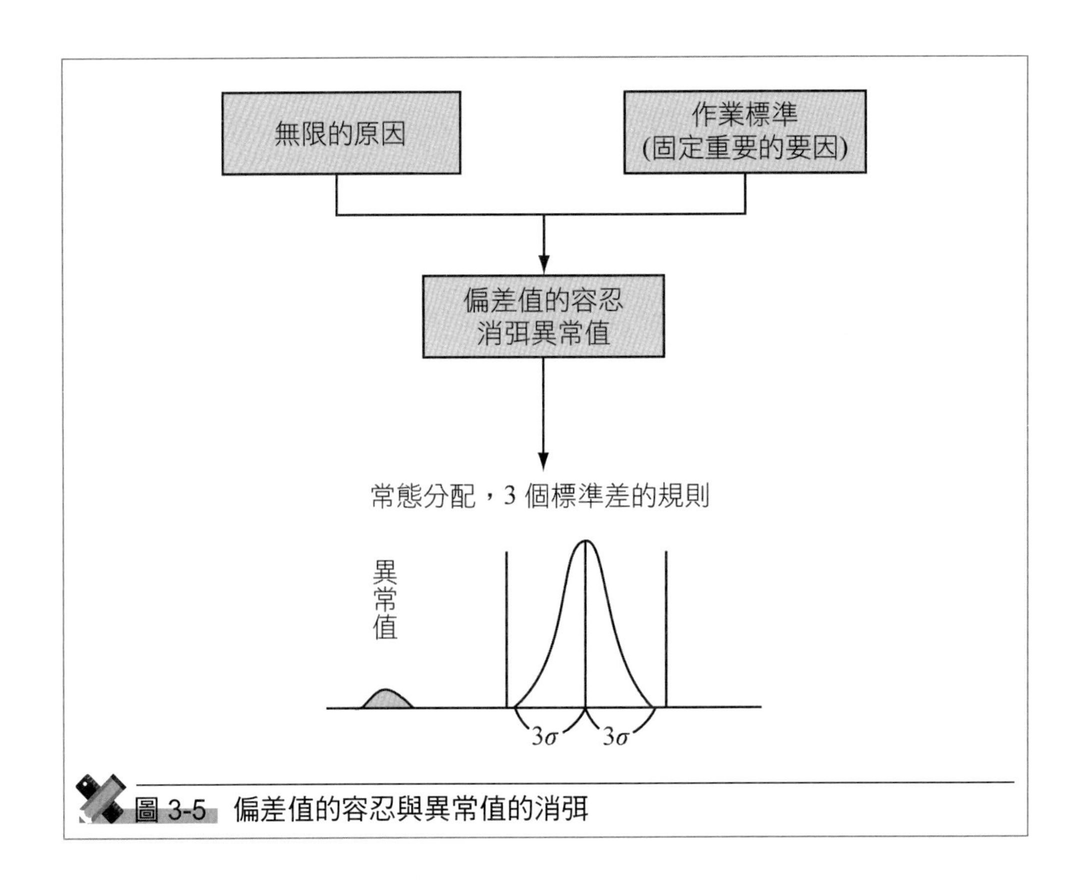

圖 3-5 偏差值的容忍與異常值的消弭

做一比較。若工程能力的範圍超出允差 (請參照圖 3-6 類型 B)，則採取下列二項措施：

- 解析偏差之原因。
- 檢討公差的妥當性，設法使工程能力滿足公差。

至於改善的重點是針對標準設定寬度以及標準未列出的變動要因進行檢討。目前在這方面開發了很多有用手法，其中最受到廣泛運用的是稱為「QC 七工具」即查檢表、直方圖、柏拉圖、特性要因圖、統計圖、散佈圖、管制圖與下記的「QC 記事」(以 QC 方式解決問題的程序)。其他還備有檢定、估計、變異數分析、相關與迴歸分析、多變量分析以及新 QC 七工具等。

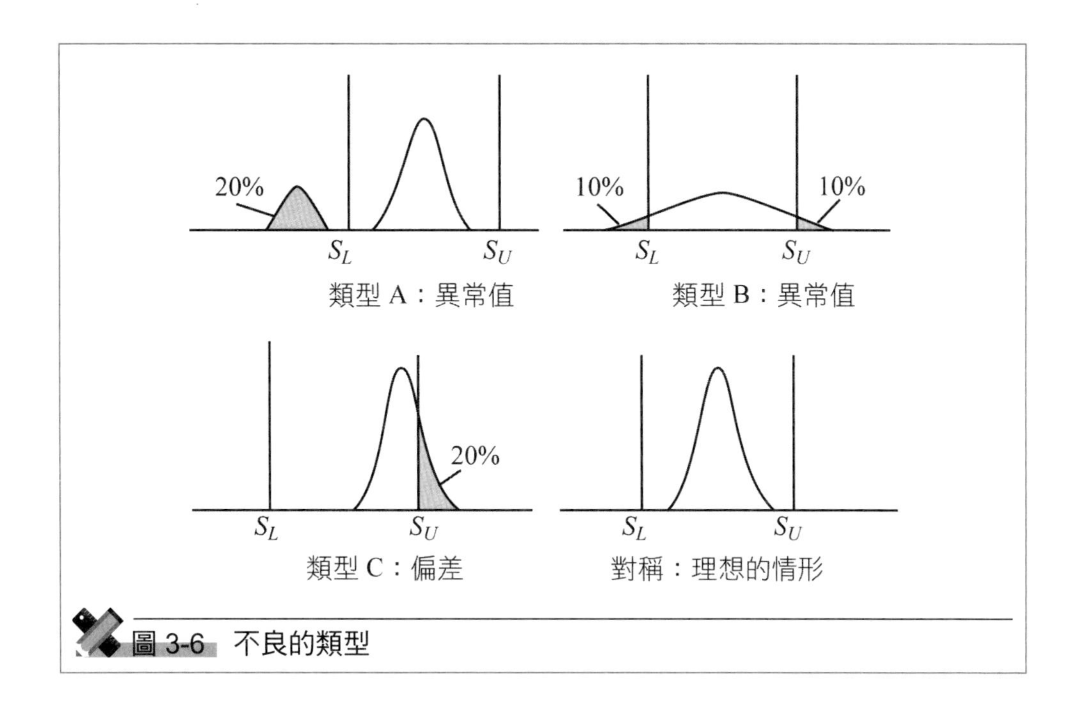

圖 3-6 不良的類型

QC 式的問題解決程序

主題：

(1) 提出主題的理由 (目標)

(2) 掌握現狀 (掌握現象、分析現象)

(3) 解析 (掌握要因)

(4) 對策 (針對要因採取解決措施)

(5) 確認效果

(6) 防止再發 (標準化)

(7) 未解決的問題點與今後的著手方向

另外，若工程能力足夠而偏差仍構成問題的話，多半是標準的設定上有問題，解析時可採取與 (2) 步驟相同之手法 (請參照圖 3-6 類型 C)。

(註) 關於 QC 七工具與 QC 記事於第三篇中另述。

3-5 刻度的取法

刻度的取法會使問題看起來不一樣

管制圖是事實管理中最常使用的手法。請比較一下圖 3-7 中的上下兩圖。相信大部分的人看到這兩個圖的第一個印象是上圖的偏差幅度很大，下圖則比較緩和。但是只要仔細觀察兩圖的刻度就可以明白，其實上下兩圖是根據完全相同的數據所描繪出來的。

這是使用管制圖時常會發生的情形，有時候甚至會誤導重要的判斷與決定，圖表化反而給結果帶來不良的影響，所以，對於這一點不可不加以留意。

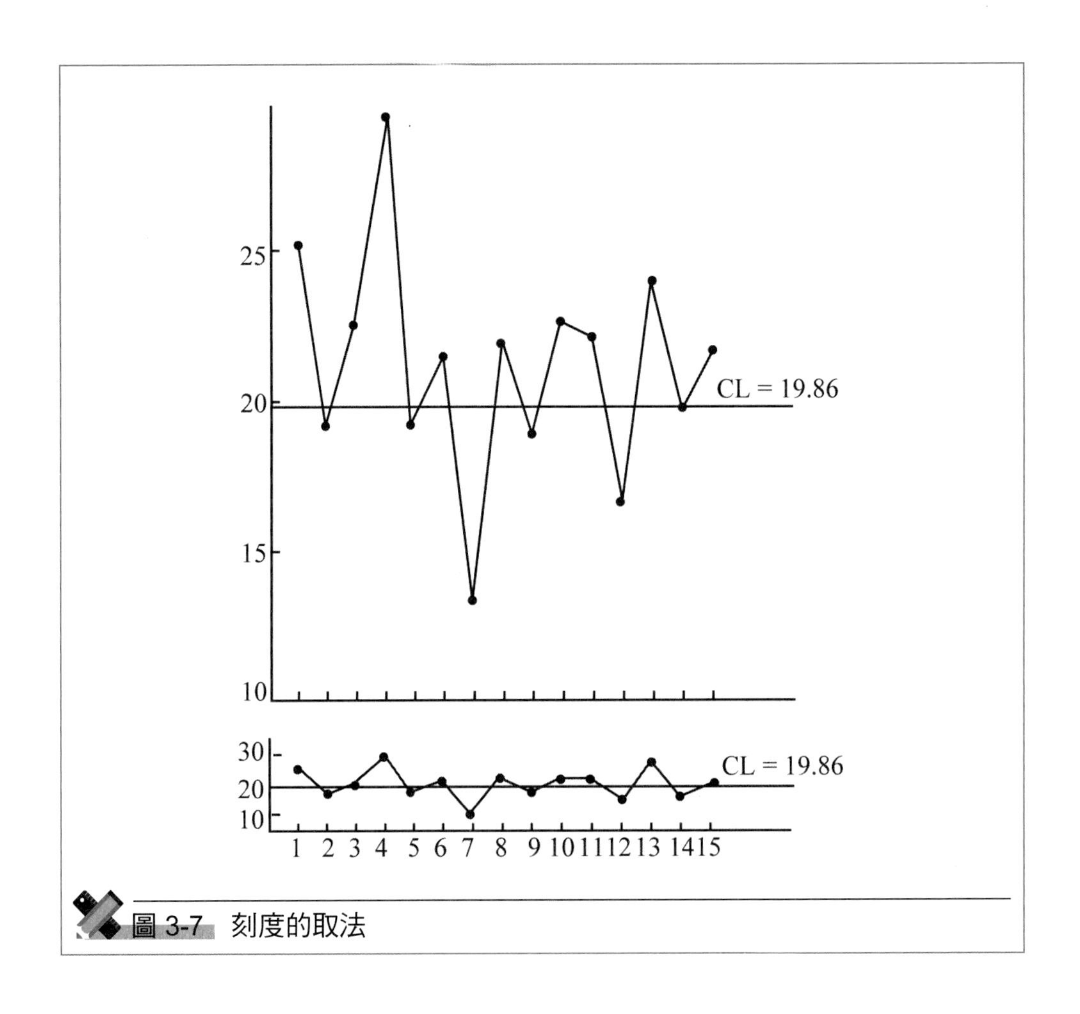

圖 3-7 刻度的取法

Chapter 4

「綜合 = Total」的觀念

4-1 由最高經營者 (TOP) 做起的 TQM

在開始敘述 TQM 的「T」(Total)：綜合性的這個觀念之前，必須先了解「最高經營者的問題」才行。

首先，我們要強調的是社長或社長之下的有力人士本身如果無心進行 TQM，那麼 TQM 是不會成功的。因此，QC 推進幹部的首要之務必須從社長的洗腦計劃開始。由最高經營者帶頭推動 TQM 是最重要的一個課題。如果社長不知道什麼是 TQM，對這方面也不熱心的話，那麼就必須儘早找機會向他洗腦才行。與其他工廠的負責人進行懇談、參加經營者的 QC 課題或品管圈大會等等，都是極具效果的手段。

另外，儘早讓最高經營者了解 QC 稽核、QC 診斷[1]等等的滋味 (效用) 也是非常重要的。當他了解個中的好處之後便會無法停止，自主地實施起來。我們常可以聽到因社長知其好處而操之過急，動輒進行社長診斷，使得底下的人員感到吃不消的例子，不過能夠自主地進行社長診斷，確實是一件很好的事情。

最高經營者在提升了自己的水準之後，接著是明白指示改善整個公司體質的具體目標。光說體質改善還是太抽象，必須還有推進 TQM 的具體方針才行。例如大家所熟知的小松製作所的 (A) 對策即提高堆土機的耐久力的問題或石橋輪胎的「人性導向」、「從說了才做的管理成長為自主進行的管理職」等等，體質改善或思想革命之目標都必須具體加以明示。

關於高階經營者，本節所要強調的是「社長或第二號實力者若無實行意願，TQM 是不會成功的」。就算第三號實力者再有心要做，仍然是沒有用。

---

1 QC 稽核、QC 診斷 (Quality Control Audit)
是指確認品質管理的業務是否有確實地被實行。稽核是以品質管理要領書等等的形式，明確規定什麼人應該做什麼事，並確認這些事情是否確實地被實行。診斷則依實施的立場分為下述各類：
【由公司外部的人執行】：(a) 業者對供應商、(b) 由中立人士、學者或經驗人士對企業，(c) 資格認定等等 (JIS、JSA、ISO、標示許可)、(d) 表列之目的 (DP 實施、優良工廠等等)。
【由公司內部的人執行】：(a) 社長、(b) 事業部負責人、(c) QC 推進部門等。日本 QC 的特徵是診斷由社長負責進行，又稱為社長診斷。

此處把範圍限定在社長、最多是下一位的二號實力者。我常以指導講師的身份與第三號實力者共同推進 QC，但常常遭到挫折。在這種情況下，第三號的實力者也只好肯定地說不行了。所以，應該說「一位沒有領導能力的社長所經營的公司，沒有資格引進 TQM」。有的社長雖然沒有表示排斥 QC，但頂多只認為這既然是件好事不妨做做看。但自己從來不在陣前指揮，只把一切交給部下。這樣一位沒有領導能力的社長，筆者在其名稱之前加個 S，稱其為 Stop management，這樣的人最好趕快辭掉公司社長的職位。除了這種「領導能力」之外，社長還必須具備另一個條件是確切的「決策能力」。所謂經營是決定無法決定的事，創造過去未來的事實。所以，缺乏領導能力與決策能力的經營者應迅速撤換社長，不能讓這樣的公司推動 TQM。因為萬一公司倒閉了，說不定還會把原因歸咎在 TQM 上呢！就算公司背負著龐大的虧損，如果社長具備篤實的領導能力與合理的決策能力，我希望這樣的公司能引進 TQM。

其次，「社長不能嘴裡說要大家推動 TQM，自己卻站在一旁冷眼旁觀」，以下我們藉由事例來考慮這個問題。

K 公司的社長是一位兼具領導能力與決策能力的獨裁社長，但他只發出命令說要推動 TQM，其他一切都交給負責 QC 的常務去負責，自己完全當一位旁觀者。他並不排斥 QC，雖然自己一再強調 TQM 的重要性，但話中又隱含有「TQM 交給負責的人去推動，TQM 不是社長要做的事」的意思。在進行全公司的品質管理與體質改善時，社長只在一旁觀看的話，TQM 是完全不會有進展的。尤其在獨裁的公司裡，人員特別會察言觀色，在推行活動時總是一邊觀察社長對 TQM 的關心程度，社長如果將採取旁觀的態度，活動很難有所進展。也正因為這樣的因素，K 公司的 TQM 一直十年如一日無所進展，最後終於變得僵化、毫無新意。

另外，個人曾對同時指導 TQM 的 A、B 兩家公司，比較他們一年後的進行方式，結果發現僅僅短短的一年時間，兩家公司出現極大的差異。A 公司相當有進展，而 B 公司卻遠遠地落後。兩家公司的社長對 TQM 的熱心程度並無太大差別，但為何 A 公司進展較快，我針對此進行了檢討。結果是 A 公司的社長覺得筆者一年的指導時間不夠，自己仿效指導講師在 QC 指導會上的做法，立即親自進行 QC 診斷 (雖然稱不上是水準很高的社長診斷)，自己站在陣前以身作則，讓大家看見自己在推動 TQM，絕不當一位旁觀者。

「只有對 TQM 的熱忱，社長和管理者都不能輸給部下」。

在以松下幸之助先生為主幹的『PHP』雜誌的某期中，曾以「用人的方法」為主題進行對談，其中刊載了這麼一句話。連神都公認善於用人的幸之助先生，在此對談中仍一如往常謙虛地說：「我用人的方法算不上什麼高明」，不過還是提出了幾項用人的方法。其中最令人印象深刻的是下面這段話：

「有一樣東西絕不可以輸給部下，那就是熱忱。只有熱忱是靠本身的意志，所以不能輸給部下。」因為新任的部長也許不比原任的課長更了解工作，而且就能力來說，未必上司一定比部下高。但是只有對工作的熱忱是不能輸給部下的。因此，既然要引進 TQM，社長對 TQM 的熱忱就不能輸給任何一個人，而這個熱忱當然要以態度來表現。不能凡事都託付他人當個旁觀者，自己要以身作則率先推動 TQM，部下不做的話，自己來做要有如此之心理準備。關於這點，我們來看看下面兩個實例。

製造光學儀器的 R 公司的 T 社長原本是政治家，後來在人稱為經營之神的創業社長 I 氏的延請之下，辭去政治工作成為經營者，他本身是一位道道地地的 QC 信徒，打算以 TQM 來貫徹其經營。在 1970 年代的某年夏天，他不顧所有幹部、所有指導講師的反對，在石油危機之後公司經營最困難的時期，以果敢超人的領導能力與熱忱表示：「我就如同幼小的孩子想要玩具一樣，我只想要戴明獎」，在別人看起來似不自量力的情況下，一舉向戴明獎審查挑戰。其後的 R 公司業績傲人，我想這一切都要歸功於 T 社長利用 TQM 成功地改善了公司的體質吧！

另外，文具製造商 P 公司的 H 社長是一位真可稱其為「QC 之魔」以品質至上為奉行主義之人。這位 H 社長在前述的 R 公司獲得戴明獎的第二年，在自己即將參加戴明獎審查的時候，前往拜訪這家獲得戴明獎的 R 公司的 T 社長，請教一下參加審查應有什麼樣的心理準備。結果 T 社長一再地對 H 社長強調：「你自己必須站在陣前去推動 QC」。於是這位強人中的強人且素有 QC 之魔之稱的 H 社長乃以更強悍的作風及熱忱喚起所有人員。在他的熱忱與魄力之下，果敢地向戴明獎挑戰並光榮地拿下這份榮耀。

4-2 部、課長的應有姿態

前節所談到的是最高經營者在 TQM 中應有的態度，接著要談的是其下一層，也就是部、課長等經營幹部的姿態、角色 (任務) 等。

部、課長首先要做到的是根據經營者的經營理念、長期方針、年度方針等確實掌握自己部門的現狀，以設定方針。另外，部、課長不只是制訂自己的方針，針對方針還要轉動 PDCA (Plan 計劃、Do 實施、Check 確認、Action 處置) 的循環；換句話說，徹底執行方針管理也是非常重要的。不能像前面說到的經營者一樣，只是在一旁說加油、加油，必須具有以數據證明事物的能力。以下來看看個人指導某公司的例子。

S 公司 T 董事同時也是某家分公司的社長。他是目前營業部門幹部中具有三十年營業經歷及十五年分公司社長資歷，資格最老的天生營業長才。他有一個綽號叫「起死回生專家」，業績不振的分公司只要他承接過來，通常都能重新使其回生再創業績。個人二十年來都與他非常的熟稔，90 年代我開始負責指導國內營業的 QC 時，最注意的就是這個人。由於他是營業專家中的專家，所以我判斷他可能會以其經驗、直覺與膽識行事，成為「反對 QC 的最右翼」，其影響力必然很大。但是，當我進行 QC 指導的時候，才發現自己的這層顧慮完全是多餘的。他不只是一如往常般地設法提升業績不振的分公司業務，還積極地進行 QC。在 QC 指導會結束時，他告訴我：「今天老師所指摘的事項，明天我會花一天的時間，以我的方法去解釋、整理並做成文書，指示給各相關的部課與各分公司」，他這麼說，令我感到非常的吃驚，他不但沒有排斥 QC，而且積極地在進行 QC。指導講師在指導會上的指摘事項等等，一般都由事務局的負責人在日後進行整理 (有時會弄錯指導講師的意圖加以整理) 並複印分發給相關人員，這些資料經常在部課長還不想正眼看它一下時，就變成檔案資料了，所以他的做法令我覺得非常地意外。

而且，後來我才了解還不只這樣，他還以事實為依據，確認那些指摘事項，並自行監督哪些事情已實施？哪些未實施。後來我向某人問及這位起死回生專家的工作秘訣時，他說最大特徵在於「他比其他任何的部課長都還細心地收集資料，而且總是根據數據說明事情」，筆者聽了之後也不得不首肯地說原來如此。

4-3 由基層做起的 TQM

綜合性觀念中最後要述及的是由基層做起的 TQM，而這就是品管圈活動。前面我們已經說過，品管圈活動是日本式 TQM 的特色之一，目前仍聞名世界。品管圈活動在日本一直不斷呈現飛躍式的發展，及至 90 年代已登記的品管圈件數約 21 萬圈，未登記者據說有 100 萬圈以上，同時品管圈大會也已邁向上萬次，可說盛況空前。

前述提及的美國朱蘭 (Juran) 博士在 1966 年到日本的時候，曾出席品管圈大會，目睹日本企業的品管圈活動實況。當時他斷然的說：「這個活動足為世界之榜樣。日本的品管圈是一種激發作業員的創造能力與精力去解決品質問題之活動，在這方面它可以說是無與倫比的」，還說「品管圈將使日本掌握世界品質的龍頭 (領導) 地位」。此後朱蘭博士在世界各國的演講當中都會強調此事，這也是使得日本品管圈活動名聞世界的原委。

戴明博士也說：「日本商品的品質能持續急速進步及日本生活水準急速提升，品管圈活動可說功不可沒」。

品管圈綱領可說是品管圈活動奉為圭臬，以下即簡單介紹其內容。它對品管圈的定義是這樣子的：「品管圈是同一工作單位內自主進行品質管理活動的小團體，這個小團體為全公司品管活動的一環，藉由全員參與方式自我啟發，互相啟發，並活用 QC 手法持續進行工作部門的管理與改善」。此處以定義加以重點化提示是非常重要的。

另外，在此綱領中亦有記載品管圈活動的基本理念。作為全公司品管活動之一環所進行的品質圈活動，其基本理念為：

(1) 希望對企業的體質改善、發展有所貢獻。
(2) 創造出尊重人性、有生存價值、明朗的工作環境。
(3) 發揮人類的能力，激發無限的潛能。

總而言之，它是作為全公司品管活動之一環的自主性小集團活動。也是現場第一線的作業同仁，或是第一線的營業人員、事務部門的女性同仁，不受制於管理職，自主進行的小集團活動。所謂不受制於管理職且是自主的，是指它並不是受到部長或課長命令才強制進行的小集團活動。

關於品管圈，將在第四篇中會有更詳細的介紹。

Chapter 5

「保證」的觀念

5-1 後工程是顧客

接著要談的是 TQM 的特徵之一，也就是「保證」(quality assurance) 的觀念。

不管從任何一本書去看它對TQM的定義，一定都可以看到相同的標題，即「製造滿足顧客的品質⋯⋯」，正確說應該是「製造滿足顧客『要求』之品質⋯⋯」。這裡所說的要求是非常重要的一個問題。所謂保證，第一個條件一定要有對方 (對象)，其次是掌握對方的要求，而對方也要明確提出自己的要求，這些都是非常重要的。以母公司與協力公司的情形來說，協力公司應致力生產「滿足母公司要求之品質⋯⋯」，亦即協力公司應進行品質保證活動，以滿足公司之要求。

但是，在這之前最重要的是母公司必須對協力公司提出明確的要求。母公司要以顧客的立場提出訂購書，而訂購書中對於品質、數量、期限、價格等都必須明確。

首先就品質來說，要提出明確的規格、明確的圖面。過去我曾集合汽車製造廠的協力公司的經營者們，對他們講授 TQM 課程，在課堂上我曾問過他們有沒有什麼想對母公司講的話？其中意見最多的是「圖面太差」、「式樣規格太差」。所以「母公司必須以圖面或式樣規格的形式，明確提出自己的要求」。

在實施 TQM 方面，很意外的設計部門或營業部門的 QC 都比製造部門的 QC 要來得落後。例如我們還常可以聽到設計部門的人說「設計部門的 QC 到底要做些什麼呢？製造部門的 QC 至少還可以理解⋯⋯」等等的意見。我總是會在這種情況下告訴設計部門的人去後面的工程問問看有沒有什麼問題點。製造部門常會因為圖面不清等等感到極大的困擾，所以如果到該處去，他們應該會具體地告訴您設計部門的問題，甚至會連數據資料都提供給您。設計部門的問題不只是直接影響後面的製造部門而已，這些問題還會透過資材部門影響到外包工廠、協力工廠。我們也常常可以聽到這些受到影響的單位抱怨「如果圖面能把組合的形式畫得更容易理解一些的話，就不會有不良發生了」。設計部的人總是認為設計部門的工作是製作圖面，但事實上製作圖面不是工作，真正的任務是要把完成品的意象傳達、溝通給對方。由此可見，到後工程去聽取「要求」與「問題點」是非常重要的。

如果我們將這裡所說的「問題點」加以定義的話，可以說「問題點就是指帶給後工程的其他部門的困擾程度」。但是，一般人都不太注意自己給後工程的其他部門所帶來的麻煩，倒是一定不會忘記前工程的其他部門所帶給自己的困擾。關於這一點，我們來看看以下的實例。

我在某家公司的營業處進行 QC 指導時，由於每個月前往一次，故要求他們「請在下個月之前，將營業所的問題點整理出來」。下個月我去聽他們的報告，他們提出了三個問題點，第一是品質經常出問題，第二期限很容易拖延，第三產品的價格太高。仔細想想，其實這是每一家工廠的問題。每次我指導營業方面的 TQM，大部分的公司的營業部門的人都會異口同聲地舉出這三個問題點。我再問他們：「這些問題點不是工廠的問題嗎？」他們說：「當然是工廠的問題」。我說：「不，我麻煩各位做的習題是營業處的問題點」，他們說：「營業處完全沒有問題，如果工廠方面能解決品質、交期與價格這三個問題，我們保證可以大銷特銷」。這裡所說的「問題點」是指「其他部門帶給自己的麻煩」，這是以「受害者意識」立場來說的問題點。提出這樣的問題點應該算是 TQM 的初期階段。再經過一些時日，問題點就會變成以「加害者意識」立場來看的自己帶給其他部門的麻煩。對問題點的看法要有這樣的轉變，大概要在 TQM 開始後半年到一年的時間。人總是比較偏向以自己的立場說話，其他部門給自己帶來困惑的受害者意識極強，但怎麼也不承認自己 (部門) 給其他人 (部門) 帶來的困擾，不肯以加害者的意識來看事情。因此，「要看一個部門的水準如何，只要從他們以什麼作為問題這點來觀察就不難理解了」。

其次，「後工程要明確說出自己的要求」。在建設業開始實施 QC 的時候，我請教過建設業人士：「為什麼建設業的 TQM 會落後呢？」或「為什麼建設業的合理化會落後呢？」，對方的回答是：「因為後工程未明確說出其要求。」因為在製造業方面，設計部門的瑕疵會很明顯地給後工程的製造部門帶來麻煩，但是建設業方面則情況不同，它的設計大部分都由所謂的大師 (或能力較強的設計業者) 負責，施工由建設公司 (即大建築公司 general construction) 負責，而且真正發包的現場作業又通常是一次承包或二次承包的公司在執行。因此，實際負責施工的一次或二次承包業者自古以來，根本不會去批評設計的人。由於後工程不會明確表達自己的意見，也大大地阻礙了進步。所以，原發包者應聽取一次承包者及二次承包者的意見，同時負責設計的一方也應多聽取施工業者的各項意見。

當然，建設業界的這種狀況一定有它很多的理由。施工部門就算想提出意見，又怕設計部門來看時發現自己這邊有很多地方也未按圖面施工，那豈不是自尋煩惱，還是別提算了。於是兩者都曖昧不清，經營一直只能安於現狀。相對的，如果後工程明確地說出意見，前工程不但可以提高水準，關係也會變得緊張些。例如，如果施工部門向設計部門提出抱怨，設計部門也會反駁對方施工未完全依照圖面進行，這樣一來，施工部門的技術也會慢慢提升。所以後工程明確說出意見，不只對提升前工程的水準有幫助，同時也提升了自工程的水準。

另外，關於後工程的要求，會出現這樣情況。那就是「後工程」有時候可能會是要我們提交資料或報告的上司，也可能是經營者。例如，經營者常會在必要時要求財會部門立即提出該月的經營資料，但是財會部門為求達到正確，一分一錢都要仔細核對，於是拖延數日之後才向後工程 (上司或經營者) 報告。像這樣的情況就是沒有滿足後工程的要求、經營者的要求。

由上述情形可見，對後工程的觀念，或是明確掌握後工程的要求，看起來似乎很簡單其實卻不然。這裡要再一次重複強調的是「想要明確了解後工程的問題點，最好的方法是親自到該工程去切實的打聽」。

5-2 特性的使用方法與管理項目

表示好、壞程度的指標稱為「特性」，如何使此特性明確，以便針對問題對症下藥是非常重要的。所謂特性還可以把它當作結果來看。例如在進行健康管理時，首先最要注意的是血壓，其次是體重等，特性的種類有很多。「這些特性當中特別需要管理的特性，稱為管理項目」。TQM 方面一定會面對一個問題即「部長、課長的管理項目是什麼？」，這一點務必使其明確。

若將「管理項目」加以大致分類，可分為控制「結果系」管理項目與控制「過程」的管理項目。大部分的公司從以前就有的多屬控制結果系的管理項目。例如利益的達成率或業績 (銷售額) 達成率、訂單額的達成率等等，這些都是過去就有的。這些一般通稱為「大而化之的管理項目」，這些東西不管哪個公司都是老早以前就有了。但是，TQM 開始實施之後，原因系的管理項目，也就是控制過程方面的管理項目就變得愈來愈重要了。以某個公司營業部門的例子來說，它有市場占有率、洽商參與率或客戶拜訪涵蓋率 (cover-rate) 等等。客戶拜訪的涵蓋率裡看手上有幾家客戶、使用者，例如一位營業員的手上有 140 家客戶，如果本月拜訪了 100 家，則客戶拜訪的涵蓋率為 140 分之 100。當拜訪的涵蓋率降低時，必須追究降低的原因，改變工作的方式才行。使這樣的標準明確以進行管理，事實上就稱為管理項目。就部課長來說，部長的管理項目是什麼？課長的管理項目是什麼？這些都必須加以明確。

5-3 防止再發與標準化

PDCA 的「A」(即 Action，處置行動) 可分為二種，一是應急對策，另外一種是防止再發的對策。關於這些我們已在前面學過，除去現象者為「應急對策」，追究原因並設法除去者為「防止再發對策」。例如發生火災時，滅火作業是去除火災的現象，屬於應急對策。只是去除火勢，未針對火災原因深入調查並設法除去其原因，火災依然會再發生。要採取防止再發對策，不能只針對現象，必須設法除去「原因」才行。

我曾經出席參加某家公司的 QC 指導會，在指導會就要開始的時候，負責 QC 的常務突然勃然大怒。發怒的原因是因為會場上的掛鐘一個月前就停了，這天仍然是停的。我也常碰到有些公司的研修室或教室、休息室掛鐘停擺的情形，每次我看到這種情形，總會諷刺地說：「眼睛看到的時鐘都停擺了，你們公司是不是有什麼工作也停滯不前呢？」，這叫做從一事看萬事，一事就是統計裡所說的一個樣本，萬事就是母體，從一個樣本去推測母體就是這句話的意思，這也是統計中抽樣檢查的精神。話再說回來，前面的指導會場，看到常務已經生氣了，總務課長趕忙喊了一位女性員工去換上電池並將時間調撥正確，完全恢復原狀開始走動。那麼，這個對策 (Action) 是防止再發對策呢？還是應急對策？很遺憾的，事實上這只是應急對策罷了。為什麼呢？假設這個電池經過三個月就會沒電，今天 10 月 20 日的話，那麼今天換上去的電池到了三個月後的 1 月 20 日仍然會沒電，時鐘還是要停。就算今天被常務怒責覺得非常沒面子，甚至感慨要辭職，但三個月後就會完全忘記，等到 1 月 20 日只好再被常務怒刮一頓。然後這天之後再過三個月的 4 月 20 日，仍然因為時鐘又停擺了，又被痛責一次。我曾開玩笑地說，從這個情形來看好像每三個月就有一次管理循環產生，但事實上這並不是管理循環的 PDCA，只是問題以相當高的頻率一再地發生而已。而且也只是一再地以應急對策在善後而已。要防止問題再發生，必須掌握真正的原因。但要徹底追查真正的原因是非常不容易的。比如我們看到電池就容易把電池當作原因，也就是說把現象當作原因的可能性極高。

但是現在我們再設假已經掌握了真正的原因。例如那位總務課長對女員工說：「妳的責任是不要讓時鐘停擺，所以每三個月要更換一次電池」，如果能把這個工作變成一個規定，那麼這就是標準化、防止再發的做法了。但是，「並不是標準化之後就一定能夠發揮防止再發的功用」。日本有一種所謂的 JIS 指定工廠，要成為這種工廠，通常必須制訂非常多的標準類。這也不一定因為是 JIS 的指定工廠才要如此，雖然標準類多得不值錢，但大部分都共同存在一個問題，那就是「只是沒辦法遵守罷了！」；換句話說，雖然標準化了，但並未能發揮防止再發的功效。要能夠「遵守」標準，才會有防止再發的效果。前面提到的那位負責的女員工如果能自己下點工夫，例如 10 月 20 日換了電池以後，在自己的記事本或桌上月曆的 1 月 20 日處，註明一下「要更換電池」的話，那麼 1 月 20 日到的時候就會想到「啊！要換電池了」。像這樣的防止再發的督促動作，不需要幹部人員去替我們想，要自己自動去做。只有做到這裡，時鐘的問題才算真正地採取了防止再發對策。如果要進一步說的話，沒電時鐘才停擺這只是現象而已，真正的原因是人的方面出了問題。總務課長制訂了標準卻未交待執行的話，責任就在總務課長身上，但如果負責的女員工明知有每三個月必須更換電池的規則，而卻不確實執行的話，那麼就是她出了問題。電池並不是原因。

如果像這樣把防止再發的觀念運用在日常業務上，許多業務都會因此逐漸獲得改善。

我常會因公司的委託到外處出差，而有很多利用飯店的機會，在這方面也常常碰到一些問題。例如公司已代為訂房，但飯店方面未有預約的登記，或是已預先麻煩飯店安排隔天早上到公司的計程車，但到時卻未見做任何安排等等的情況。遇到這些情形，我總是會去找投宿的飯店，希望他們查明這種安排上疏失的原因。我的用意是希望他們採取防止再發對策，這樣對我以外的客人也有幫助。但是當天傍晚回飯店問他們是否有查明原因時，大部分的狀況都是沒有著手去做。會有這種情形是因為我拜託他們查明原因，但當事人卻感覺好像在被「追究責任」，所以旁邊的有關人員什麼都不說，當然更別談有向上司報告曾出現的這些狀況。只是一再地表示「非常抱歉、非常抱歉」，想藉此讓事情了結。這樣的做法，問題仍是會一而再的發生，所以我覺得非常的遺憾。

5-4 TQM與「太忙」的託辭

某個公司請來一位高僧來傳道，這位和尚說過這樣的話：「每天只會說太忙、太忙，您的心將跟著迷茫，因為忙是心的作用產生，你一直覺得很忙、很忙，心就會產生迷亂」。我也曾向營業部門的人說：「忙總比閒著好，但是如果太忙以致十年如一日，工作方式都不改變，變成行屍走肉的話是不行的」。如果每日有進行管理的話，發現當月的目標與實績出現差異，就應該立即追查原因，想辦法改變工作的方式。不管再怎麼忙都不能忘記這些工作。但是，似乎任何一家公司都有「太忙」這個大問題在，因為太忙而無法去對工作方式做改變。這麼一來，效率和生產力就會愈來愈差。換句話，它只是管理環 (PDCA) 裡的 DO (實施) 在運轉而已，這種公司我們稱它為「原地踏步」的公司。我們經常還可以聽到營業部門的人抱怨說：「太忙了，每天總是東奔西跑」，但仔細觀察將會發現與其說是「東奔西跑」，應該說是「左顧右盼」。才到那邊就又想到這邊，問題發生了，客人一叫又立刻跑去「滅火」，忙得不可開交。所以我常對營業部門的人員說：「請利用三天的時間，每隔一小時寫下自己做了什麼事」，但是他們說：「太忙了，哪有辦法做這些事」，我說：「計程車司機都可以利用等紅燈的機會，寫下從何處經由何處的記錄，所以不管再忙，用一句話也無妨，寫寫看」。這麼做是想分析「什麼事讓你這麼忙？」，結果發現事實上大部分忙的都是一些應急性的對策罷了。換句話說，忙得不可開交只為「滅火作業」，客人呼叫了就飛奔而去，一再地重複這些動作罷了。客人在呼叫了沒辦法，事實上並非這樣，最重要的還是要從問題出處去追查原因並採取防止再發對策，這樣才有辦法慢慢將自己從忙碌中解放出來。

順便一提的是庫存方面的問題也有同樣的道理。很多企業都會發生因庫存過剩造成呆滯商品 (dead stock) 的問題。這種情況只要減少進貨只管出貨，庫存當然就會慢慢消解。不過儘管庫存會因此慢慢消解，這也只能稱為應急對策而已。這種減少進量加強出量，或是將呆滯商品加以處分、削減的做法都只是應急對策，過不久庫存過剩的現象仍會一再發生，這絕非真正的庫存管理。為了防止問題再發，仍然要針對為什麼庫存會過剩？追查原因並改變工作的方式。例如事前若有規定庫存管理的上限，貨品就不會進得超過限度，規定下限的話也可以防止缺貨，因此，只採取應急對策不能稱為管理，必須做到防止再發的地步始能稱為「管理」。同理可推，只有應急對策不算是庫存管理，要真正能夠做到防止再發才能算是在做庫存管理。

Chapter 6

過程管理 (Process Control)

6-1 改變工作方式

不管是要提升品質也好、業績也好，首先最重要的是要使「工作的品質」提高。要提高工作的品質，工作的進行方式、作法一定要改變才行。以管理來說，如果每月有進行管理的話，只要目標與實績有差距，就必須改變工作的進行方式，否則不能稱為管理。在第一次石油危機之前的高度成長時代裡，有不少公司在這十年間，工作的進行方式、作法幾乎完全沒有改變過。我稱這種情形為「十年之間未曾做過管理」。工作進行方式、作法沒有改變，就等於沒有在做管理，這是一個很基本的觀念。

這裡所說的「工作」可以替代其他的名詞進去，就可以比較了解它的意思。例如，把「會議」替代進去，就變成改變會議的進行方式、作法。這是比較直截了當的主題，很多公司在進行了 TQM 之後，首先在會議的進行方式、作法上，都會產生一些變化。

我在某個公司介紹了這個話題之後，年屆 80 高齡的社長發現最近的營業會議、銷售會議與十年來的進行方式、作法幾乎沒有任何兩樣，於是宣稱「我不出席參加」，使得下面的人覺得非常地困擾，我想經營者的這個態度應該是一種激勵的作法。

如果此處把「工作的進行方式」中的工作替代成 QC 的代表性用語，例如不良對策，那就變成了改變不良對策的進行方式、作法。同樣，如果把與 QC 有親戚關係的「標準化」一語替代進去的話，就變成了改變標準化的進行方式、作法。這裡所說的「改變」無非是指如何使標準化的進行方式以更符合 QC 的方式來進行。

雖說「標準化」與「QC」彷彿親戚關係，但如果認為進行標準化就是在進行 QC 的話，那就錯了。我個人認為標準化可以是良藥，也可以是毒藥，問題在於它的進行方式。關於這點，後面再做敘述，這裡所說的「工作的進行方式」稱為「過程」。從某個意義來看，QC 可以想成是一種過程的管理。即使不太理解 QC 的內容，那很簡單，只要說它是一種過程的管理就可以了。為什麼呢？我們常這麼說「品質要在過程中形成，靠檢查無法做出品質」，這裡所說的過程不侷限於什麼工程，製造過程也好、事務過程或營業過程都好，品質要在過程階段形成的道理是不會改變的。換句話說，從過程去加強品質是 QC 的基本觀念。過程管理也可以說是 QC 的代名詞。

6-2 標準化

我們來探討一下前面談到的「標準化」問題，標準化走在 QC 前面可說是一種最形式、也最危險的 QC。例如一家即將實施 QC 的公司，到已經獲得戴明獎的前輩公司去見習。前輩公司告訴他：「我們這裡有部長、課長的管理項目，也有管理體系」。例如品質保證體系、利益管理體系、銷售額管理體系等都很明確，另外方針管理也落實在做，也就是說明確訂定年度方針，從社長方針到末端的員工都依據方針在運作。這些管理項目、管理體系、方針管理都可視之為標準化的一貫相連……」，聽到了這些話，很容易就以為做了這些便是 QC 了。其實這個觀念是錯誤的，也容易產生「標準化走在 QC 前面」的現象。

在 QC 界常常會提到 Plan、Do、Check、Action。Plan 是指計劃、Do 是實施、Check 是確認、Action 是處置措施。管理即依照這四個步驟不斷循環。

二十年前左右的許多公司，沒有計劃只是實施，沒有確認也沒有處置措施。(由於這些公司只做 Do 的步驟，所以稱之為 Do-Do 原地踏步公司)。

那時我剛好在指導某家公司的 QC，我問他們的推進部長：「你們公司是哪一種形式？」他說：「我們公司也是一樣，沒有 Plan，有執行 Do，沒有 Check，但有 Action」，「所謂 Action 是指什麼？」，他說：「倒也不是什麼，只是上級主管偶爾心血來潮。換句話說是 Do-Action、Do-Action 二個衝程 (cycle) 的方式」。或許此二個衝程的公司比起只進行 Do 的一個衝程的公司稍微好些，不過還是要四個步驟全程都轉動才行。

再來看看最近的公司情形如何。首先 95 年度到了，就擬定實施計劃 (Plan)，然後 Do、Check、Action 都沒有，很快的 95 年度結束了，只好推翻舊案，重作 96 年度的方針實施計劃，所以都是忙著在製作計劃而已。這種除了擬訂計劃，什麼都不做的公司，稱為 Plan-plan 公司，這一類的公司可說為數不少，像盲目想取得 ISO 認證的公司就是如此。

這樣看來，如果說這二十年來國內的企業由 Do-Do 原地踏步型轉移為

Plan-plan 型是一點也不誇張的。所以有的公司會說我們已經做了三年方針管理，所以 TQM 的水準也提高了，但究其事實所發展的只是作文能力而已，也就是說如果它所發展的只是無中生有的作文能力是一點也不為過的。一旦走成為這種形式性的方針管理的話，那麼即使有方針管理、管理體系或部、課長管理項目此種的標準化，終究還是變成形式性的 QC，成為前面所說的最危險的 QC，這點非常值得我們的注意。

前面說過「標準化走在前面的 QC 是最危險的 QC」，相信大家應該已經可以理解其意義了。

6-3 由真實出發 (發自內在)

前面講到的這種從標準化開始的 QC，也可稱為「由表面原則出發的 QC」，QC 還是要由真實而不是表面原則出發才行。所謂從真實出發，事實上是指由掌握實際情形開始而言。能夠掌握實情的話，問題漏洞自然會顯現出來，這是非常重要的。所以，TQM 也可以說是從問題缺失著手的一個活動。像這樣掌握實情，讓問題缺失顯現之後，自然就可以產生問題意義。有了問題意識就能深切感受到需求的所在 (也就是感受到需要性)。在深切體會到需要性時，就可以進行方針管理或制定管理體系、設定管理項目了。也因為如此我們才一再強調必須重視進行方式、過程。這樣之後，再考慮標準化的實施方式、QC 的進行方式的話，效果必然可期。這種從問題點著手的 QC 通稱為「發自真實的 QC」，TQM 的進行方式也必須由表面原則改變為由真實出發才行。

在大陸四人幫的全盛時代，有位日本女作家參加文人團體到中國大陸旅行，在回國後的訪談裡她嚴厲地批評說：「中國大陸是一個只說表面話、聽不到真心話的國家」。譬如問說「中國的人口這麼多，應該會有一、二個小偷吧？」，得到的卻是「中國已經是一個沒有小偷的國家」的表面回答。這也是為什麼過去三十年來中國一直沒有進步的原因，因為它始終不曉得問題缺點在哪裡。中國最近也一直談 TQM、TQM 的，對這方面表現得非常熱心，當然一方面也是受到日本學者、企業人士前往指導的影響。其中有個人在前往北京內燃機工廠進行指導時，把 60% 的不良率沒多久減少為 0.25%，成為有名的故事。

由於工廠的零件及庫存品相當多，指導者督促其注意說道：「庫存品這麼多豈不是很難消化？」，對方卻回答：「一旦有事時，自然能派上用場」，一點兒也不感到驚訝的樣子。如果日本庫存這樣多零件，那公司一定要倒閉的。另外，指導者聽到有60% 的不良率相當吃驚，但對方卻滿不在乎，說「只要達成勞動定額 (計劃指標) 就行嘛！」。對大量的庫存及大量的不良品的缺失，不曾有過意識是中國過去三十年來沒有進步的主要原因。

以前我曾受委託指導一家專門銷售唱片、樂器、音響等商品的零售店。這家零售店是一家大型的販賣店，當時大小合計共擁有 40 家店，店員人數有 450 名。這家店有唱片、樂器、鋼琴、音響四個部門。首先我們以唱片部門作為 QC 的對象，打出「建立固定顧客」的方針。唱片行長久來是一種典型的「等待生意」，總是客人自己上門，這種店裡通常有很多通稱「飼料盒」的唱片盒架，品項要愈豐富愈好。

但是，根據對各支店的統計結果顯示，未必唱片盒架多、賣場面積大的店，業績就一定比較好。後來經過不斷的調查，才知道愈是業績好的店，愈是有著手在做預約訂購的工作。由於事實顯示勤於做預約訂購活動對增加業績有正面幫助，所以這家唱片便集合營業人員開小組會議，以上述事實為依據，設定了以下的目標：

(1) 選定全店的重點曲子。
(2) 決定銷售對象。
(3) 訂定銷售重點。

在這些具體方針之下，各支店開始努力爭取預約。這種做法就不是前面說的標準化走在前面的 QC；相反的，它從掌握實情著手，不但具有問題意識也能深切感受需要性，以這樣的做法來決定事情。從這個例子也可以看出重視過程的重要。

6-4 利用結果來進行管理

那麼是不是目標設定以後，一切就算結束了呢？不是的，而是管理正要從此開始。一般都是針對結果在進行管理，但 QC 則是「利用結果來進行管理」。那利用結果來管理什麼呢？正確地說的話就是管理過程。而過程則是指工作的進行方式。正確的說法是「利用結果來管理工作的進行方式」。

以前面提到的零售店的例子來說，結果就是「銷售額」。再精確一點地說，結果就是它的預約單的張數，例如目標是 300 張，但只拿到 200 張的話，則達成率僅為三分之二 (66%) 就是其結果。追究為什麼只達成 66% 的原因，設法改變工作的進行方式、作法 (過程) 就變成了重要的課題。

QC 裡所說的「管理」是指以輕鬆的方式改變工作的作法，使結果轉為良好。另外品管圈的情形也是一樣。它的目的是希望成員以輕鬆、樂在工作的方式，改變結果使其趨向理想。對於品管圈有很多不同的見解，也有人開玩笑說：「品管圈不是快樂事，而是苦兮兮 (QCC) 的差事」。對於這種說法我會回答說，為什麼變成苦差事呢？是不是應該追究一下原因，改善一下集會與工作的進行方式呢？

一般談到「管理」，多半都是指對結果加以管理，而不是利用結果來進行管理。怎麼說呢？一般的「管理」都只針對結果加以確認就算了事了。這種管理不思改變工作的方式，但目標值卻年年上升。這麼一來，到時候只有靠高壓的鞭策方式來做，所以這種公司一提到管理，都會令人膽戰心驚，給人一種強制性、高壓性的印象。這種只做「管理結果」、「確認結果」的公司據說高達七成以上。若以更嚴格的角度來看，應該說高達九成五以上，您公司的情形又是如何呢？

6-5 追究原因

前面我們一再強調的是改變工作的進行方式、作法，接著再從營業的例子來看看「追究原因」與「改變工作方式」的問題。

談到「營業部門」，它的一個特徵就是不會去追究銷售額為什麼減少了，如果要對它加以定義，可以說它是不會追究原因的部門。但是，營業部門的人員卻常給人一種「錯覺」，覺得他們好像一直都在追究原因。例如問他們為什麼這個月的銷售額沒有成長，回答是：「因為上門的客人少」。這樣的回答與其說是原因，其實只不過是現象而已。業績下降，上門客人少都只是現象之一，針對這些現象繼續不斷向下挖掘，才能觸到問題。

總之，營業部門的人員多半只止於追究現象、除去現象而已。銷售額減少的真正原因還沒追究，馬上就採取勉強的銷售方式 (例如強制推銷) 來設法提高業績。這種作法叫做「除去現象」，通稱「應急對策」。只採取應急對策也是可以使業績提高的，乍看之下好像在追究原因，但仔細觀察，其實並未對原因做任何追究。

另外，再來看建設業的例子。某家建設公司的鋼筋軀體工程整整地拖延了三個禮拜。問其原因，回答是「鋼筋工人慢了三星期」。這也是現象之一，不是原因。為什麼鋼筋工人會慢，如果針對此點深入追究原因五次左右，應該可以找到答案，但他們並沒有這麼做。於是立刻增加一倍的作業人員也只是執行突貫工程，這只是除去現象，換句話說只是應急對策而已。這樣一定工程到竣工為止雖然消耗經費，但總算可以趕上工期。

這樣的對策雖然可以使公司的經營、運作維持無恙，但是放著這樣的體質不去改善，總有一天會出現破綻。因為如果不去追究原因，不但無法指望公司的固有技術水準會提升，它也不會成為公司的資產。以現在這個例子來說，應該針對鋼筋工人慢三星期的問題，檢討原承包者的工數計劃、工程計劃，或者更深入一步檢討一次承包、二次承包的工數計劃、工程計劃在做法上有沒有什麼問題？設法改變工作的方式才能提高工數計劃、工程計劃的固有技術，同時使之成為企業的資產，使日後的對策有正確的方向可以依循。這種做法才是防止再發對策，而且它會成為固有技術，漸漸累積成為公司的資產。

為使各位有更進一步的理解，我們再來看看下面的例子。我過去在某製鐵廠進行指導時，問他們為什麼工程拖延了，他們的回答是機械故障。再問：「機械故障的原因是什麼？」回答是「彈簧條斷了」。製鐵廠有 200 ～ 300 位維修人員，我再進一步追問他們：「你是除去了現象，還是除去了原因？」，結果反而正顏厲色、理直氣壯地回答：「我是修理工，彈簧條斷了我把它換掉，哪裡不對？」這些都不是除去原因，只是除去現象的應急對策罷了。但是，如果能夠針對問題點反覆五次追究原因的話 (不只是換掉彈簧條而已，要更根本地針對周邊的事物追究原因、採取對策)，那麼每個月會斷裂一次的東西或許可以維持半年才斷一次。這樣做是使工作的品質提高。

結果反覆地這麼做，直到完全不再有斷裂現象，那就是防止再發對策完全奏效了。

如前面所說，只除去現象，公司仍然可以經營、運作，但這樣的做法對提升利益、提升業績很少會有幫助。由於沒有去注意所得之利益少於本來應得之利益，再加上一些突發的外在原因，業績可能會突然掉落而變成赤字。對於公司的實情若不詳加調查，將無法知道工作進行方式、作法上的什麼地方有問題。因此，工作的進行方式 (也就是過程) 會影響到企業體質，不斷地追究原因，除去原因，以視同固有技術為財產一般改變工作的進行方式，公司的體質自然會提升，達到體質改善的效果。

以 QC 觀念為基礎的「豐田生產方式」(看板方式) 裡也有出現「重複五次為什麼、為什麼」這樣的說法。在這種「看板方式」裡，即使汽車依照生產計劃生產沒有任何問題，仍然強調要反覆進行五次為什麼、為什麼的自問。筆者曾有過指導許多公司的經驗，無論是物品的製造方式、流程方式，都以汽車製造廠的水準為最高。但儘管如此，它仍然保持問題意識，這也使得這些企業的體質一天比一天強固。

銷售業績減少或工作的進度落後不是理所當然的事，是問題的所在。若是理所當然的事就重複五次，如果是問題就要以二倍的次數 (也就是十倍) 重複自問原因的所在。

在這樣反覆五次自問原因的時候，最重要的是要仔細觀察事實，只是腦袋裡反覆五次是沒有意義的。尤其是營業部門的人員當中，有的人頭腦很好，甚至有人反覆 5 分鐘都一直問為什麼、為什麼，但這一點意義也沒有。

以前道格拉斯 DC10 的飛機曾在美國墜落，飛機在機場起飛不久引擎就脫落了。這時美國的聯邦航空局立刻下令停止飛行。由於這是因為標塔有裂痕，引擎脫落才造成，所以剛開始時懷疑是不是製造廠在設計上的強度測試錯誤所導致。但是二個月後，美國聯邦航空局做了令人意外的發表，原因是航空公司的維護方式上出了問題。換句話說，在觀察其維護做法時發現它並未依照標準進行作業，才使標塔的地方出現裂痕。這真是非常了不起的發現，它深入觀察事實的做法真是令人非常敬佩，而這也是我們所強調的重點。

「利益」是一種結果

QC 實施三年 (至少三年) 之後，至少要做到下列二點，否則不會有什麼成效：

(1) 從個人所持有的技術，提升、累積成為公司的固有技術。
(2) 培育人才。

這兩點也是我用來確認的重點。個人的技術是非常重要、不可輕視的，如果對其置之不管，它永遠不會成為公司的財產。我在開始指導前，曾提及的零售店的 QC 時，曾對其社長說：「不可過分強調眼前的利益。至少要花一段時間來做上述的 (1) 或 (2) 項，等體質改善了之後，利益自然會提升，這是一種結果也是非常重要的觀念」。這家公司的預約取得方式及一般店頭販賣時的三步驟－接近、示範、成交，全都是公司的財產。

接著我們來探討一下利益的問題。首先要有一個觀念是利益是一種結果。關於這一點我們來看看下面的例子。日本某電氣公司的某事業部聚集部長舉行小組討論。其中有位部長發言說企業首先要考慮的是利益。這也是當然的事，不過別位部長也有意見，他說在松下幸之助的某個演講會上，他說廠商最重要的工作是生產顧客最喜歡的產品。第二是提高銷售業績，第三是提高利益。他把利益擺在最後面，事實上正是如此，在到達結果 (利益) 之前的過程是最重要的，這也是本章主題「過程管理」的根本觀念。我指導過很多公司，有的沒什麼利益 (利潤)，有的甚至瀕臨赤字。只要是這種公司的社長都會一再強調利益、利益，員工的想法也都朝利益方向走，到最後常常徒勞無功。不要只是一味地追求利益，利益提升之前的過程才是最重要的。另外，利益這種東西是一種自然的結果，我們絕不是說不要在意它，但如果過度急於追求利益，就會變得忽視過程，這樣就很難指望達到 QC 的理想工作方式，也就是過程管理，這樣還渴望提高利益，簡直就是妄想，這點希望各位銘記在心。

Chapter 7

統計的觀念

7-1 以數據說明事實

QC 裡對「統計的觀念」與「統計手法」有不同的詮釋。前者是以統計的原理、原則為依據去架構出對「事物的看法、想法」，重點放在「創思方式」上。後者是指利用已在「統計學」世界裡獲得證實、發展出來的數據處理法加以類型化的手法。此處我們將以前者為中心，從其實務的背景去探討它的內容。

過去我曾指導過因交期延誤給客人帶來極大困擾的營業處。這個營業處本來要去客戶那裡拿下個月以後的訂單，但想到不但這個星期的貨還未出，連上個星期應該交的貨也都還未出，實在沒有臉去見客戶，想要去拿訂單也不敢去了。於是我馬上會見負責生產的四位事業部的部長，拜託他們督促交貨。同時也拜託向來在公司裡最「惡名昭彰」的事業部的部長，希望他拿出對策來處理「交期延誤」的問題。誰知道這四位的事業部長當中反而有人以夾帶諷刺的口氣對我說：「你能不能出示數據證明交貨延誤？指導 QC 的老師不是常說『要以數據說明事實』的嗎？」，我因為一時疏忽忘了帶交期延誤的數據過來，被他這一糗感到面紅耳赤，所以立刻回營業處要求他們收集數據。結果在分析數據的時候，發現四個事業部當中被傳說交期延誤最嚴重也就是那個最「惡名昭彰」的事業部，比起其他三個事業部，其實交期延誤情形是最少的。

四個事業部當中交期延誤最少的事業部為什麼會變成惡名昭彰的部門呢？根據後來調查的結果，原來當營業處的負責人以電話向該惡名昭彰的事業部催促出貨時，該部的應對態度非常差，姿態擺得很高，而且一貫以冷淡的語氣回應對方。因此給了營業處負責人不好的印象，變成了惡名在外的部門。相對的，其他的事業部在面對同樣的問題時，都以低姿態回應電話，給營業負責人留下良好的印象。就這樣的，只憑印象，這個部門就被判了惡名，完全沒有在數據的依據下受到公平的判斷。這個世界上有很多事情也都只憑印象就被加以判斷。從這裡相信大家一定可以體會不根據數據去判斷事物是何其地危險！

7-2 「證據」勝於「理論」(事實勝於雄辯)

督促出貨與處理抱怨太慢等等常常使得營業部門與工廠部門彼此水火不容，不斷有爭議或吵架發生。沒有證據資料或數據作為依據的爭議，常常一引發就沒完沒了。任何人一定都有過彼此無法說服對方，弄得很不耐煩的經驗。這種情形最後一定是「聲音大的人贏」。聲音小、沒膽量的人就算說的是正確的，還是會讓聲音大的人壓過去。最後變成「無理硬拗變有理」。

但是，這樣的工作環境會讓員工士氣愈來愈低落，士氣不振是非常嚴重的事情。想要擺脫這種類似黑道社會的「無理硬拗變有理」的工作環境，讓正確的意見隨時都能出頭，一定要靠證據資料或數據來說明事實，也就是說「證據勝於理論」。我們也可以說「脫離這種黑道的社會正是 QC 的目標所在」。

7-3 層別與變異

當我還是高中生的時候，一聽到「統計」這句話就會想是「分類」。不過這個印象也並沒有錯。一談到「統計學」，大家立刻聯想到是一種很難的數學，所以有必要改變觀念，不妨把它當作「分類的學問」來想。分類時的計數性分類稱之為層別，也就是將數據分類為品種別、地區別、負責人別等。如果我們說層別方法的高明與否足以影響一切是一點也不誇張的。不進行層別，那麼即使運用再高級的統計方法，仍然無法得到好的資訊。拿到數據後首先進行層別是統計處理的第一步。接著是注意層別後之圖表 (或柏拉圖) 裡的變異。或許正確一點應該說一邊觀察是否有變異出現，一邊進行各種層別。如果什麼都不注意，只是一味地進行層別，那是沒有什麼意義的。再強調一次，要一邊觀察變異情形，一邊進行層別。

我們來看看一家塗料 (油漆) 工廠的例子。有一次我和這家工廠負責營業的常務一起巡視所有的營業處，在南部的營業處時，由於難得常務從總公司來了，大家就提出了各種要求的檢討事項。

其中有人提議：「由於我公司的塗料比其他對手公司的價格高出很多，所以不太好賣。能不能想辦法請公司方面降價？」。這位脾氣很好的常務聽了意見後回答「我會想辦法好好處理」。但是我認為正是這種情況，更有必要仔細了解一下實際情形。

於是便針對南部營業處的某家銷售店做了業績狀況的調查。關於塗料的銷售額，可以依業績多寡順序排列出各銷售店之方式來畫出柏拉圖也行，不過這並沒有太大的意義。因為這種統計方式所顯示的結果一定是規模較大的販賣店，銷售額也會較高，這樣只能知道一些理所當然的事實。

於是我們依照店的規模將銷售店分為 A、B、C 三等級，針對同一等級 (規模) 的銷售店，比較其銷售業績。例如圖 7-1 就是 A 等級銷售店的銷售額實情，以圖表表示後的結果。由圖可以發現除了上位的二家之外，其他銷售店的銷售幾乎都半斤八兩，沒有太大的差別。而圖 7-2a、b 兩家店的銷售額則相當的高，也就是說銷售額會因店之不同出現變異。另外，還明白一個事實是價格過高，應該賣不出去的商品，還是有的店賣得相當好。

對層別後的變異情形加以注意的就是 QC。為什麼會出現變異必須追究其原因，於是我們就委託調查實情以追究其原因。調查商品暢銷的 a 店與其他銷路不佳的店之間的差異。此事與現場不良問題中要徹底比較良品與不良品的觀念是相同的。徹底觀察差異才能追究原因。

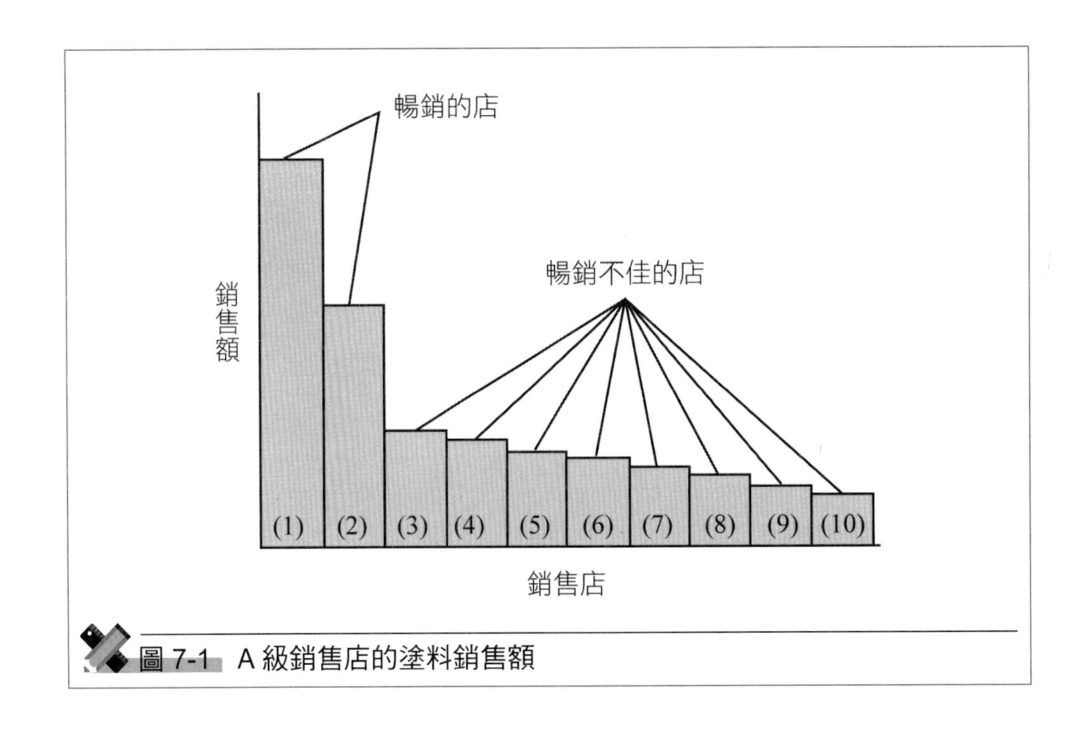

圖 7-1 A 級銷售店的塗料銷售額

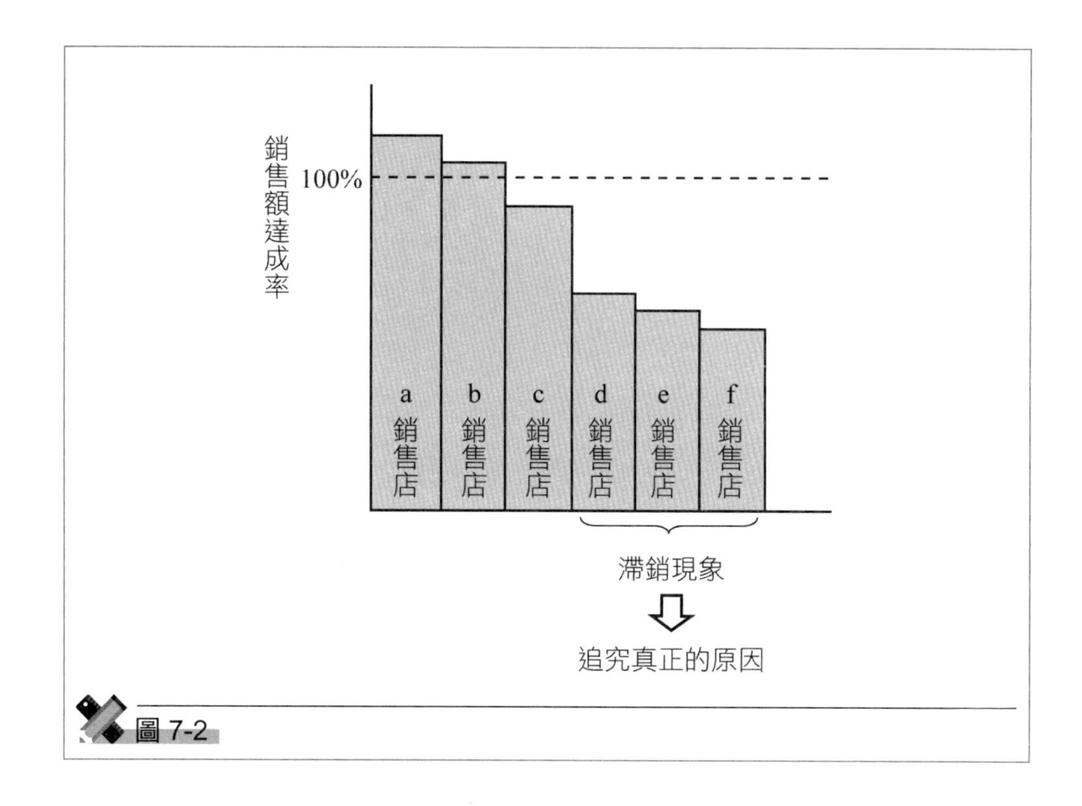

圖 7-2

結果發現不同在於 a 店完全按照廠商指示，對來店買塗料的客人說「五年保證」的優點。一般的油漆經過二、三年就需重漆一次，所以這個商品雖然表面上價格較貴，但由於它有五年的保證期間，所以其實是比較便宜、值得買的，在客人來時都會向他們做這樣的解釋。因此，雖然價格稍高，客人還是會買。

像這樣的，終於追查出塗料賣不好的原因是在於銷售店的賣法出了問題，進一步也了解到廠商的方針 (也就是五年保證的賣點 (sales point)) 的貫徹工作上做得極不徹底。

明白了原因之後，不只南部的營業處，整個公司的營業部門立刻決定把商品的五年品質保證之說明在銷售中貫徹實施。

如果沒有針對實情進行調查，追究出真正的原因，負責營業的常務可能會採取很平常的處理，很輕易地就答應南部營業處所提出的降價要求。

仔細觀察實情，追究真正的原因，掌握原因之後設法除去其原因，這些步驟乃 QC 的定式，關於這一點一定要了解才行。

在前章我們已經說過，「現象」與「原因」必須區分清楚。銷售部門或營業處為了了解為什麼這個月業績沒有達成，查看了所負責的區域內各銷售店的銷售額圖表 (或柏拉圖)，結果說原因是因為「某處的一家銷售店和某處的另一家銷售店的銷售額太少所造成」。但是，銷售額的柏拉圖或圖表終究只是顯示「現象」而已，並未顯出真正的原因。它只是把「賣得不好」的現象顯示出來而已，所以如果沒有深入調查背後的「真正原因」，真相是不會大白的。

我常問營業部門：「銷售不佳的原因是什麼？」，他們總會回答：「原因知道啊！一定是……」，但「銷售額」的數據是「結果」的資料，所以只能了解「現象」。要掌握「原因」一般都必須進行實情調查，靠臆測是無法掌握「真正原因」的，也就是說最後還是要「深入觀察事實」。

但是，這裡有一點很重要，必須強調的是，雖然銷售額這種數據只能顯示「現象」，但並不能因此就認為這些資料是沒有價值的。

想要更有效率地追究「真正的原因」，顯示「現象」的數據仍是不可或缺的。就好像在檢舉小偷時，顯示「現象」的數據才能提供我們犯人在哪裡以及應該如何掌握相關的線索。也只有顯示「現象」的數據才能更有效率地縮小對象，指引我們調查的方向。因此，能否對表示「現象」的數據善加層別、活用，還得要看有沒有統計的細胞才行呢！

7-4 柏拉圖與重點導向

柏拉圖是依照損失的大小順序將不良項目列出，儘可能從大項目著手改善的一種手法。它的觀念是基於「重要的致命傷通常只是一小部分」(Vital Few)。亦即不良的項目雖然成堆，但只要針對最嚴重的 2~3 個不良項目加以改善，大部分 (80% 左右) 的不良就可以除去。換句話說就是「重點導向」，亦即重點式的攻擊是最具效率的。

談到柏拉圖常常碰到很有趣的事，那就是常常把它的正確名稱「柏拉圖」(pareto 學者名稱) 唸成「行列圖」(parade)，大概是因為圖中的柱子看起來像行列，所以才弄錯的吧！

在國內某公司事務部門的全公司發表會上，服務於南部地區的某女性員工把自己一個禮拜的業務時間做了分析，畫成柏拉圖，但是仔細看它的標題，也是把「柏拉圖」寫成「行列圖」。但是事例內容相當精彩，獲得當天發表會中的總冠軍。協理在大受感動之餘，居然興高采烈地說：「以後我們公司都不再用柏拉圖，就用行列圖來做吧！」，我們也都被他這一說嚇了一跳，留下深刻的印象。

這張柏拉圖把一個禮拜的業務時間的分析結果，依照項目別加以分類。她是身為分店長的專屬秘書，為了取得分店長的決裁必須讓他蓋章，但分店長不在的時間居多，使得事務常因此而耽擱。所以重要的決策姑且不談，不重要的事務如能授權，決定什麼需要蓋章或不需要蓋章，那麼就可以撥出很多時間去做更重要的事情。

在當時的女性品管圈的發表裡，雖然有一般的合理化主題，但很少像這個例子一樣，針對工作的內容，評價其重要性並加以合理化，所以我也給予很高的評價。

7-5 「管制圖」的精神

不論是生產現象或銷售工作，要判斷某個業務的「管制是否順利進行」時，首先第一個步驟是看這個業務在「判斷異常的作法」上是否明確。

第二個步驟是「若有異常是否採取處理對策？」。雖然這只是兩個簡單的問題，卻大部分都得不到明快的答案。像這種情況被加上「管制不實」的烙印也是無可奈何的。

其中，第一步驟的「判斷異常的方法」不明確者居多。像這樣「管制」是不可能順利進行的。因為只要有「異常」出現時，再明確採取對策就行了，但如果「判斷異常的方法」不明確，處理對策也將沒有依據可循。所以不是完全不採取處理對策，就是對策反覆無常。

所謂「異常」就是「異於常態」。所以，如果無法掌握「常態」，那異於常態的狀況也將無法明確。換句話說，「定常狀態」無法掌握的話，「異常狀態」就無法判斷。為了能夠明確判斷「定常」與「異常」，一般都使用「管制界限線」。使此界限線明確並將數據描繪出來，就成了「管制圖」。(註：關於「管制圖」的詳細內容，可以參閱「品管的統計方法」。)

7-6 從「圖形」到「管理圖形」

在單純的圖形 (圖 7-3) 裡，如果覺得第 2 點太高，那麼同樣的也一定會覺得第 6 點太高。另外，如果第 3 點太低，那麼第 1 點也一定會覺得太低。像這種「太高」或「太低」的感覺完全只憑主觀、自我的判斷。所以，現在像管制圖一樣，在上下各畫一條管制界限線看看 (圖 7-4)。

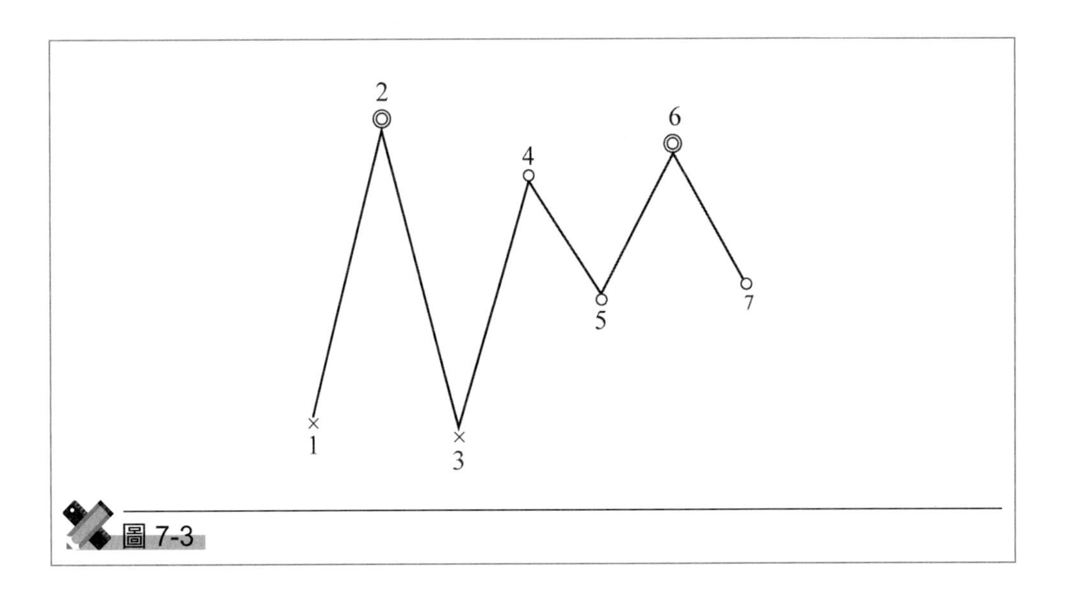

圖 7-3

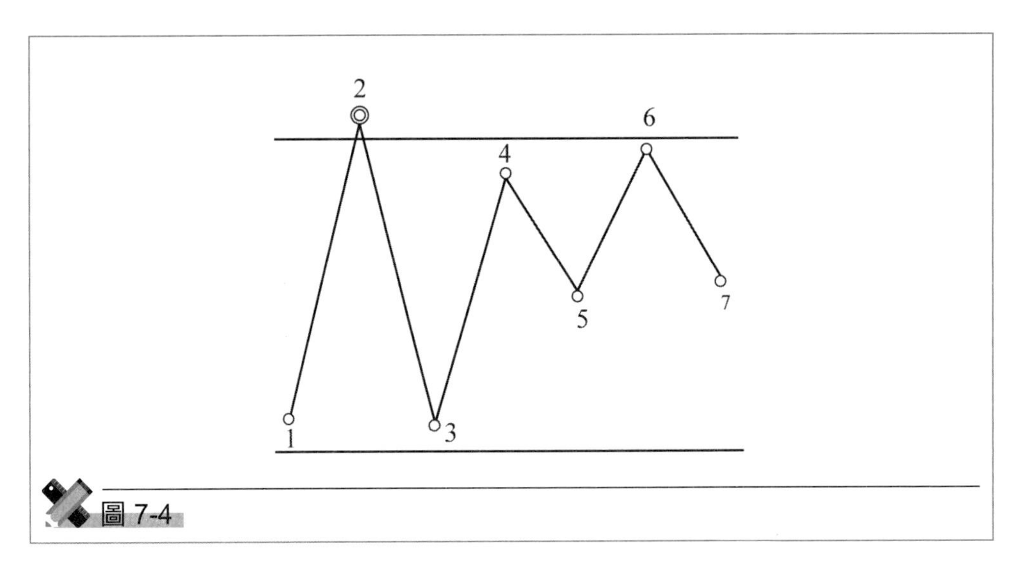

圖 7-4

上面的界限線稱為管制上限線，下面的稱為管制下限線。這麼一來，跑出上下界限線之外的點就只有第 2 點了。也就是說只有第 2 點是「異常」。感覺太高的第 6 點及太低的第 3 點和第 1 點都不是「異常」。

像這樣的，如果不只是單純的圖形，而是在圖形的上下各畫一條管制界限線的話，任何人都可以客觀地判斷出異常。

在利用數據觀察現場的問題時，不能只看單純的圖形，必須看「管制圖」。一旦判定有「異常」時，應立即採取對策。也可以說「管制界限線」使處理對策有更明確依循。而所謂處理對策則是指追究異常原因並設法除去原因。

但是，要如何設定管制界限線呢？在「管制圖」裡，一般都以 3σ (標準差的三倍) 法來計算求得，不過一般的部門 (尤其是事務部門)，只要有「管理圖形」就很夠了。「管理圖形」的界限線只要依據方針、靠經驗來設定即可。換句話說，關於兩種圖形的管制界限線的設定，其情形如下：

(1) 管制圖——利用「計算」求出。

(2) 管理圖形——依據「方針」決定。

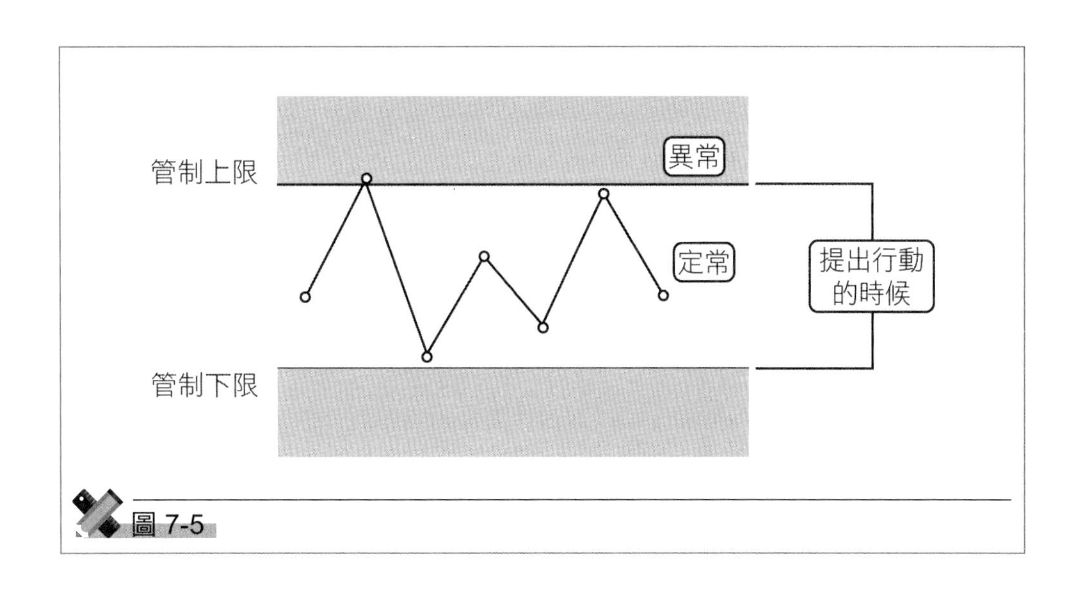

圖 7-5

7-7 「異常」的意義

假設營業部門等在畫銷售額達成率的管理圖形時，以 100% 為中心，設定上限 +20%，下限為 −5% (如果 100% 為非達成不可的目標，不得低於此限的話，也可以設定 0% 為下限作為其方針)。假設現在銷售額達成率只達成 92%，那麼由於它低於 95%，所以仍然視為「異常」，應追究原因並除去之。那麼如果銷售額達成率達到 150% 的話，又如何呢？因為這也超出管制上限線的 120%，仍然屬於「異常」，還是要追究、除去原因。

但是，營業部門裡有些人會有這樣的疑問：「姑且不談銷售額達成率低的情形，銷售額愈高應該是愈好才對，為什麼太高時仍然要當作『異常』處理並追究原因呢？」

這是「管制觀點中的重點，所謂『異常』就是『異於常情』，不論太好或太壞都與「常情」有異。也就是說凡是「過猶不及」都是異於常情，太好或太壞都要視為異常並進一步追究原因才有價值。以上述銷售額達成率高達 150% 的情形來說，為什麼銷售額會變得這麼高，追究之下可能發現許多原因，例如銷售目標設得太低、市場狀況不斷產生變化、促銷政策奏效或只是單純性的強制推銷奏效等等。不深入了解這些原因，只看到表面就說「不錯、不錯」，這樣實在有點可惜。

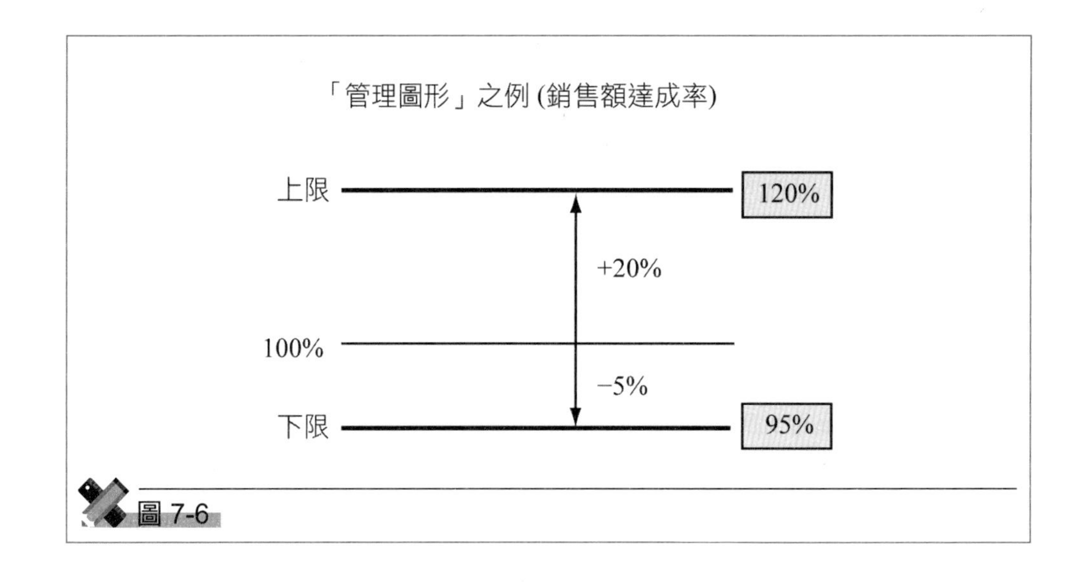

圖 7-6

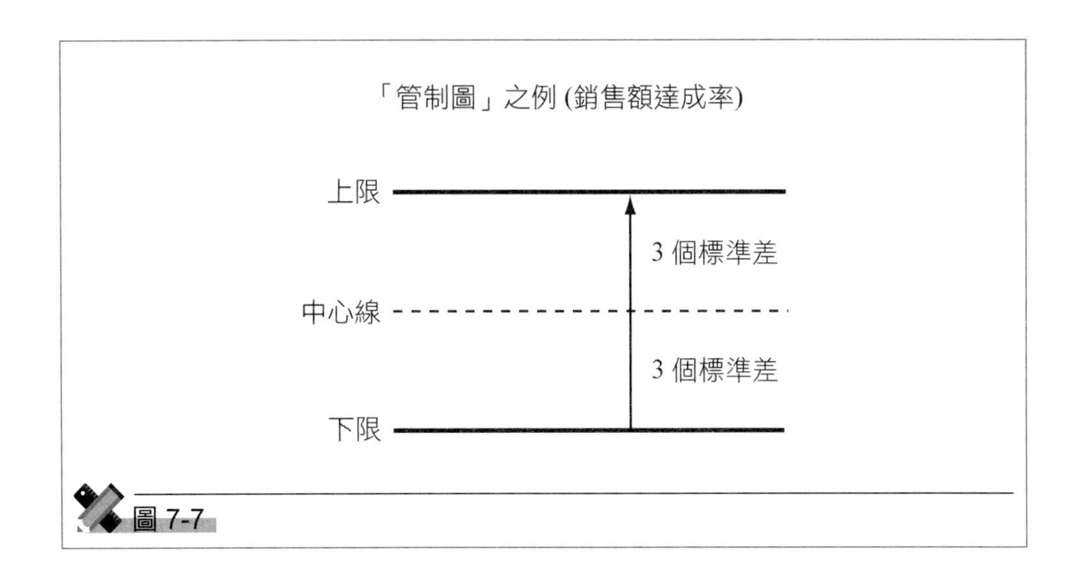

圖 7-7

Chapter 8

品管的定律

所謂品管定律就是改進品管的四個基本概念，這是品管思想家克勞斯比 (Philip B. Crosby) 所提出，以下就其進行說明。

8-1 品管定律一：品質合乎標準

改善品質的基礎，在於使每一個人都第一次就把事情做對 (Do it Right the First Time，簡稱為 DIRFT)。而達成 DIRFT 的關鍵則在於清楚地把規則定好並且消除一切阻礙。

在這方面，管理階層有三項責無旁貸的工作：(1) 制定對員工工作的要求；(2) 提供員工任何工具、金錢、方法等，以期達到要求；(3) 盡全力去鼓勵並幫助員工達到要求。

當管理階層明顯地顯示他們的政策是 DIRFT 時，每個人便會真正達成 DIRFT，員工會和管理階層一樣重視要求。

管理階層對政策和行事方法若是優柔寡斷，便會造成困擾。若人人都無所依循，也就不會有人期望自己能第一次就把事情做對。所謂第一次就做對，是指一次就做到符合要求，因此，若沒有「要求」可循，就根本沒有一次就符合「要求」的可能了。

品質的定義，必須是「符合要求」。這樣的定義可以使組織的運作不再只是依恃意見或經驗，這表示，公司中所有的腦力、精力、知識，都將集中於制定這些要求標準，而不再浪費於解決爭議之上。

有決心的主管必須將品質的觀念深植於腦中。當有人拿著稍有瑕疵的產品來爭論，要求通過時，有決心的主管必須能夠不加思索地拒絕說：「我們為什麼要將這種不合顧客期望的東西送到顧客手中呢？」

有決心的主管唯一的要責，就是不斷地重複相同的觀點，直至每一個人都相信為止。你若稍有動搖，公告上的墨跡未乾，辛苦建立的觀念就都泡湯了，「喔！」人們會說：「原來有些事是根本不必完全做對的！」

一家電腦公司的主管群曾遭逢到下面的一個問題。公司中有一項新的產品，原已訂下日期要由研究設計的階段，正式進入生產階段。但是，在最近的一次會議中，他們發覺這項新的產品尚未通過所有的測試，如果決定開始生產的話，就表示他們又必須一面製造，一面繼續測試改進；如此一來，製造部門勢必無法將產品製造完全；維修人員也必得常常到顧客的辦公室去修理這個產品。這個後遺症將會延續好幾年。

8-1-1 不改的慣例

由於這種情況長久以來一直存在，因此大家都視為理所當然。但是，主管群已經知道，這套辦事方法所費不貲，而且常使顧客對新產品的功能大失所望。

交貨日期原訂在數月之後，已是迫在眉睫，但是他們決定，寧可不要如期交貨。既然研究改進的工作尚未完成，就絕不當它已經完成。未能如期交貨的結果，將使他們在市場上失去信用；而必須把訂金 (包括利息) 退還給顧客，在同業間也不免有點失面子。

但無論如何，他們仍作了這個決定。結果並不像他們預想的那麼糟，產品只稍微晚了一點上市，因為研發部門所作出來的設計圖很完整，因此製造部門的速度便得以加快。要求維修服務的情況幾乎沒有。這項產品的信譽是同類產品中最優良的。

從此以後，各項新產品的研發設計都能如期完成。公司不再需要額外的支出，產品信譽直線上升。一旦每個人都了解到主管階層將持續不斷地嚴格執行時，這種工作程序自然變成了不改的慣例。

8-2 品管定律二：以防患未然為品管制度

傳統的品管方式中最明顯的一項花費便是檢驗。製造業稱呼擔任檢驗工作的人為檢查員、測試員等等。服務業也有相同的職位，只是名稱不同而已。但兩者最大的不同在於，製造業的檢驗人員是受過訓練，有人領導而且是名正言順的，他們是公司中發掘問題與協助改正的主力，對公司有全面性的影響力。

然而，在服務業中這類的行動卻顯得雜亂無章。要發掘整個公司的問題已是非常困難，而要勸服別人或修正缺失更是阻礙重重。其實，這些方式並非不可行，只是服務沒有這個習慣罷了。

8-2-1 接踵而來的麻煩

檢驗，無論名之為檢查、檢驗、測試或其他，都是事後才去做的。如果採取這樣的方式，那麼主要的工作就是分辨優劣。每一次的檢驗，都會製造出一堆原料或文件，需要重新評估。

想要清楚地了解這種情況，去參觀機械工廠或類似的製造廠應是最好的方式。你會看到，一組組的工作人員環繞著一個個材料箱在工作。每個材料箱附有一本手冊，上面以圖解和文字說明箱中各種材料的用處。

手冊的封面上載有裝配的步驟，包括：修切、鑽孔、半成品檢查、磨砂、定形、成品檢驗等等。這些都是由工業工程師一步步寫下來的。

在每個步驟旁邊，並載明所需的材料件數。大家或許會以為，原先的材料若是 100 件，那完成時也必然是 100 件成品。其實不然，在每個步驟後，負責這一部分的人都會記下剩下的材料件數。

因為，當材料部門了解不良品比率後，他們自然知道該在材料箱中放入多少材料才能得到預期的成品數目，例如，放入 110 份材料，以備做成 100 件成品。

這種方式，使美國許多主要工業陷身於泥沼之中。每個材料箱浪費 10 件材料，1,000 個材料箱所造成的浪費就十分驚人了。

服務業公司也有類似的浪費行為，他們總是分配了過多的人力去完成工作，以致麻煩總是接踵而來：資料系統得有備用系統；填完一個新表格又出現更新的表要填；開一個檢討會又衍生出另一個會議要開。

檢驗是一種既昂貴又不可靠的品質方式，檢查、分類、評估都只是事後彌補。品管所最需要的應該是預防，若是沒有錯誤存在，就根本不會發生疏忽錯誤的事情了。

8-2-2 事先了解標準和做法

所謂預防，是指我們事先了解行事程序而知道如何去做。旅行銷售員要從陌生的機場開車到陌生的城市，最好先問清楚方向再上高速公路，而不是一邊開快車，一邊偷瞄地圖。

油漆匠若想調配一種顏色，最好是帶了樣本去油漆店比照，不能光憑臆想調色，再來來去去地比對。

飯店若每天都需要新鮮雞蛋，就該找到固定、可靠的供應商，每天按時送來新鮮的蛋；而不是每天買來一堆雞蛋，再一個個打開挑選新鮮的。

零售店的採購人若想拿到符合顧客要求的商品，唯一的方法就是把所需的大小、規格清楚地寫下來，再向製造商訂購，而不是讓製造商送來一堆商品，再從中挑選所需的尺寸。

這些都是大家公認理所當然的普通常識了，為什麼我們企業界的工作體系中，竟不曾運用這樣的常識呢？為什麼我們要一再重蹈覆轍，而不肯訂定方法，第一次就把事情做對？

預防似乎是企業界的人絕口不談的字眼。他們雖然偶有「把這事做對」或「先考慮清楚」的想法，但是卻從來沒有人認真去做。

8-2-3　積沙成塔

預防的概念是來自於深切了解整個工作過程中，有哪些事是必須事先防範的。不論你是做電路板，或是在策劃保險政策，道理都是一樣的。

做好預防工作的秘訣在於檢查這個過程，找出每個可能發生錯誤的機會。這是可以做到的，因為無論生產業或服務業，工作程序都可分成許多段落，每個段落都應消除這一段落中所產生的錯誤。

舉例來說，一個保險案例中就有許多發生錯誤的機會，假定是25個吧！業務員需要正確的資料，向顧客說明投保的金額與可享受的利益，以便爭取客戶；訓練人員需要有正確的資料，才可能教給業務員正確的資料。單是研究和準備這些資料就是個大工程，保險業的統計和市場調查都需要大筆資金，稍有錯失、疏忽，就會損失慘重。

業務員必須把顧客資料入檔，才能開始辦理手續；這時，只要輸入電腦時一個數字打錯，就可能全盤皆錯。所以，所設計的表格和電腦系統必須能夠消除任何造成錯誤的機會。

一家意外保險公司的總裁飽受許多業務代表的攻擊。他們對於各種層出不窮的錯誤感到氣惱萬分。不是信件寄錯住址，就是客戶姓名拼音錯誤，要不然就是引擎號碼弄顛倒，反正總是有錯。

這家公司因此決定成立一個單位，僱用200名員工，在信件寄出去以前做通盤的檢查。但是這樣做每年要多出 500 萬元的開支，而且也不見得能得到多的信任。因此，他們希望另覓解決良方。

於是，他們花了一段時間和業務代表討論改進的方案。參與的業務代表約有 150 人，都是公司的營業主力。他們發覺，公司中大部分的保險保單都大同小異，如汽車責任險即是，但是，也正是這些例常的保單最常出錯；如果是特殊的案例，例如替一隻大象辦保險之類的，反而少有差錯。

這家公司於是在每個業務代表的辦公室中裝置終端機，由業務代表自己按公司的表格型式輸入資料，再傳送到保險公司的主電腦，過了兩、三分鐘後，主電腦再將處理好的表格傳送回來，並自動印出保單，如此皆大歡喜。如果有任何拼音錯誤或數字錯誤，那都是業務代表的責任。公司的總裁因此鬆了一口氣。

這樣的解決方式使得業務代表能迅速完成工作，因此營業量大增。現在這家公司幾乎在每個可能的地方都設置了終端機。

這種方式將造成錯誤的機會降到最低，這就是預防的真義。設置終端機的花費比起設置檢查部門來，不過是小巫見大巫，單是省下的郵資都已經相當可觀。

8-2-4 統計的品質管制

在製造業的工作程序中，特別是在裝配廠或大量生產的工廠，常使用一套預防的技術，稱為統計的品質管制 (statistical quality control，簡稱 SQC)。

在這套方法中，任何工作程序中可能發生的變數都先行定義，然後一邊進行，一邊測量變數值。如果有任何變數值超出控制之外，即須加以矯正。如果所有變數值都在預定的範圍內，那麼結果也必定和預期相符。

SQC 的方法看起來既複雜又難做，但事實上不然。它其實是個既有效又容易了解的品管工具。負責設計變數表和教導別人這種評估技巧的人，必須具有專業的技術，但其他人只需稍加學習，就可運用自如了。

在這種變數表上，有一個上限和下限，代表工作程序中所容許的誤差範圍。每一次的測量記錄，都在表上畫一個點來表示；如果這個點是在誤差範圍之內，就可繼續做下一個步驟，若這個點有「出軌」的傾向，就應立即想辦法改進；若這個點已經出軌道，應該立刻停工－就是這麼簡單而已。

但是，很少經理能接受這套辦法，因為他們無法忍受工作進度中途被干擾。因此，SQC 至今一直未曾被美國企業界普遍接受，卻始終被視為一種特殊的手段。現在已有許多公司都在使用 SQC，這是應當的，但是大多數的公司仍然認為這套方法太過繁複，會影響生產效率。

無論在服務業或製造業，主管人員經常不了解他個人的行動對公司整體的工作程序可以造成多大的影響。大部分硬體製造業的主管人員幾乎從來都不親手碰觸產品，他們做的大多是行政工作或其他的文書工作。一個最佳的預防政策，很可能因為主事人員的漫不經心而完全失效。

8-3 品管定律三：工作標準必須是「零缺點」

訂立各項要求是眾所週知的的管理辦法。但是逐一遵循、時刻遵守的重要性，卻鮮為人知。

一個公司就好像一個有機體，是由千百萬微小難察的活動所組成的。每一個微小的行動，都關係重大，必須一一按計劃達成，才能使一切順利進行。

1982 年 8 月 29 日的紐約時報雜誌 (New York Times Magazine) 上，曾有一篇探討史前人類始祖的文章。作者是雪法斯 (Jeremy Cherfas) 和格里賓 (John Gribbin)。這兩位作者結合了對歷史的知識，以及對不同種類生物分子構成的研究，而寫成了這篇文章。他們的研究方法，不是去探討古代文明的遺物或遺骨，而是去鑽研現存生物的身體分子構成。結果，他們發現，從生化學的觀點來看，人類和大猩猩、黑猩猩都是同一族的成員；更確實地說，他們的 DNA 都極為相近，只有 1% 的差異而已。

DNA (去氧核糖核酸) 是所有身體細胞的組成成份，也是造成生物形體差異的主導力。如果我們知道如何析離的話，只要取出細胞中的 DNA，就能夠建立一個生產線，製造複製人；這種由 DNA 複製出來的人，連眼睫毛、指紋、心臟和所有任何細微末節，都和原來的人一模一樣。

但是，如果我們在複製人的製作過程中，容許些微執行標準上的偏差，那結果恐怕就難以想像了，有可能製造出半人半猿的怪物，每次製造出來的人「都不會相同」。

一個由數以百萬計的個人行動所構成的公司 (想想看，每個人每天要執行多少不同的行動) 經不起其中 1% 或 2% 的行動偏離正軌。若執行標準根本和原訂要求南轅北轍，後果就更不堪設想了。想想複製人的可怕性，不覺令人心驚膽顫。

8-3-1 品質等級與品質合格標準

然而，許多公司卻幾乎是竭盡所能地幫助員工不必符合要求，舉例來說：

(1) 平均出廠品質等級 (Shipped-Product Quality Level，簡稱 SPQL)；這表示在原訂計劃內，原本就容許一定數目的故障。冰箱或許有 3 或 4 個，電腦有 8 個以上，電視有 3 個以上不同的等級。設立這種品質等級的目的，是為了讓主管人員決定需要多少維修人員。

(2) 允收品質水準 (Acceptable Quality Level，簡稱 AQL)：美國製造商經常為它的材料供應商設立一個允收品質水準，例如 1%、2.5% 等等，以作為測試人員接受貨物的依據。而實際上，這個水準便是代表供應商交來的一批貨中，可以有多少個不合格品。

這些偏頗扭曲的現象，逐漸消蝕了人們做好事情的決心。數年來，我們常聽到許多在其他方面都很理智的人一再解釋「零缺點」是如何不可能達到目標。其實在他們的公司中，卻有些部門真正是一向不出錯的。

看看薪資部門發生錯誤的情況吧！如果某人的薪資發生問題時，通常都是因為本人、主管或人事部門呈報錯誤所致。

薪資部門絕對不會出錯。

難道說，薪資部門的人員都特別盡心致力嗎？或許是吧，但那還不足以達到這樣的執行標準。如果盡心致力就能達到「零缺點」的話，那你必會認為研究太空設備的公司，也該永遠不會出錯。實際上，人很容易習以為常，因為人們不容許它犯錯。如果付給員工的薪資有誤，他自己必定十分關心，倒不是認為公司有意欺騙他－他是知道事情最後總會弄清楚的。他生氣，因為他覺得公司連薪資都付錯，那是根本都不關心員工了。

傳統的說法總是認為，錯誤是不可避免的。事實上，只要執行標準容許錯誤存在，這種自圓其說的無稽之談就會變成真的。

8-3-2 缺點完全消失

假想有 100 片磁碟串穿在一條長棒上，它們看起來就像一條切成薄片的圓土司或一疊安放在唱片架上的唱片。再假想有一條電線穿過前方，假想每片磁碟的圓周上都有一個占 1% 面積的小紅點，這表示這片磁碟有 99% 是可信賴的，或稱有 1% 的缺點，隨你怎麼講。這 100 片磁碟可以代表硬體系統中的100個零件、或文書工作中的一百個步驟、或一個樂隊中的100個人，隨你願意用它們代表任何東西。

當磁碟轉動時，就代表系統開始操作。如果有其中一個小紅點停在電線下，就代表一次失敗。那麼一百個 99% 正確的步驟相連，達到成功的機率是多少？計算的方式是 99% 自乘一百次。結果是 36.4%，成功的機率實在很低。

改進品質的目的，就是逐漸減少那些小紅點的面積，直到它們完全消失為止。然後，你就不必在每件事情都得做兩次以上了！

唯有曾經在組織中擔任過改善品質工作的人，才能了解嚴格的執行標準有多重要。紙上談兵的人很難了解到，員工其實是依據主管的標準去做事，而不是依據程序上既定的標準去做事。

我們必須將目標一清二楚地陳述出來。我們不能使用學校式的分級，我們也不要統計表上的「品質等級」。

我們要的是：第一次就把事情完全做對。為了使每個人相信我們的確是當真的，就需要不斷地溝通。幾年來，在這方面已有進步。不幸的是，「零缺點」卻被企業界視為一種「鼓舞員工」的課程。

我們要強調的是，這是一種管理標準，向員工揭示管理階層的期望－僅此而已。但是，品質界的思想領導人卻攻擊「零缺點」這個構想，認為它不切實際。因此，美國人便輕視這個構想，將它棄之不顧。

相反地，日本人卻視若珍寶，數年來認真實行，以此來揭示主管階層對員工的要求。同樣花了時間，美國人實在該用來學習如何做事正確，而不該去鑽研那套含混的「品質經濟學」。

許多公司都擁有詳細的記錄，以顯示自己的進步。他們的宣傳計劃也炫示著公司人員如何致力於品質工作，但他們唯一缺少的就是「零缺點」的產品。

8-3-3 為何需要嚴格的執行標準？

公司的所有結果都是人為的因素。每一個產品或服務項目，都是由公司內的千百個工作和供應商的交貨組合而成的。若想達到預期的結果，就必須要每個微細的工作都中規中矩，一絲不苟。工作人員必須能夠彼此信賴，一個部門送交另一部門的東西必須與原先承諾的相符，如此，員工對別人的要求才會切合實際，不會再為了要得到自己真正所要的東西，而要求別人送來兩倍之多的原料，或加快兩倍的服務。

這就是執行標準不能有任何偏差的原因。

因此品質管理的第三條定律是：執行標準必須是「零缺點」，而不能是「差不多」。

8-4 品管定律四：以「產品不合標準的代價」衡量品質

管理階層對品管感到棘手，是因為管理學院中根本沒教過這門課。品管一向被視為技術人員的工作，而不是管理階層的責任。因為，從來沒有人把品質問題像其他問題一樣從財務的觀點來探討分析。我們曾經提過，品質一向被視為是比較性的，如「優、良、可」等等級。然而，近年來，世界各地要求品質升級的壓力暴露出了高級主管人員對品管的無能，於是，人們逐漸了解到企業界的確需要一套新的方式來衡量品質。而衡量品質的最佳工具，也和衡量其他東西的工具一樣，是金錢。

品質的代價是幾十年來爭論不休的老問題了。但是，卻只是在生產線上作為衡量缺失的手段而已，從未被視為一種管理的工具。那是因為品質的成本從未以一種可被理解的方式，呈現給管理階層。

品質的成本可分為兩個範疇：一為不合要求所付出的代價 (the Price Of Non Comformance，簡稱 PONC) 和一切符合要求的代價 (the Price Of Comformance，簡稱為 POC)。所謂不合要求的花費是指所有做錯事情的花費，包括改正售貨員送來的訂單、更正任何在完成提貨手續過程中所發生的錯誤、修改送出的產品或服務、重複做同樣的工作或產品保證期內免費修理的花費，以及其他種種因不合要求而產生的毛病。把這些通通加起來，會得到一個驚人的數字，在製造業公司約佔總營業額的20% 以上，而在服務業更高達35%。

符合要求的花費，則是指為了把事情做對而花費的金錢。包括大部分專門性的品管、防範措施和品管教育，同時也包括檢驗做事程序或產品是否合格等範圍。在營運良好的公司，這項花費大約是營業額的3% 或4%。

8-4-1 品質不合要求花費成本

財務主管要計算出品質不合要求的花費成本，總需要許多協助，因為其他所有人都喜歡把這個數字說得很低，但是一旦計算出來，便可以依此定出一套永久管用的方法了。這項花費的數字可用來追查公司是否有進步，還可找出何種改進的方法最能賺錢。

如此，很快就能顯示出究竟是哪一項產品、服務項目或哪一個部門在「不符要求的花費成本」上高居榜首。大多數的罪魁禍首都對自己的行為根本渾然不知！

大多數的品質改進方案，都以各種指數或圖表來衡量工作結束。面對著這一大堆的品質指數或圖表，執行人員根本不了解它的意義，簡直不知拿他們怎麼辦，更談不上採取什麼行動了，這也就是為什麼多年來品管專家從未被邀請列席重要會議的原因了。

其實，計算出公司的品質成本並不是件困難的工作，但卻很少有公司能完成這項工作。主要的理由在於，那些負責計算的人都錙銖必較，打算提出一份完全沒有遺漏的報告，結果許多公司單為了收集品質成本的資料就耗時數十年。其實，這只需要幾天的功夫就足夠了。第一次計算時，或者只計算了70% 至85% 而已，但是這個數字就很夠達到警惕的效果了，實在不必再費心挖出其他的部分。何況，經過數年後，自然會知道最正確的算法，也自然能算出正確的成本。這項成本可能因需要不同而增加或減少，那時再視實際需要而調整或改進便可。

在此，我不打算詳列計算的方式了，可參閱相關書籍中說明；簡言之，它的規則就是：檢視任何事情，若此事是因為在第一次沒有完全作對而產生的多餘行動，就將之計入「品質不合要求的花費成本」中。

品質管理的第四條定律：

以「品質不合要求的花費成本」作為衡量品質的方法，而不是用指數來評核。

8-5 品管疫苗

總結以上說明，此處彙總對抗品管問題的有效疫苗，告訴您要免除困擾，預防失敗，必須做哪些事。

8-5-1 共識

(1) 公司最高主管必須致力於使客戶得到的產品合乎要求；堅信唯有公司全體皆有此共識，公司才可能業務鼎盛；並且決心使客戶及員工都不會有所困擾。

(2) 公司執行主管必須相信，品管是管理工作中最重要的一環，比進度、成本都重要。

(3) 次級執行主管 (向上述兩種人負責的管理者) 對產品的要求非常嚴格，不容許任何偏差。

(4) 次級執行主管之下的經理人員明白，善用人才，在第一次就做對事情，是他的晉升之階。

(5) 專業人員明白，他們工作做得準確、完整，關係到整個公司的生產效率。

(6) 所有的員工都了解，唯有他們一致達成公司的要求，才能使公司健全。

8-5-2 系統

(1) 品管系統必須做到能反應產品是否合於要求，並迅速顯示任何缺失。

(2) 品管教育系統 (Quality Education System) 必須做到使每個員工充分了解公司對品質要求的程度，並明白自己在品管工作中所擔負的責任。

(3) 用財務管理的方法，分別計算出產品品質合乎要求和不合要求的成本，並依此評核工作程序。

(4) 調查顧客對產品與服務的反應，以改正缺失。

(5) 全公司都重視預防缺失。利用過去和目前的經驗，不斷檢討和計劃，以防重蹈覆轍。

8-5-3 溝通

(1) 讓所有員工隨時知道現行品質改進工作的進度和已有的成就。

(2) 認清各階層負責人都要執行品管的工作，並且是正常的作業程序。

(3) 公司中的每個人都能毫不費力地迅速向高級主管反應任何工作上的缺失、浪費或改進的機會，並且能很快地獲得答覆。

(4) 每次的管理會議，應以事實為根據，利用財務評估來檢討品管工作的進行狀況。

8-5-4 實際執行

(1) 要使供應商接受教育，並獲得公司的全力支持，以確定他們會準時交貨，並且品質可靠。

(2) 公司的工作程序、產品、制度等，在實際實行前都需經過測試並證明可行；此後並需把握任何改進的機會，隨時檢討、改進。

(3) 所有職務都定時舉辦訓練活動，並將之列為新工作程序的一部分。

8-5-5 確定政策

(1) 對品質的政策 (或方針 (policy)) 清楚而不含糊。

(2) 公司的產品和服務必須完全符合對外宣傳的標準。

8-6 戴明的品管哲學

身為統計學家，戴明博士的終身使命是要尋找改善問題的源頭。鑑於先前統計方法未能持續實施，他反覆思考導致過去失敗的原因，設法避免重蹈覆轍。他逐漸歸納出必須有一套可與統計方法搭配應用的務實管理哲學。1950 年他應邀訪日時，就擬訂了一套新原則，準備傳授給日本人。並於其後三十年，不斷修正擴充。

他稱這套原則為「14 要點」。戴明博士說，其實它們不見得總是恰好有 14 點。當戴明在二十年前，初次讓它訴諸文字時，頂多只有 10 點。此外，有一些問題在日本並未出現，而是離日返美後才遭遇的。例如，14 要點的第 8 點「排除恐懼」，就無須對日本人提出，當年的日本人為了振興國力，人人竭誠合作，他們對雇主毫不懷疑，且把顧主視為恩人，雇主和員工可說是「一家人」。同樣的情況，第 12 點「排除阻礙員工創造工作光榮表現的因素」，也不需向日本人講解。對日本人而言，改善不是難事，沒有人害怕改善。戴明回到美國後，才發現企業裡充斥著恐懼、阻礙、口號過多等問題。這些問題，統統反應到戴明的「14 要點」上。若干年後，他又作了若干補充，提出所謂的「7 項致命惡疾」。戴明博士不斷琢磨這些原則。他說：「因為我有了新領悟。我能沒有新領悟嗎？」以 14 要點的第 7 點而言，原本「指導」(supervision) 一詞，經過好幾年推敲之後，他覺得以「領導」(leadership) 代替較妥當，因而決定更改。

「7 項致命惡疾」後來也經一番修改——增加新項目，把被取而代之的項目降為另一類——「障礙」。接下來，我們將分別檢視各項「要點」、「致命惡疾」以及「障礙」，盼能提供一份廣泛的改革處方，讓各公司根據各自的文化調整應用。

8-6-1 14 要點

1. 建立恆久不變的目標，以利持續改善產品與服務

戴明博士主張為公司的角色賦予全新的定義。他認為，公司不應光想賺錢，而應該透過創新、研究、持續改善、維護，使公司在業界屹立不搖，提供就業機會。

2. 採取新的哲學

美國人太能容忍不良產品與服務了。我們應該建立一種新的「宗教」——拒斥錯誤與消極。

3. 停止倚賴大量的檢驗

美國公司通常在產品離開生產線，或進入某些重要階段時才檢驗。如果

發現產品有缺陷，不是丟棄，就是重新修改——兩種做法，皆造成不必要的浪費。員工製造不良品時，公司必須付給工資；重新修改時，又要給付工資。獲得好品質不能靠檢驗，而要靠改善製程。

4. 不再僅以價格為採購之考量標準

採購部門習慣於尋找價格最低的供應商下單，結果往往導致所購得的材料品質低劣。他們應該設法尋找品質最好的供應商才對；而且無論任何品項，都應該儘可能與單一供應商建立起長久的合作關係。

5. 持續不斷地改善生產與服務系統

改善的工作無法一勞永逸，管理者必須不斷找尋新方法，以減少浪費並改善品質。

6. 實施訓練

員工的工作方法往往學自另一名未曾受過正確訓練的員工。他們別無選擇，只能遵從一些並不高明的指示。由於沒有人給他們正確的指引，導致他們無法勝任工作。

7. 發揮領導力

管理者的職責不只是告訴部屬怎麼做，或懲罰不遵旨行事的部屬，更重要的是要發揮領導力。而所謂領導，則包括協助部屬把工作做好，以及借助客觀的方法找出需要個別協助的部屬。

8. 排除員工的恐懼

許多員工即使無法了解職責所在，或難以分辨是非對錯，仍不敢發問或表明處境。於是，他們繼續以錯誤的方式執行，甚至根本停止某些工作的進行。恐懼所造成的經濟損失相當驚人，若要改善品質、提高生產力，就必須先讓員工有安全感。

9. 打破部門藩籬

不同部門或單位之間往往存在著競爭關係，甚至有些目標相互矛盾。他們非但難以團結合作，共同預測問題、解決問題；更糟的是，某一部門所致力追求的目標，也許會對另一部門構成困擾。

10. 避免對員工喊口號、說教，甚至為他們設定工作目標

它們無助於把工作做好。應該讓員工自行提出口號。

11. 消除數字配額

配額只考慮數字，而不考慮品質或方法。因此，實施配額制度的結果，八成會導致效率降低、成本增加。有些人甚至為了保有職位，不計代價達成配額，受害的反而是公司。

12. 排除阻礙員工能求取工作成就的因素

很多人渴望把事情做好；做不好，他們就會覺得沮喪。影響工作表現的因素，包括主管指導方向錯誤、設備有問題、材料有瑕疵等。這些障礙均須加以排除。不要忘了員工的做錯，85% 都是主管要負責的。

13. 實施活潑的教育與訓練計畫

無論管理階層或員工，都必須不斷的學習新方法——團隊合作的方法，以及統計的技巧。

14. 積極採取行動，達成改善品質的使命

為了達成改善品質的使命，最高管理階層必須成立專案小組，擬訂行動計畫，因為基層員工與中階經理人無法自行達成目標。其次，公司大多數人必須正確認識「14 要點」、「7 項致命惡疾」以及各種「障礙」。

8-6-2　7 項致命惡疾

1. 缺乏恆久不變的目標

所謂缺乏恆久不變的目標，指的是公司對於「如何在業界屹立不搖」欠缺一套長程計畫。這樣的公司無法帶給管理階層或員工安全感。

2. 重視短程利潤

為了提高每季股利，而犧牲了品質與生產力。

3. 實施績效評估、訂定考績等級、進行年度考核

這些做法會嚴重的破壞團隊合作，促成敵對。考績制度不僅會造成恐懼，導致員工痛苦、灰心、挫折，還會促使管理階層流動頻繁。

4. 管理階層流動頻繁

經常跳槽的經理人，永遠無法了解他所服務的公司。而且，對於改善品質與生產力所需的長程變革，也無法全程參與。

5. 僅依看得見的數字經營公司

最重要的數字往往是那些看不見、無法取得的數字——例如，讓某位顧客滿意所帶來的乘數效果便無法估量，無形效果是遠大於有形效果的。

6. 醫療開支偏高

7. 法律方面的開支偏高

第 6、第 7 兩項致命惡疾為美國所特有。

除了上述「致命惡疾」外，戴明博士還列出一種雖會影響生產力，但程度較輕微的「障礙」。

8-6-3　各種障礙

1. 忽視長期計畫與轉型

即使長期計畫已經訂定，它們也常常被「急事先辦」為由，擱置在一旁。高層管理人員的時間，往往為一些瑣事所占。開會和處理急事，也可能占掉經理人大半的時間。真正做好管理工作，這些就不該是重點。

2. 誤以為只要解決問題，讓辦公室自動化、採用精密裝置、新型機器，就可以使企業轉型

美國人喜歡新的科技玩意兒，但這些東西卻不是積弊已深的「品質」與「生產力」問題的解答。

3. 尋找模仿對象

許多公司喜歡蒐集其他公司解決問題的範例，企圖依樣畫葫蘆。這種做法有相當的風險。戴明博士強調，例子本身學不到東西，必須深入了解其成敗原因，才能有所幫助。

4. 自認為本公司的問題與眾不同

這種說法經常被拿來當做藉口。

5. 學校教育跟不上時代

戴明博士指的是，美國商學院把財務、會計這些理論上可行的課程，當做可以在課堂上傳授的管理技巧，無須實地到工廠邊做邊學習。

6. 倚賴品質管制部門

品質要靠管理階層、監工、採購經理、生產線員工的努力；這些人最能對品質有所貢獻。至於品質管制部門掌握的數字只能代表「過去」——對於「未來」，他們無法預測。然而，有些經理人卻往往被數字迷惑，繼續把提升品質的重任交在品質部門手裡。

7. 把問題全怪在員工頭上

員工只須對 15% 的問題負責，另外 85% 則歸咎於制度——制度好壞，則是管理階層的責任。

8. 透過檢驗求取品質

凡倚賴大量檢驗保證品質的公司，永遠都無法改善品質。透過檢驗發現問題，不僅為時已晚、不可靠，效果也不彰。

9. 假行動

草率灌輸傳授統計方法，卻未相對的修正公司經營哲學，就是所謂的假行動之一。另一個近來十分風行的假行動則是「品管圈」。品管圈的構想非常吸引人。因為「生產線的員工可以指出錯誤所在，並告訴我們如何改善。」但戴明博士發現：「只有在管理高層願意根據品管圈所提的建議採取行動時，這個品管圈才可能繼續發展。」如果管理階層毫無參與的興趣 (通常如此)，品管圈就會解體。

不過，假行動可以帶來短暫的心安，讓人覺得事情有改善的希望。戴明博士叫它們「速食布丁」。

10. 電腦設備未有效使用

戴明博士說，雖然電腦有其重要性，但它也可能成為堆滿「永遠用不上的資料」的儲藏所。購買電腦有時只是因為似乎「理應如此」，而未真正計畫如何使用。電腦令員工困惑，也對員工構成威脅，更常是公司未施予適當訓練所致。

11. 迎合規格標準

這是在美國做生意的通則。有意提升品質與生產力，光是迎合標準是不夠的。標準先於 QC 是不行的。

12. 對原型測試不夠

原型樣品在實驗室裡往往表現絕佳，一旦實際生產，問題就來了。

13. 任何有意幫助我們的人，必須完全了解我們的企業

戴明博士經常接下一些他不很熟悉的行業的案子。他發現，一個人可能對某家企業瞭若指掌，卻不知如何改善。「助力反而往往來自其他方面的某種知識。」

14. 統計方法的誤解、誤用

戴明目睹統計方法遭美國工業的揚棄，因此他知道此法不足以成事，正如日後他經常掛在嘴上的一句「任何人如果只實施統計方法，不出三年必遭淘汰」。

Part 2

Chapter 9

改善的推進

9-1 何謂改善

9-1-1 改善是把結果朝著「善」的方向去「改」變的活動

所謂改善是把結果朝著「善」的方向去「改」變的活動。這是說以目前的做法所得到的結果與原本應有的姿態相悖離時，改變目前的做法實現原本應有的姿態的一種活動。並且，大幅改變目前的做法，或引進以前未曾採用過的做法，此等活動也包含在內。

在一些書中，以目前的做法作為基礎時當作「改善」，將目前的做法大幅地改變，或引進新的體系時當作「創造」加以區分。可是，為了實現原本應有的姿態而使現狀變好，在此點是相同的，兩者探討方式的不同是在於視野擴大到何種程度來想，基本的「攻擊」方式是相同的，因此本書將這些總稱為「改善」。

如圖 9-1 所示，取決於要將結果提高到何種程度，將目前的做法亦即既有體系要改變到何種程度即可決定。如果讓結果提高的幅度小的話，或許既

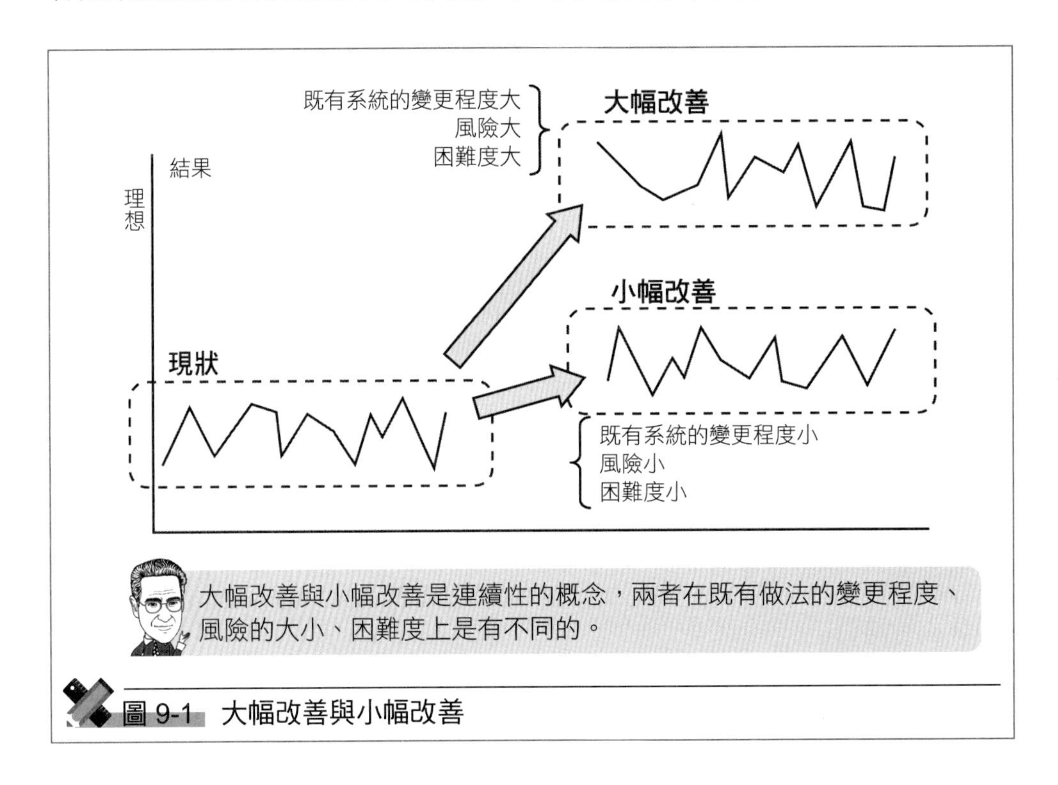

圖 9-1 大幅改善與小幅改善

有系統小變更就行，並且，改善成功的可能性也是很高的。另一方面，如大幅改變既有的體系或引進新的系統時，它的作業雖然費事，但獲得甚大改善效果的可能性也是可預期的。

在汽車產業等方面，以參與製造現場的人士為核心，踏實地推進確保基礎的活動稱為「改善」的情形也有。這也是本書中的「改善」。另外，改善並非只是製造現場而已。大飯店中顧客滿意度的改善，是服務業中改善的一例。並且，在資訊產業中，提高存取率、縮短處理時間等的改善也不勝枚舉。像這樣，改善不取決於業種是一種必要的活動。此外，像產品、服務的設計階段或營業階段等的所有階段也都是必要的活動。

在歐美，KAIZEN (改善) 這句話已經根深蒂固。1980 年代日本綜合品質管理 (TQM: Total Quality Management)，是其他國家難以見到的只有日本才有的活動，對國家的急速成長有甚大的貢獻。歐美的諸多企業認清改善是 TQM 的核心，自覺甚為重要，不將它英譯而以 KAIZEN 之名引進。

那麼，改善要如何進行才好？譬如，改善的主題要如何設定才好？改善的主題如當作提高顧客滿意度，那麼要如何實現才好？想要有效率地進行改善的步驟，工具要如何使用才好？本書的目的是介紹這些。在進入具體的介紹之前，先略微地將與「改善」有關聯的背景加以整理一番。

9-1-2 改善是競爭力的來源

歷經長期間確保國際競爭力的企業，均具有一項共同點，那就是不斷累積改善活動。換言之，有組織地實踐改善活動，是組織能持續繁榮的甚大關鍵。一面略微回顧歷史，一面說明此根據。

1960 年代的日本，每人年間 GDP (國內總生產) 約是 3,000 美元左右的貧窮國家。此貧窮由於用人費的低廉也成為價格競爭力。以價格競爭力作為武器要在世界市場中生存，輸出的產品品質即使不是世界第一，也有需要成為世界標準。因之，利用現場的改善提案制度與品管圈 (QCC) 推行改善活動，改善了產品的品質。

另外，日本變成了某種程度的富裕國家之後，從 1970 年代到 80 年代，因用人費的高漲而失去了價格競爭力。因此，許多的日本企業，以標準的價格提供世界第一的品質 (質) 為目標。對此有甚大貢獻的是 TQM。TQM 的核心是將改善依循組織所決定的方針，全公司地展開。此全公司性的活動，是當時日本企業的專利。

可是，從 1990 年後半，以改善為核心，整個公司從事品質 (質) 的活動已不再是日本企業的專利。亦即，從 KAIZEN 成為世界共同語言一事也可明白，世界的許多企業以日本企業為範本，有組織地實踐改善。

面對二十一世紀的今天，有組織地實踐改善是生存的必要條件。改善的一般性水準的實踐是生存的必要條件，但高水準的實踐，如豐田汽車公司的例子所帶來的繁榮。像這樣，改善是超越時代，是很重要的。

9-1-3 TQM 的核心是改善

TQM 的核心是持續地改善產品的品質、服務的品質使之成為更高的水準，積極地獲得顧客滿意的活動。以日本的 TQM 為基礎在美國誕生且在二十一世紀初期形成風潮的六標準差，也是以改善為核心。此即，高階把判定是重要的專案，以專案的方式由黑帶 (Black Belt) 進行改善，以此種解決的活動作為核心。

近年來，顧客對產品、服務的要求如圖 9-2 所示正在擴大。譬如，像是電視，彩色電視在出現的當初是以不故障能播放為著眼點。之後，不故障能播放以電視來說，即成為當然的品質。另外，遙控操作性能的提高在當初也是新奇的，但已然變成了基本的品質。並且，近年來像液晶電視那樣，電力消耗少不造成環境的負擔，也正在變成要求了。

持續支撐此變遷的是改善。亦即，隨著新設計的進展，今後持續改善它的品質 (質) 與生產力以及成本，甚為重要。經由如此即可成為更好的產品、服務。

9-2 有組織地推行改善

9-2-1 有組織地進行改善的條件

有組織地進行改善，需要以下的條件：

(1) 個人具有能改善的知識、能力。

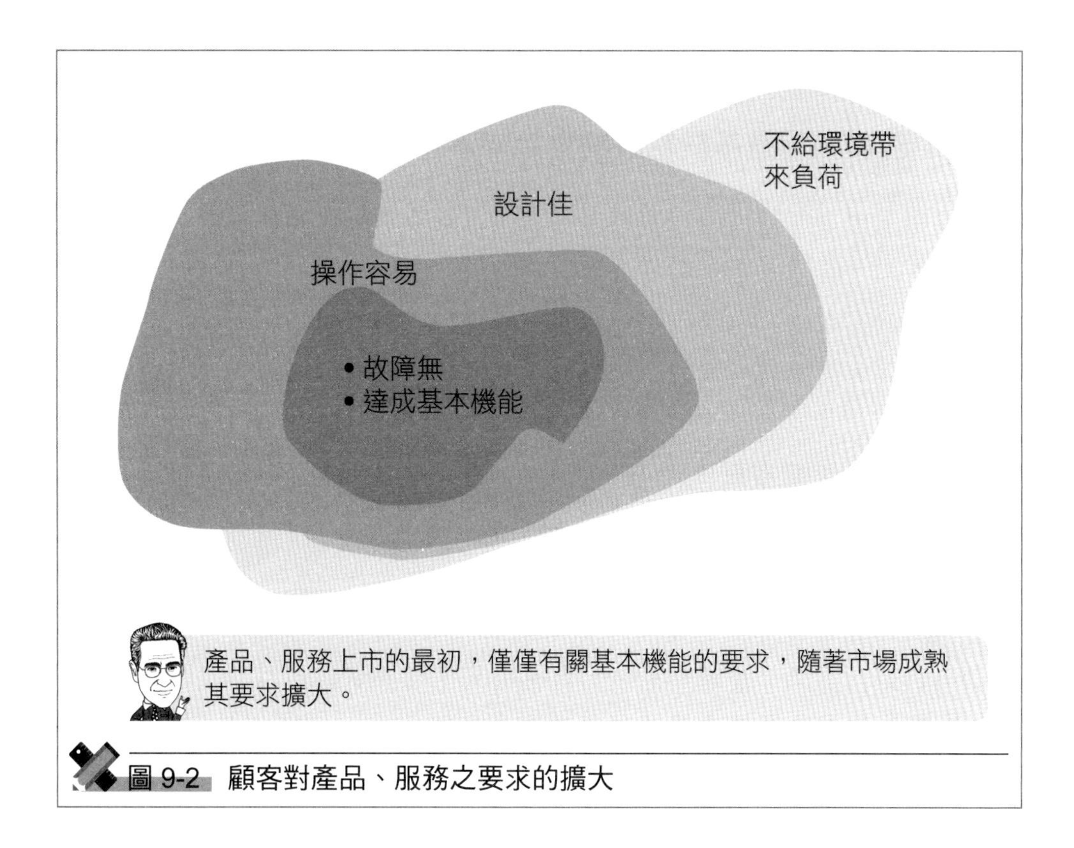

圖 9-2 顧客對產品、服務之要求的擴大

(2) 將各項改善在組織全體下形成一體化。

(3) 建構在各個現場中能改善的環境。

(1) 個人確保改善所需的知識、能力是本書的主題。本書說明特別有效果的重要方法、改善步驟。在與改善對象有關聯下，(2) 組織全體的體制是需要的。在大飯店中假定櫃檯的服務是以渡假的情境呈現賓至如歸的氣氛，另一方面，餐廳是以企業方式 (businesslike) 向有效率的方向著手改善。在各自上或許均有所改善，但全體並未取得平衡。由此例所了解的那樣，改善的方向，整個公司需要有形成一體的體制。

並且，各個人儘管有實行 (1) 改善的知識，如果沒有發揮改善能力的環境時，那也是枉然的。

「你的工作是這個」在只是分派工作型的職場中，縱使有改善的能力，也沒有實際從事改善的機會。為了發揮個人具有的能力，(3) 的環境是很需要的。對於 (2)、(3) 會在本章的以下幾節中討論。另外，對於 (1) 來說，在

第 10 章以後會占大半的內容。

9-2-2 改善主題是基於組織的方針來選定

改善主題是依據組織的方針來選定。這就像大飯店的改善例子那樣，各自的改善以全體的改善來看時不是改善的情形也有。譬如，設計引擎的工程師向輕巧的方向改善設計，另一方面，機身設計的工程師向重視搭乘舒適的方向去改善，整體的步調並不一致。決定出整體應進行的方向後，應依循它去改善。

這些的概念圖如圖 9-3。像圖 9-3(a) 那樣，各自的改善方向紛歧不一，以組織來說一點效果也沒有。因此，這要像圖 9-3(b) 那樣，依據組織的方針，選定改善的主題是有需要的。

高階管理者的任務，是明示有關品質 (質)、成本等的方針。各個小組依據該方針進行活動。在圖 9-3 中，箭頭的長度表示改善的規模大小。因此，依據高階所決定的組織方針，在各自的部門中，就人、物、錢、資訊的有限

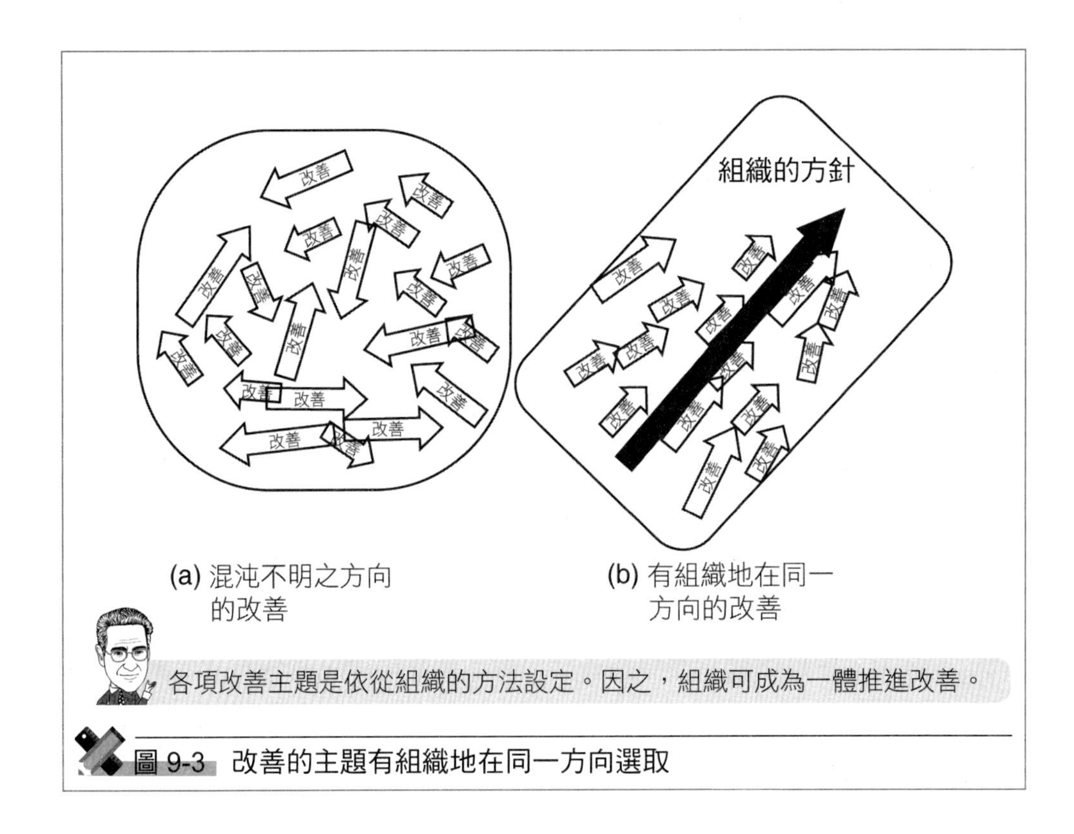

圖 9-3 改善的主題有組織地在同一方向選取

資源之中，儘可能使箭線變長之下來進行活動。

為了依循組織的方針選定改善的主題，有方針管理、平衡計分卡、六標準差之體制。譬如，在方針管理方面，參照高階所決定的品質方針，基於它選定改善的主題。另外，美國的六標準差，是由高階或地位相近的人，基於方針決定主題。

高階提示的方針，通常是一般性的表現。各自的部門要展開成為自己部門的方針。然後參照自己部門的方針，選定改善的主題。將此例說明在圖 9-4 中。譬如，在圖 9-4 中，高階的方針是「世界級的品質」，生產部門將它展開成「變異少的產品」此種部門的方針。接著，依據它，像產品 C 的變異降低 30% 那樣，展開成具體的改善主題。

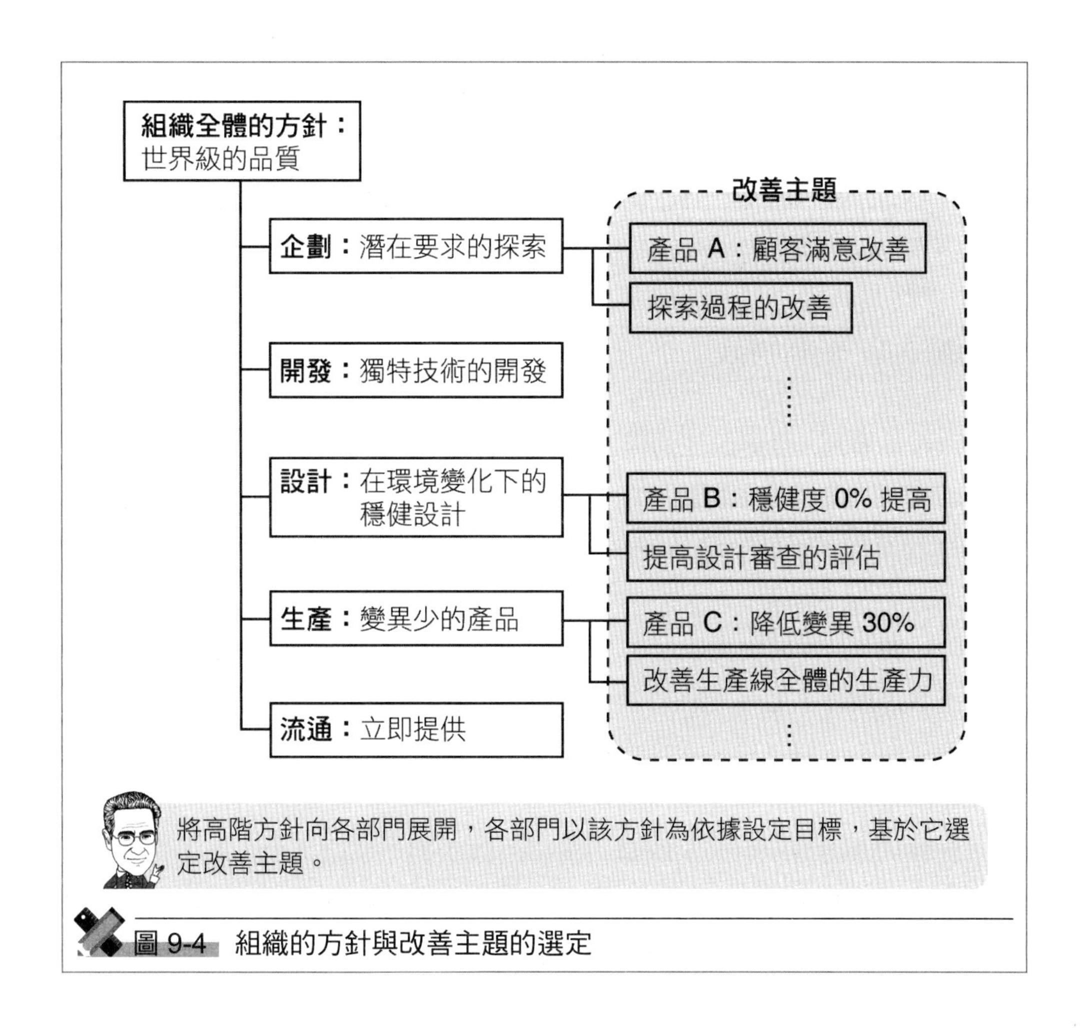

圖 9-4 組織的方針與改善主題的選定

9-2-3 何謂改善的環境

以有組織地實踐改善的環境來說，由於執行改善的基礎能力、改善的重要性的認知、標準化的重要性的認知是不可欠缺的，因之教育這些，並進行追蹤是有需要的。然後，以組織的方式設立推進改善的體系，並實踐改善，將此概要加以整理，如圖 9-5 所示。

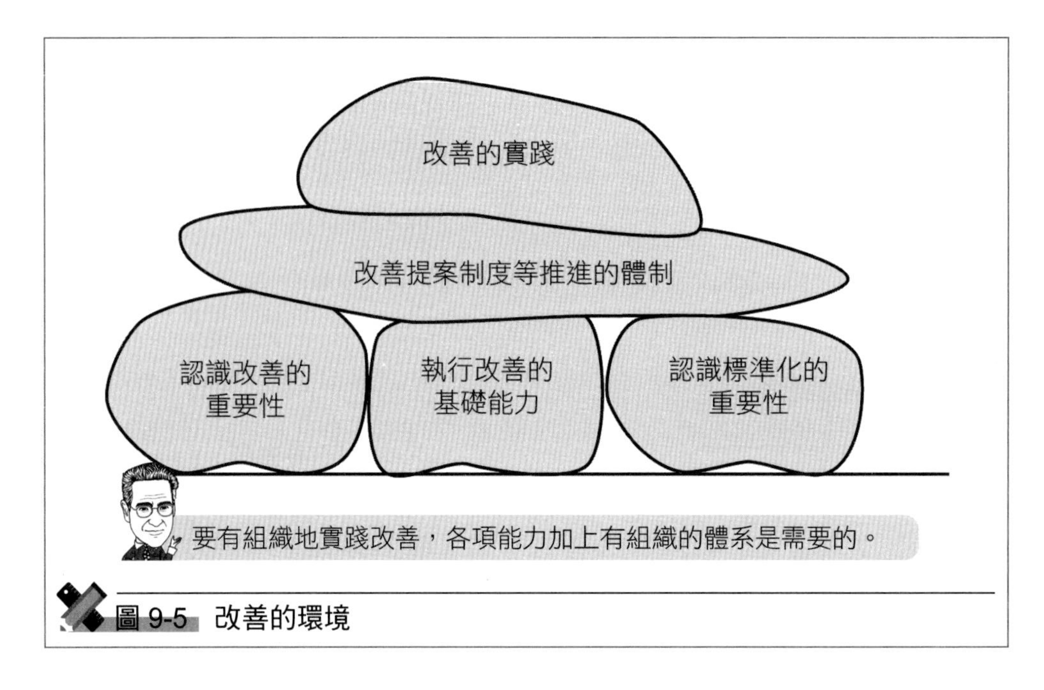

圖 9-5　改善的環境

改善的實踐，變更以往的作法的時候也有。一般來說，變更以往的作法，會有或大或小的反抗。譬如，A 先生為了改善生產量，假定發現了最好是變更既有的流程。此時，除 A 先生以外的相關人員，是否能立即接受此變更呢？

除了像「為何要變更呢？」「它是正確的嗎？」質詢變更的正當性之外，像「不想改變好不容易記住的作法」等提出各種反駁的可能性也有。那麼好不容易發現的改善就這樣被埋沒掉了。像這樣，想確實實踐改善，就是要認識改善的重要性。

此外，改善後不可忘記的是，要將所改善的作法標準化。為了提高顧客的滿意度，如餐廳的待客方法已改變時，要將作法反應到待客手冊上，而此等如未標準化時，以組織來說即無法活用改善成果。為了有效地活用，像待客手冊、作業標準等的標準類之改訂，並且有需要教育業務的承擔者。照這樣，才可確實維持已改善的結果。

9-2-4 改善提案制度、表揚制度

改善提案制度是組織積極地吸取改善提案，引進好提案的一種體制。改善提案制度是基於「為了使結果變好，改變作法是最好的」，因之積極地改變使過程變好之想法，成為對整個組織而言的政策。

改善提案制度的優點，可以舉出像能安心改善、出現改善的幹勁、改善及標準化的體系可以形成等等。並且，表揚制度是為了增加其幹勁的觸媒。

9-2-5 持續地教育

為了持續地實踐改善，持續地教育是需要的。為了活用本書所介紹的工具，活用工具的教育更是不可或缺。此種的教育，與運動中的基礎體力訓練是相同的。足球選手的基礎體力的練習，即使偷懶一天，對比賽幾乎是沒有影響吧。可是，半年偷懶的話會變成如何呢？對筆者來說，如果是偶爾過一下癮的足球水準，那勉強還算可以，但論及高水準卻是望塵莫及。以有組織的改善為目標，教育是不能空白的。

改善的教育，即使有半年的空白，組織的改善能力也不會掉落吧。可是，三年間中斷時，組織的能力確實會掉落的。其中的一個理由是未接受基礎教育的人慢慢地增加，而「客觀地評價事實」「以數據說話」的文化就會消失。

9-3 支持改善的基本想法

9-3-1 PDCA 與持續改善

1. 何謂 PDCA

PDCA 是將計劃 (Plan)、實施 (Do)、確認 (Check)、處置 (Act) 的第一個字母排列而成，是管理的基本原理。將此概要表示在圖 9-6 中。計劃 (P) 的階段是「決定目的、目標」的階段，也含有「決定達成目的、目標之手段」的階段，並且，實施 (D) 的階段可分成「為實施而作準備」與「按照計畫實

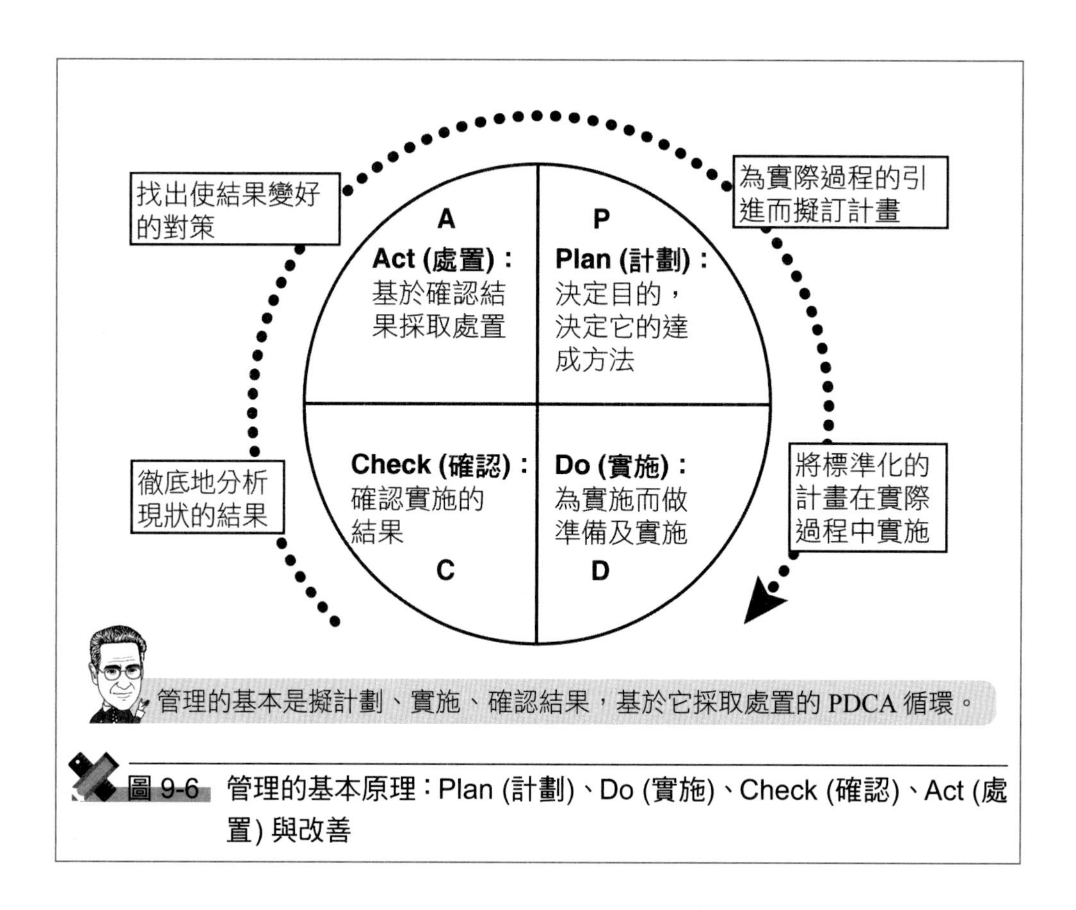

圖 9-6　管理的基本原理：Plan (計劃)、Do (實施)、Check (確認)、Act (處置) 與改善

施」的階段。另外，確認 (C) 的階段，是確認實施的結果是否如事前所決定的目的、目標。接著，處置 (A) 的階段，是觀察實施的結果與事前所決定的目的、目標是否有差異，視其差異採取處置。

譬如，目標未達成時，要調查目標未達成的理由。接著，視其理由採取處置。譬如，下次以後要改變實施的作法或重新設定目標。

2. 改善是轉動 PDCA 的循環

改善活動的基本是適切觀察實際狀況，視需要採取處置，即所謂的 PDCA 的循環。後面會敘述的改善活動的標準式步驟，是持續 PDCA 中對應「CAPD」的過程。

改善是對應 (C) 的階段，徹底地分析現狀。這是為了避免基於「深信」而作了錯誤的決策。接著，依其結果採取處置 (A)，為了使結果成為好的水準，思考要如何做。然後，當知道結果處於好的水準時，再將它以計劃 (P)

進行標準化。當迷茫不知作什麼才好時，思考在 PDCA 之中處於哪一個階段，是改善的捷徑。

3. 不斷提高 P 持續性地改善

如讓 PDCA 不斷發展時，即成為持續性地改善。儘管按照計劃階段所決定的事項實施也未達到目標時，採取適切的處置即可期待目標的達成。因此，將目標設定在較高的水準，假定目標即使未達成仍要採取適切的處置，當可期待能達成高的目標。持續地實踐 PDCA，即可將目標慢慢地提高，最終而言，產出的水準即可提高。此概念圖如圖 9-7 所示。

9-3-2 「以數據說話」是原則

1. 「使用數據說話」的重要性

使用數據來說話時，改善的成功機率是相當高的。因此，不允許失敗時或者採取幾個對策也無法順利進展時，收集數據以邏輯的方式判斷事情是很有效的。

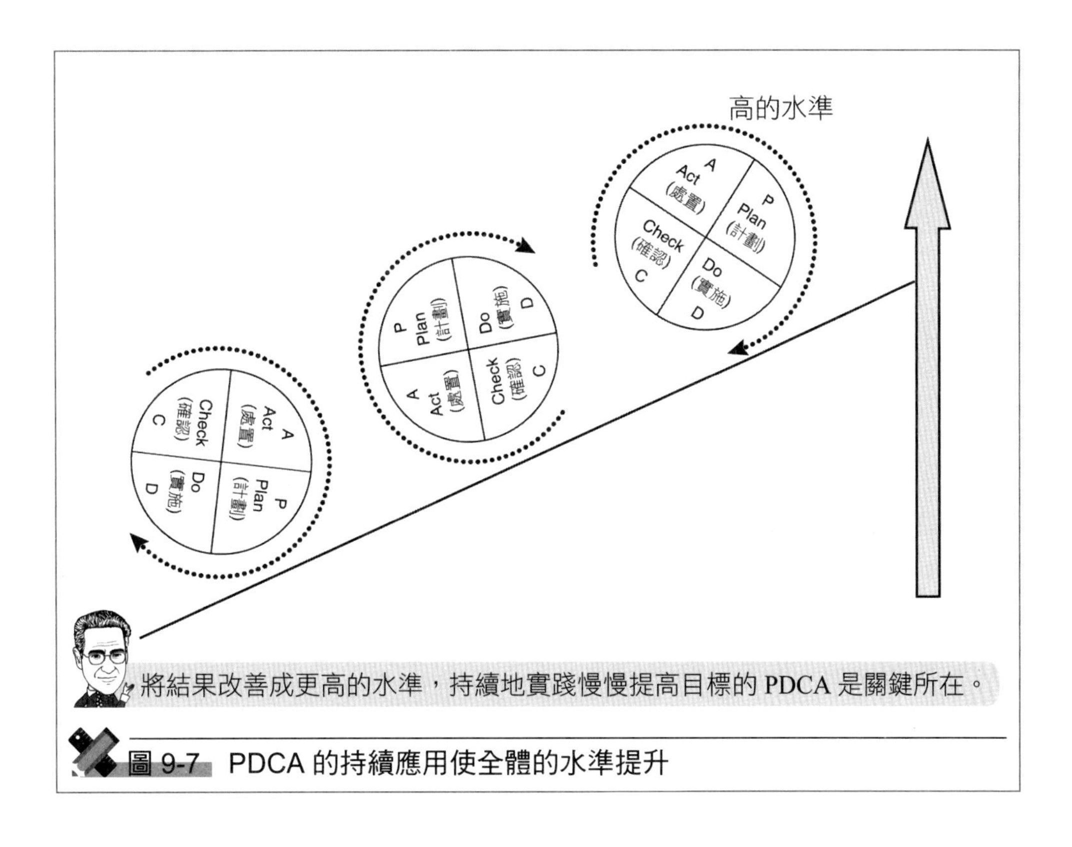

圖 9-7 PDCA 的持續應用使全體的水準提升

此處所說的數據，不只是何時、在何種狀態下，接受幾件客訴此種被數值化的定量性資料，也包含像是觀察顧客行為的錄影帶、觀察的記錄等表現事實者。換言之，並非頭腦中所想的假設，而是表現現象者。好好認識事實，根據它從事改善，正是「使用數據來說話」的意義。

使用數據是防止以「深信」來判斷，而是為了能客觀地、合乎邏輯地來判斷。如果是認真從事工作的話，為了使結果變好，就會設法謀求對策。可是，打算好好地做，而結果並不理想的情形也很多。那是未切中目標的對策所致。

關於「以數據客觀地、合乎邏輯地判斷」來說，不妨使用例子來說明吧。某大學隨著 18 歲人口的降低，志願入學者的人數在減少。以 1990 年度的志願者人數當作 100，畫出志願者人數的圖形後，如圖 9-8(a) 所示，志願者人數是呈現減少。

因此，在 1997 年結束後，以增加志願者人數為目標，從事大規模的廣告活動。此事是以宣傳活動在全國巡迴，成本上花費不貲。雖然它一直持續到 1998 年以後，但志願者人數還是減少。在 2004 年結束後，終於到了重新思考以往的廣告活動的時候了。由此數據可以判斷廣告活動是有效的嗎？或者因為沒有效果所以判斷作罷呢？

在統計學的課堂上進行此詢問時，「實施廣告活動之後，志願者人數也在減少，所以毫無效果。因此，應該中止花費成本的廣告活動」，經常會得到如此的回答。以粗略的看法來說，如此的回答也許是可以的。

可是，正確來說應考慮 18 歲人口的規模正在變小的狀況。因此，廣告效果之有無，與 18 歲人口的減少情形相比，此大學的志願者人數減少多少是應該依據此來議論的。亦即，如圖 9-8(b) 那樣，廣告活動的效果，與市場的下降情形相比是屬於何種程度，應依據此來議論。

只是比較廣告活動引進前後，議論廣告活動的成果時，如圖 9-8(a) 的情形，將有效果的當作沒有效果來判斷會發生損失。這雖然是志願者人數的例子，但是應該客觀地合乎邏輯地評價事實的狀況卻有很多。從這些事情來看「以數據來說話」即受到重視。

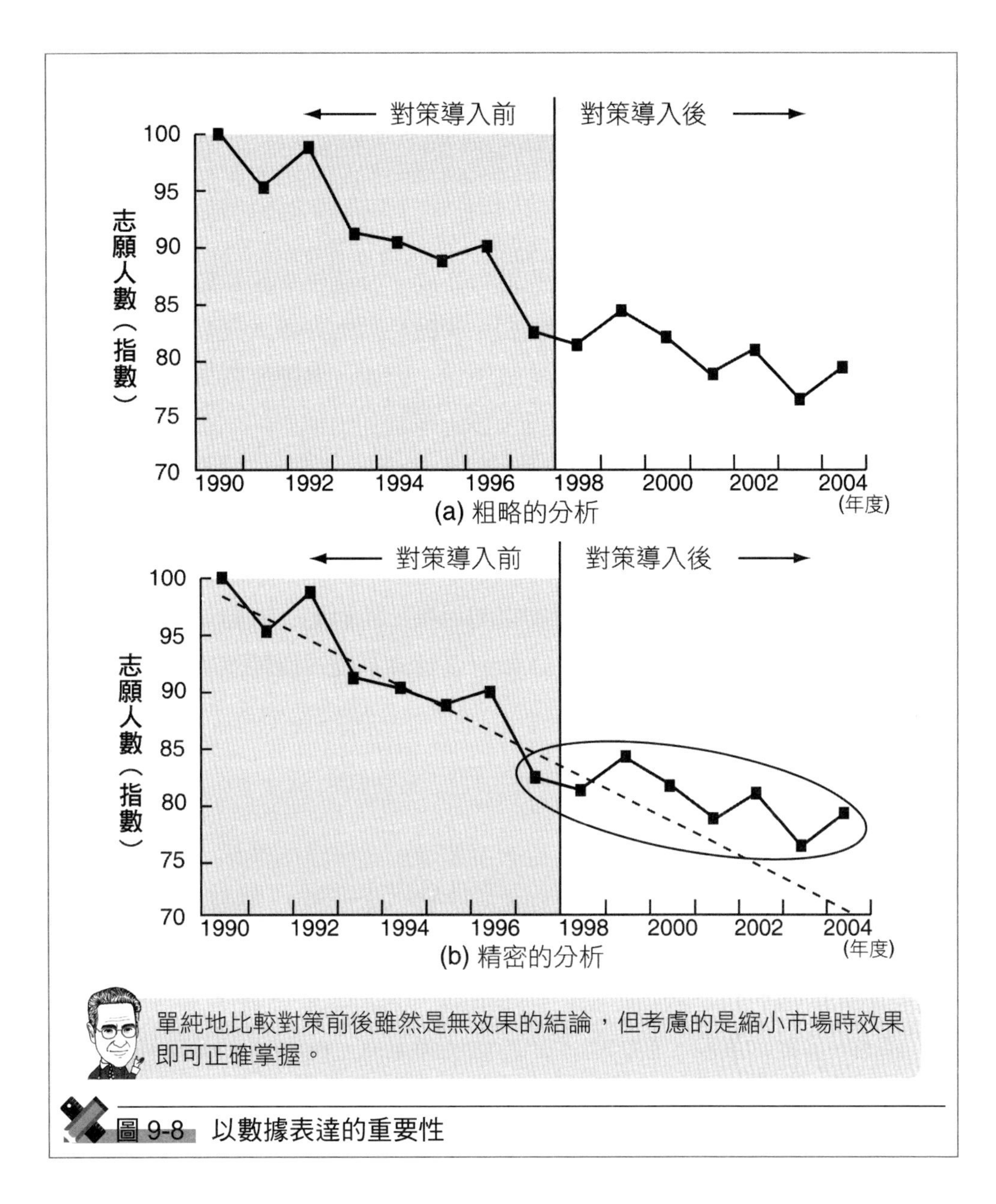

圖 9-8　以數據表達的重要性

2.「以數據來說話」應用統計的手法是最有效的

以數據來說話，應用統計的手法是很有效的。以先前的例子來看，18歲人口的減少即使概念上知道，要如何將它以定量的方式來表示才好呢？從志願者人數的數據圖也可了解，這些數據是帶有變異的。要如何估計變異的幅度才好呢？從此種事情來看，統計手法的應用是最具效果的。本書只介紹它的概要。數據能訴諸什麼？使它容易說話的是統計手法。

9-4 改善步驟的必要性

9-4-1 維持與改善

組織要持續成長，應設定適切的進行方向，某個部分使狀態安定化要予以維持，某個部分則有需要改善。譬如，餐廳品質的好壞，是取決於所提供的料理、待客、店內氣氛等種種要素來決定。因此，餐廳整體來看時，要使之處於良好狀態。譬如，就料理來說，要比現狀的水準更好，並且店內氣氛因為獲得顧客良好的評價要使之持續，待客態度由於取決於待客負責人而有變異，因之要減少此變異，像這樣有需要使現狀與餐廳的方針整合後再進行改善。

所謂「維持」是使結果能持續安定的活動。相對地「改善」是使結果提升至好水準的活動。對改善來說，以既有系統為基礎慢慢地改善，或建構新系統以大幅改善為目標的情形也有。

9-4-2 維持的重點

對維持來說，像作業程序書、待客手冊等記述作法的標準，要適切地製作，依據該標準使作業確實是很重要的。直截了當地說，「維持的重點在於適切的標準化」。標準化的詳情會在第 15 章中說明。這是基於對結果會有重大影響的要因，將它們固定在理想水準的一種原理。

譬如，餐廳的服務，要如何才能持續地將菜單上的料理以美味狀態來提供給顧客享用呢？首先，有需要適切地採購能作出美味料理的材料，而且，烹調準備也會影響料理的美味。甚且，調理方法當然也是很重要的。像這樣，各式各樣都會影響料理的美味，因之，要決定好這些的作法，使之能持續提供美味的料理，具體言之，決定好材料的供應商、採購方法、烹調準備的作法，廚師則依據它進行烹調準備。並且，選定好記入有料理作法的食譜，依據它製作料理。

雖然標準化有種吃力的印象，但像這樣它卻是平常我們在實踐的活動。利用適切的標準化，經常能提供美味的料理，可以維持在理想的狀態。標準化是貫徹使結果處於理想狀態的作法。亦即，使結果處於理想狀態的作法，以料理的例子來說，如何尋找美味料理的「作法」是關鍵所在。

9-4-3　改善的重點

維持雖然可以在「標準化」的一個關鍵語之下進行活動，但改善則有需要去發現與以往不同的方法。就料理的情形來說，有需要去發現製作美味料理的方法。並且，為了能提供美味的料理，包含年輕廚師的教育在內，有需要充實體制。在此意義下，改善比維持處理的範圍變得更廣。

改善必須廣泛地著手，此有幾個重點，適切掌握現狀，視現狀引進對策，觀察對策的效果，再推進標準化等。匯整這些程序，即為下節要說明的改善步驟。

9-4-4　改善的步驟任務

改善的步驟，以下的兩個意義是很重要的。

(1) 在改善活動之中，接下來要做什麼才好不得而知時，如依據此步驟，應該要做什麼，即可明確。

(2) 依據改善的步驟時，儘管 A 先生、B 先生以不同的對象從事改善，仍可共享不同對象的經驗。

首先是 (1) 的重要性。譬如，就大飯店的服務來說，有來自顧客的不滿心聲。要如何改善此不滿呢？針對有不滿心聲的人，在道歉之後進行訪談打聽出問題點，就直接地採取對策嗎？譬如，有顧客抱怨櫃檯的應對不佳，立即實施櫃檯的再教育嗎？或者，針對與顧客滿意 (CS) 有關的所有服務，以提升其水準為目標實施對策嗎？由於經營資源是有限的，因之必須只採取有效的對策才行。亦即。取決於時間與場合而定。如何洞察此「時間與場合」是很重要的，改善的步驟是使它明確。

其次是 (2) 的重要性。A 先生是在大飯店中就職，擔任櫃檯的工作。接著，A 先生讓櫃檯的服務品質提高，獲得了顧客良好的評價。不只是櫃檯，也向餐廳、其他部門水平展開，為了讓改善能落實，要如何做才好呢？

譬如，未向 A 先生告知任何發表的指引而讓他發表，對在其他部門工作的人來說，如果未閱讀內文的說明是不易了解的吧。可是，A 先生的發表如果依據改善的步驟時，即使部門獨特的用詞多少不了解，整個內容的流程是可以理解的，即可共享改善案例。

9-5 改善的步驟

9-5-1 由六個階段所構成的改善步驟

為了提高改善的成功機率，由以下六個階段所構成的步驟是非常有效的。

(1) 將改善的背景、日程、投入資源，應有姿態等加以整理 (背景的整理)。
(2) 徹底地調查現狀 (現狀的分析)。
(3) 探索問題的要因 (要因的探索)。
(4) 基於要因的探索結果去研擬對策 (對策的研擬)。
(5) 驗證對策的效果 (效果的驗證)。
(6) 將有效果的對策引進到現場 (引進與管制)。

此步驟的詳細情形留在第 10 章以後陸續說明，此處將它的概要、問題點表示在表 9-1 中。

此步驟的背後有如下的想法。

(1) 基於事實，以科學的方式、合乎邏輯的方來進行。
(2) 原因並非立即閃現，首先要徹底分析現狀。

當發生問題時，直覺地認為是它，而對它採取對策不一定能說是不好的。如果它能順利解決時，不費功夫是很有效率的，對問題以直覺的方式採取對策，可以說是「經驗、直覺、膽量」的探討方式，有時是可以借鏡的。可是，此種方式的應用不佳者，像是問題並未解決卻仍以直覺的方式持續採取對策之情形，以及在不允許失敗的狀況下只憑直覺採取對策之情形。換句話說，以直覺的方式無法順利進行之情形或不允許失敗的狀況下，依據上述

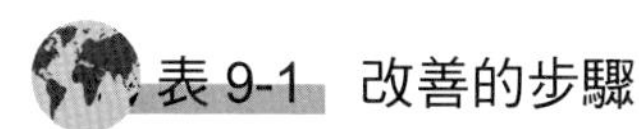

表 9-1　改善的步驟

步驟	內容	問題點
(1) 背景的整理	整理背景、投入資源、期間、應有姿態	基於事實正確設定改善的目的、期間等
(2) 現狀的分析	徹底調查現狀	使用時間數列圖或層別等，就結果的現狀徹底地調查
(3) 要因的探索	探索問題的要因	依據現狀分析的結果探索要因
(4) 對策的研擬	基於要因的探索結果研擬對策	關於要因的假設，要依據對該領域的知識來建立
(5) 效果的驗證	驗證對策的效果	收集數據，確實進行驗證
(6) 引進與管制	引進有效果的對策到現場	改善的負責人與現場的負責人有時是不同的人，為彌補其差異而進行管制

依據此步驟進行改善時，就不會茫然不知接下來要做什麼，並且成功機率也提高。

的步驟以科學的方式進行改善是有需要的。

上述的步驟在品質管理的領域中稱為「QC 記事 (QC story)」或「問題解決 QC 記事」。取決於書籍，步驟的區分有若干的不同，但本質上卻是上述的步驟。另外，以 TQM 為範例在美國發展起來的六標準差，以 DMAIC 如表 9-2 所示的改善步驟加以提示。基本上，此與剛才的步驟是共通的。從這些來看，先前的步驟對改善來說，泛用性是相當高的。

表 9-2　改善的步驟名稱

步驟	其他書籍所使用的名稱	六標準差的名稱
(1) 背景的整理	選定主題的理由、背景整理	Define (定義)
(2) 現狀的分析	現狀分析、現狀掌握	Measure (測量)
(3) 要因的探索	解析	Analysis (解析)
(4) 對策的研擬	對策研擬、對策	Improve (改善)
(5) 引進與管制	對策的引進、標準化、防止、今後課題	Control (控制)

改善的步驟依書籍而有不同，但本質上的流程是相同的。

9-5-2 在改善的規模上探討方式是不同的

改善如以下那樣，

(1) 以既有的系統為前提，踏實地獲取成果。
(2) 不以既有系統作為前提，利用大規模的變更以較大的成果為目標，
依規模的大小，探討的方式是有不同的。

以 (1) 型的例子來說，可以舉出像是大飯店的服務品質，使用既有的大飯店設施以變更人員配置或改訂待客手冊之類，略微地下功夫或變更教育方式等去進行改善。另一方面，(2) 型是利用大飯店本身的革新，以創出新顧客為目的。

這些例子可以了解到，(1)(2) 如以改善的規模來看時是連續性的。並且，以部級來看時，雖然是新的系統，但在組織全體中只是一部分改變而已，可以想成是既有系統的變更。像這樣，新系統或是既有系統是取決於看法。

以既有系統為基礎來考慮，適合於踏實地不以相當大的水準之成果為目標。相對地，基於新系統的建構進行改善，即為高風險高報酬的改善。此外，愈是大規模，愈需要周到準備與大量的資源。亦即，大幅改變既有的系統或建構新的系統時，有需要保持更廣的視野，並就許多地方進行檢討。

以既有系統為前提進行改善之情形，以及將新系統的建構也放入視野進行改善的情形，將這些步驟的要點、相異點加以整理，表示在表 9-3 中。基於既有系統的改善步驟稱為「問題解決 QC 記事」，也考慮新系統以大幅改善為目的進行的步驟稱為「課題達成 QC 記事」，以茲區別的情形也有。考慮新系統的步驟是強調以下幾點：

(1) 基本上是共通的步驟。
(2) 建構新系統時具有廣泛的觀點。

關於這些的詳細情形，容於下章以後說明。

9-6 有關手法的整體輪廓

就各個步驟來說，除了目的之外也有許多有助益的手法。本書的目的

表 9-3　也考慮新的系統大幅改善時的要點

步驟	以既有系統為前提之改善	也考慮新系統的大幅改善
(1) 背景的整理	整理目的、應投入資源、日程等	考慮新系統時，規模也變大，預測變得困難
(2) 現狀的分析	徹底調查現狀	現狀分析時，判斷以既有系統是否能達成目的，針對有類似機能的系統的現狀進行分析
(3) 要因的探索	探索問題的原因	不僅是既有系統中結果與要因之關係，對新系統也考慮要因
(4) 對策的研擬	基於所設定的假設訂定對策	在建構新系統時，將該系統具體呈現
(5) 效果的驗證	驗證對策的效果	除了驗證效果外，也綿密地檢討新系統的波及效果
(6) 引進與管制	將對策引進現場	更綿密地進行標準化、教育等

考慮新系統時，步驟的構造雖然相同，但從更廣的觀點考察系統案，探索要因，檢討引進及波及效果。

是介紹這些手法的概要。圖 9-9 是將改善的各步驟經常所使用的手法加以整理。在此圖中，被揭載的手法並非只能在各自的步驟中加以使用。幾乎手法可在數個階段中加以使用。譬如，統計圖 (graph) 不管在哪一個階段中均能有效果地被使用。不妨將它想成是應用的參考指標吧。

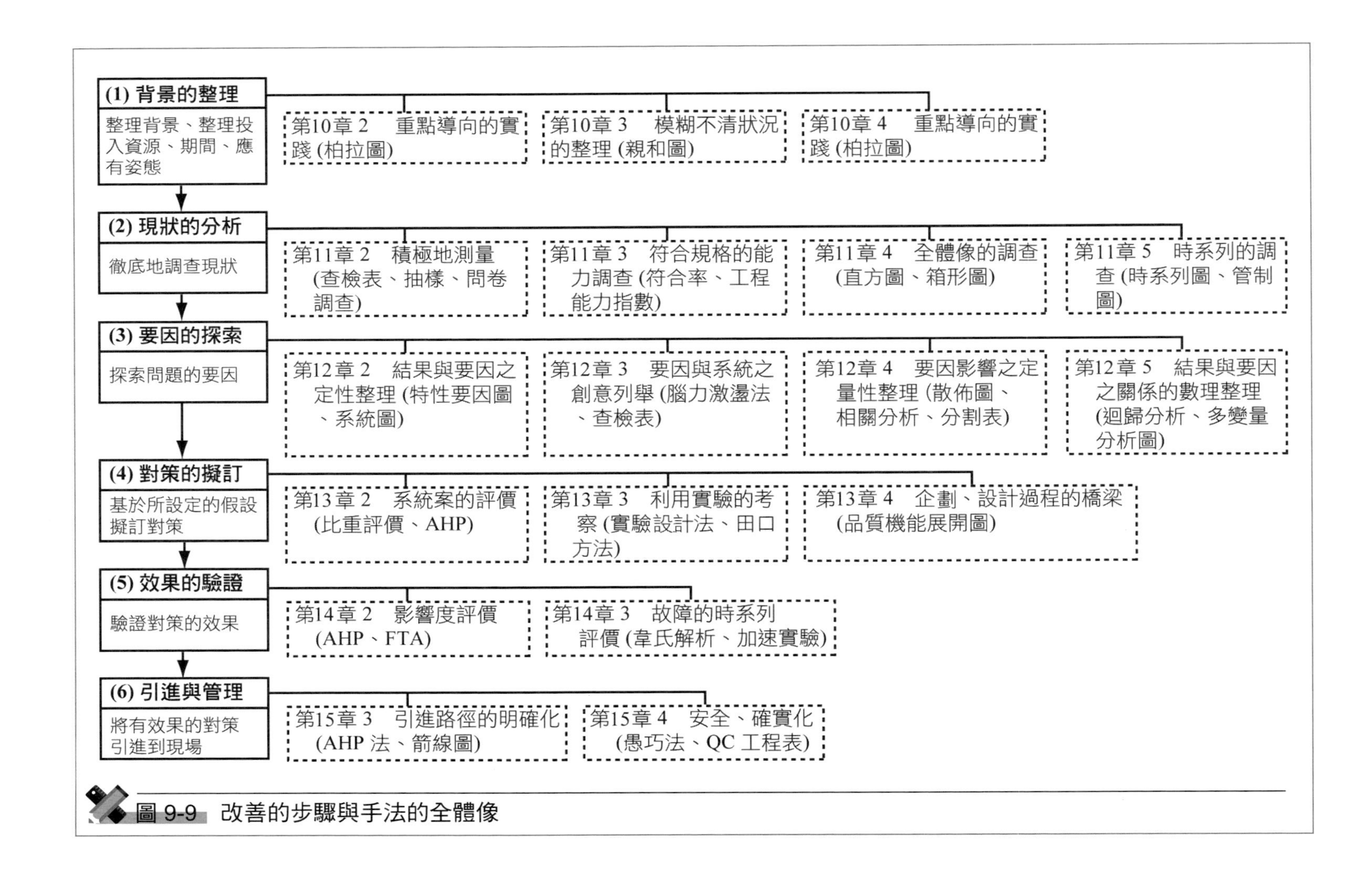

圖 9-9 改善的步驟與手法的全體像

Chapter 10

背景的整理

10-1 目的

10-1-1 「背景的整理」的用途

在改善的最初步驟「背景的整理」階段中，要查明：

(1) 改善的需要性。
(2) 原本應有的姿態。
(3) 改善的規模。
(4) 投入的資源。
(5) 日程。

等等。

在此階段中，就改善的對象來說，為何需要改善應使之明確。譬如，市場中的產品品質的競爭激烈化，因之才要改善的嗎？或者是為了降低成本嗎？等等要適切地討論。一般來說，在進行活動時，忘記了「為什麼」從事該活動，只集中在「如何」進行活動而迷失方向的情形也有。為了避免此種事態，事先弄清楚是為了什麼從事改善。並且，在此階段使原本應有姿態明確。譬如，對新產品來說，為了確實滿足規格，變異應在多少程度之內，加工精度要決定在何種程度才好等等，可以舉出許許多多。

同時，改善的規模、投入的資源也要事先決定。譬如，考慮大飯店的改善時，改善櫃檯的應對以期有成果時，是以既有系統作為前提呢？或者包含大飯店的改裝在內，全面性地翻新那樣去考慮新系統的建構呢？……等均要事前決定好。

此外，將可能投入的人、物、錢、資訊等的經營資源，為了專案的進行要配合日程予以決定好。當然正確的預測是不可能的，經營資源與日程大略是多少，可事先決定好。

這些決定，也可以說是改善範圍的決定。事先決定改善的範圍是依據以下的理由。進行改善時，預算、人力資源超出預期，必須改變方向的時候也有。雖然不改變方向也行，但不管是如何綿密地在事前擬訂計畫，也仍有可能發生不如預期。

最壞的情況是結果並不理想，因之不斷地投入資源，或結果不理想而延誤中止，只有使投資變得膨大。為了避免此事，要有效果地進行改善活動，在何種程度的投入下如果不行時就放棄呢？也有需要事前先決定好。

10-1-2　為了大幅地改善

需要大幅地改善，無法以既有系統作為前提時，或需要建構新系統時，改善的步驟也是有效的。在改善的步驟中，也考慮到新系統的建構，對於以大幅改善為目標時，有需要拓展視野準備周詳地從事活動。

在背景的整理階段方面，應做的事項與以既有系統作為前提的改善，雖然並無甚大的不同，但對於這些要更正確地、仔細地決定與評估。亦即，以大幅改善為目的或建構新系統時，要正確地評估改善的需要性與原本的應有姿態，以及仔細地決定改善的規模、投入的資源、日程等。在以下的步驟中，由於是依據現狀與原本應有姿態之差距建構系統，因之從此意來看，也有需要更正確地評估原本應有的姿態。

以小幅改善為目標時，既有的系統成為默認的前提，此對活動本身來說，帶來某種程度的防止效果，因之，持續投入資源最終失敗的最壞可能性也不會是那麼地高。另一方面，以大幅改善為目的，不以既有系統為前提考慮新的系統時，會變成何種程度的規模並無頭緒，一旦察覺時，成果並未出現卻從事了莫大的投資，演變成最壞事態的可能性也是有的。為了避免此種可能性，事前要決定好改善的範圍。

10-1-3　工具的整體輪廓

在背景的整理階段，主要的著眼點是改善的規模、前提條件、範圍、應投入的資源、應有的姿態等的明確化，此並無特別的專用手法。視需要，可以使用適切的手法。此階段的著眼點寧可放在要作成何種的改善專案，以及什麼不行時是否要放棄等的決定，因之定性的檢討即成為中心。並且，在定量的檢討上，首先基礎的累計方法也是很重要的。

本章中介紹利用數值型資料以進行重點導向所需的「柏拉圖」以及整理茫然不清的狀態所需的「親和圖」。另外，以基礎的累計方法來說，像「平均」、「標準差」等的定量性資料的整理方法也一併介紹。

10-2 以重點導向來進行

10-2-1 柏拉圖

1. 發現重要度高的項目

所謂柏拉圖是將服務的客訴項目或產品的不合格項目按出現次數的多寡順序排列，以顯示哪一個項目出現最多，應將重點放在哪一個項目才好的一種圖。此工具的基本，即為 vital few 與 trival many，亦即重要的項目占少數，不重要的項目占多數的一種想法。

柏拉圖 (Pareto) 是義大利的經濟學者的姓名。柏拉圖在考察貧富的分配時，許多的財富似乎由少數的人所寡占，財富的分配形成不均衡。裘蘭 (Juran) 博士指出此想法對於品質的問題也是一樣的，在各種品質問題中，重要性較高者占居少數。從此即被用來作為以品質為中心的改善。

在某個鍍金的製程中，就新契約中有關電鍍處理來說，鍍金的產出被要求必須「電鍍沒有剝落」、「沒有露出」、「膜厚在一定範圍內」、「無傷痕」、「鍍金沒有過度殘留」等。使用既有的設備、標準，進行 150 個的鍍金處理，調查其產出情形。結果，未滿足膜厚要求的產品有 66 個，出現剝落的有 23 個。將此作成柏拉圖予以整理者，即如圖 10-1 所示。

在此圖中，未滿足膜厚要求，以及出現剝落的情形是主要的品質問題。此兩者占全體不良約有 70% 左右，可以判斷此等問題的對策是被期待的。

如此圖那樣，柏拉圖是將客訴的出現次數等的結果系指標取成縱軸，客訴的項目取成橫軸。此時，橫軸的項目是按出現次數的多寡順序排列。並且，通常，將歸納幾個項目後的「其他」畫在最右端。以結果系的指標例來說，有「浪費的成本」、「失敗數」等。另外，以指標的出現區分來說，有「品質問題的種類」、「製程」、「時間」等。

接著，基於此出現次數，記述累積曲線。在圖 10-1 中，也記入有累積曲線，在右側的軸上記入其數值。如果這些項目均是相同數字時，累積曲線與連結左下角與右上角的直線一致。換言之，偏離此直線是表示不均衡。

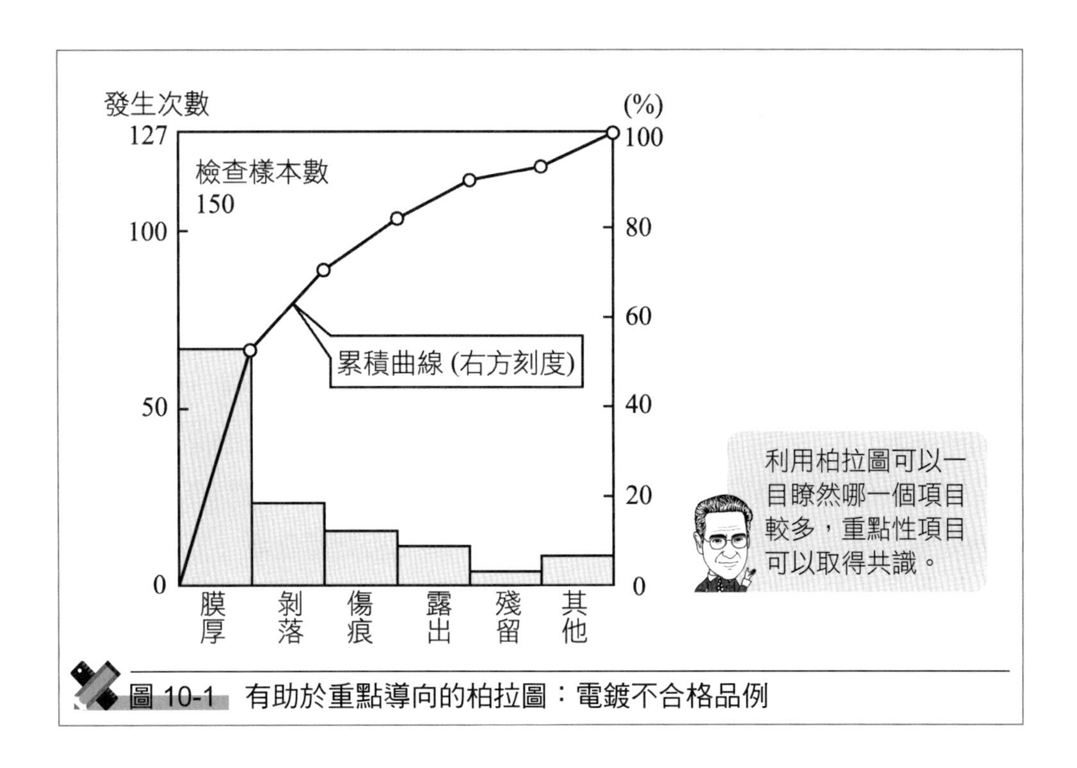

圖 10-1 有助於重點導向的柏拉圖：電鍍不合格品例

2. 柏拉圖活用的要點

柏拉圖是否為有效果的圖，取決於「縱軸的設定是否妥當」、「橫軸的區分是否妥當」。柏拉圖的縱軸可使用不良的出現次數或浪費的成本。因為是鎖定問題焦點的手法，所以使用直接表示結果好壞的指標是較好的應用方法。

橫軸來說，有需要使區分形成相同的比重。譬如，為了改善大飯店的服務，考慮將客訴件數當作縱軸的柏拉圖。接著，以橫軸來說，當作「櫃檯」、「客房」、「餐廳」等時，哪一個領域的客訴最多即可知曉，同時也可知道應採取對策的部門。另一方面，像「櫃檯 A」、「櫃檯 B」、「櫃檯 C」、「客房」、「餐廳」等只將櫃檯細分化時，平衡即變差。亦即，橫軸的項目有需要採相同的比重。

此外，不僅柏拉圖，對於類似此種累計來說，可以一概而論的是每一件客訴的重要度均是一樣的，此為前提所在。譬如，餐廳中關於食物中毒的客訴儘管只有一件，這仍是應優先解決。可是如將這只當成一件，就會忽略問題。

10-3 整理茫然不明的狀況

10-3-1 親和圖

1. 將片段的資訊根據類似性加以整理

所謂親和圖是將片段被記述的資訊，根據此資訊具有的類似性按階層的方式，以及以視覺的方式去歸納的方法，問題的構造即可明確整理。什麼是服務不佳呢？將它以定性的方式進行整理時，親和圖是很有幫助的手法。支持此方法的想法是「階層式地整理」「根據類似性整理」。就大飯店的服務改善來說，將目前所提供的服務不佳之處，以親和圖整理者，即如圖 10-2 所示。在此圖中，將類似的資訊放在一起地予以整理。並且，對於相互的資訊來說，何者是上位概念、一般性的表現呢？可用四方形圍起來表示。

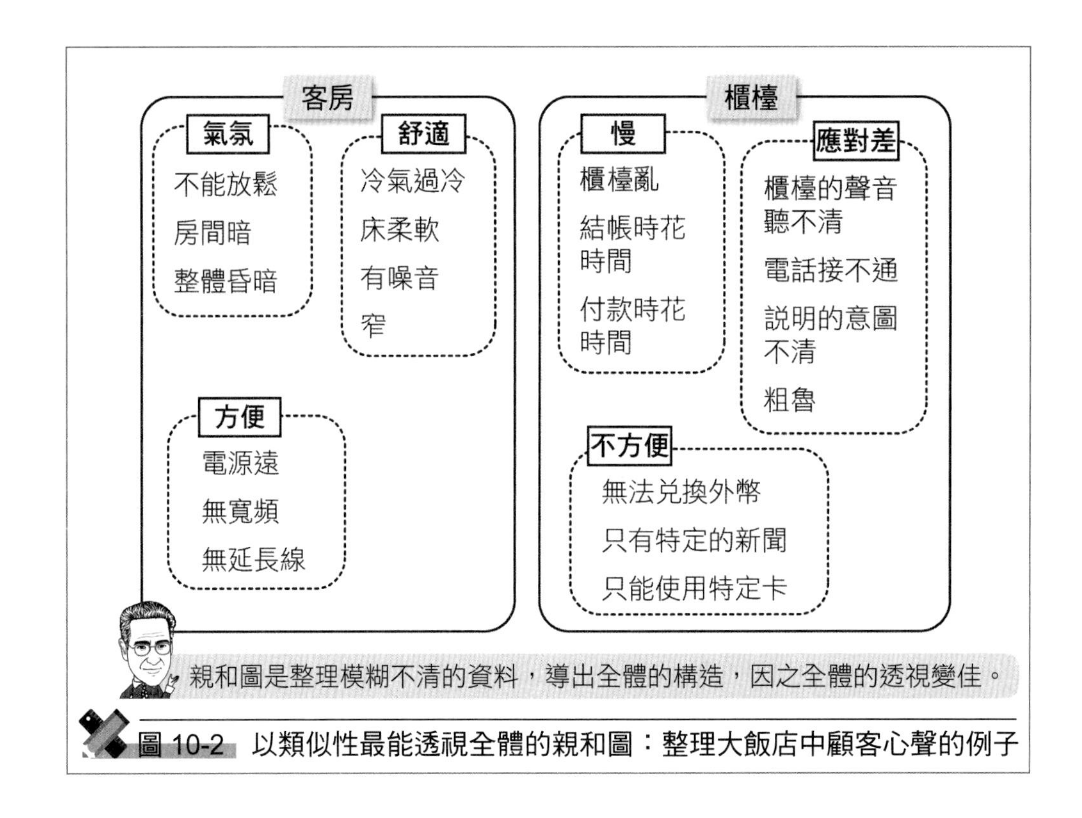

圖 10-2 以類似性最能透視全體的親和圖：整理大飯店中顧客心聲的例子

2. 親和圖的活用例

某大飯店，依據來自顧客的意見調查、從業員的過去經驗，收集許多有關提供服務的事實。其中，也包含櫃檯應對不佳視為不明的資訊，以及櫃檯無法兌換美元的具體資訊。因此，親和圖是將這些所列舉的資訊加以整理的手法。

親和圖是從階層、類似性整理原始的資訊。在客房服務之中，「電源太遠」或「沒有延長線」是方便使用客房，在意義上是相類似的。並且，兩者是表現客房方便的具體要求，「便利性」此階層則是表示這些要求的上位概念。

此種親和圖是將階層相同且相類似者放在一起當作一束來提示。接著，從階層、類似性分成幾束來製作。在圖 10-2 的大飯店的例子中，「氣氛」、「方便」、「舒適」可視為它們的上位概念即「客房」的要求而形成一束，並且，對櫃檯而言也同樣製作。像以上那樣作成親和圖時，模糊不清或上位概念是什麼等不明的資訊，從階層類似性來整理，對象的洞察就變得一清二楚。

3. 親和圖活用的重點

第一個重點是階層的整理。就大飯店服務來說，假定從顧客傳來的兩個心聲即「櫃檯的應對不佳」、「忘記了顧客對客房服務的請託」。「櫃檯的應對不佳」是將「忘記了顧客對客房服務的請託」一般化表現，後者也可當作前者的具體例來掌握。像這樣，片段性所得到的資訊，它們的階層並不一定是一致的。因此，為適切活用，腦海中有需要充分記住資訊的階層。

第二個重點是如何發現類似性。以先前的大飯店的例子來說，「忘記了顧客對客房服務的請託」與「所請託的延長線慢了拿來」，從「櫃檯應對」的意義來看是有類似性的，另一方面，「客房服務」與「延長線」，從顧客請託此點來看，則是不同的資訊。

要如何定義階層、類似性，簡單地說就是「要能清楚洞察對象」。因之，與成為改善對象的流程緊密結合來考慮是很重要的。大飯店的例子，如考察顧客利用大飯店的流程時，可以想到櫃檯、客房、餐廳……等等。像這樣，考量服務的流程時，洞察即變佳，改善變得容易。

10-4 定量性地整理

10-4-1 利用平均、標準差來檢討

當收集了所測量的數據時，首先利用圖形等來表現數據以探索表徵，同時，也計算平均與標準差等的統計量，定量地整理並客觀地表現，以定量的方式整理的觀點有許許多多。當收集像重量、長度等的測量數據時，首先從「中心位置」、「變異」的觀點來整理。

1. 平均、標準差的活用例

表示數據的中心位置經常使用「平均值」，表示數據的變異程度經常使用「標準差」。像父親的身高與孩子的身高此種「成對」數據的情形，經常使用相關係數。除此之外，也有許許多多的方法，詳細情形相關統計方法，以下考察基本的統計量。

圖 10-3 是從 8, 13, 11, 9, 7, 12 等 6 個數據計算平均。如報紙上經常有

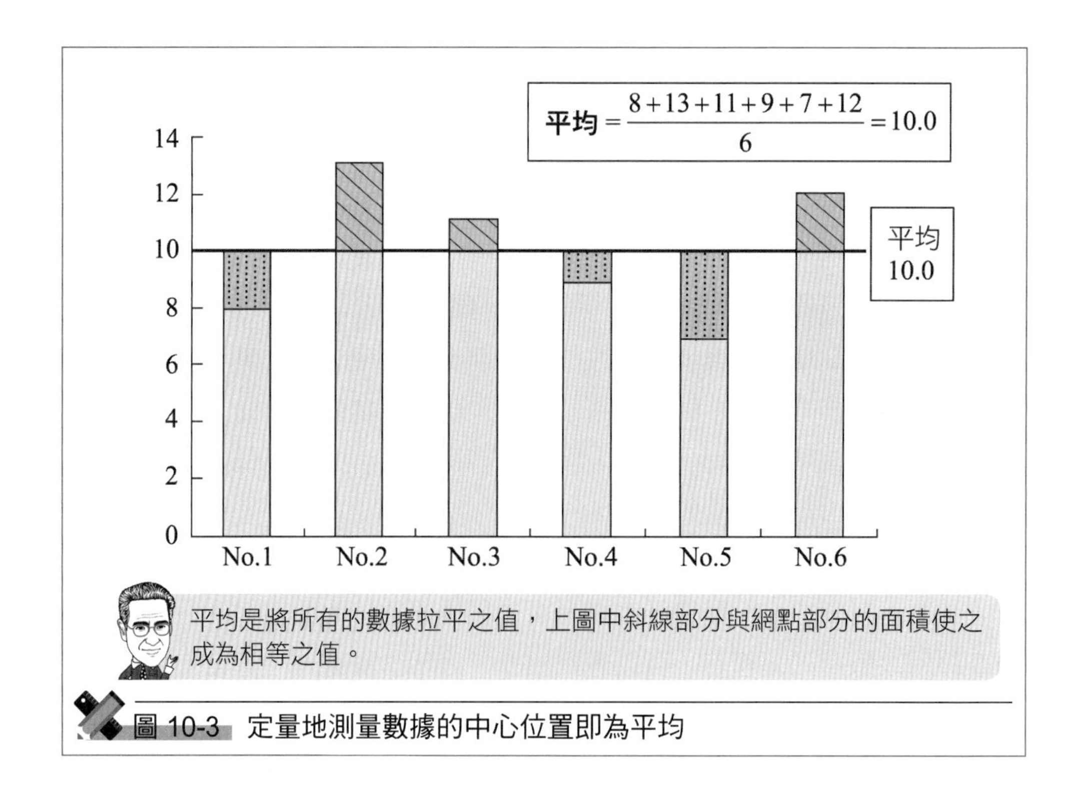

圖 10-3 定量地測量數據的中心位置即為平均

「○○的平均是多少」的表現那樣，在日常生活中經常加以使用。計算過程如圖 10-3 所示，將數據的總和除以數據數，是非常容易理解的。

標準差是表現變異。從字面上去了解標準差覺得不易，但分成「標準」的「偏差」就變得容易理解了。如圖 10-4 所示，所謂「偏差」是表示數據的中心與各個數據之差。今有 6 個數據，所以有 6 個偏差。此處的「標準」，其意義與標準大小等的意義是相同的，是指「平均」之謂，由以上來看，標準差即為偏差的平均大小，只是偏差以和計算有時成為零，因之改採以偏差的平方和來計算。

2. 平均、標準差的活用要點

如活用標準差時，對數據的理解更可加深一層。像報紙上，「○○歲的平均薪資是 ×× 萬元」那樣，有基於平均值來記述的情形，但事實上「這畢竟是平均，實際上是有變異的」如此認為的人也很多。的確有此種的看法是非常正確的。標準差是以定量的方式表現此變異。

如應用數據分析經常所使用的常態分配的理論時，「平均 ± 1 × 標準差」之間占全體的 70%，「平均 ± 2 × 標準差」時是占 95%，接著「平均 ± 3 ×

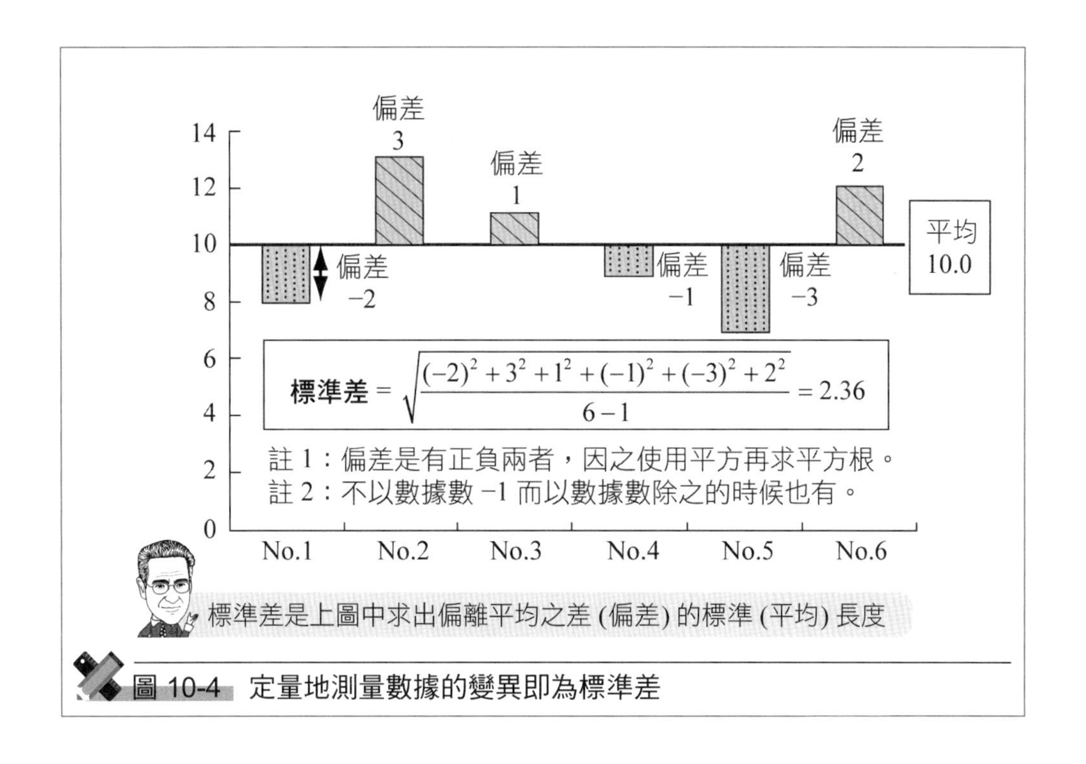

圖 10-4 定量地測量數據的變異即為標準差

標準差」時幾乎包含全部的 99.7% 的數據。此概要表示在圖 10-5 中。

像健康診斷等，設定有如果是在此範圍就可放心的正常範圍。這是利用常態分配的理論加以計算的。亦即，收集許多被視為正常人的數據，由此計算平均與標準差。接著，計算「平均 ± 2 × 標準差」的區間，根據此決定正常範圍。如此一來，正常人的 95% 是落在此區間，因之成為落在此範圍即可放心的大略指標。

又像考試經常所使用的「偏差值」，考試的原來分數，依科目平均有大有小，或者變異有大有小，為了將它統一化而加以使用。具體言之，使偏差值的平均成為 50，標準差成為 10，將原來的數據如此進行變換。如此一來，如應用先前的常態分配的理論時，偏差值在「40 到 60」之間約占全體的 70%，「30 到 70」約占全體的 95%，「20 到 80」之間約占全體的 99.7%。

另外，國人的成年男性的身高其標準差是多少呢？這雖然是大略的推測，但被認為是 5 cm。國人的成年男性的平均身高大概是 170 cm。如觀察

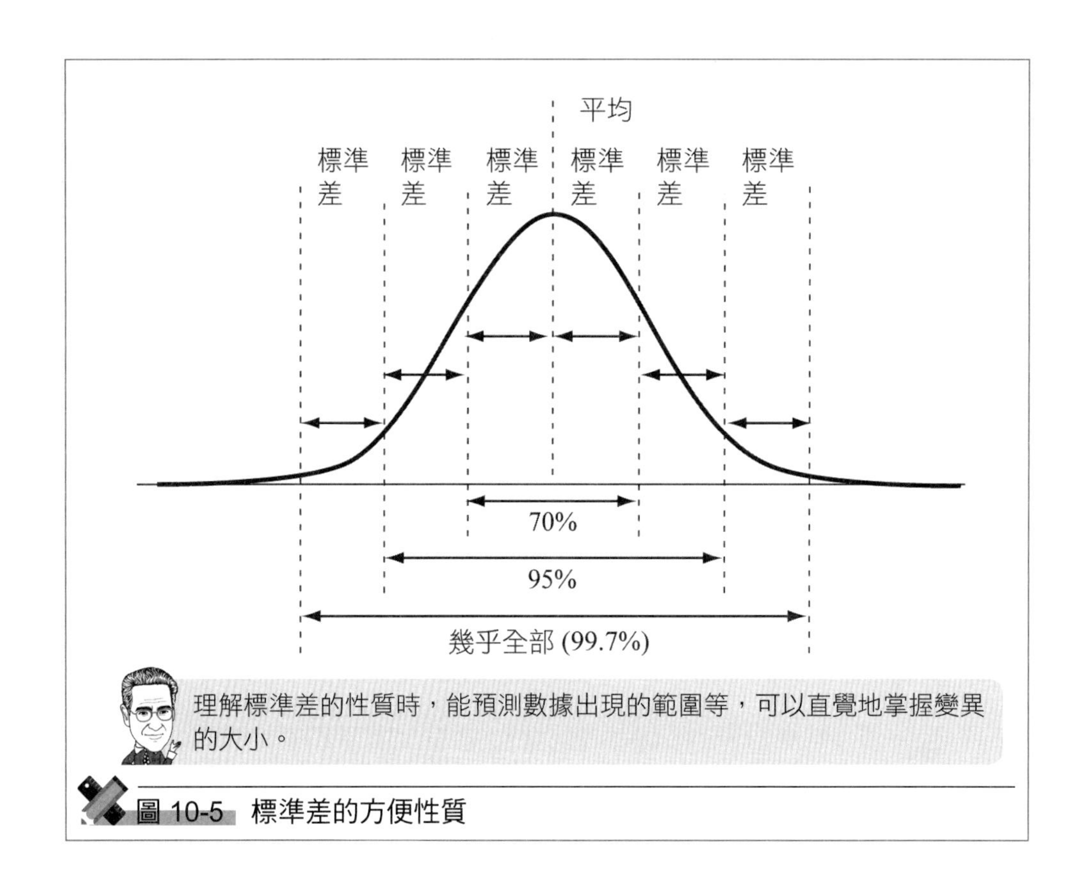

圖 10-5 標準差的方便性質

我周遭的人，超過 180 cm 的人或低於 160 cm 的人，大約是占全體的 5%。

像健康診斷、偏差值等，為了評估身邊事物的變異大小，說明了其背後使用標準差的理由。那麼，是否已經可以定量性感受變異的大小了呢？

Chapter 11

現狀分析

11-1 目的

11-1-1 「現狀分析」的用途

在「現狀分析」的步驟中，徹底地調查現狀，亦即「查明 WHAT」，在接著的「要因探索」的階段中，思考為何會變成如此的現狀，亦即「思考 WHY」。以尋找犯人作為比喻，此階段的目的是徹底調查現場所殘留下來的狀況等等。另一方面，尋找犯人的線索，調查不在場證明，則是其次的步驟。

改善的步驟中，將焦點鎖定在現狀，再徹底調查處於何種的狀況，具有如此的特徵。如第 16 章中所介紹的改善實踐事例中的說明，一般影響結果的要因有無數之多。譬如，電鍍膜厚的情形，電鍍過程的作業環境、電鍍原料、電鍍槽的狀況等有許許多多。或者像大飯店的服務，「改善服務的品質」如此籠統的說，就出現有許多的備選案，也無法適切採取對策。因此，首先要調查結果在目前是處於何種狀態。

電鍍膜厚不符合格，可以想到如圖 11-1(a) 那樣「慢性」發生的情形，以及如圖 11-1(b) 那樣「突發性」發生的情形。如果是慢性發生的情形，可以認為是每日工作的作法不佳，要著眼於每日工作的作法進行改善，另一方面，如果是突發性出現電鍍的不合規格時，就要以出現不合格規格的特定日作為線索思考對策。亦即，取決於結果成為如何，往後的應對就有所不同。因之，在此步驟中，要徹底地調查現狀是如何地不佳，要因的探索就會變得容易。此與徹底地調查犯罪現場所留下的證物，限定犯人的範圍是一樣的。

11-1-2 為了大幅改善

在考量大幅改善方面，有需要檢討是使用既有的系統呢？或者考慮新的系統呢？找出原本應有的姿態與現狀的差異，如果此差異很小時，使用可期望獲得踏實成果的既有系統即可，另外，如果有甚大差異時，為了完全改變作法，有需要引進新的系統。此概要如圖 11-2 所示。

譬如，從台北的總公司到台中的分公司，現狀有捷運線、高鐵線、巴士

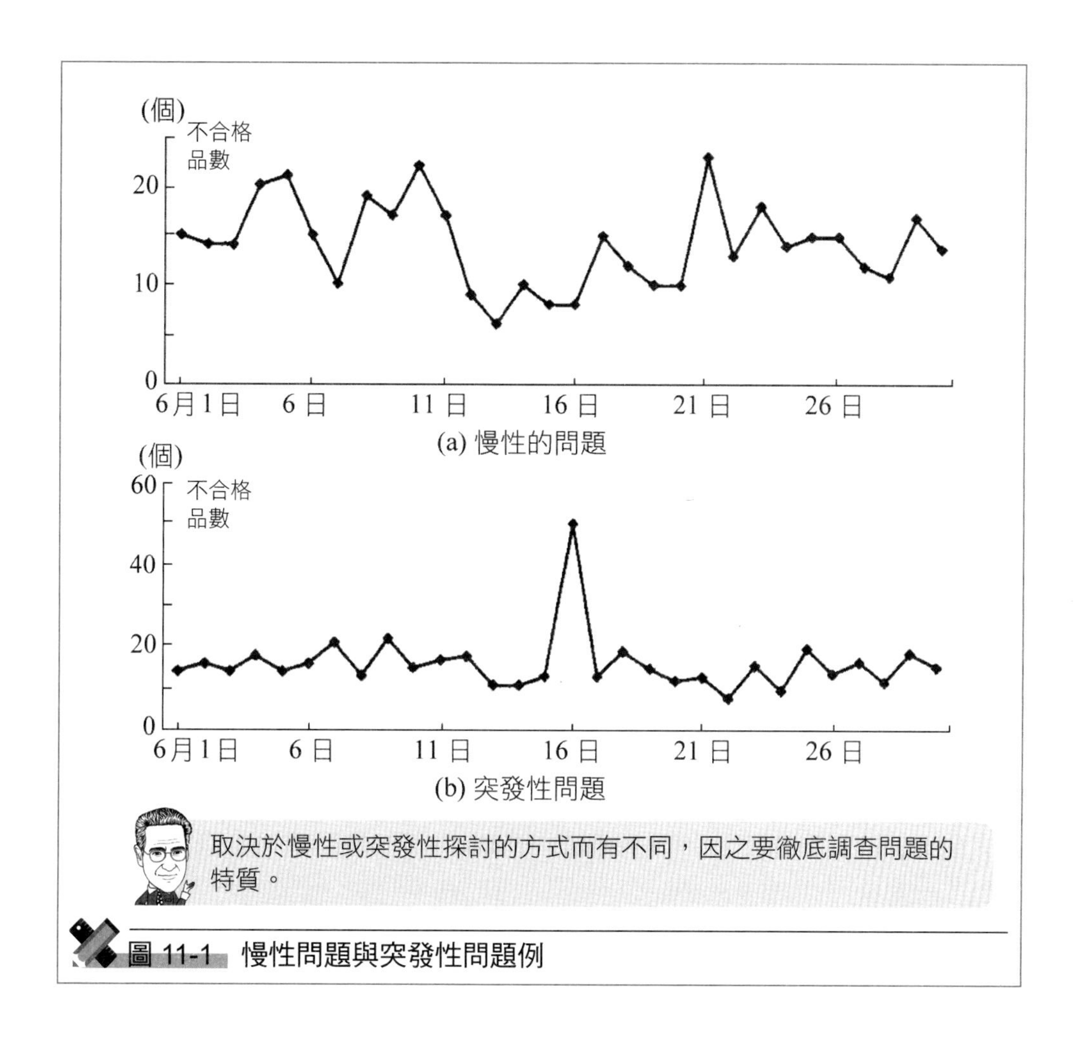

圖 11-1　慢性問題與突發性問題例

等共花二小時十分時，如要縮短二十分左右，則可利用轉乘或在接送方面下功夫，想必可以實現。此時，以既有的高鐵線為基礎考察移動，若可以應用過去的搭車技巧，就會很方便。

可是，如考慮一小時內到達時，高鐵線是不可能的，有需要檢討其他的交通工具，亦即，從利用高鐵線作為基礎的系統，改變成新系統是有需要的。此種的判斷，在於平常有過搭乘的體驗。半導體工廠在某一定期間內要更換製造裝置，是因為既有的裝置的改善雖然有所實施，但從某階段起在技術上被認為出現不可行的瓶頸所致。

在既有系統上進行，改善的變更時間也少，改善的成功機率也較高，相對地，大幅改善就變得難以期盼。另一方面，新系統的建構，成為高風險、

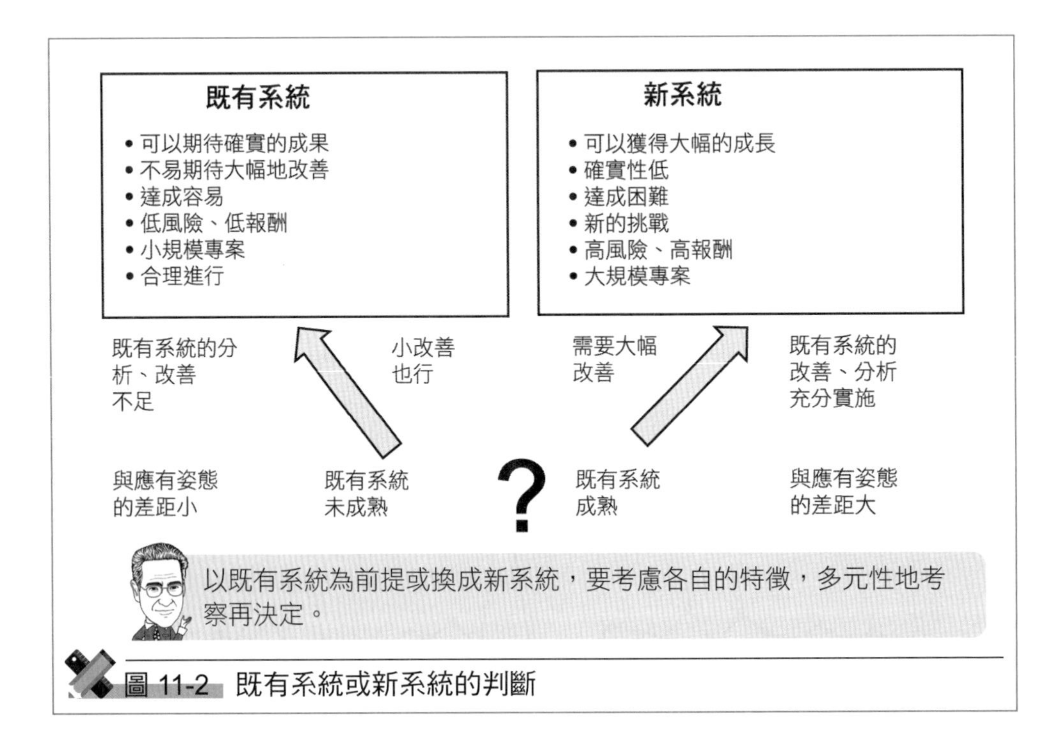

圖 11-2 既有系統或新系統的判斷

高報酬。在既有系統上進行改善或建構新系統呢？找出在既有系統上進行的優點、缺點後，從綜合的觀點來判斷。

另外，涉入新產品的領域等認為完全沒有既有的系統，這在邏輯上雖然有可能，但實際上是不可能的，譬如，過去生產汽車的公司，為了擴大銷貨收入，儘管涉入餐飲事業，但是像銷售網的充實、機器的共同性等，某處仍有共同的系統。因此，並非因為是新的領域，過去的知識不能使用，就認為無法預測，適切地找出共同的部分、類似的部分等，預估作成新系統的效果，再考量是否要採行既有系統或新系統。

11-1-3　工具的整體輪廓

現狀的分析其目的是徹底調查結果變成如何，因之要觀察與結果有關的數據整體輪廓，按時間系列地觀察並層別看看。因之，擬介紹相關的手法。此處列舉的手法是比較泛用性的。譬如，統計圖 (graph) 等，在其他的步驟中也經常使用。

11-2 積極地測量事實

本節介紹的查檢表、抽樣、問卷調查，於測量事實後再銜接現狀分析時是很有效的。查檢表是為了容易收集數據所使用的工具。並且，抽樣是考量要用多少程度的數量來收集數據才好而提供的指標，為了從少數的數據考察全體而提供判斷的基礎。此外，問卷調查是收集較為多量的數據，考量現狀的評價時是有幫助的。

11-2-1 查檢表

1. 確實收集數據

所謂查檢表 (check list) 是為了在日常業務中收集數據，經種種的設法使之可確實收集數據的表格。查檢表並無固定的格式、製作步驟。有需要下功夫使之能正確決定應測量的項目，並且能正確被測量。

2. 查檢表的活用例

在某電鍍過程中，所製作的查檢表例，如圖 11-3 所示。在此電鍍處理

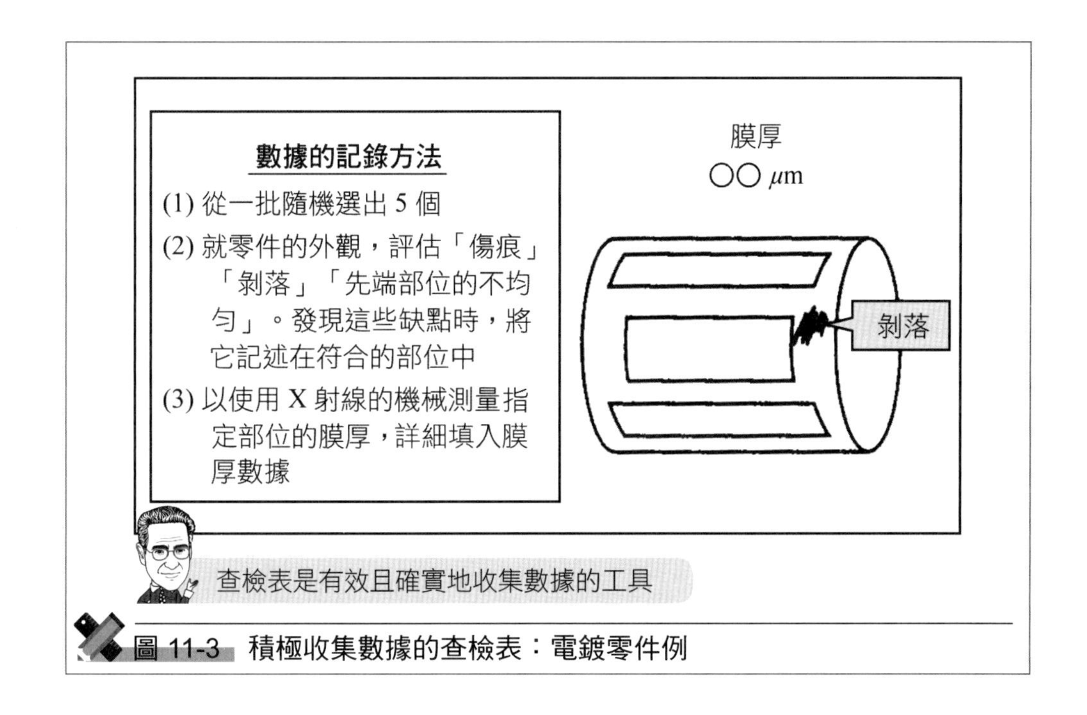

圖 11-3　積極收集數據的查檢表：電鍍零件例

過程中，於電鍍處理後有確認品質的檢查。在此檢查過程中，為了確認與顧客的交易中，電鍍膜厚是否在一定的範圍或有無電鍍的剝落情形。因此，為了能一目瞭然地知道這些的記入方法，要事先決定好查核表上的記載事項。

3. 查檢表的活用重點

在製作有效的查檢表方面，首先要使應測量的項目明確。在先前的例子中，產品的規格是針對電鍍膜厚、電鍍的剝落等予以設定，因之查檢這些是非常重要的，將它們當成測量項目。

其次，為了能確實地收集數據使之記入容易，並且不妨礙日常業務，因之要對查檢表的設計下一番功夫。讓實際使用查檢表的人試用看看，探索最適的設計是可行的做法。

最後的重點是，即使服務方面也能活用。利用查檢表收集數據，能在各種現場中應用。並且，查檢表適合於掌握出現何種程度的數目。

11-2-2 抽樣

1. 表現數據的收集步驟

收集數據之際，無法針對所有的對象進行測量時，可以只以一部分為對象進行測量，此稱為抽樣 (sampling)。為了提出留學計畫，考慮留學者數名針對實際情況進行面談時，面談的對象即為所有考慮留學者的一部分而已。收集數據的對象稱為樣本 (sample)，選擇此樣本的行為稱為抽樣。

抽樣手法是指決定如何收集樣本，然後要收集多少樣本。對前者來說，譬如，考慮希望留學者，是要分成男性、女性呢？或者不區分性別進行抽樣呢？等等。基本上，是採隨機抽樣。另一方面，對後者來說，使用統計理論可以知道需要抽取多少的樣本。

2. 抽樣的活用例

以抽樣調查來說，非常有名的是電視的收視率調查。這是想調查全國觀看某節目的比率。由於調查所有的住戶甚為困難，因之調查一部分的收視率，而後估計全國的收視率。

依據收視率調查的大公司 Video Research 的做法是針對數百住戶進行調查。此時的誤差如依據統計理論來考察時，若全國有 20% 的人在觀看某節目時，300 家住戶的調查其誤差範圍是在 5% 左右。因此，在 0.1% 水準下，收視率是上升或下降是沒有意義的。並且，此時如想設定在 0.1% 時，有需要以 50 萬到 100 萬的單位來增加住戶的調查。

3. 抽樣活用的重點

抽樣的基本是隨機的收集樣本，隨機抽樣也是有應用統計理論的條件。譬如，調查進廠的布料，只以一部分調查也不能說是調查所有的布料。無法從全體隨機抽樣時，也有從一部分隨機選出的方法。並且，抽樣的方法具有可以得知需要的數據個數。「像這樣，以少數的數據就行嗎？」具有此種疑問的情形也不在少數，針對此可以提供定量上的解答。

11-2-3 問卷調查

1. 收集大量的意見

所謂問卷調查是針對有興趣的對象，分析問卷上的回答，調查現狀與期望等的方法。在顧客滿意度調查方面，經常使用問卷調查。在調查時，要設法使問卷容易回答，並要擬訂調查的計畫，使解析的精度足夠是很重要的。

2. 問卷調查的活用例

某旅館的顧客滿意度調查表例如圖 11-4 所示。此目的是針對大飯店所提供的服務，調查滿意的部分、不滿意的部分，有助於滿意度的改善。調查問項是根據大飯店投入的服務、認為重要的服務來決定。

3. 問卷調查的活用要點

在進行問卷調查時，使調查的目的明確是很重要的。問卷調查最擅長的地方是數目的調查，像是 A 與 B 的哪一個意見支持的人數多等。另一方面，不拿手的地方，像是有何種的要求等的探索。儘管設置有「其他」欄可以自由回答，也仍無法期待有意義的回答。

並且，想以何種程度的精度獲得資訊呢？充分斟酌後再擬訂計畫是有需要的。如果是籠統的結果，以少數的調查即可解決，想要正確調查時是需要多數的調查。並且，顧客滿意度調查時，設置與全體滿意度有關的詢問項目以及與各部分有關的詢問項目是很有效的。這是為了調查要讓全體的滿意度此次承蒙利用本大飯店非常感謝，以提高本大飯店的服務之一環來說，請回答以下詢問。所回答的資料僅供提高大飯店的服務，決不用於其他的用途。請協助填答。

1. 請告知此次住宿的目的？
   (1) 工作　(2) 度假　(3) 其他 (　　　　)
2. 關於櫃檯的服務，你認為如何？
   (1) 滿意　(2) 尚可　(3) 不滿意
3. 房間能感到放鬆嗎？
   (1) 可以　(2) 難說　(3) 不能
4. 客房服務你覺得如何？
   (1) 滿意　(2) 很難說　(3) 不滿意　(4) 不想利用

⋮

8. 下次來到此地域時，你還會再利用嗎？
   (1) 會　(2) 不知道　(3) 不會

謝謝您的協助

有關產品品質、服務品質的顧客滿意度調查，成為今後改善的線索。

圖 11-4　大飯店的顧客滿意度調查中的詢問例

提高，應使哪一部分的滿意度提高為宜的一種方式。

11-3 調查符合規格的能力

11-3-1　合格率

1. 測量對規格的符合性

譬如，從○克到 × 克的範圍內，利用產品規格等設定產出結果應滿足的範圍時，在表現結果的好壞上，經常使用滿足此範圍的比例。此比例是以符合規格的合格率、良品率等的名稱來表現。這些在直覺上非常容易理解，許多情形中經常加以使用。

2. 合格率的活用例

對麵包來說，假定有從 102 克到 108 克之範圍的要求。某個月全部生產麵包 2,000 個，其中落入所設定之範圍共有 1,960 個，由於 1,960 ÷ 2,000 = 98%，因之合格率是 98%。並且，其他的月份中，3,000 個中有 2,970 個落入此範圍時，合格率是 99%，知合格率上升 1%。

3. 合格率的活用重點

合格率依數據的多寡，它的精度即有所不同，收集大量的數據時，還算可以，但少量數據時，數值即有變異。譬如，50 個中有 48 個合格時，合格率是 96%，49 個合格時，合格率是 98%，偶爾因 1 個是否合格，結果合格率就有 2% 的改變。

11-3-2　工程能力指數

1. 評估製造出良品的能力

由於是像重量之類的連續數值，因之評估滿足何種程度的要求所使用的指標即為工程能力指數。工程能力指數有許許多多，但這些基本上是利用規格等所要求的範圍與實際的變異之比率來表示。

2. 工程能力指數的活用例

在圖 11-5 中，是說明某麵包生產製程中所得出的工程能力指數的計算例。麵包的重量規格是從 102 g 到 108 g。另一方面，此製程的標準差是 2.07 g，如圖 11-5 所示，此利用規格的範圍與數據出現的範圍之比計算工程能力指數。數據出現的範圍，依據先前所示之常態分配的性質，是以標準差的 6 倍求之。

此指數如比平常 1.33 大時，所要求的範圍因比實際的範圍大而具有寬裕，因之判斷足夠。另一方面，此值如是 0.5 左右時，即判斷不足。

3. 工程能力指數的活用重點

圖 11-5 中所表示的工程能力指數，是只從變異的資訊評估製程。考慮平均是在多少附近的工程能力指數也有，使用哪種型式的工程能力指數才是適切的呢？有需要事先考慮好。

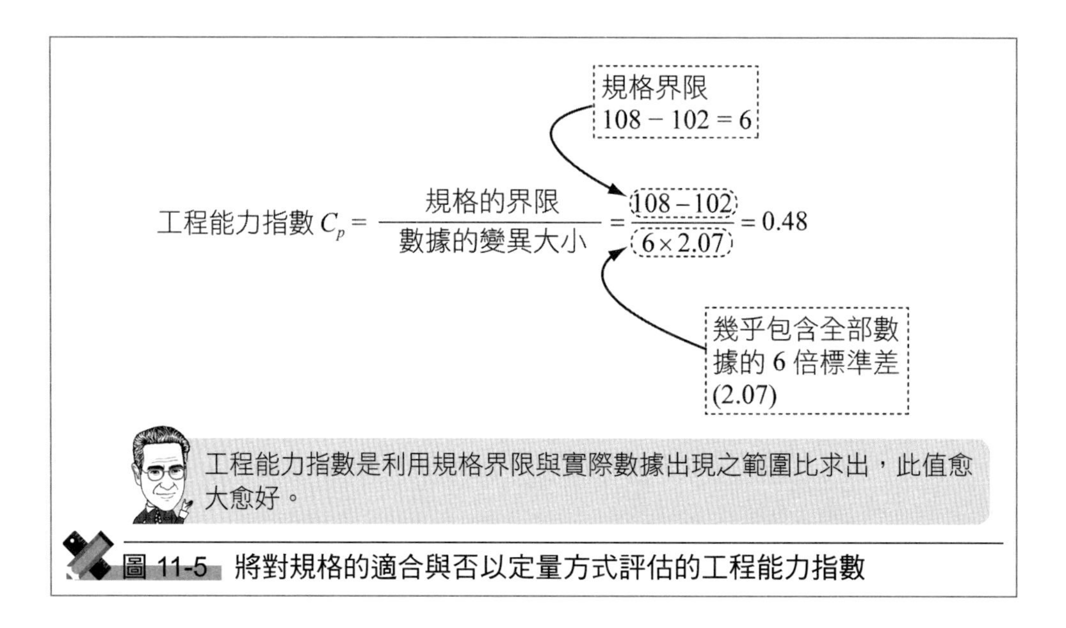

圖 11-5 將對規格的適合與否以定量方式評估的工程能力指數

11-4 調查整體的輪廓

11-4-1 直方圖

1. 以圖表現數據的出現

直方圖是根據重量、長度之類的連續量數據，表現它們是形成何種分配的圖形。圖 11-6 是麵包的重量數據的直方圖。(a) 七月份麵包的重量是從 99 克到 112 克的範圍中呈現變異著。橫軸的最初區間是 99 克以上 100 克未滿，其次的區間是 100 克以上 101 克未滿，以下的區間也順次同樣加以定義。另一方的縱軸是次數。以七月份來說，99 克以上 100 克未滿有 3 個數據，並且，105 克以上 106 克未滿，出現次數最多，有 36 個出現在此區間中。作成直方圖時，列舉的問題變得明確，成為解決問題時的甚大線索。

2. 直方圖的活用例

在圖 11-6 中，(a) 七月份因管制不足所以變異甚大，知發生不合規格的情形。另一方面，(b) 十月份變異變小，並未發生不符規格的情形。此變異變小的情形，是比較直方圖即可得知。

3. 直方圖活用的重點

第一個重點是考察數據被收集的背景。圖 11-6(a), (b) 的直方圖均形成吊鐘型。吊鐘型的數據分配，通常並無特別異常的處理而是相同的處理時所出現的。因此，從圖 11-6 的 (a)、(b) 來看，7 月、10 月在各自的月份內均從事相同的作業，如比較 7 月與 10 月時，可以解釋作業的作法已有改變。

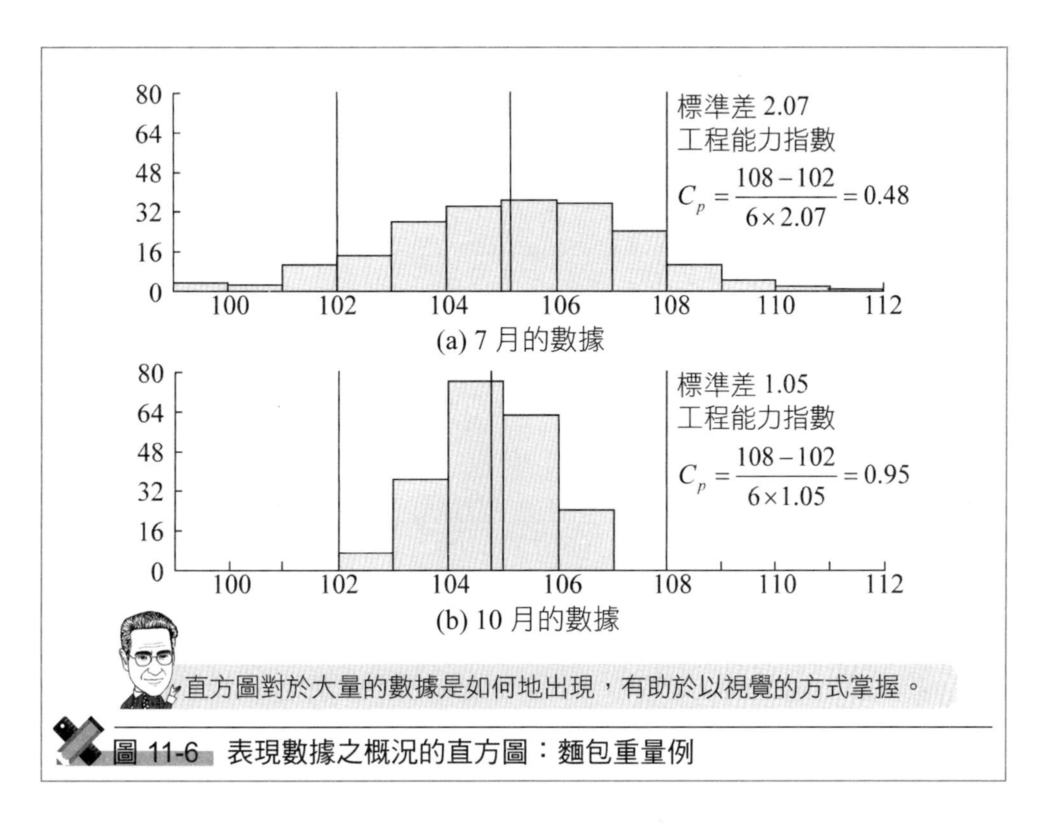

圖 11-6 表現數據之概況的直方圖：麵包重量例

對數據來說，除此之外的分配也有許許多多。圖 11-7(a) 中，數據只出現在某個範圍內。這可想成是在出貨時，針對所有的麵包先進行重量檢查，去除不合規格的麵包後再出貨。

又 (b) 是出現幾個偏離的數據。這可以想成幾乎是依照標準進行作業，但有幾個是從事著異常的作業。譬如，對於麵包的烘焙時間，通常是依照標準從事作業，但只有幾天烘焙時間比標準時間短，水蒸氣的蒸發不足而變重等，可以認為是原因所在。

另外，(c) 是，譬如有兩台烘焙機，此兩者的產出有所不同，母體可以認為是由此兩者所形成。如得出此種直方圖時，要探索母體形成兩個的理

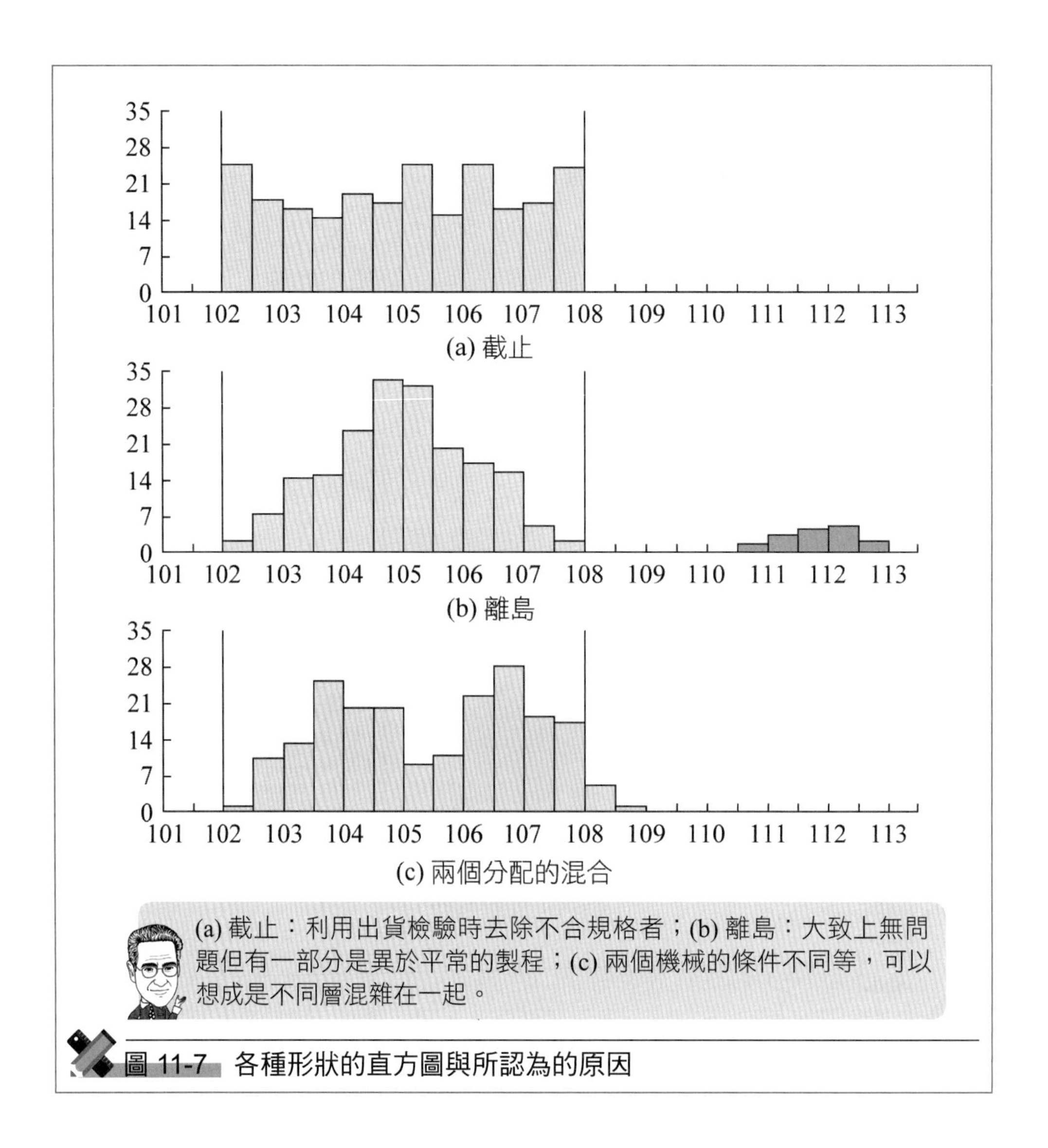

圖 11-7 各種形狀的直方圖與所認為的原因

由，此乃是改善的法則。

第二個重點是繪製直方圖時的數據個數。直方圖是大約由 100 個以上的數據來觀察分配概要的手法。並非仔細觀察每一個數據，而是觀察一組數據的手法。少數的數據時，單純的點圖、箱形圖是適切的。

第三個重點是取決於直方圖的狀態，有需要改變行動。像圖 11-8(a)，有需要採取對策使數據的中心與規格的中心一致。另一方面，像圖 11-8(b) 的情形，有需要採取減少變異的對策。如第 12 章所述，平均的調整與降低變異的方法不同，因之，在現狀分析階段，有需要掌握直方圖的狀態。

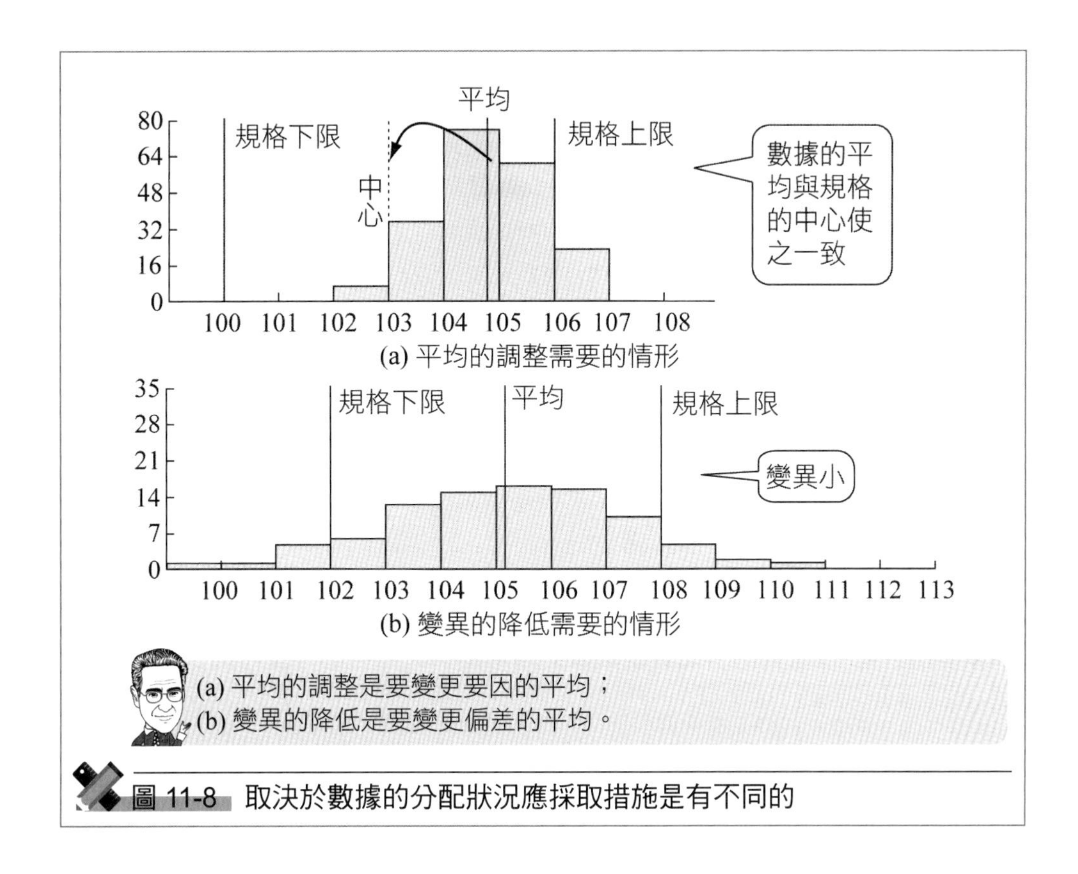

圖 11-8 取決於數據的分配狀況應採取措施是有不同的

11-4-2 箱形圖

1. 簡潔地整理少數數據的概要

所謂箱形圖是將數據的中心部分用「箱形」變異的程度以「鬚」表示，以此來調查數據的分配狀況的手法。此手法用於像數據數目在 30 個左右，不像直方圖要收集甚多的數據時是非常有效的。

2. 箱形圖的活用例

對大飯店的顧客停留時間，所表示的箱形圖如圖 11-9 所示。此圖顯示變異的狀態是從三十分到三小時。

在箱形圖中的箱子是顯示包含有一半數據的中央區間。以此數據來說，從 80 分到 115 分之間包含有中央的數據。並且，「鬚」是表示是否有偏離值的指標。圖中數據被畫出 4 個點，這些均在「鬚」之外，所以看成是偏離值 (outlier)。

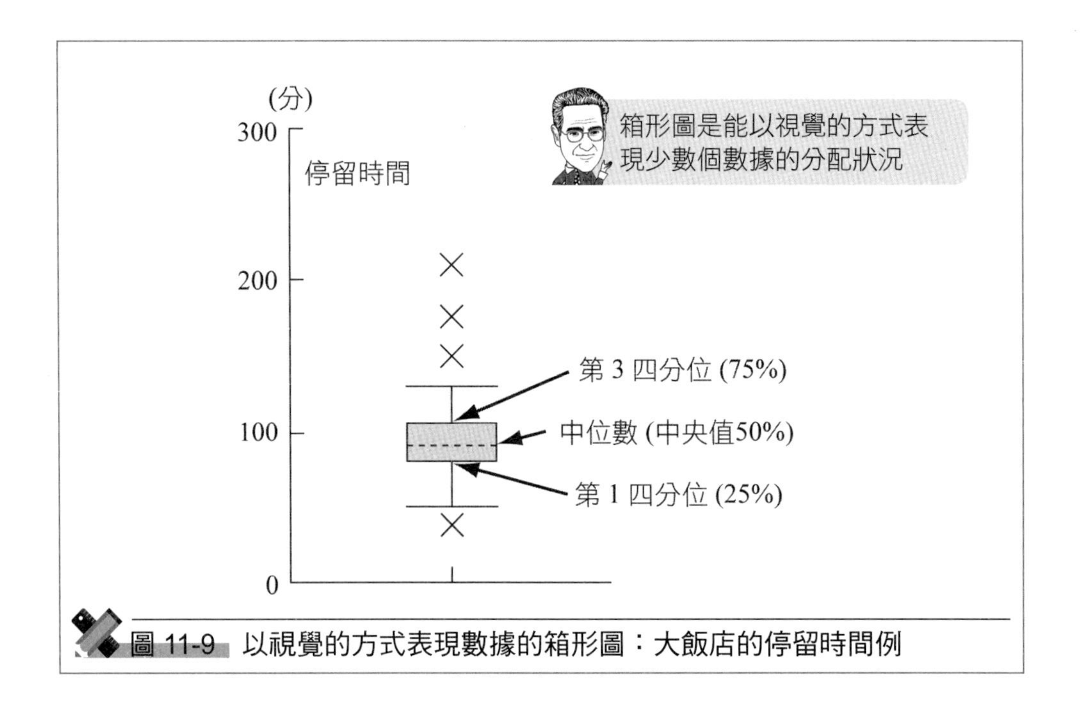

圖 11-9　以視覺的方式表現數據的箱形圖：大飯店的停留時間例

3. 箱形圖的活用要點

第一個重點是以掌握概要作為主體，並非正確調查其位置關係。要正確調查是使用檢定、估計此種統計手法。

第二個重點是數據個數。原理上雖然 5 到 10 個也可製作，但像此種的數據個數時，使用箱形圖反而會被迷惑，因之將這些數據直接描點較具效果。

11-5 時系列的調查

進行改善時，如掌握結果的時系列變動時，在鎖定要因上是很有效的。因之經常使用的是時系列圖、管制圖，如能有效活用這些時，現象即變得容易觀察。

11-5-1　時系列圖

1. 使傾向明確

時系列圖是在橫軸取成時間軸，縱軸取成與對象有關的測量值，探索時系列的傾向。此時系列圖在新聞報紙上頻繁出現，在掌握改善線索時非常有幫助。

2. 時系列圖形的活用例

圖 11-10(a) 是某運送公司的運送成本的時系列圖。由此圖知，燃料費成本有上升趨勢。並且，從 2004 年 11 月起，呈現急速上升。

為了尋找此原因，「燃料費成本」是「燃料單價」×「燃料消費量」，

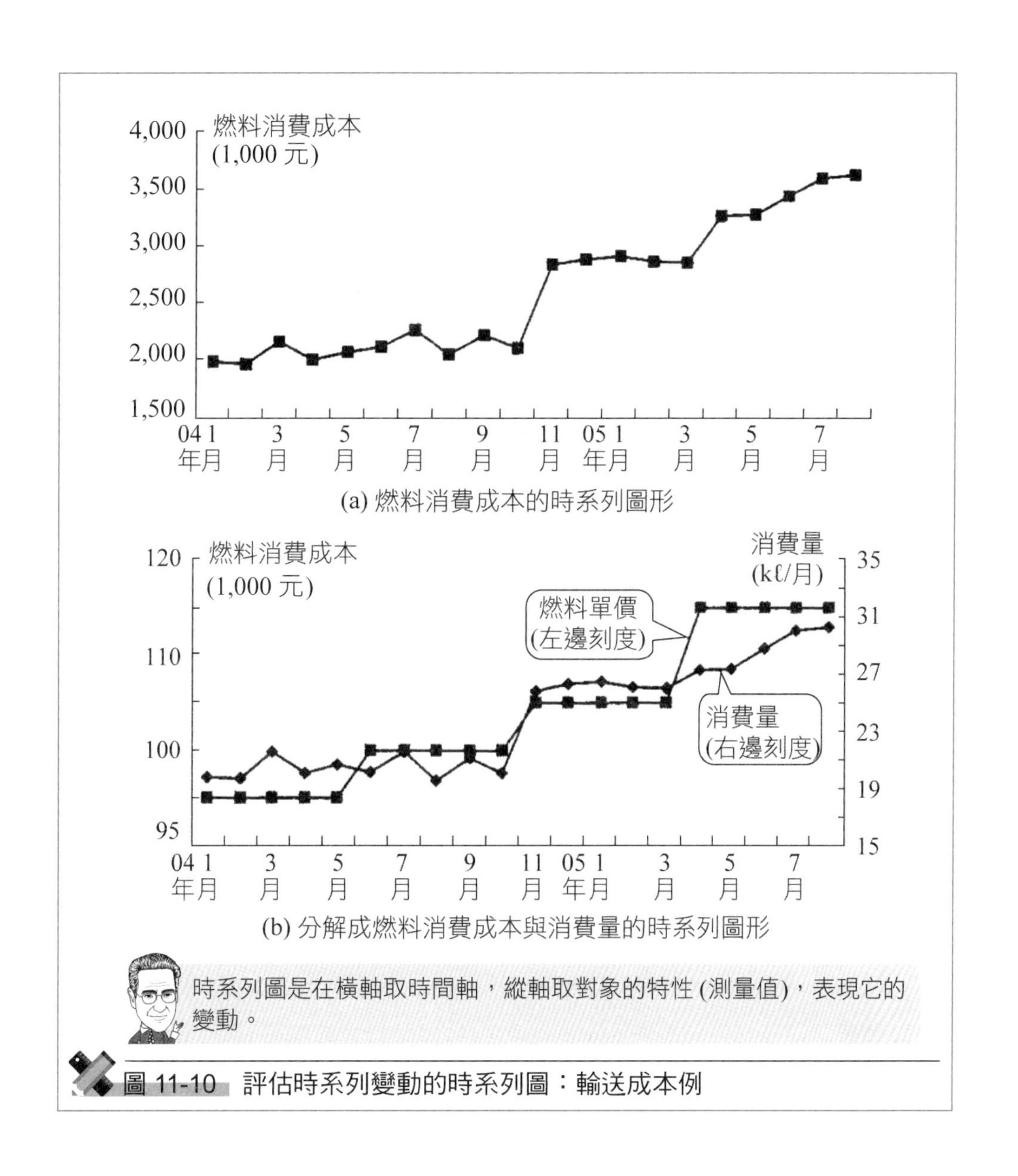

圖 11-10 評估時系列變動的時系列圖：輸送成本例

因之分解成各自的時系列圖。此結果如圖 11-10(b) 所示。在此圖中，分別呈現「燃料單價」與「燃料消費量」。此圖顯示先前的急速上升是因「燃料單價」的上升與「燃料消費量」的上升兩者所引起的。

11-5-2 管制圖

1. 判斷製程的安定

管制圖 (control chart) 是加上「管制界限」的時系列圖。在管制界限之中如點的排列無習性時，即判斷製程是安定的。平常的數據，因誤差而出現變異。管制界限是考慮此事。換言之，以統計的方式求出因誤差引起的變異，因之點溢出界外時，即判斷製程發生了什麼事。

2. 管制圖的活用例

圖 11-11 是針對晶片製程的數據，顯示對規格而言其不良率的管制圖。由此似乎可以看出 7 月 25 日的不良率最高。判斷此日有異常可以嗎？或者判斷偶然出現如此可以嗎？對於此點來說，如圖 11-11 那樣，在時系圖上加上管制界限後的管制圖，即可做到能正確地判斷。

像圖 11-11 那樣，點出現在管制界限之外時，判斷製程有異常，不良率

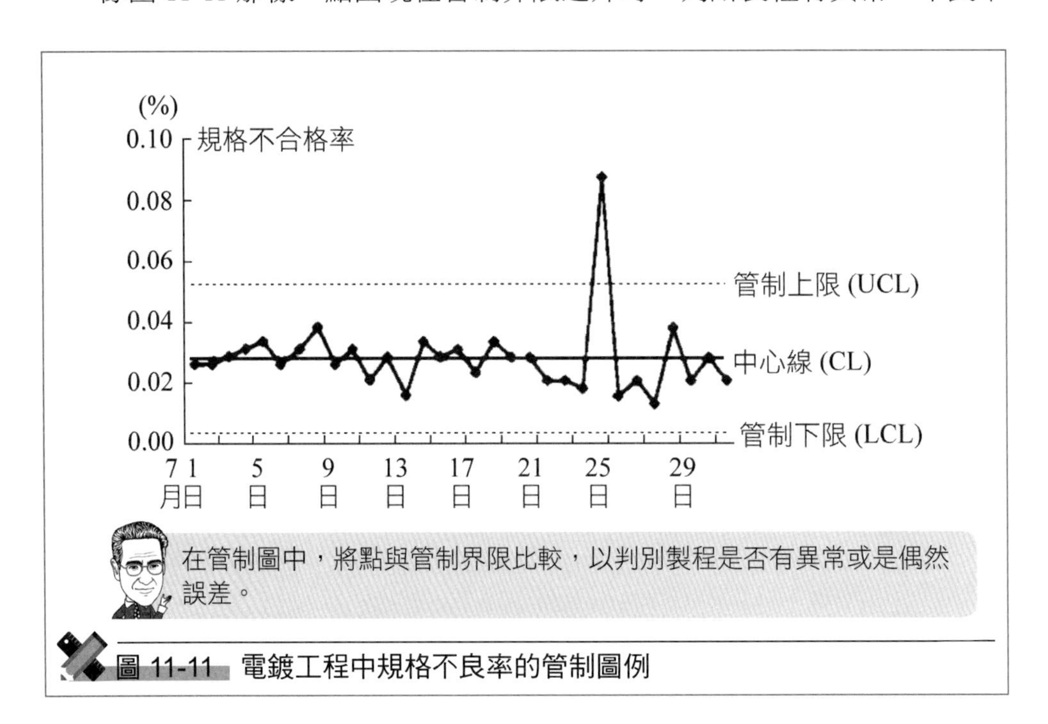

圖 11-11 電鍍工程中規格不良率的管制圖例

有了改變。另一方面，所有的點均無習性且描點在管制界限之間時，即判斷製程並無改變，偶然點呈現上下變動。

3. 管制圖活用的要點

管制圖在判定的是製程是否安定，並非表示是否處於理想水準，此點是有需要記住的。譬如，不良率是 30% 的不佳水準也是安定的狀態。

因此，是否安定與現狀是否理想的水準，有需要分別在此兩個側面上討論。在討論現狀的水準上，第 10 章所介紹的手法，像工程能力指數是有幫助的。

Chapter 12

要因的探索

12-1 目的

12-1-1 「要因的探索」的用途

在「要因的探索」的步驟中，是考察結果如何地接近應有姿態。亦即，基於現狀分析的結果，或是探索使結果變得理想的要因，或是建構新系統。

現狀中如出現慢性的不良時，因為是現狀的作法不好，所以著眼於平日的作法並探索要因。另一方面，如果只有特定日才發生不良時，將此等日與平常日相比較，調查何處有異，鎖定不良的要因。以尋找犯人作為比喻時，「現狀的分析」是徹底地調查現場所殘存的遺留物或目擊者的證詞，相對地「要因的探索」是從這些資訊去縮小嫌疑犯的階段。

「要因的探索」是依據現狀分析的結果，利用對象的知識，透過邏輯的思考以縮減要因。此時，如能有效活用結果與要因的數據時，即可建立有關要因的假設。

12-1-2 為了大幅改善

以大幅改善為目標時，在要因探索之前，新系統的建構也要列入視野中，譬如，從台北總公司到台中分公司利用捷運線、高鐵線、巴士等要花二小時十分鐘，如果必須在一小時內到達時，應如何才好呢？是順利轉接再利用高鐵線前往呢？或是從松山機場到清泉崗機場以飛機來節省時間呢？或是利用直升機或自用飛機呢？為了大幅的改善，像這樣放寬幾個前提條件擴充視野，有需要考量以不同的系統來達成目的，本步驟是以更廣的視野來思考結果是要以何種的要素來決定，並列舉出系統的創意。

12-1-3 工具的整體輪廓

本步驟是使用可以探索結果與要因之關係的手法。此處所敘述的手法像「散佈圖」、「相關分析」、「分割表」是以定量解析「結果」與「要因」的手法。另外，像「特性要因圖」、「系統圖法」是定性的解析方法。

在考慮新系統的建構時，要建構何種的系統才好呢？列舉系統方案是需要的。此系統方案基本上是根據應用範疇的技術來列舉，但以輔助此方案的方法來說，「腦力激盪法」與「查檢表法」是有幫助的。

12-2 定性地表現結果與要因

要使結果理想，有需要正確掌握結果與原因之關係。本節要介紹的「特性要因圖」、「系統圖」，在此定性的掌握上是有幫助的工具。在使用本章的 12-4 擬介紹的定量性工具之前的階段中，先使用此定性工具為宜。

12-2-1 特性要因圖

1. 將結果與要因的關係以構造的方式表現

特性要因圖是針對認為對結果有影響的要因，考慮要因的階層構造所表現的圖。特性要因圖是石川馨博士冀求解決問題、知識共有化所開發出來的，也稱為石川圖或魚骨圖。

2. 特性要因圖的活用例

圖 12-1 是將影響鍍金膜厚的要因所整理而成的特性要因圖。譬如，像前處理或電鍍槽的濃度等，影響電鍍膜厚的要因有無數之多。特性要因圖是以階層構造的方式表現要因。譬如，在圖 12-1 中，像電鍍的前處理、鍍金前先打底的鍍銅、鍍鎳、電鍍槽的電渡液、電鍍後的洗淨或乾燥之類，依照電鍍流程，整理各自的要因。

3. 特性要因圖的活用要點

在活用特性要因圖時，以有利於構造的展現方式整理要因是重點所在。因之「依照流程列舉要因」是可行的方式。雖然有的書建議按 Man (人)、Machine (機械)、Material (材料)、Method (方法) 的 4M 法來整理是可以的，但要更仔細地找出要因時，或採取對策時，可以回到製程，因之如圖 12-1，首先按製程別整理要因之後，再著眼於 4M 來整理要因或許是較好的做法。

在列舉要因方面，首先要使製程明確，在製程明確之後，利用腦力激盪法列舉創意，如親和圖那樣，根據創意的類似性，以構造的方式整理是最好的。

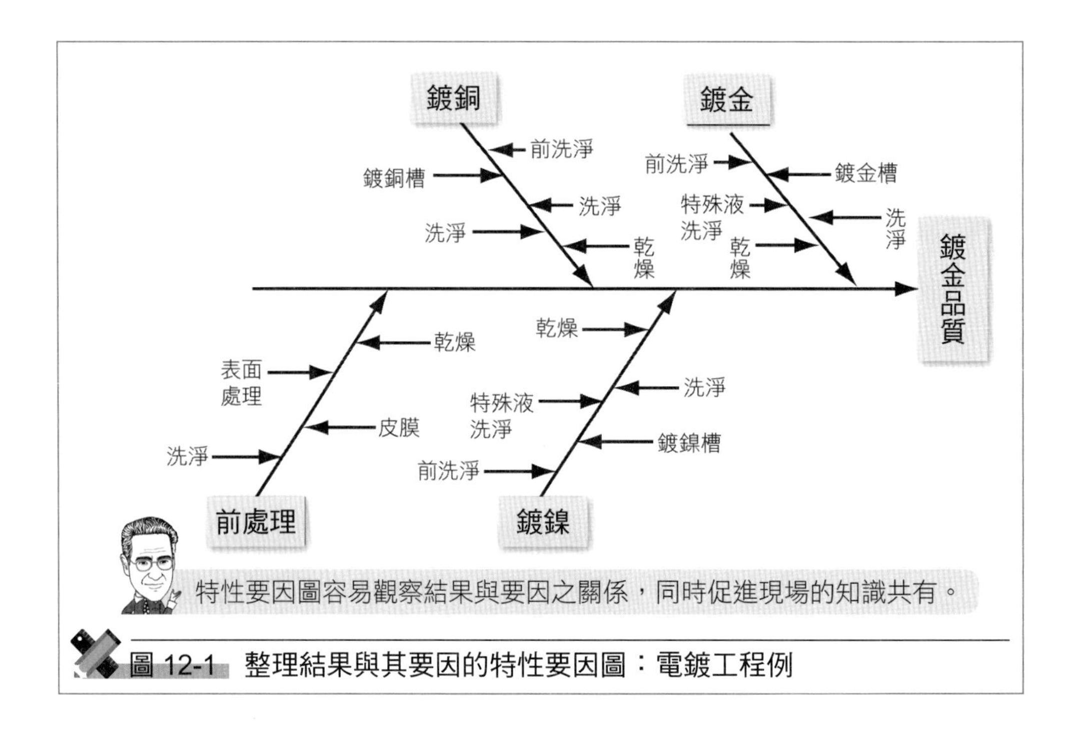

圖 12-1　整理結果與其要因的特性要因圖：電鍍工程例

12-2-2　系統圖

1. 以視覺的方式掌握連鎖的關係

所謂系統圖是以視覺的方式表現「結果與要因」或「目的與手段」的連鎖關係，掌握問題的構造，有助於對策的研擬。為了以國際性的業務為目標而去學習英語，為了學習英語而去留學，為了留學而安排時間，是目的與手段的連鎖例。像這樣，目的與手段或結果與要因形成連鎖的構造時，為了容易觀察而予以整理的是系統圖。

2. 系統圖的活用例

為了企劃留學計畫以實現有成效的學習英語，將學習英語當作第一次目的，再將它按第一次手段、第二次手段、第三次手段依序展開者即為圖 12-2。在此圖中，顯示要提高英語能力，提高理解力是需要的，在提高理解力方面有文法理解力等，這些均與教育計畫、學校環境等有關聯。由於將提高英語能力以構造式、體系式呈現，因之即變得容易掌握目的與手段之構造。

一般來說，目的與手段經常混淆，目的或手段的階層不一致的情形是很

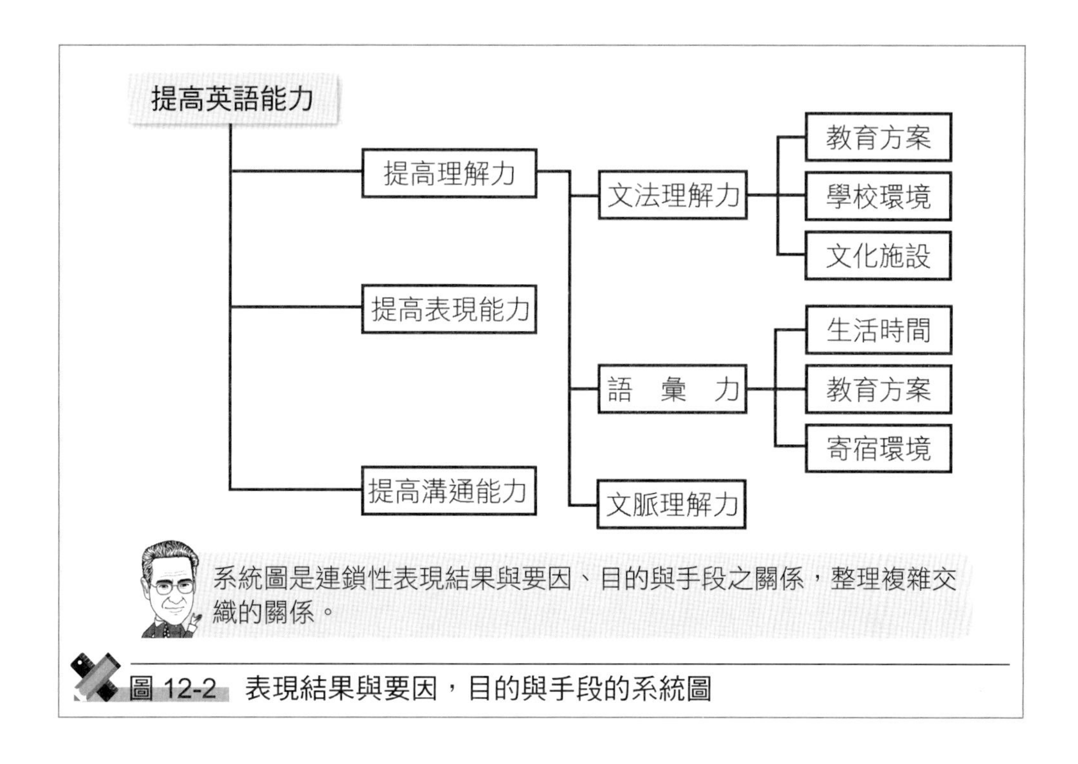

圖 12-2　表現結果與要因，目的與手段的系統圖

常有的事。此時，系統圖是有效的。

12-3 列舉要因或系統的創意

12-3-1　腦力激盪法

1. 總之先列舉大量的創意

所謂腦力激盪法是發想新創意的一種方法，可用於探索顧客的需求或期望。此方法的基本想法是：

(1) 若有許多的創意時，其中總會有好的創意。

(2) 如不批評時，就會出現許多的創意。

因此，設立共同的規則，建立能容易出現新創意的環境，誕生出大量的創意，從中選出令人側目的創意。

以共同的規則來說，可以舉出「不批評他人的創意」。許多人被批評時，就會退縮，因而提不出其他的創意。並且，也鼓勵創意的「借力使力」。從其他的創意產生出新的創意。

2. 腦力激盪法的活用例

就顧客對大飯店的要求來說，從業員數名以腦力激盪法提出了創意，將其結果表示在表 12-1 中。在此過程中儘管有「不悅的顧客」、「排隊太長而似乎感到不滿」之類的類似者，也仍依據剛才的兩個原則持續提出創意。像這樣所產生出來的創意，以先前所說明過的親和圖等來歸納，以構造的方式加以整理時，就變得容易理解。

3. 腦力激盪法活用要點

要有效進行腦力激盪法，不僅要遵守先前的嚴禁批評、借力使力的基本原則，也有需要針對發想給與有效的刺激。在探索顧客的要求時，考察顧客的行為，從顧客的眼光反應出來的姿態作為刺激，可產生出各種的創意。

另一方面，提出系統的方案時，較為邏輯式的發想是有所要求的。因此，寫出系統的前提條件，將它們當作刺激來使用也是一種方法。另外，發

表 12-1 利用腦力激盪法對大飯店列舉不滿的結果

費用高	說明雜亂	電梯吵
經常混亂	網路接續差	澡堂小
櫃檯的應對差	客房吵	洗臉台髒
房間的服務慢	不方便	廁所不易使用
骯髒	能使用的卡少	洗髮精品質差
有不易理解的場所	電話不通	無吹風機
櫃檯不親切	客房服務差	房間暗
客房髒	旅客中心不方便	氣氛差
冷氣太冷	餐廳不親切	早餐差
大廳的氣氛差	會計慢	吧檯差
電梯不方便	大廳不適合等候	房間到電梯遠
房間有味道	解說太快	緊急出口不清
⋮	電話中的聲音聽不清楚	地域的知識不足
⋮	⋮	計程車無法停在門口
	⋮	⋮
		⋮

基於創意多多益善的想法，列舉出許多的創意。

明腦力激盪法的歐斯本 (Osban) 所提示的「歐斯本的查檢表」可成為參考。此查檢表中準備有有關「轉用」、「應用」、「變更」、「擴大」等幾個關鍵字。將它們當作刺激來使用時，提出好創意的機率可大為提高。

12-4 以定量的方式考察要因

像散佈圖、相關分析、分割表在定量性評估要因對結果之影響上是很有幫助的。(1) 散佈圖，(2) 相關分析在表現像身高、體重之類的測量數據上可以使用，另一方面，(3) 分割表在「符合、不符合」等個數的數據上可以使用。

12-4-1 散佈圖

1. 以視覺的方式表現關係

散佈圖是將像身高、體重等成對的數據描點，以探索數據概要的圖形。對於結果與其要因的數據來說，將結果取成縱軸，要因取成橫軸，描出所有的點。

2. 散佈圖的活用例

有關大飯店的滿意度調查，將其散佈圖表示在圖 12-3 中，在此圖中，

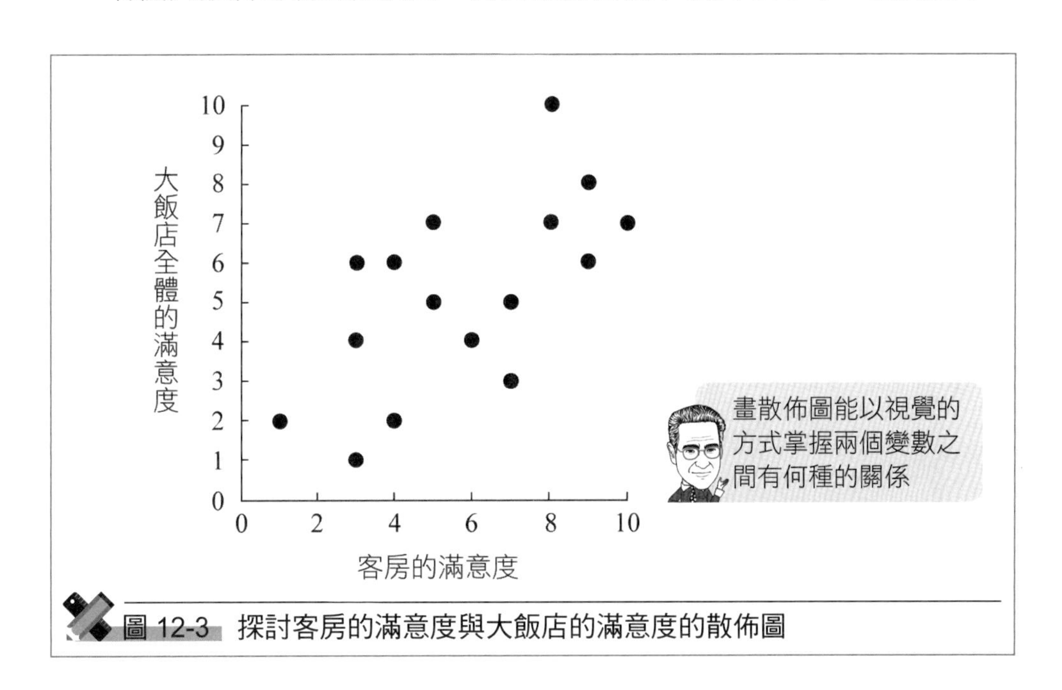

圖 12-3 探討客房的滿意度與大飯店的滿意度的散佈圖

橫軸是客房的滿意度，縱軸是大飯店整體的滿意度，分別以普通 5 分，滿分 10 分，讓顧客回答住宿情形。亦即，每一點是對應一次的住宿。由此圖知客房的滿意度高的顧客，對大飯店整體的滿意度也高，另一方面，客房的滿意度低的顧客，整體的滿意度也低而有此傾向。此大飯店引進了能讓客房的滿意度提高，而且也能讓全體滿意度提高的對策。

3. 散佈圖活用的要點

第一個重點是有需要注意因果關係的存在。針對 20 歲到 50 歲的薪水階級來說，以「五十米賽跑的秒數」與「年收入」作出散佈圖。於是如圖 12-4 出現一方大，另一方也大，以及一方小，另一方也小的關係。

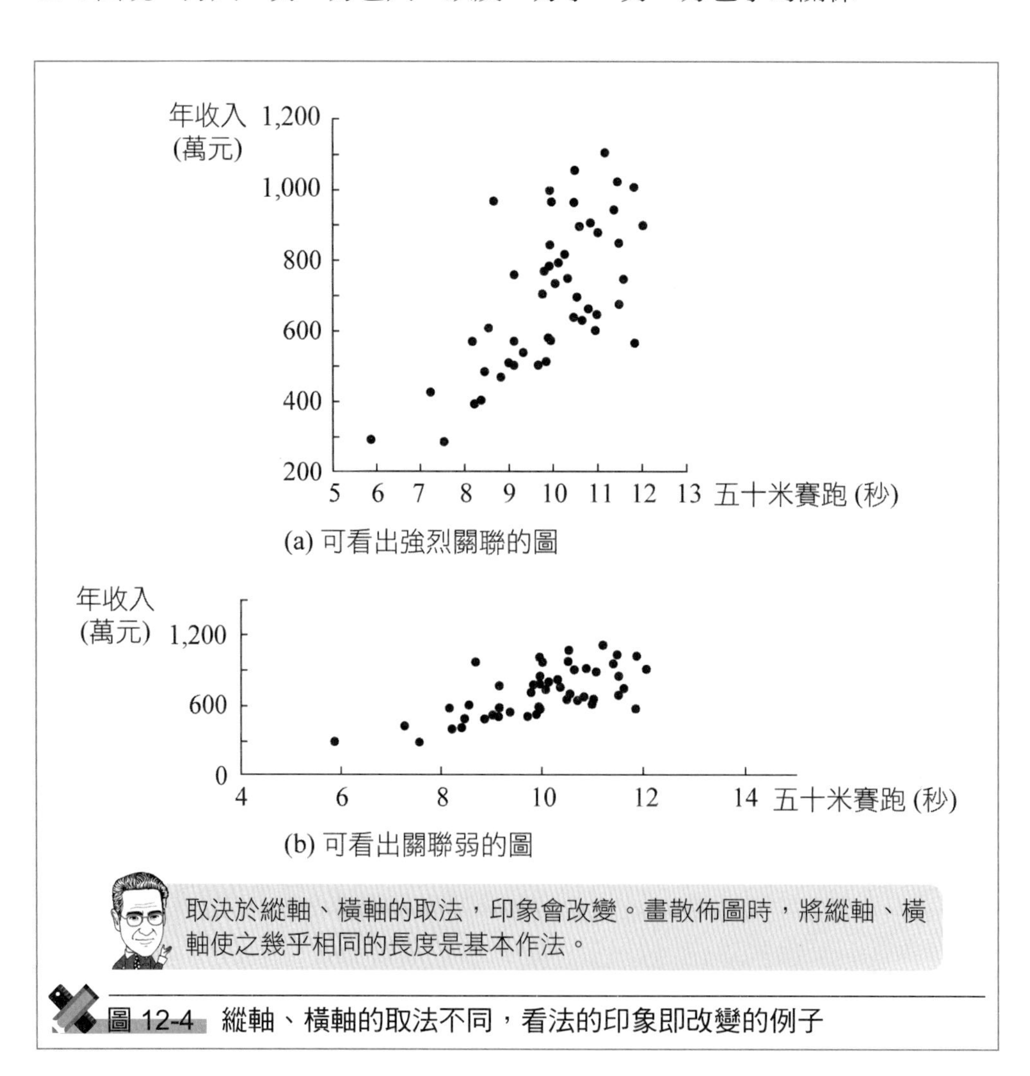

圖 12-4　縱軸、橫軸的取法不同，看法的印象即改變的例子

可是，此關係並非表現「結果與要因」的因果關係。年齡愈大，五十米賽跑就愈花時間，以及基於年資系列制，年齡愈大，年收入也增加，如此的想法是極為自然的，如本例，在散佈圖中出現的關係，不一定是「因果關係」，只是「相關關係」而已。

第二個重點是縱軸、橫軸的尺度取法。圖 12-4 是說明以相同的數據改變尺度的取法後表示的兩張散佈圖。許多人看了這些散佈圖時，認為 (a) 的關聯性強；(b) 的關聯性弱。像這樣，人類的目光是相當主觀的，不適於精密的討論。

12-4-2　相關分析

1. 從測量資料定量地求出關係

繼之「平均」、「標準差」之後，如果能有此說明就會很方便的統計量有「相關係數」。這是整理兩個變數的數據。相關係數是表現一方如果變大，另一方是否變大，或者是否變小的統計量。此值是在 −1 與 +1 之間，所有的點如果落在向右上升的直線上時，相關係數即為 +1，如果落在向右下降時，相關係數即為 −1，如看不出關聯時幾乎是 0。

2. 相關分析的活用要點

相關分析與散佈圖有需要「成對 (paired)」使用。如先前的散佈圖所示，人的目光是主觀的，為了將它定量性地表現，相關係數是需要的。另一方面，是否只要有相關係數就行呢？也不盡然。代表的例子就是「Anscombe 的數據」。此數據表示在表 12-2 中，如此表所示，在四個數據組中，x、y 的平均、標準差、相關係數是相同的。其次，針對此數據所製作的散佈圖如圖 12-5 所示。數據 1 到數據 4 的分配狀況是不同的。

要排除人類的目光的主觀性，統計量 (statistic) 是需要的。另一方面，要確認全體的分配狀況，利用圖形將數據視覺化是需要的。像這樣，相互發揮所長的狀況是不同的，因之，將散佈圖等的圖形與相關係數等的統計量成對使用是有需要的。

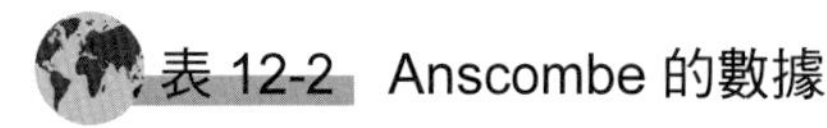
表 12-2 Anscombe 的數據

No	Data 1		Data 2		Data 3		Data 4	
	x	y	x	y	x	y	x	y
1	10.00	8.04	10.00	9.14	10.00	7.46	8.00	6.58
2	8.00	6.95	8.00	8.14	8.00	6.77	8.00	5.76
3	13.00	7.58	13.00	8.74	13.00	12.74	8.00	7.71
4	9.00	8.81	9.00	8.77	9.00	7.11	8.00	8.84
5	11.00	8.33	11.00	9.26	11.00	7.81	8.00	8.47
6	14.00	9.96	14.00	8.10	14.00	8.84	8.00	7.04
7	6.00	7.24	6.00	6.13	6.00	6.08	8.00	5.25
8	4.00	4.26	4.00	3.10	4.00	5.39	8.00	5.56
9	12.00	10.84	12.00	9.13	12.00	8.15	8.00	7.91
10	7.00	4.82	7.00	7.26	7.00	6.42	8.00	6.89
11	5.00	5.68	5.00	4.74	5.00	5.73	19.00	12.50
平均	9.00	7.50	9.00	7.50	9.00	7.50	9.00	7.50
標準差	3.32	2.03	3.32	2.03	3.32	2.03	3.32	2.03
相關係數	0.82		0.82		0.82		0.82	

出處：Anscombe, F.J., (1971), Graphs in statistical analysis, American Statidyivhsn, 27, 17-21.

從 Data 1 到 Data 4，可以判斷 x, y 的平均、標準差，相關係數均相等。

12-4-3 分割表

1. 從符合數等的數據整理關聯

像合格 / 不合格或者機械 1/ 機械 2 之類，在表現符合之有無的變數中，想觀察關係時，分割表是很方便的。散佈圖是解析兩個計量值的關係；相對地，分割表是解析符合數等計數值的關係。

2. 分割表的活用例

為了企劃短期留學計畫，向考慮一個月左右的短期留學的學生 200 名實施問卷調查。在其中的詢問中，有兩個詢問，一個是目的地即「郊外」與「都

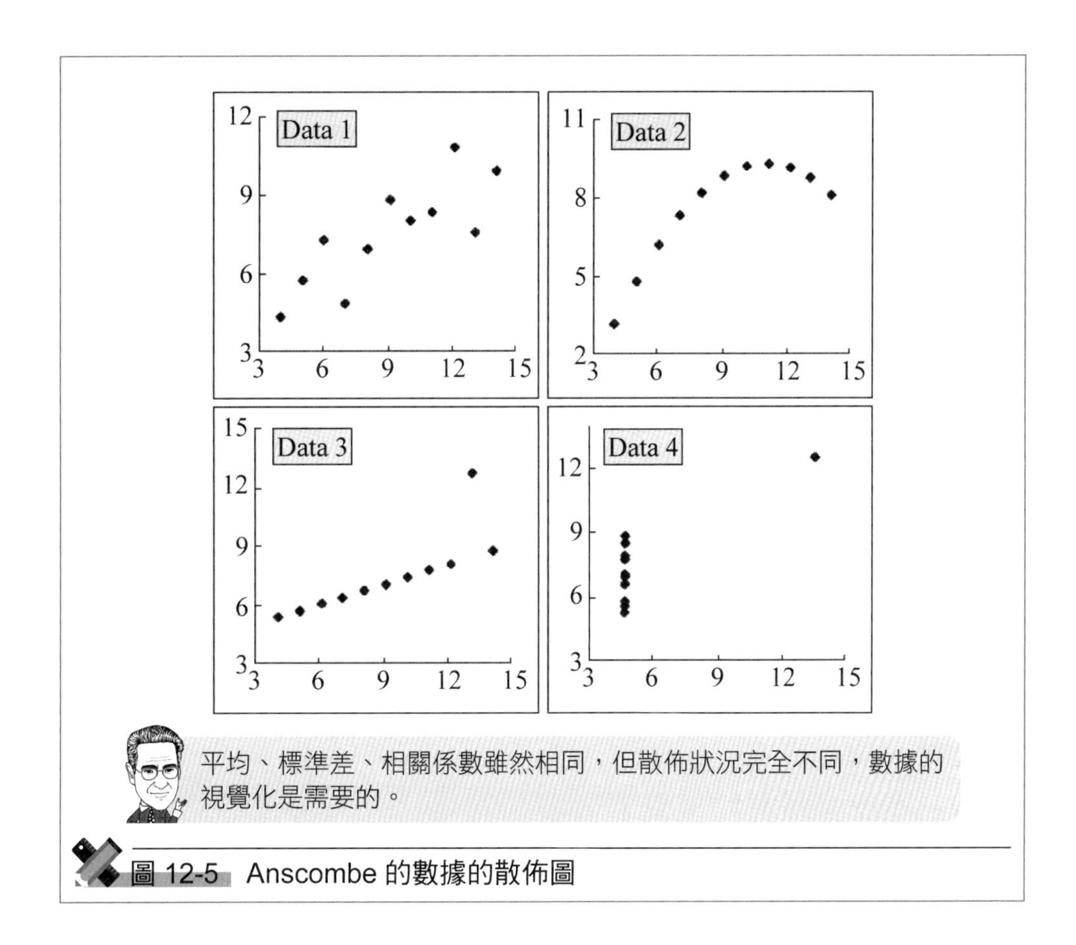

圖 12-5　Anscombe 的數據的散佈圖

市」何者好呢？另一個是以「語言學習為中心」或是「語言學習之餘另加上文化交流」好呢？將此結果整理成分割表，即如表 12-3 所示。

在此表中，希望「郊外」的人與希望「都市」的人約占半數。並且，「語言中心」或「語言與文化的交流」也近乎半數。但是，如觀察兩個組合時，希望郊外的人幾乎是希望語言中心，希望都市的人幾乎是希望語言與文化的交流。此種出現方向的傾向，利用分割表即可表現。

定量地檢討散佈圖的手段是相關分析，同樣定量性地評估分割表的方法也有。代表性的方法即為卡方統計量。這是針對表 12-3 的組合，評估出現的方式是否一致。

表 12-3 表示質變數之關聯的分割表：留學方案的希望例

		計畫目的		計
		語言中心	語言與文化之交流	
場所	郊外	85	10	95
	都市	12	93	105
計		97	103	200

「語言中心」的人喜歡「郊外」的留學，以「語言與文化之交流」為目的的人喜歡「都市」的留學，有此種傾向。

12-5 更正確地表現結果與要因的關係

本節要介紹的方法，是將結果與要因之關係或結果的傾向等，以更周密地定量性地加以表現。正確的說明請參閱其他書籍，本書就其概要與機能等加以說明。

12-5-1 迴歸分析

1. 調查兩個變數之關係

所謂迴歸分析是根據已收集的數據，調查兩個變數之關係的方法。概略地說，是在散佈圖上適配直線的方法。

2. 迴歸分析的活用例

某居酒屋以提供鮮度佳的生啤酒為目的，想預測大概可以賣多少杯的啤酒，然後依據它訂購生啤酒，圖 12-6 是說明預測生啤酒銷售量所使用的數據。生啤酒的銷售，受氣溫而有甚大的影響。因此，將一日中的最高氣溫與銷售量的數據利用迴歸分析來解析，設定了如圖所示的預測式。此預測式顯示出氣溫每上升 1 °C 時，生啤酒的銷售增加 35 杯的關係。

此居酒屋調查了早上氣象預報時，該日的預估最高氣溫，使用此資訊與迴歸分析的結果，決定了生啤酒的訂購量。與過去的經驗式作法相比，可以避免過度的庫存或啤酒的不足，可以提供鮮度佳的啤酒。

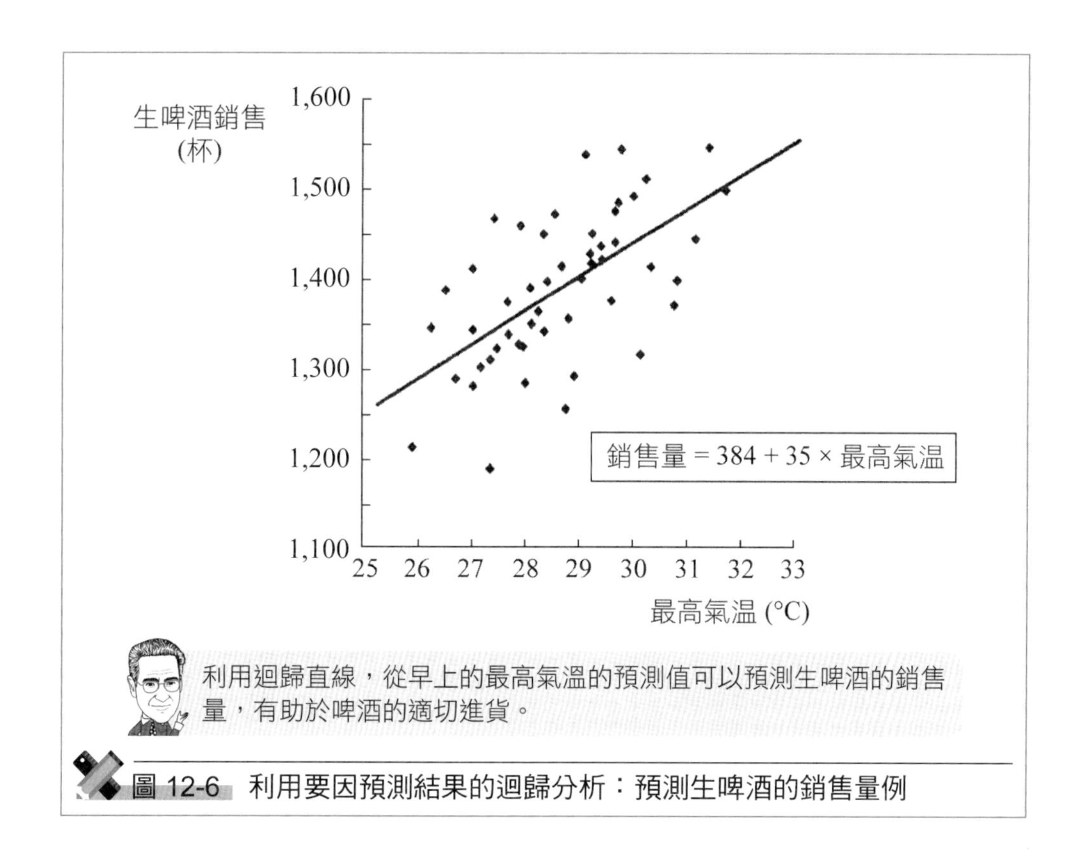

圖 12-6　利用要因預測結果的迴歸分析：預測生啤酒的銷售量例

3. 迴歸分析的活用要點

迴歸分析的結果，只在數據被收集的範圍內才是有效的。在先前的例子裡，如以表面觀察迴歸式時，氣溫在 −200 °C 時，銷售才會是負的。可是，此種考察是沒有意義的。此數據是在夏季時所收集，像 −200 °C 的數據當然不包含在內。如想預測冬季時，有需要收集冬季的數據，再對它解析。

12-5-2　多變量分析

1. 取決於目的而解析大量的數據

所謂多變量分析，是解析大量所收集的數據所使用之方法的集大成。前述的迴歸分析，也是多變量分析的一種方法。以下的說明例中的主成份分析，是將大量的連續量的數據予以分類。多變量分析的手法，已提出有許許多多。適切地洞察自己手上的問題，選取所需要的手法。

2. 多變量分析的活用例

某大飯店針對工作的容易性、網路的連結等多數的項目，以大約 100 名為對象實施預備性的顧客滿意度調查。這些項目包含有意義相類似的項目，解析的目的是根據類似性將這些項目分類。應用主成份分析，將項目分類之一部分結果如圖 12-7 所示。這是主成份分析中經常使用的因子負荷量的散佈圖。利用主成份分析，如此圖那樣即可得知類似性。因此，在正式調查的階段，分別從各個組中列舉一個項目，縮減詢問項目再實施調查。

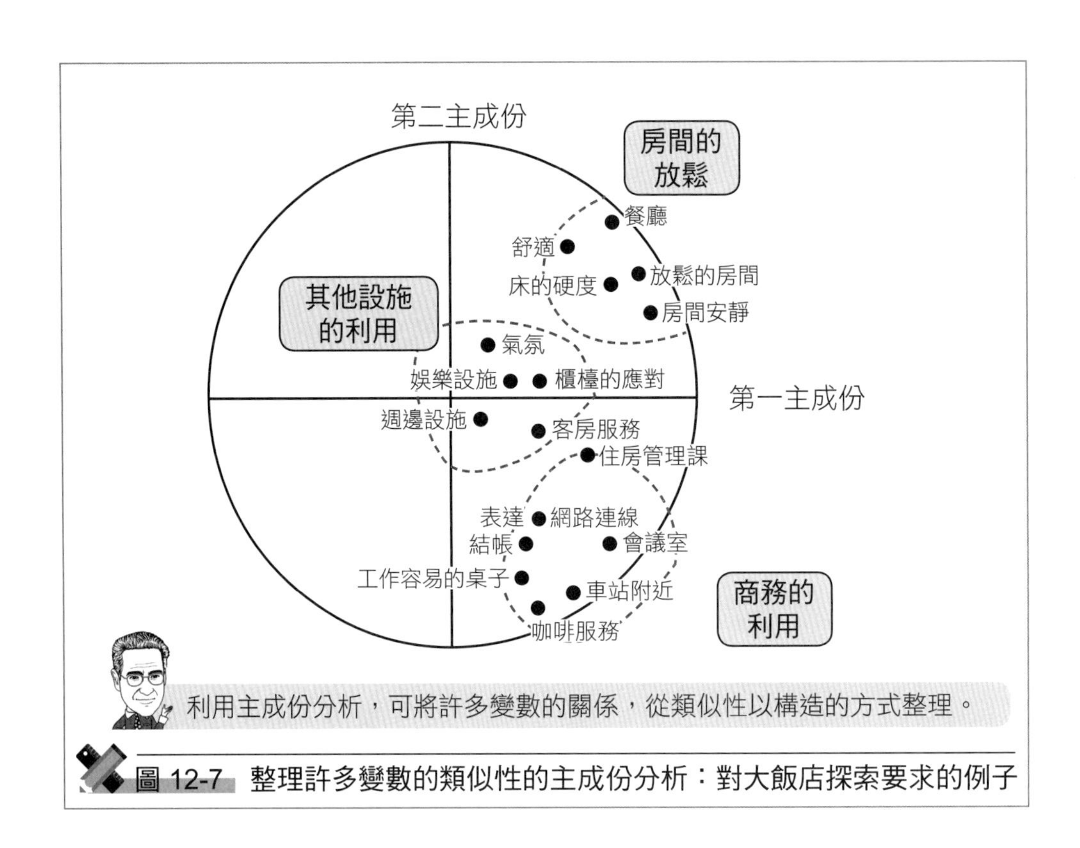

圖 12-7 整理許多變數的類似性的主成份分析：對大飯店探索要求的例子

Chapter 13

對策的研擬

13-1 目的

13-1-1 「對策的研擬」的用途

「對策的研擬」之步驟，是研擬使結果接近應有姿態的對策。取決於現狀與應有姿態之間的差距如何，對策的採取方式就有所改變。以典型的對策來說，有變更要因的水準，或控制要因的變異等。

考慮將結果的變異變小。對此來說，即探尋對結果會造成甚大影響的要因，如圖 13-1(a) 所示，再控制此要因的變異。對結果造成甚大影響的要因與結果的關係通常是有相關的。因此，將要因的變異從實線變小成點線時，結果的變異也就從實線變成點線。

如同電鍍膜厚整體使之增厚那樣，將結果調整成某一定水準時，對結果造成甚大影響的要因，其平均如圖 13-1(b) 所示，即從現狀發生改變。

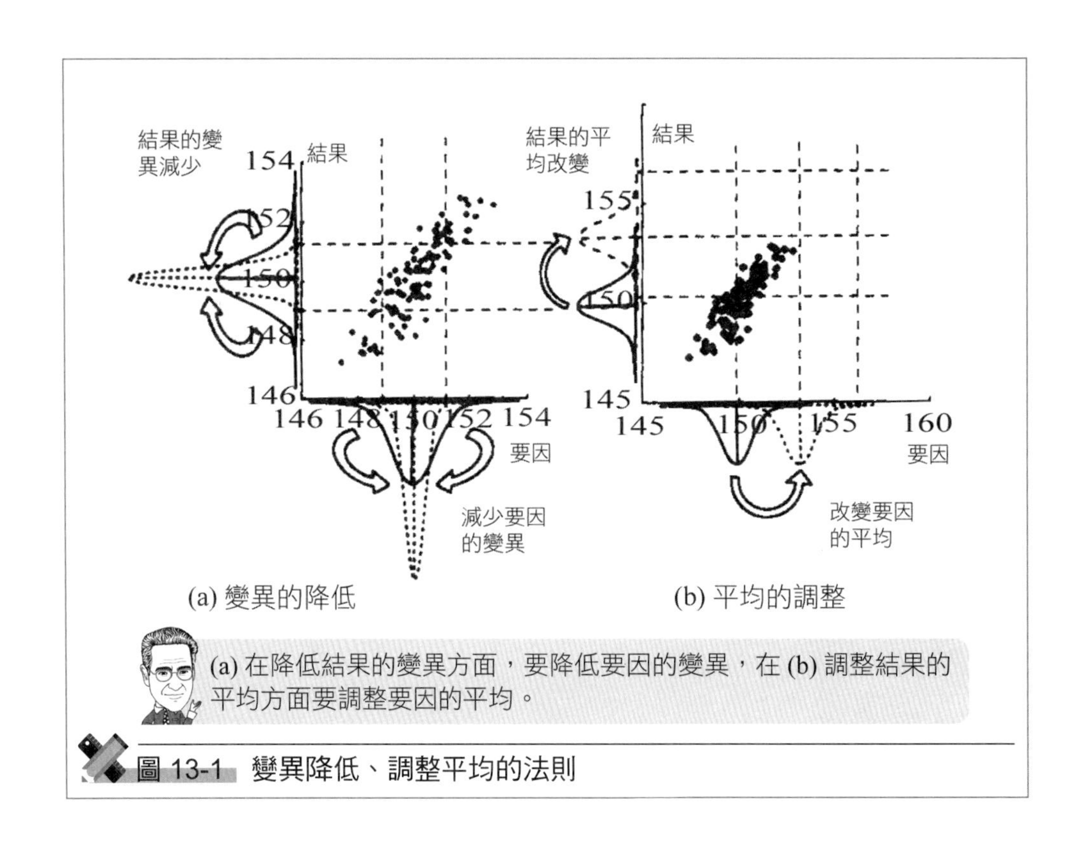

圖 13-1　變異降低、調整平均的法則

13-1-2 為了要大幅改善

此步驟是針對系統的創意從綜合的觀點進行評價。此時，有需要避免因一部分偏頗的意見影響評價。像會議等，聲音大的人的意見有無積極地被採用呢？建構新系統時，由於是任何人未曾經驗過的領域，不僅聲音大的人的意見，也要引進許多人的意見冷靜地判斷是有需要的。亦即，從系統的有效性、實現可能性、成本等種種的立場，綜合地而且合乎邏輯地進行評價。

並且，這些系統的詳細情形，要在下面的「效果的驗證」的步驟中決定。在系統選擇的階段中，如有足夠的時間可對系統進行詳細檢討時，那麼在詳細檢討之後再選擇為宜。像考慮「引進新電鍍裝置」、「引進 IT 機器來降低成本」等的情形，實際上要檢討的事項太多，在選擇系統的階段如果連細節都列入考慮時，騰不開手也是司空見慣的。因此，到了某個層次已確定的階段再去選擇系統。

對於從台北總公司到台中分公司的前往方式來說，將選擇系統的概要表示在圖 13-2 中。從台北總公司到松山機場，可以考慮計程車、捷運線等的交通手段。系統的創意像這樣列舉之後再進行評價。

13-1-3 工具的整體輪廓

對策的研擬，為了使結果能如預期因而引進新的做法，因之實驗是有效的，對此來說「實驗計畫法」是有幫助的。並且，在此步驟中，從幾個系統方案之中選擇系統的此種過程也有，對此而言，「AHP」或「比重評價法」等是有幫助的。此外，設計並引進新系統時，調查顧客心聲的企劃部門與實現產品、服務的設計部門之間，確實地搭起橋梁是有需要的。以此工具而言，要介紹「品質機能展開法」。

13-2 評估系統的方案

13-2-1 比重評價

1. 依據重要度決定綜合評價

「比重評價」是針對數個方案，按數個評價項目設定比重再進行綜合評

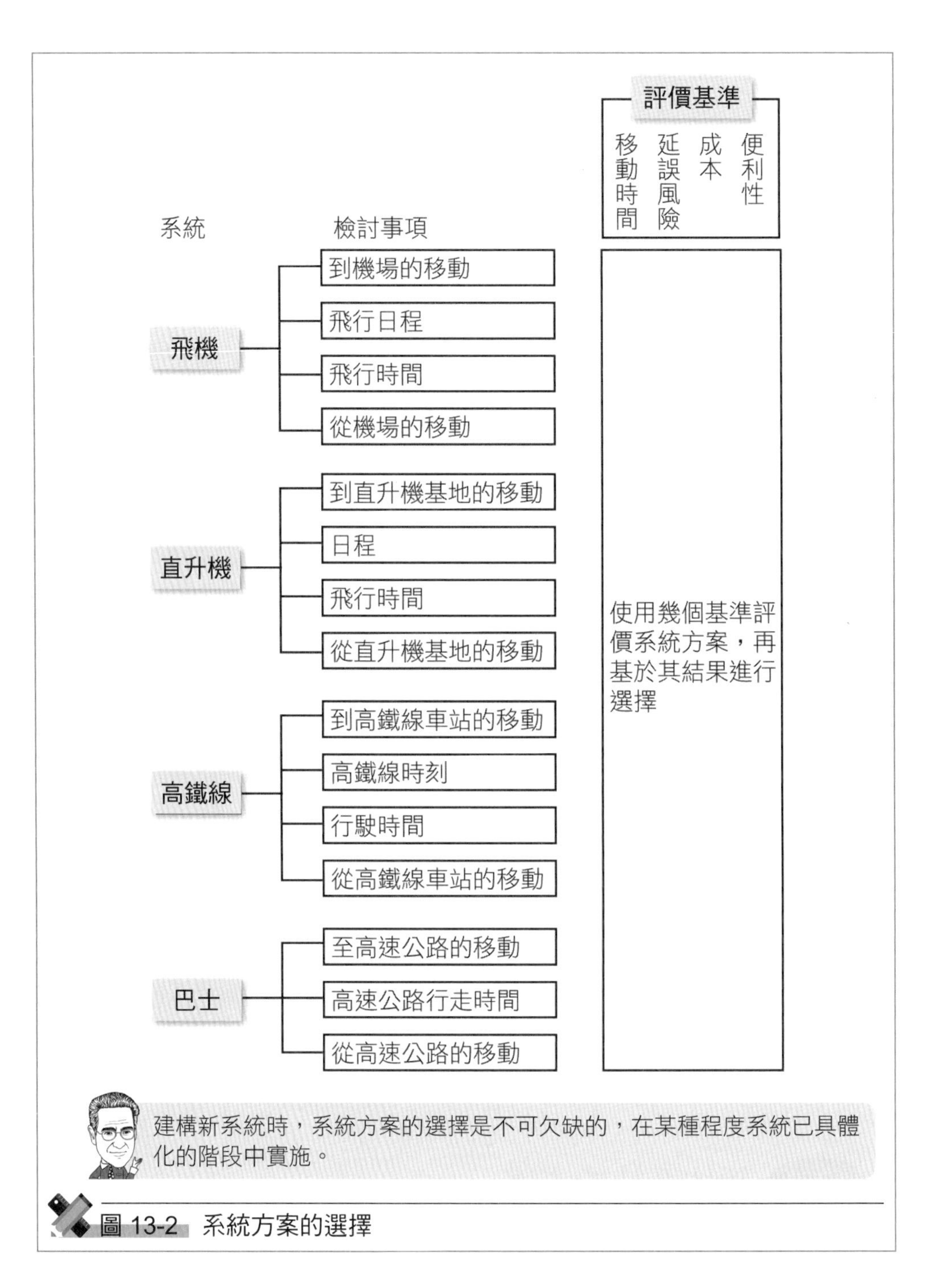

圖 13-2 系統方案的選擇

價。為了降低事務處理工數，有考慮將某製程全部 IT 化之方案，以及將一部分 IT 化之方案。前者的期待效果大但引進甚花時間。另一方面，後者的情形剛好相反。要選擇何者，取決於期待效果與引進的時間何者重要而決定，比重評價法是利用較為定量的方式來實施像這樣的評價。

2. 比重評價的活用例

對於到台中分公司的移動，比重評價的結果如表 13-1 所示。以系統的評價項目來說，列舉了「移動時間」、「延誤風險 (延誤的可能性)」、「成本」、「便利性」。並且，對此情形來說，延誤風險的重要度最高，其次是移動時間；另一方面，成本、便利性的重要度則較低。評價的結果，採用直升機。

3. 比重評價的活用要點

第一個重點是確保客觀性。此做法的優點是容易理解，相反地卻流於主觀有此缺點。譬如，計算比重和時，雖然是單純的加法，但這為何不是乘算呢？如追究下去時，不管如何，結果也會改變的。要完全地排除主觀性，實際上是不可能的。因此，事前先決定決策的步驟，接著實際計算再作決策，儘可能地使主觀不要介入。

第二個重點是評價項目的選定，以評價項目來說，可列舉出期待效果、實現可能性、成本等。如加入實現可能性時，正確的創意評價即變高，但嶄

表 13-1　利用數個評價項目的比重評價：移動手段的例子

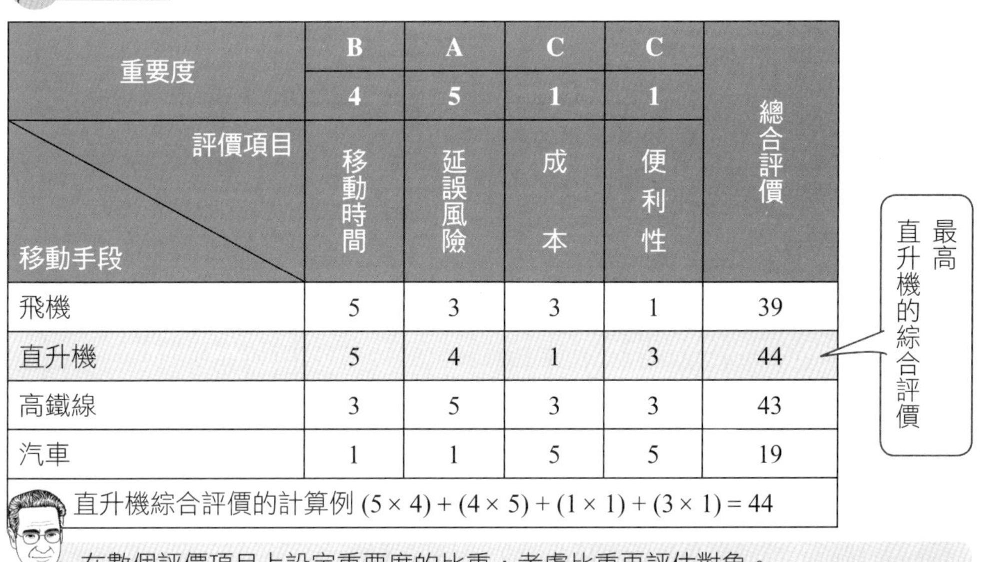

重要度	B	A	C	C	總合評價
	4	5	1	1	
評價項目／移動手段	移動時間	延誤風險	成本	便利性	
飛機	5	3	3	1	39
直升機	5	4	1	3	44
高鐵線	3	5	3	3	43
汽車	1	1	5	5	19
直升機綜合評價的計算例 $(5 \times 4) + (4 \times 5) + (1 \times 1) + (3 \times 1) = 44$					

在數個評價項目上設定重要度的比重，考慮比重再評估對象。

新的創意評價即變低而有不被選擇的傾向。當從最初追逐夢想時，將實現可能性的項目的比重降低，或許是可行的。

13-2-2 AHP

1. 設定評價的構造再檢討

AHP (Analytic Hierarchy Process) 是設定評價的構造，基於它綜合地評估對象的好壞。AHP 是階層化決策法的意思。在圖 13-3 中說明單身生活選定公寓的例子。選擇公寓時，考慮隔間、房租、離車站的距離。從幾個備選方案中選擇最合理的方案，即為 AHP 的目的。

2. AHP 的活用例

AHP 是首先要決定評價項目的比重。此時，並非比較全部，而是成對比較。在圖 13-3 的例子中，隔間與房租中何者較為重要？重要到何種程度？以如此的一對項目來評價。接著，就所有的項目配對進行評價。

其次，從隔間來看時，評價物件 1 與物件 2 的何者較好。接著，從隔間來看，物件 1 與物件 3 的何者較好。同樣，就所有組合進行評價。並且，對其他的評價基準也同樣進行。最後再綜合這些結果。此選擇公寓的例子如表 13-2 所示。從表 13-2 可以判斷物件 1 是最佳的選擇。

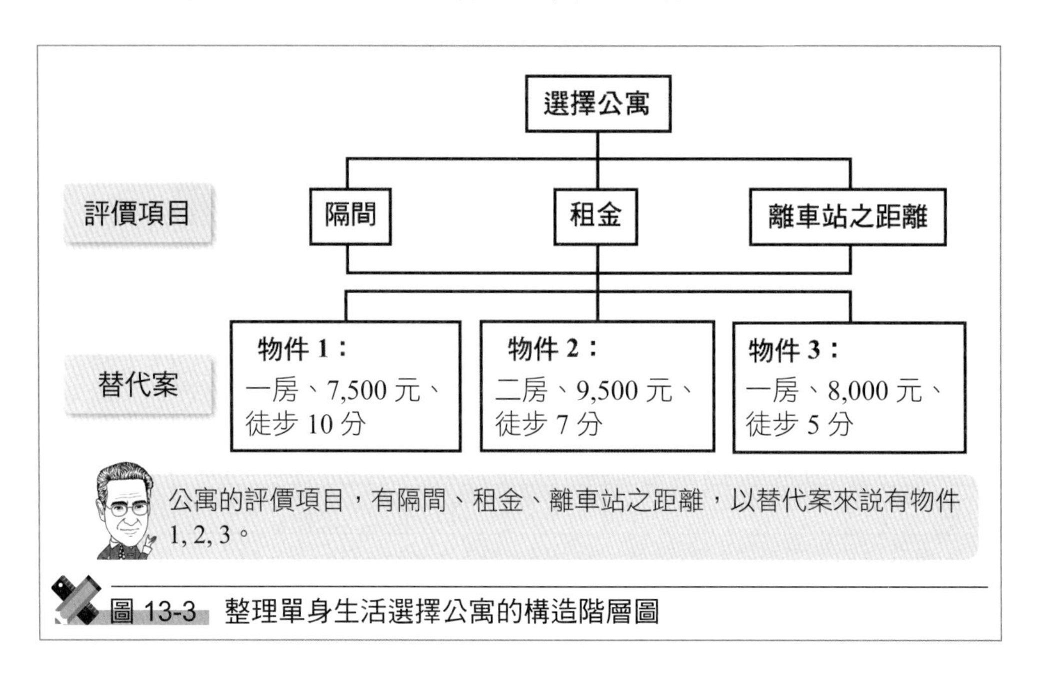

圖 13-3 整理單身生活選擇公寓的構造階層圖

表 13-2 考慮評價項目之構造的選擇方法 AHP

(a) 評價項目的重要度評價

	評價項目	隔間	房租	離車站之距離	幾何平均	重要度
A	隔間	1	0.5	2	1.00	0.29
	房租	2	1	4	2.00	0.57
	離車站之距離	0.5	0.25	1	0.50	0.14

「房租」與「隔間」相比略為重要，因之評價值是 2

(b) 依據評價項目 (隔間) 評價替代案

	隔間	物件 1	物件 2	物件 3	幾何平均	評價值
B	物件 1	1	0.25	0.5	0.50	0.14
	物件 2	4	1	2	2.00	0.57
	物件 3	2	0.5	1	1.00	0.29

(c) 綜合評價

物件 1 的綜合評價 = 「隔間」的重要度 × 隔間對物件 1 的評價值
+「房租」的重要度 × 房租對物件 1 的評價值
+「距離」的重要度 × 距離對物件 1 的評價值 = 0.39

物件 3 的綜合評價 = 「隔間」的重要度 × 隔間對物件 3 的評價值
+「房租」的重要度 × 房租對物件 3 的評價值
+「距離」的重要度 × 距離對物件 3 的評價值 = 0.33

A 與 B 相比，重要多少 (好多少)	
A 與 B 相比，相當重要 (好)	4
A 與 B 相比，略為重要 (好)	2
A 與 B 相比，一樣重要	1
A 與 B 相比，略為不重要 (差)	1/2 = 0.5
A 與 B 相比，完全不重要 (差)	1/4 = 0.25

AHP 是 (a) 評估評價項目的重要度，(b) 基於評價項目評估替代案，(c) 最後綜合評估這些替代案。

3. AHP 的活用要點

成對數如增加時，評估即變得費事。儘管費事，如評估所有配對時，即使各配對的評估略為粗略，最終如統合時仍可接近真實的評估。此外，可否畫出妥當的階層圖也是重點所在。

13-3 利用實驗來考察

13-3-1 實驗設計法

1. 有計畫地收集數據進行調查

實驗設計法是針對對象有計劃地收集數據，將它以統計的方式解析，有效果地探索最適條件的方法。整理實驗設計法的內容如表 13-3 所示，從基本手法的要因設計 (多元配置法) 等，到提高實驗效率的部分因子設計，以及列舉連續性因子的反應曲面法等有各種的方法。

如能理解實驗設計法以及統計的手法時，可提高改善與研究開發等的效率。那是因為在某個階段有需要以數據確認事實，而對此來說，實驗設計法

表 13-3 利用實驗有系統進行考察的實驗設計法

方法	內容
要因設計 (多元配置)	是實驗計畫法的基礎，針對所想之條件的所有組合進行實驗
部分因子設計	並非所有條件的組合，利用實施一部分的直交表等，得出部分實施的計畫
集區設計	實驗的場所不易管理，不均一時為了克服它引進集區因子進行實驗
分割實驗	像條件的變更有困難的因子或前工程採大量的批處理時有效率地進行實驗
反應曲面法	像濕度、長度、重量等，以連續量的因子為對象，有效率地得出最適條件
田口方法	針對使用條件的變動等求出穩健 (Robust) 的設計條件
最佳化設計	依據統計模式，有效率地設計實驗，求出最經濟的條件

如活用實驗設計法時，可飛躍性提高改善或研究開發的效率。

的應用是頗具效果的緣故。

2. 實驗設計法的活用例

以企劃部門應用實驗設計法為例，有應用聯合分析 (Conjoint Analysis) 者。針對留學計畫，就期間、場所、目的、住宿、時期分別有兩種備選。將此等組合時共有 $2 \times 2 \times 2 \times 2 \times 2 = 32$，評估所有的 32 個是沒效率的。

因此，應用稱為直交表的技巧，降低此實驗次數。具體言之，如表 13-4 所示只讓顧客評價 8 次。此回答者取決於目的是「充分學習語言」或「語言與文化的交流」，評價之差異很大，前者與後者相比，綜合的評價在 10 分的滿分下提高 2.75 分。並且「8 週」中喜愛「夏」天，「場所」、「目的地」不具影響，像這樣，以少數的實驗即可調查嗜好。

3. 實驗設計法的活用要點

第一個要點是列舉的條件的事前調查。在剛才的例子中，透過事前的檢討，查明了期間、場所等是很重要的，乃依據它進行實驗。像這樣周密地討論之後，有需要調查實驗的條件。

表 13-4　利用實驗設計法的有效行銷：探索留學計畫的聯合分析

No	期間	場所	目的	住宿	時期	回答者 A 的評價
1	6 週間	都心	充實語言	留生宿舍	春	4
2	6 週間	都心	充實語言	寄宿	夏	6
3	6 週間	郊外	語言 + 文化	留生宿舍	春	2
4	6 週間	郊外	語言 + 文化	寄宿	夏	2
5	6 週間	都心	語言 + 文化	留生宿舍	夏	3
6	6 週間	都心	語言 + 文化	寄宿	春	3
7	6 週間	郊外	充實語言	留生宿舍	夏	6
8	6 週間	郊外	充實語言	寄宿	春	5

$$\text{評價} = 4.5 + \begin{cases} 0.00\ (6\text{ 週間}) \\ 0.75\ (8\text{ 週間}) \end{cases} + \begin{cases} 0.00\ (\text{充實語言}) \\ -2.75\ (\text{語言＋文化}) \end{cases} + \begin{cases} 0.00\ \text{春} \\ 0.75\ (\text{夏}) \end{cases}$$

利用聯合分析的解析結果，知 A 先生喜歡充實語言，長期間，夏季學習。

第二個要點是選定適切的實驗設計法。正確地洞察實際的問題，使用被認為是適切的方法。譬如，如果是簡單的問題就選用簡單的手法，如果是複雜的問題，就有需要應用高度的手法。

13-3-2 田口方法

1. 探索經得起使用環境變動等的條件

所謂田口方法是積極地設想顧客使用的條件等，將它積極地引進實驗中，求出較為穩健條件的方法。田口方法是田口玄一博士所想出的方法，因之如此稱呼。

2. 田口方法的活用例

製造蛋糕粉的 A 公司，想探索對顧客來說最好的蛋糕粉。從 A 公司的設計承擔者的立場來看，有需要決定像小麥粉的比例、砂糖的比例等各種的比例，使顧客覺得喜歡的硬度、味道。

為了不使之太軟或太硬而有一定的硬度，有需要決定小麥粉與砂糖等的配方比例，此時烤蛋糕的烤箱溫度也需要考慮。家庭用的烤箱依各家庭而有不同，因之對於燒烤蛋糕的溫度無法指定嚴密之值。

此時，不管是何種的烤箱，找出能在一定的硬度下燒烤的配方是很重要的。亦即如圖 13-4 不是像配方 1 與配方 3 那樣受到烤箱的溫度而有過敏的反應，而是找出如配方 2 對烤箱的溫度有穩健的條件。

3. 田口方法活用的要點

田口方法在設計、研究開發階段等的上游階段，以及數據能量收集時是很有效的。亦即，由於在許多的條件下收集許多數據探索最適條件，因之在可以比較大膽地變更條件的上游階段是頗具效果的。

並且，在考慮穩健性方面，有需要事前檢討對什麼因素考慮穩健性。

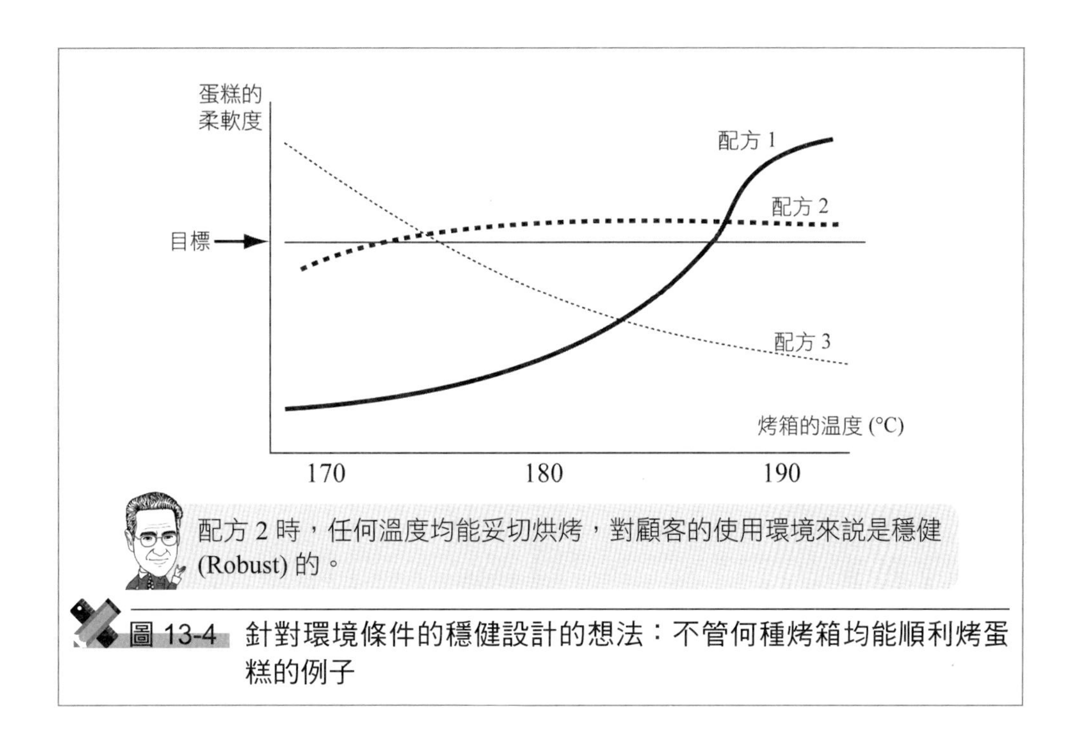

圖 13-4　針對環境條件的穩健設計的想法：不管何種烤箱均能順利烤蛋糕的例子

13-4 在企劃、設計過程間搭起橋梁

13-4-1　品質機能展開

1. 連結顧客的心聲與技術規格

所謂品質機能展開 (Quality Function Deployment, QFD) 是將顧客的要求以階層的方式整理，有系統地變換成產品、服務的規格，在企劃、設計過程之間搭起橋梁的方法。在大幅的改善方面，由於有許多新系統的重新設計，因之品質機能展開是有幫助的。

2. 品質機能展開的活用例

以短期留學計畫為例，其品質機能展開如圖 13-5 所示。此圖的縱軸是展開顧客的要求。通常顧客的要求是模糊不清的。因此，儘可能地網羅顧客的要求，然後有需要考慮階層進行整理，實踐此事的是圖中的縱軸。像這樣，將顧客的要求按一次、二次、三次地仔細去展開。

另一方面，此圖的橫軸是決定產品、服務的規格。換言之，是設計者可

顧客 ＼ 提供一方			留學方案						場所					生活					文化方案				經濟	
		設計者的用語	會話時間數	文法時間數	閱讀時間數	擔當教員	其他科目構成	：	離都市距離	居住人數	：	：	：	寄宿	：	：	：	：	地域活動	學內活動	：	：	基本費用	選課費用
1 次要求	2 次要求	3 次要求	○							◎			○							○				
可用英語寫書信	可說	可傳達希望	○	○		○					○				○			○			○			◎
		…		◎					◎			○		○		○						○		
	可寫	…	◎						○	○						◎		◎				◎		
		…			○	○		◎				○												◎
	舉止	…	◎																					
		…				◎			○												○	◎		
可理解英語	…	…	○		○			○		◎									◎					
		…																						◎
	…	…												○		○		◎		○				
可用英語溝通		…							○		○		○										◎	
	…	…													○		◎			◎				
可接觸不同文化	…	…																						
		…																						
可輕鬆學習					○					◎						○		○			○			

顧客的心聲

關聯程度
◎表有相當關聯
○表有關聯

顧客的心聲取成縱軸，產品、服務的規格取成橫軸，周密地掌握兩者的關係，搭建起顧客與產品、服務的橋梁。

圖 13-5　在顧客心聲與產品、服務搭起橋梁的品質機能展開

以指定的設計參數。留學期間、留學場所，是提供服務的一方可以決定的。如果是產品時，尺度、材質等即相當於此。

中央部分是表示對服務的要求與服務的品質特性的關係。其中的○或◎，是表示要求與規格的對應有密切的關係。譬如，留學的價格高低，與留學期間最有對應關係，其次與場所也有關係。

3. 品質機能展開的活用要點

在產品企劃階段，要掌握圖的縱軸方向即顧客要求的構造。另一方面，在設計階段則要滿足此要求，利用中央部分的對應關係，決定產品服務的規格。像這樣，品質機能展開是與企劃階段保持密切的溝通。

並且，好好活用品質機能展開時，可儲存顧客的要求與技術，有助於今後的產品、服務的企劃與設計。企劃部門的主要目的是掌握顧客的要求。將它如此圖的縱軸那樣按階層別整理使之容易觀察，當企劃產品、服務時，要將重點放在顧客的哪一個要求就變得清楚，產品、服務的目的即變得明確。因此，將此儲存時，對新產品、服務的企劃，即成為有效的工具。

另外，橫軸所表示的產品、服務的規格，與中央部分的關聯程度，是表示要如何才可設計出滿足要求的產品、服務，此即為技術的縮圖。像這樣由於直截了當地表現技術，因之將此儲存時，即成為新產品、服務在設計時的基礎知識。

Chapter 14

效果的驗證

14-1 目的

14-1-1 「效果的驗證」的用途

如研擬了對策，就要驗證它的效果。對於驗證來說，直接引進到對象的過程再確認是最好的。另一方面，實際上無法直接引進到對象的過程的情形，或者有時間上的限制只能以少數個驗證的情形，或無法以系統引進而成為以子系統驗證效果的情形也有。本章的手法對此種情形有所幫助。

14-1-2 為了大幅地改善

與既有系統作為前提之情形相比，有需要更周密、大規模地實施。經常聽到「發生此種事態也是未曾見過」的心聲。這是無法預測波及效果所致。像這樣，一面從寬廣的視野去預測，一面驗證效果是有需要的。

14-1-3 工具的整體輪廓

在此階段中，有需要檢討實際引進對策時，過程或產品變成如何。此檢討像是目的有無達成？以及有無副作用？

目的是否能達成，即為結果與應有姿態的比較問題，因之可以活用第 13 章所介紹的手法。譬如，是否達成目標呢？使用平均與標準差比較，如有需要可從少數個的數據利用精密的統計手法驗證有無效果。本章從檢討問題產生效果等觀點介紹「FMEA」、「FTA」、「韋氏解析」。

14-2 評價影響度

14-2-1 FMEA

1. 有系統地調查故障的影響

所謂 FMEA 是指故障型態影響解析，當系統的某要素發生故障時，它的故障會造成何種的影響呢？有系統地調查的方法。FMEA 是 Failure Mode and Effect Analysis 的第一個字母的縮寫。此方法是當有對策或系統方案時，事前評價它的問題點。

2. FMEA 的活用例

針對攜帶型瓦斯爐實施 FMEA 的例子如表 14-1 所示。FMEA 是首先將攜帶型瓦斯爐分解成子系統，在子系統之中抽出重要的機構。像瓦斯圓桶、點火裝置等的零件，即為表 14-1 的縱軸。就各自的機構，記述有可能出現何種故障的故障型態。接著瓦斯圓桶如故障時，會發生瓦斯洩漏或引火等，推導故障的影響會如何出現。接著，再評價這些的重要度。通常重要度是將發生的頻率、影響度、檢出的容易性等予以數值化，再以它們的乘積求出。從這些的解析知道。攜帶瓦斯爐的重要零件是瓦斯噴出機構，對此就有需要採取重點管理。

3. FMEA 活用的要點

第一個要點是當作技術標準的儲存、活用。即使談到新的設計，全部都是新的設計是很少的。像此種情形，雖然使用已標準化的零件或單元，但在提高系統的質方面也是很理想的。此時，使用 FMEA 掌握影響度，當作技術標準使用也是可行的吧。

表 14-1　探索故障型態與其影響的 FMEA：攜帶瓦斯爐

機構	基本機能	故障型態	估計原因	發生次數	影響度	檢出容易性	重要度
瓦斯圓桶	保持	桶偏斜	保持器損傷、設置不充分	2	2	1	4
	瓦斯送出	瓦斯管洩漏	瓦斯管有洞	1	3	3	9
瓦斯噴出	瓦斯噴出	瓦斯過度噴出	調整機構、管線不適合	2	3	3	18（最重要）
		瓦斯少量噴出	調整機構、管線不適合	2	1	3	6
	空氣吸入	過吸入	調整機構、管線不適合	1	3	2	6
		少吸入	調整機構、管線不適合	1	3	2	6
點燃裝置	點燃	點不著	點火開關，電氣	3	1	1	3
	開關連動	不連動	開關保持機構，壓按部位	1	1	1	1

周密地調查故障型態對全體造成之影響，使要重點管理的故障、機構明確。

第二個要點是 FMEA 是以產品的故障作為對象所發展的手法，但這在探索過程中的重要作業也是有幫助的。此時，將過程分成幾個子過程，各個過程有何種的機構呢？以及無法發揮機能時，對過程會造成何種影響？……等分別去探索。

14-2-2 FTA

1. 將故障的發生條件由上而下展開以構造的方式表現

所謂 FTA 是針對故障發生的條件，將故障的發生當作高層事件 (Top event)，將它向各部分去展開，將故障的構造如樹木般地表現的手法。FTA 是 Failure Tree Analysis 是第一個字母縮寫而成，FMEA 是由下往上展開，相對的 FTA 是由上而下地展開。展開時，使用 AND 與 OR 等的邏輯記號。

2. FTA 的活用例

針對攜帶型瓦斯爐展開 FTA 的例子如圖 14-1 所示。此處的高層事件是「未點燃」。未點燃是瓦斯未正確地流出呢？或點火裝置異常呢？或者雙方都有呢？將此在圖中以最初之分歧的 OR 構造表現。並且，瓦斯未流出可以想到沒有瓦斯或管路異常等。像這樣，將故障的發生按此方式展開。

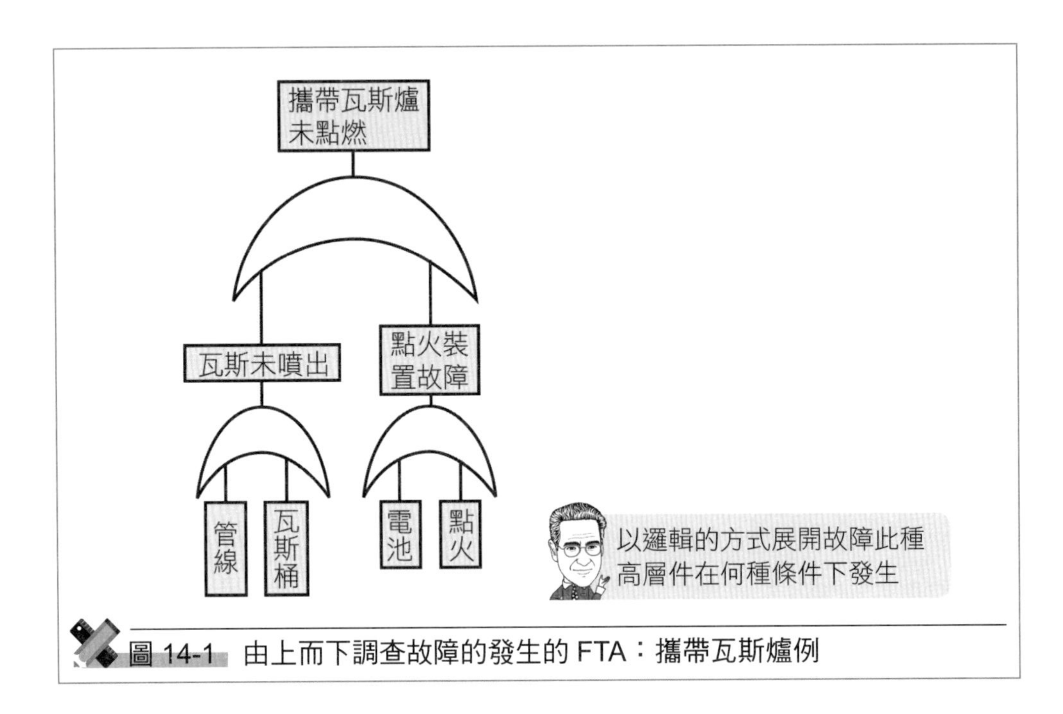

圖 14-1 由上而下調查故障的發生的 FTA：攜帶瓦斯爐例

3. FTA 活用的要點

FTA 也是與 FMEA 一樣，作為未然防止以及技術的儲存來說是很重要的。像這樣，使之可視化，有助於知識的共享。並且，在活用 FTA 時，容易忽略的是環境條件、使用方法等。氣溫低的冬天不會有問題，但到夏天時隨著溫度的狀況而發生爆炸等，使用條件的變動也是在展開 FTA 時必須要考慮的。

14-3 時系列地評估故障

14-3-1　韋氏解析 (可靠度分析)

⊙以時系列的函數表現產品故障

韋氏 (Weibull) 解析是在新產品的技術評價階段，以時間數列函數表現產品故障的方法。這是根據產品的故障數據，利用韋氏分配此種統計上的分配，調查產品的故障是形成何種狀態的方法。

產品的故障可以大略分成「初期故障期」、「偶發故障期」、「磨耗故障期」。初期故障期是對應產品上市後立即容易故障的狀態。偶然故障期是表示以一定的比率出現故障的期間。另外，磨耗故障期是指產品的壽命在將耗盡的階段中故障率即慢慢變高。利用韋氏解析時，可以找出適配這些狀態之中的何者。

初期故障期如圖 14-2(a)，隨著時間的經過，故障率慢慢減少中。偶然故障期如 (b) 那樣，不受時間的影響故障率為一定。另外，磨耗故障期如 (c) 那樣，隨著時間的經過故障率在增加。當 (c) 時，因為是磨耗故障期，因之有需要實施預防保養的對策，像積極地更換等。又，偶發故障期的情形，像磨耗故障期那樣積極地更換並非良策。像這樣，實施韋氏解析時，今後要採取何種對策，就變得容易理解。

14-3-2　加速試驗

⊙在短時間內重現故障發生的狀況

所謂加速試驗是為了將故障發生的狀況在短期間重現，在比想像更為嚴

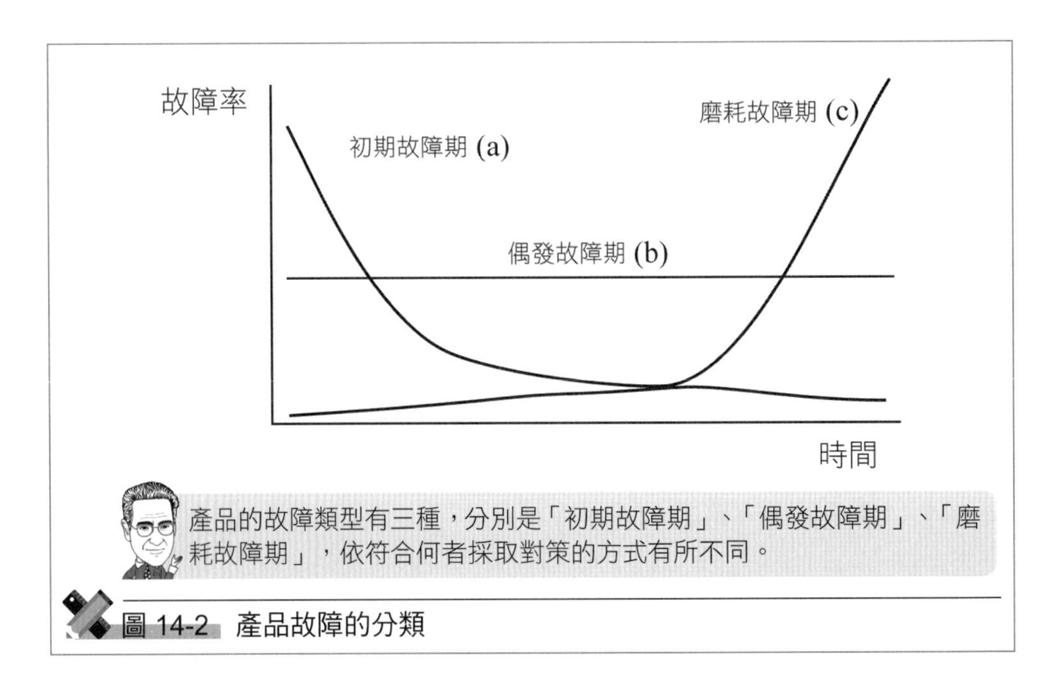

圖 14-2 產品故障的分類

苛的使用環境下實施試驗，如果它是實際的時間時，評價它會是多長的時間呢？對此檢討的一種方法。這是就對象產品利用固有的技術卓見，考察如果是實際的狀況時，它究竟相當於多長的時間呢？

譬如，某電子零件設想在室溫下使用。為了重現此零件的故障，實施 120 °C 的加速實驗。依據由此電子零件之技術所導出的換算公式，1,000 小時的試驗相當於十年的使用。此計算的根據，有幾個假定，只在此假定妥當時，結果才是妥當的。有需要討論所列舉的現象，與假定是否一致。

Chapter 15

引進與管制

15-1 目的
15-2 將作法標準化
15-3 設定引進對策的方式
15-4 使對策能安全、確實地運作

15-1 目的

15-1-1 「引進與管制」的用途

「引進與管制」即使是有效果的對策，現場中無法引進的時候也有。為了提高對外國人顧客的服務，以英語接待雖然是有效果的，然而對此引進來說，培養能說英語的幕僚才是所需要的。

15-1-2 為了大幅改善

與其以既有系統為前提進行改善，不如從更廣的觀點準備引進新系統更為需要。譬如，引進利用新的機器人來裝配的系統時，操作方法包含在內從事教育是有需要的。

15-1-3 工具的整體輪廓

對策的引進與管制，標準化是基本。標準化是為了能確實進行相同的處理，以及實際能容易使用而決定步驟的活動。因此，下節起說明標準化的想法。並且，引進對策時，照預定進行的情形也有，也有未照預定進行的情形，因之日程的變更管理也是很重要的。

15-2 將作法標準化

15-2-1 標準化

1. 發現好的作法以步驟表現

過程的標準化是為了使生產的產品品質、提供的服務品質安定化所需要的。標準化並非像統計的手法那樣步驟確定，而是發現好的作法，將它以步驟表現的一連串活動。

譬如，有一家從事電鍍處理的工廠，想考察使此電鍍品質安定化。對電鍍的品質來說，像原料、通電時間、電解液的狀態、洗淨方法等有許許多多會造成影響。像這樣，有各種要因對結果造成影響，因之如未決定其作法，結果是不會安定的。

2. 標準化的活用要點

在過程的標準化方面：

(1) 設定適切的標準。
(2) 利用教育訓練等建立能遵守標準的狀態。
(3) 使之能遵守標準。

上述三點是很重要的。

首先就 (1) 來說，是設定標準使結果能夠變得理想。在電鍍的例子中，調查品質變好的通電時間與原料，將它當作標準記述在作業步驟當中。在大飯店的例子中，考察讓顧客具有好印象的應對方法，並將它作成標準。

其次就 (2) 來說，有需要建立能遵守標準的環境。在顧客應對手冊中只是記述著「如對方以英語交談，就必須以英語應對」時，是無法提供服務的。為了能以「英語應對」，教育是有需要的。

另外就 (3) 來說，需要依從過程的標準去從事作業或提供服務是自不待言的。此實踐的準備階段是 (1), (2)。因之，對於遵守標準的重要性，要具有共同的認知才行。在實際的場合中，未依從過程的標準的例子屢見不鮮。雖有標準，卻未遵照標準進行作業。對此種情形來說，要從「不知道、不會做、不去做」的觀點去檢討。首先必須知道標準為何物。在這方面，讓標準普及的活動是需要的，「不會做」時，雖然知道標準卻無法遵行，因之使標準成為實際的標準或從事教育、訓練是有需要的。最後的「不去做」，是未充分傳達標準的重要性時所發生的。應充分教育如未遵從標準時會發生何種的問題，使之了解嚴重性。

15-3 設定引進對策的方式

本節擬介紹的 PDPC 與箭線圖，可於事前設想所預料到的困難，或事前在時間軸上擬訂計畫，對順利引進對策是有幫助的。它的本質是顯示可能設想的事態與其應對方式。

15-3-1 PDPC 法

1. 畫出將來的腳本

所謂 PDPC 法像是從事某活動時的最佳腳本、次佳腳本等，事先設想幾個活動的流程，以及要做什麼，使之明確的手法。PDPC 法是來自「過程決定計畫圖」(Process Decision Program Chart) 的英文第一個字母而得。此方法是在 1968 年為了解決東京大學的紛爭而表現其活動，由東京大學教授近藤次郎博士所想出。利用此法有以下幾點好處。(1) 可以預測事態變成如何；(2) 活動的重點應放在何處變得明確；(3) 有關人員想要如何進行活動可以謀求意見一致。

2. PDPC 法的活用例

範例如圖 15-1 所示。又，更具體的例子會在第 16 章的實踐例 3 中介紹，在此圖 15-1 中，以所設想的事態來說有 A、B、C 三個。依照各自的狀況，有對策 A、B、C。像這樣，將事前的設想視覺化，使之能成為共同的認知。

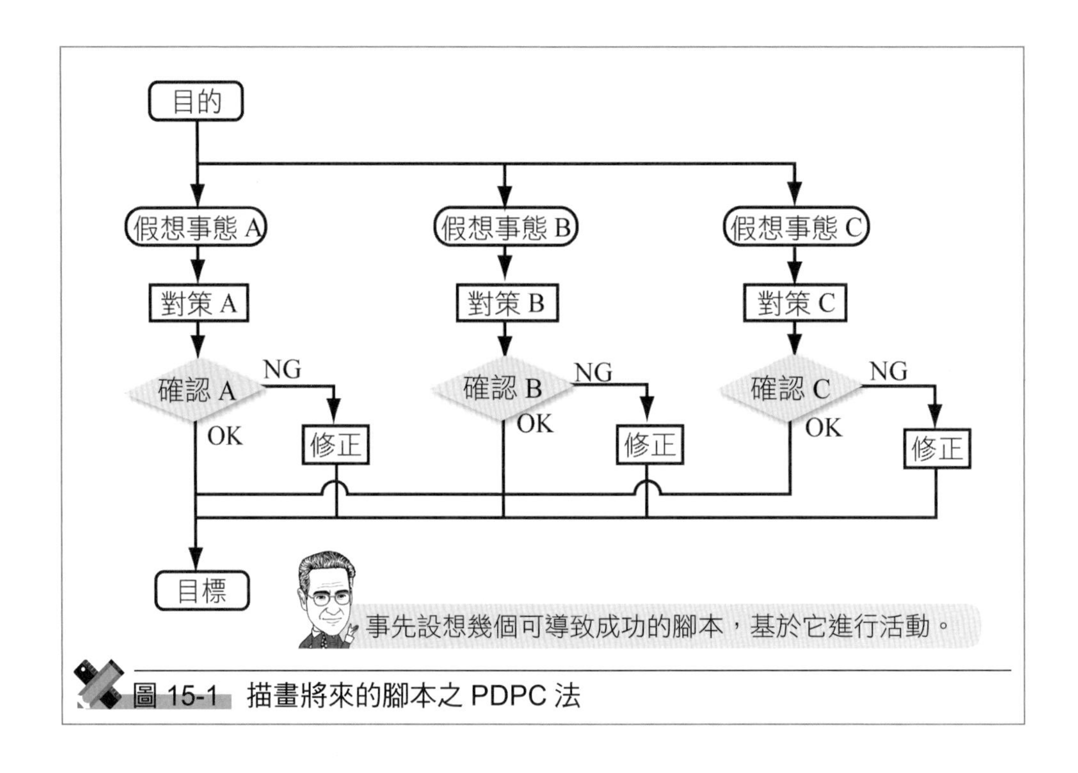

圖 15-1 描畫將來的腳本之 PDPC 法

3. PDPC 法的活用要點

第一個要點是適切地列舉對活動造成影響，屬於致命性的事態。PDPC 法本身不但作圖簡單也容易了解。適切密集有關人員的知識，事前設想此致命性的事態是有需要的。

第二個要點是對不清楚的事態應用 PDPC 法。PDPC 法具有列舉已知的事態、對策容易的事態之傾向。如此是簡單的，可是，這是本末顛倒的。於事先找出會變成如何不得而知的事態，此種心態是需要的。

第三個要點是圖的階層。如果是在部層級中考察時，在部層級中就要一致，另一方面，如果是個人層級時，在個人層級中就要一致。並且，活動的事件個數，如果未控制在 30 到 50 左右時，洞察就會變得不佳。在大規模的情形中，依照部層級、個人層級分成數張來記載是最好的。

15-3-2　箭線圖

1. 使活動的前後關係容易了解

所謂箭線圖是使用箭線，使活動的前後關係與流程變得容易了解。所謂活動的前後關係，是指當組合零件 A 與零件 B 製造產品 C 時，如要製造產品 C，零件 A、B 有需要分別完成之意。此情形，即使只提高零件 A 的生產速度，如果零件 B 的生產速度沒有提高的話，整體而言的速度並未提高。

哪一個部分是決定製程的時程，以及何處有寬裕時間，使之明確的是箭線圖。通常製作箭線圖之後，要找出決定活動時程的關鍵路徑。所謂關鍵路徑 (critical path) 是該處的過程發生延誤時，整體而言也會發生延誤的過程。

2. 箭線圖的活用例

某辦公室中，像大型螢幕、書架、無線 LAN 網路的設置工程是需要的。此時所製作的箭線圖如圖 15-2 所示。在此圖中，所有的作業形成直列的情形即為圖 15-2(a)。並且以縮短全體的工期為目的，將地板工程分成地板臨時補修、地板正式補修、地板加工，將工程並列化者即為圖 15-2(b)。此外，關鍵路徑在此圖中也一併表示。在此圖中，牆壁補修、書架設置如延誤時，整體的工期也相當程度地變長。因此，這些有需要充分加以管理。

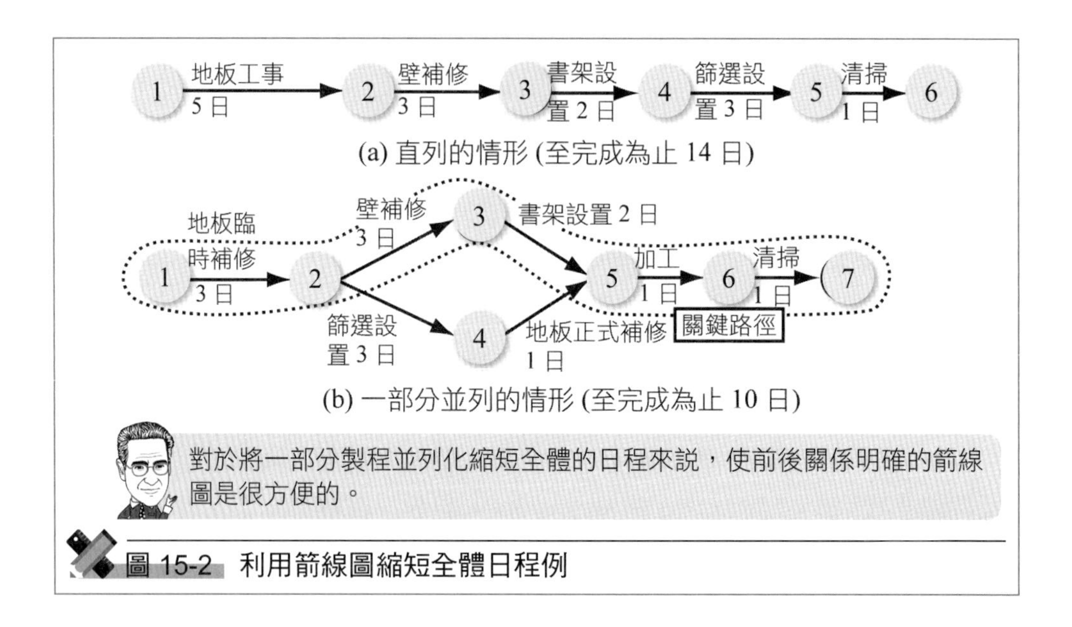

圖 15-2 利用箭線圖縮短全體日程例

3. 箭線圖的活用要點

關鍵路線上的工程估計要慎重實施。並且如先前的例子，像工程的細分化等，要縮短全體的工期時，與它有關的估計要慎重進行。對於此來說，像類似的專案的進展狀況等，要積極活用過去的知識。

15-4 使對策能安全、確實地運作

15-4-1 愚巧法 (fool proof)

1. 改變體系使之不發生失誤

所謂愚巧法是改善作業的作法，設法使應實施的作業即使未被實施，作業的結果仍能往好的方向進行的一種活動。fool 是「愚笨」之意，proof 是「避免」、「防止」之意，fool proof 也稱為「防笨作法」。

人們的作業一定會有失誤纏身。使失誤的機率減小，雖然利用各種的教育是可以做到，但做到零卻是不可能的。因此，當發生失誤時，不使作業的作法往壞的方向去運作，為此所進行的活動即為愚巧法。另外，與此相似的用語有 failsafe。這是探索故障 (fail) 發生時，以整體來看仍能往安全的方向進行的作法。

在愚巧法方面，「消除」作業本身是最具效果的。如果不從事作業，愚笨就不會發生。如果無法消除該作業時，可以讓機械「替代」人來做。機械的引進也有困難時，使此作業變得「容易」。此種原則稱為「消除」、「替代化」、「容易化」。並非因應作業本身，使發生失誤容易檢出或緩和其影響的對策也有。

2. 愚巧法的活用例

在電鍍加工零件的過程中，在電鍍槽中電鍍之後要使之乾燥。於電鍍槽中將零件從垂吊的冶具中卸下乾燥時，「卸下」發生刮傷，或乾燥時出現傷痕。因此，消除「卸下」的作業，改變乾燥機的形狀使之不從冶具卸下仍能乾燥。此例如圖 15-3 所示。這是利用先前的「消除」原則，消除由冶具卸下的作業的一種愚巧法的例子。

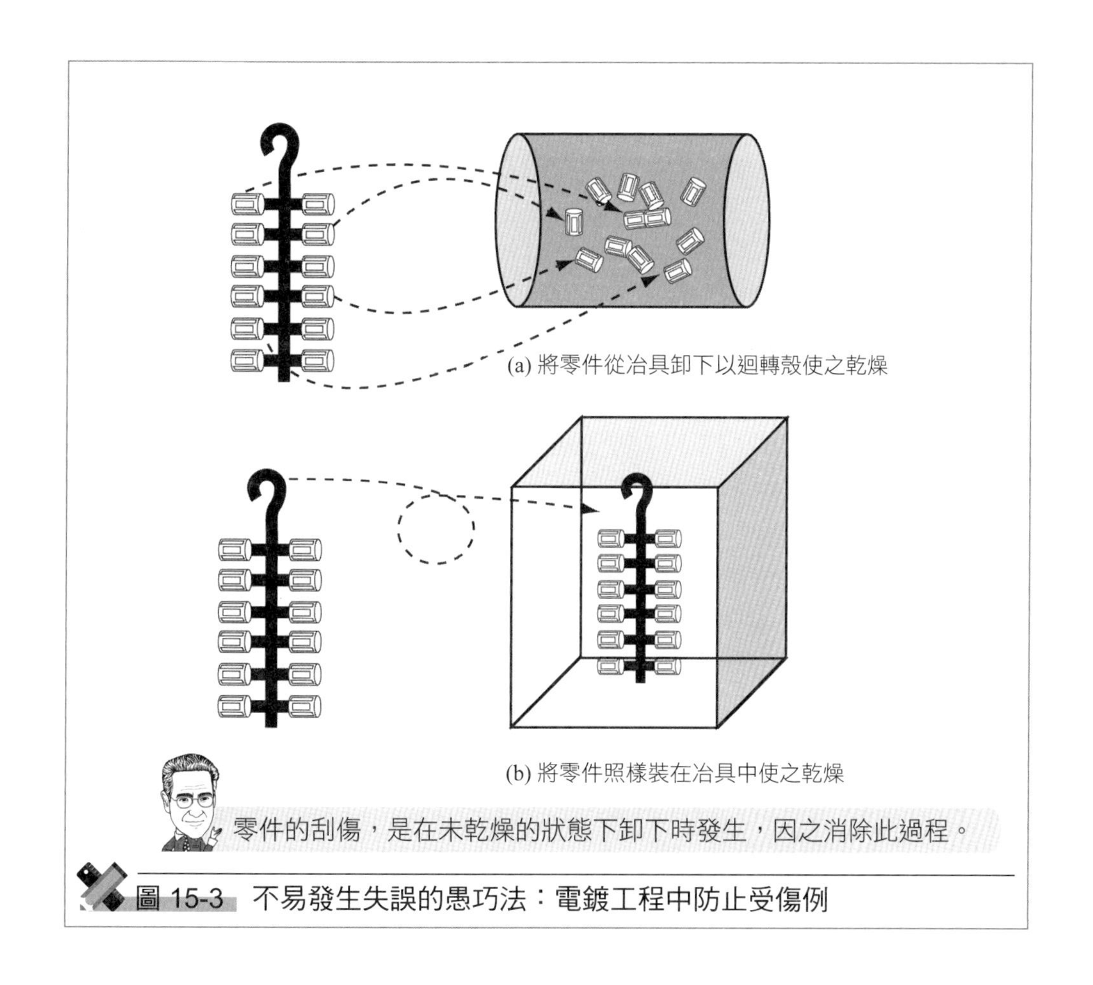

圖 15-3　不易發生失誤的愚巧法：電鍍工程中防止受傷例

另外，於電鍍槽固定冶具時，如弄錯其固定場所時，電鍍膜厚會發生變異。因此，為了不使冶具的固定場所弄錯，加裝了說明垂吊位置的指針 (guide)。這是基於「容易化」的愚巧法。

3. 愚巧法的活用要點

第一個要點是發現失誤後要進行愚巧化時，可思考類似的失誤以利於未然防止。當有失誤時，使之不再度發生因該作業失誤所造成的問題，這是相當重要的。並且讓此想法發展下去，思考類似的失誤，儘管此類似的失誤還未發生，仍事先進行愚巧化，以利於未然防止。

第二個要點是要認清失誤並非作業員的責任，而是製程管理者的責任。失誤雖然容易想成是作業員的責任，但有需要認為是使作業失誤容易發生的管理者的責任。以如此的想法去推進有組織的愚巧化。

15-4-2　QC 工程表

1. 表示製程的管理體系

所謂 QC 工程表 (圖) 是指零件或材料組合後至完成產品為止的流程，與管制項目、管制方法一起表現的表 (圖)。換言之，與要做什麼？如何管制？一起加以整理。

QC 工程表中有需要包含製程的流程、零件、管制項目、管制水準、表單類、數據的收集、測量方法、使用的設備、管制狀態的制度方法、異常時的處置方法等一連串的資訊。對於「此製程要如何管制呢？」的詢問來說，最直接的回答即為 QC 工程表。

QC 工程表不僅是產品的生產，對服務也能應用。QC 工程表的本質，是使用何種資源、如何管制，因之，服務過程的流程、管制項目、管制水準、服務品質的測量方法等，即為此情形中的記述要素。

2. QC 工程表的活用例

電鍍製程中的 QC 工程表如表 15-1 所示。此電鍍製程是由前處理、銅電鍍 • 鎳電鍍 • 金電鍍之過程所形成，表 15-1 是表示其概要與鍍金過程。在此表中，記載有作業內容、管制項目、管制水準等，從此例來看，進行何者的管制變得一目瞭然。

表 15-1 整理工程的管制方法的 QC 工程表：電鍍工程例

工程	作業內容	管制項目	管制水準	記錄方法	負責單位	異常報告	備註
前處理	形狀確認	剝落目視	無缺點	全數、目視	A 生產線	異常報告書	
	尺寸確認	長度	20 ± 0.05 mm	抽樣、管制圖	〃	〃	
	預備洗淨	洗淨時間	1 分 ± 10 秒	查檢表	〃	〃	
	⋮						
鍍銅	電鍍處理	通電時間	2 分 ± 3 秒	查檢表	B 生產線	銅電鍍報告書	
	⋮						
	檢查	剝落目視	無缺點	全數、目視	B 生產線	銅電鍍報告書	
鍍鎳	電鍍處理	通電時間	1 分 ± 2 秒	查檢表	B 生產線	鍍鎳報告書	
	⋮						
	膜厚測量	厚度	30 ± 3 μm	抽樣、管制圖	B 生產線	異常報告書	
	外觀檢查	剝落目視	無缺點	全數、目視	B 生產線	鍍鎳報告書	
鍍金	液金濃度調整	金濃度	0 克 /L	測量基法 X	C 生產線	鍍金報告書	
	電鍍處理	通電時間	2 分 ± 3 秒	查檢表	C 生產線	〃	
	⋮						
	膜厚測量	厚度	75 ± 5 μm	抽樣、管制圖	C 生產線	〃	
	外觀檢查	剝落目視	無缺點	全數、目視	C 生產線	〃	

QC 工程表是理想製程中品質管理的基本，像作業內容、管制項目、管制水準等。

3. QC 工程表活用的要點

第一個要點是來自上游階段的產品設計與管制項目、管制水準的連結。設計階段中所決定的規格，使之能確實實踐，正是 QC 工程表的目的。管制項目與管制水準如不適切時，產品或服務就無法按照規定。

第二個要點是依據 QC 工程表的管制方法要徹底周知。QC 工程表的製作是與管制方法的決定相對應。QC 工程表的製作人，有需要在徹底周知之後，再進行管理。

Chapter 16

改善的實踐案例

16-1 實踐案例 1：電鍍產品品質的改善

16-2 實踐案例 2：大飯店中提高顧客滿意度

16-3 實踐案例 3：短期留學計畫的設定

16-4 實踐案例 4：汽車零件的生產技術開發

16-5 實踐案例 5：降低事務處理的工時

16-1 實踐案例 1：電鍍產品品質的改善

本事例是某電鍍製程中的品質改善。所使用的手法是 QC 七工具等的基礎手法，如適切地使用基礎手法時，即可進行改善。

16-1-1 背景的整理

A 公司是針對由顧客攜帶進來的電子零件施予鍍金處理，再交貨給顧客。此次以新顧客來說，是與 B 公司簽訂契約。電子零件的概要如圖 16-1 所示。這是被用來當作電子零件的接點。

此鍍金處理 (gold-plated) 是應用電鍍 (gilding) 法來進行。電鍍法如圖 16-1 是在包含金溶液中固定零件再通電。如此作法可使溶液中的金屬附著於零件的表面。此製程是以 100 個單位進行電鍍處理。

此電鍍處理有契約上的種種要求。以其中一個要求來說，那就是電鍍的膜厚。這是指在某個特定部位的電鍍膜厚要在 70 μm 以上，80 μm 以下。除此之外，也舉出不可以有表面的刮傷、剝落、過多膜厚等。

為了使數據的收集容易，製作如第 11 章的圖 11-3 所介紹的查檢表 (參照第 11 章 11-2-1)，進行數據的收集。一次的電鍍處理是電鍍 100 個零件，再從中隨機抽樣 5 個零件，全部共 30 次的電鍍處理，合計收集了 150 個數據。

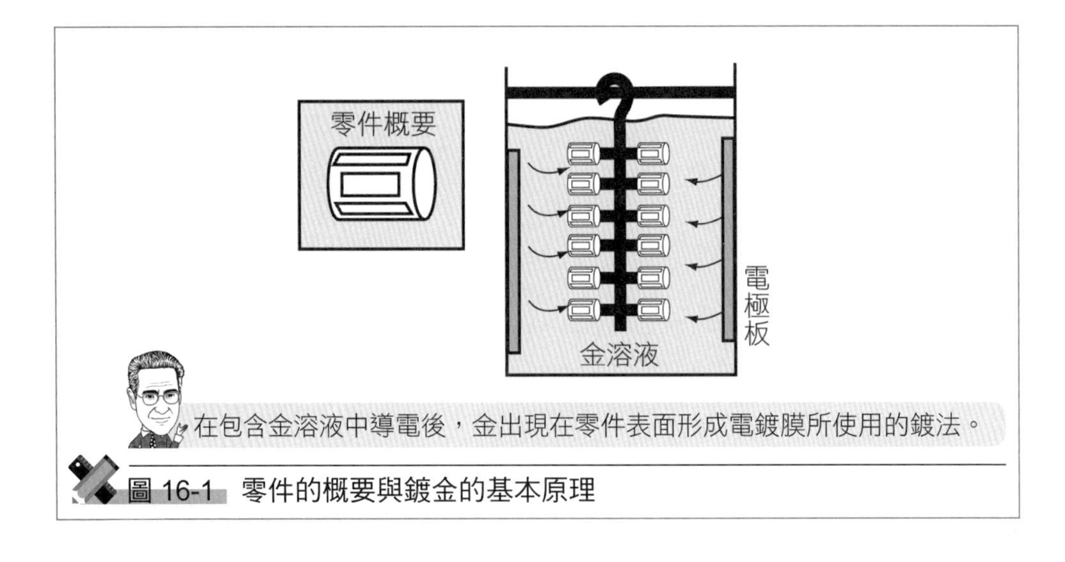

圖 16-1　零件的概要與鍍金的基本原理

根據此數據所製作的柏拉圖 (參照第 10 章的 10-2-1) 即為第 10 章的圖 10-1。從此柏拉圖知，電鍍不良有一半以上是膜厚不足。因此，此次的改善是降低電鍍膜厚不良。

16-1-2 現狀的分析

1. 整體的傾向

由 150 個電鍍膜厚的數據所作成的直方圖 (參照第 11 章 11-4-1) 如圖 16-2 所示。在此直方圖中，膜厚的分配是一個山形，可以認為並無特別的異常原因。由此圖來看，知變異比規格界限還大。如計算工程能力指數時是 0.3，有需要降低變異，由以上事項，把問題集中在降低變異。

2. 時系列的檢討

原本的數據是依據 30 次的電鍍處理。為了檢討此 30 次中是否有變動，製作了管制圖 (參照第 11 章 11-5-2)。此管制圖如圖 16-3 所示。在此管制圖中，斟酌平均與變異有無變化。所有的點均落在管制界限內，並且點的排列也無習性。因此，平均與變異可以認為每日在相同的狀態下生產著。亦即，每次均同樣地生產出不良品，即出現所謂的慢性不良的狀態。

在直方圖中得知變異是有問題的，且在管制圖中得知每次的處理均同樣

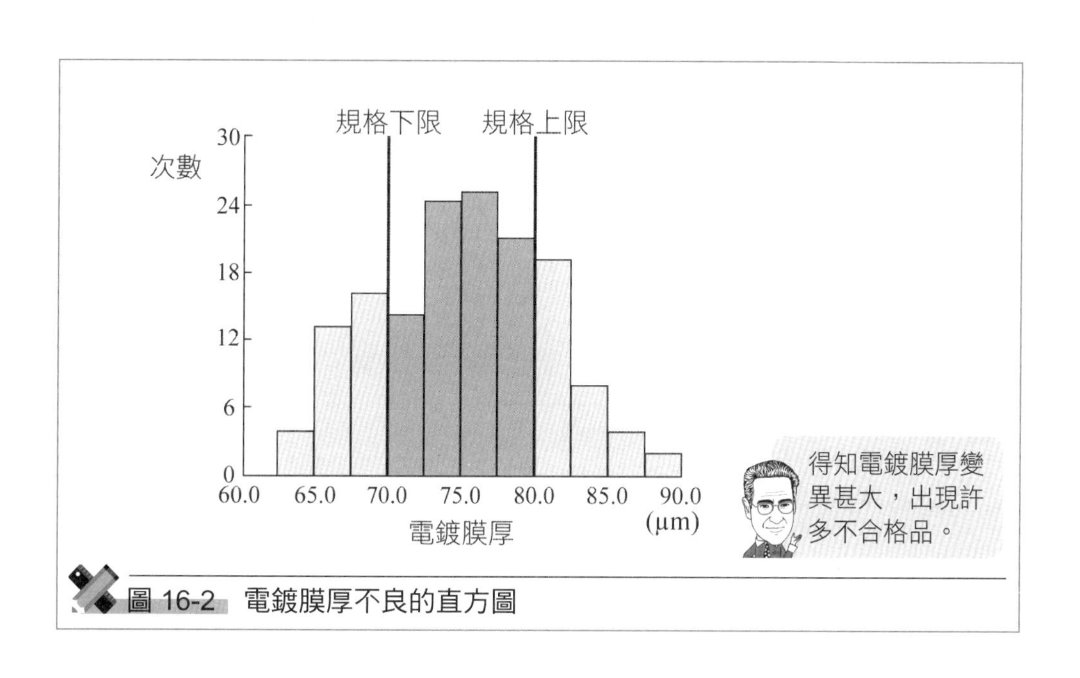

圖 16-2 電鍍膜厚不良的直方圖

地出現有變異的狀況。由此調查每次處理的變異以探索降低不良的線索。

16-1-3 要因的探索

圖 16-3 的管制圖對要因的縮減特別有效。電鍍膜厚的要因為數甚多。在特性要因圖 (參照第 12 章 12-2-1) 中「鍍金溶液」的調整是電鍍膜厚的要因之一。這是使用鍍金溶液處理鍍金時，金會形成電鍍膜出現，因之是追加金成份的一種調整。此鍍金溶液的濃度調整如未順利進行時，膜厚就會有變異，因之被認為是電鍍膜厚不良的要因。但是，如觀察圖 16-3 的管制圖時，每次均同樣地產出不良品。如果金濃度調整是原因而出現變異時，在 30 次的鍍金處理之間會有變動的出現。可是，圖 16-3 是 30 次的鍍金處理間並無變動。因此，圖 16-3 的管制圖，說明並非金濃度調整之原因造成電鍍膜厚的不良。基於與此同樣的理由，對處理間的變動造成影響的要因，此次不需要考慮。

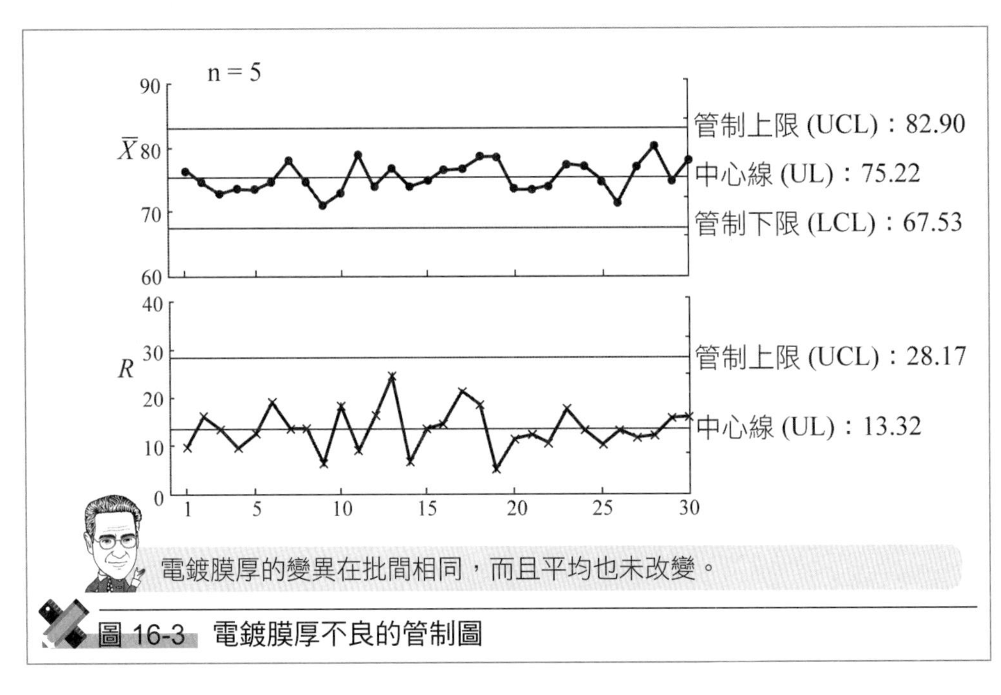

圖 16-3 電鍍膜厚不良的管制圖

在此之後為了調查每次的處理內部的變異，就同時所處理的 100 個零件收集數據，對應電鍍槽內部的零件的垂吊位置製作點圖。此結果如圖 16-4 所示。由此圖知，電鍍槽的上部與下部整體而言較厚，中央部分較薄有此傾

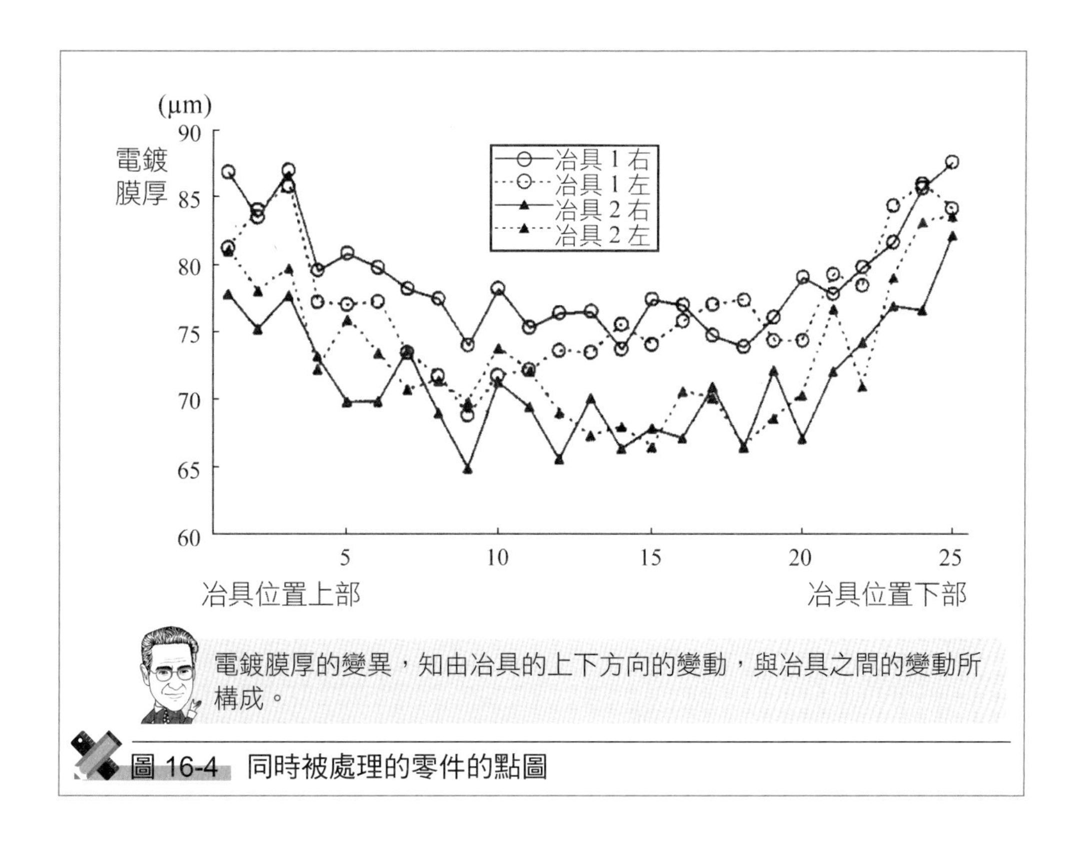

圖 16-4　同時被處理的零件的點圖

向。因此，著眼於電鍍槽，有需要就此考慮對策。

16-1-4　對策的研擬

以電鍍槽內部的變異的原因來說，從技術的觀點可以認為是電流密度要集中。雖然使用類似產品的冶具、零件垂吊位置，但因零件形狀的微妙差異，被認為是造成電流密度的不均一。因此，為了使電流密度均一，使用了新的冶具、零件垂吊位置，當作降低膜厚變異的對策。

16-1-5　效果的驗證

實踐電流密度均一化的對策，將 100 個處理重複四次。結果，不合規格的不良率降低為 0.5%，工程能力指數提高為 1.45。甚且，以前所見到的因上下位置造成的變異也消失，由此可知對策是有效的。

16-1-6 引進管制

由於明白先前的對策的有效性，乃將冶具、零件的垂吊位置標準化後再引進。此次的不良，儘管是新零件，仍因零件形狀相似的理由，使用過去的冶具，垂吊位置才發生的。因此今後不照樣使用過去的垂吊位置，斟酌形狀的類似性引進了可確認是否安定的作法。將此引進以 QC 工程表 (參照第 15 章 15-4-2) 表示，即如表 16-1 所示。像這樣，對同樣的不良發生實施了未然防止。

表 16-1 隨著使用冶具、設置位置的變更而改訂 QC 工程表

工程	作業內容	管制項目	管制水準	記錄方法	負責者	異常報告	備註
鍍金	鍍金濃度調整	金濃度	0 g/L	測量基準 X	C 生產線	鍍金報告書	
	⋮						
	冶具設備	冶具 X 使用設置場所	配合導線	查檢表	C 生產線	鍍金報告書	
	⋮						
	外觀檢查	剝落	無缺點	全數、目視	C 生產線	鍍金報告書	

16-1-7 本事例的重點

本事例的重點是「基於現狀分析縮減要因」、「系統式的解析」、「不良的再發防止與類似問題的未然防止」。

以「基於現狀分析縮減要因」來說，根據圖 16-4 的圖形，得知鍍金濃度調整與許多要因並無影響，像這樣，適切分析數據時，在無數存在的要因之中，可忽略何處，將焦點鎖定何處即可得知。這就像從所列舉的嫌疑犯之中有許多的嫌疑犯已證實是無罪的，乃從搜查的對象中除去，因之縮減嫌疑犯後，搜查變得更為容易。

其次是「系統性的解析」，在柏拉圖中查明出問題是電鍍膜厚，接著，探究出變異是問題所在，並且探究出該變異是不依處理而改變的慢性不良。

然後，詳細調查處理，查出變異發生的原因是電鍍槽，像這樣，去縮減問題的系統性過程，可當作本事例的第二個重點。

此外，關於「不良的再發防止與類似問題的未然防止」，首先為了不良品的再發防止，就冶具垂吊位置進行標準化。以及以類似產品的未然防止作為目的來說，當沿用類以產品時，將要考量的作法當作 QC 工程表引進。

◎本事例中所使用的改善手法

- 柏拉圖 (第 10 章 10-2-1)
- 查檢表 (第 11 章 11-2-1)
- 直方圖 (第 11 章 11-4-1)
- 管制圖 (第 11 章 11-5-2)
- 工程能力指數 (第 11 章 11-3-2)
- 特性要因圖 (第 12 章 12-2-1)
- QC 工程表 (第 15 章 15-4-2)

16-2 實踐案例 2：大飯店中提高顧客滿意度

本事例是以既有的大飯店為基礎進行改善，設法提高顧客滿意度。實踐平常經常可見到的問卷調查，以統計的方式分析其結果後，再實施改善。

16-2-1 背景的整理

A 大飯店是位於市中心其客房數大約有 500 間的大規模大飯店。基於附近有幾家休閒設施，並且位於市中心等理由，此大飯店的主要顧客是渡假顧客與商務顧客。

近年來，價格幅度、顧客層相類似的競爭大飯店於附近櫛比林立。因此，以 A 大飯店來說，與競爭大飯店的服務差異化即為課題所在。於改善之時，封閉全館大規模的更新並非此次的對象。門房 (concierge) 等部分的變更是可行的，但改裝工程等大規模的變更是不行的。換言之，改訂服務提供手冊等或利用若干的設備更新來改善，即成為改善的對象。

並且，此改善專案有需要在三個月實施。在正式的渡假期到來之前，有需要完成此次的改善案，乃設定了三個月的期限。

16-2-2 現狀分析

1. 方針

此大飯店雖然進行過顧客滿意度調查，但不是積極地收集意見，而是將問卷與信封或便條放在一起提供給顧客。另一方面，來自顧客的抱怨，則積極地保留。此抱怨畢竟是潛在化的不良，也不能說是表現顧客的潛在不良，從這些來看，

(1) 首先，實施預備調查。
(2) 其次，再實施正式的問卷調查。

在如此的方針下調查顧客滿意度，尋找有效的對策。直接調查顧客滿意，要考慮的要因甚多，因之先實施預備調查，設定某種程度的目標再進行正式調查。

2. 預備調查

利用以下的方式列舉影響顧客滿意的服務。

(1) 利用從業員進行腦力激盪。
(2) 收集過去以來的客訴。
(3) 向顧客說「No」的經驗。

利用從業員的腦力激盪 (參照第 12 章 12-3-1)，從櫃檯服務、餐廳、客房、商務中心等種種的觀點，列舉影響客訴或顧客滿意的服務。結果，包含類似的在內超過 200 項。其中一部分表示在第 12 章的表 12-1 中。

又就 (2) 來說，重新查閱過去兩年間的記錄，列舉出抱怨的項目加以整理。另外，就 (3) 來說，從業員在過去就顧客的請求說出「做不到」、「對不起」的事項。

在表 12-1 所表示的要因，包含著類似性高者或低者等許許多多的項目。因此，首先，將這些如第 10 章的圖 10-2 那樣，根據類似性等整理成親和圖

(參照第 10 章 10-3-1)。接著，為了定量性地整理，以 100 名受試者為對象進行預備調查。就 100 名的回答，如第 12 章的圖 12-7 的例子那樣，應用主成份分析定量性地整理它的構造。

接著，依據此主成份分析 (參照第 12 章 12-5-2) 的結果，就大飯店的服務品質的構造，如同表 16-2 的櫃檯服務的例子那樣加以整理。其他地方也進行與此同樣的展開。經由此種做法，將顧客的需求按構造進行了整理。

表 16-2　對大飯店的要求的整理：櫃檯服務例

主要業務	過程	1 次要求	2 次要求
受理	登記	登記的正確度	意圖傳達
			了解潛在意圖
			有正確的說明
		速度	有迅速的說明
			立刻回答
		應對柔和	緩和
			穩重的氣氛
		要求傳達	了解意圖
			能說明可提供的服務
	與預約的查證	預約的確認	
		預約資訊偏差的處理	(略)
	房間分配	空房間的分配	
		顧客資訊的收集	
洽詢	洽詢受理	掌握意圖	
		⋮	
	回答	回信正確	
		⋮	
支付	⋮	⋮	
	⋮		

根據腦力激盪法、預備調查的主成份分析的結果，將對大飯店的要求構造式的整理，容易掌握顧客的要求。

16-2-3 要因的探索

根據表 16-2 的構造化項目，實施顧客滿意度調查。這些為了能積極地獲得許多顧客的回答，縮減成少數的詢問項目，實施如第 11 章的圖 11-4 所示的問卷調查。此時，為了調查全體的滿意度與要素的滿意度之關聯，規劃了有關整體滿意度的問項與要素滿意度問項。

實施此問卷調查之後，獲得了超過 1,000 人的回答。以整體的滿意度來說，平均屬於「好」、「相當好」的居多，大致是好的評價。可是，其中也有評價「壞」的顧客。因此，對這些雖然作出了散佈圖 (參照第 12 章 12-4-1) 關聯仍然不很清楚。譬如，以所有顧客為對象，相關係數是 0.1 左右，看不出有明顯的關係。

就整體的滿意度與要素的滿意度來說，按顧客的輪廓予以層別來檢討。其中一部分結果如圖 16-5 所示。結果，渡假顧客與商務顧客的傾向是不相同的。亦即，商務顧客的情形是以商務中心的使用方法與全體滿意度有較強的相關。此相關係數是 0.57。

渡假顧客的情形，則以迎送、寄物的服務與全體的滿意度有較強的相關。由這些結果，對商務顧客來說，如改善商務中心的服務；對渡假顧客來說如改善與迎送有關的服務時，整體的滿意度就會提高，獲得了如此的假設。

16-2-4 對策的研擬

要改善商務顧客的滿意，調查了商務中心的記錄。得知對於緊急資料的應對，大量的列印等與影印有關之服務，或對於顧客筆記型電腦的事故，回答無法應對等的事實。

以這些為線索，「為了使顧客在大飯店中也能與自己的辦公室」有相同的工作環境，想出了許多的服務。像先前的複印或電腦的事故，並非大飯店的雇用人員，而是與影印業者或電腦事故的解決業者合作，做到能立即因應。並且，像文件整理等，對於縮短時間內的支援服務來說，也與人才派遣公司合作。

另外，對於迎送或顧客的寄物時間而言，雖然有回答「No」的事實。

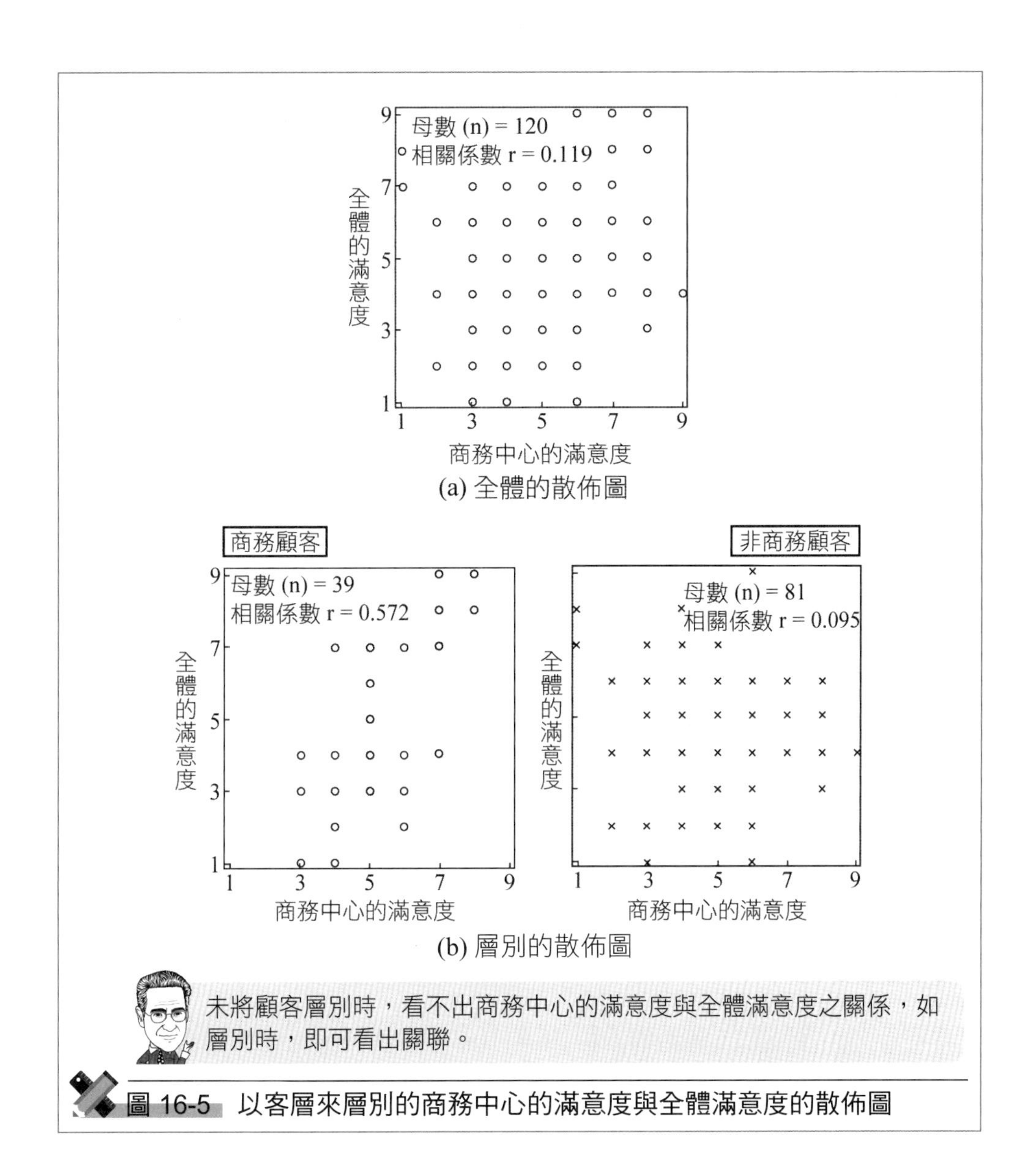

圖 16-5　以客層來層別的商務中心的滿意度與全體滿意度的散佈圖

對這些來說，像延長物件寄放時間，與計程車公司合作進行接送等，準備了各種的服務。

16-2-5　效果的驗證

對於商務中心「大飯店中儼如有自己的辦公室一般」的種種對策，以及以渡假顧客為對象像預約、迎送、寄物等引進對策之後，顧客的風評變好，確認了上述對策的有效性。

16-2-6 引進與管制

對策的檢討期間是由特定的人員在負責。可是，可將此當作標準式的服務來提供，並列入到服務提供手冊中。並且，與影印服務公司、計程車公司等詳細檢討，設法做到滴水不漏 (Seamless) 的服務。

16-2-7 本事例的重點

本事例的第一個重點，是活用顧客滿意度調查改善服務的品質。顧客滿意度調查的目的，是將服務品質的評價與該品質有關聯的要素使之明確化。本事例是從此解析結果，將顧客層分成商務與渡假，針對它們採取對策，以提高顧客滿意度為目標。

第二個重點是事先廣泛收集顧客的心聲，將它縮減後再設計問卷的做法。在這方面，針對顧客說「不」的事項作為線索進行探索，從業員根據經驗實施腦力激盪等，從各種立場收集顧客的心聲。接著，以主成份分析等進行分析，再構造式加以整理。此整理即為尋找對策時的線索。

第三個重點是利用與外部服務公司的合作，刪減改善的成本及提高實現的可能性。通常為了創造出新的服務而配置人員，但如此會使體系吃重。為了避免此點，利用與外部組織的契約，以提供更好的服務作為取向。

◎本事例中所使用的改善手法

- 親和圖 (第 10 章 10-3-1)
- 問卷調查 (第 11 章 11-2-3)
- 腦力激盪法 (第 12 章 4-3-1)
- 多變量分析 (第 12 章 4-5-2)
- 散佈圖 (第 12 章 12-4-1)

16-3 實踐案例 3：短期留學計畫的設定

本事例是某旅行代理店活用機票、大飯店等的安排經驗，設定短期留學計畫。其中，透過周密的市場分析將目標鎖定在短期留學者，利用假設性的調查創造出新的服務。

16-3-1 背景的整理

某旅行代理店不光是機票、大飯店的安排，像訪問美術館、參加當地的各種活動等，也企劃及提供「與當地相結合的旅行」。但是，服務若是缺乏新穎，銷售業績也不亮眼。

「與當地相結合」簡單的說也是有許許多多。如期間太長時，手續就會很複雜。此次的服務，是由該旅行公司的兩位負責人在能力的範圍內以半年左右開發出新的服務。

16-3-2 現狀的分析

留學生人數如圖 16-6 所示一直在增加，學生的旅行變得輕鬆愉快，不僅畢業旅行也利用暑假、春假。因此企劃以此種學生為目標的服務。並且，如觀察圖 16-6 所示的大學生的意識調查時，卻有著培育「溝通」與「語言能力」此種意願。從這些事來看，考慮以學生為對象設定短期留學計畫。如果是短期留學時，似乎可以活用過去與地域密切接觸的經驗，創造出服務。

為了對短期留學更具體地檢討，分析了競爭服務的特徵與學生的評價。結果，也依循以往的服務經驗，就兩個月左右的短期計畫思考企劃。

16-3-3 要因的探索

以較為理想的留學計畫為目標，召集有留學經驗者、預定留學者等實施腦力激盪法，結果收集了超過 200 件的心聲。而且，根據此結果，將要求品質按第一次、第二次地展開，以品質機能展開 (參照第 13 章 13-4-1) 如第 13 章的圖 13-5 那樣加以整理。

在留學方面，重要的要因有語言、文化的交流、期間、場所、學習與時間的平衡等。對於這些，由於可以想到種種的組合，乃從中選出顧客評價最高的組合。

16-3-4 對策的研擬

配合實驗設計法 (第 13 章 13-3-1) 與迴歸分析 (第 12 章 12-5-1)，並應

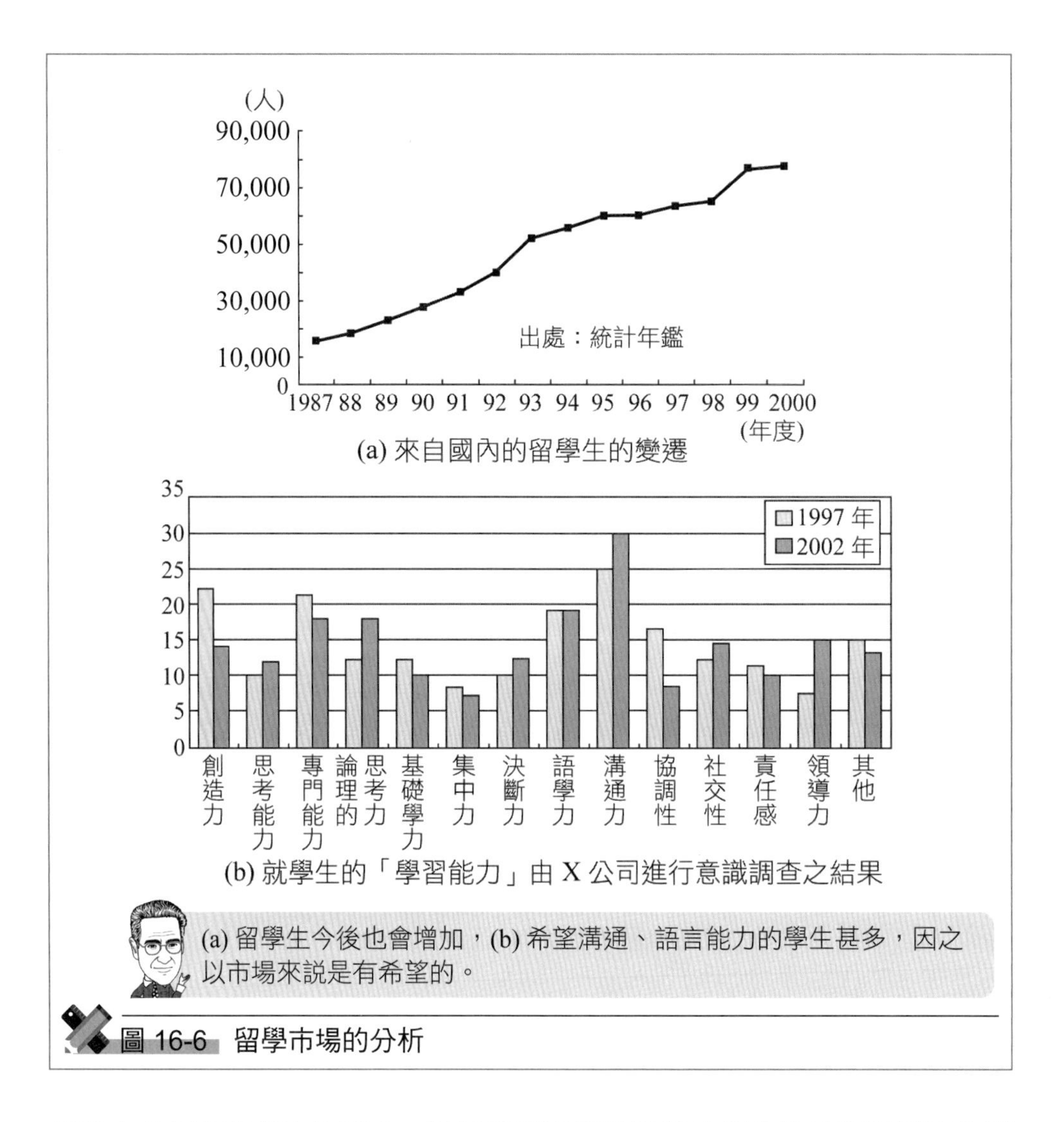

圖 16-6 留學市場的分析

用聯合分析探索顧客的要求。這是指利用實驗設計法部分性地取出顧客的要求，再利用迴歸分析來分析來其評價後，以探索潛在的要求。

此次的情形是取出語言、文化的交流、期間、場所、學習與時間等 5 個要因。這是在先前的圖 13-5 的品質機能展開中，考慮提供留學計畫的一方能夠決定的橫軸方向後所決定的。對於這些要因，向回答者打聽時，會變成許多的組合。如此效率不佳，因之使用實驗計畫法以 8 次的評價讓回答者評價「想參加此留學看看嗎？」其解析結果即為第 13 章的表 13-4。對此回答者的情形來說，充分學習語言是最重要的。接著，以夏季八週來進行被視為重要。

與以上同樣，分析所有對象者的回答之後，「短期間想充分學習語言」、「想一面考慮文化的交流一面學習」是主要的兩個類型。因此，決定提供兩者的服務，並更仔細地檢討。

16-3-5　效果的驗證

就先前所得出的兩種留學方式，為了得出顧客的評估，實施了問卷調查(第 11 章 11-2-3)。結果，與既有的計畫相比，得知顧客的風評較佳。

16-3-6　引進與管制

為了提供新的服務，有需要考察宣傳活動。為了使日程安排明確，利用箭線圖 (第 15 章 15-3-2) 與 PDPC 法 (第 15 章 15-3-1) 實施檢討，一面制訂幾個方案一面進行。照目標那樣針對夏季的留學開始受理，實現了夏季留學計畫。

16-3-7　本事例的重點

本事例的第一個重點是將假想的留學計畫讓回答者評價，以統計的手法分析其結果，以企劃出最好的留學計畫。像期間、場所、目標等，以留學計畫來說，要設定的要因有許許多多，選出最好的組合甚為困難。將它利用實驗設計法與迴歸分析之組合，並利用聯合分析來實現。

本事例的第二個重點是讓內部的流程不改變，從顧客的觀點提供新的服務。亦即，從顧客來看時，雖然過去是不太有的彈性留學服務，但以內部流程來看，卻是幾乎應用既有的體系。尋求新的服務雖然重要，但從什麼到什麼均要新型時，有可能迷失活動本身的方向。本例適切地在新的系統與既有的系統中取得平衡，在既有系統甚少變更下，實現新的服務。

本事例的第三個重點，是在創造出新服務時，專心地進行市場分析，利用數據檢討有無市場的價值。並非思緒閃現地「投入此市場」的做法，而是經 (1) 背景的整理、(2) 現狀的分析等步驟，一心一意地進行著分析。

◎本事例中所使用的改善手法

- 問卷調查 (第 11 章 11-2-3)
- 迴歸分析 (第 12 章 12-5-1)
- 實驗設計法 (第 13 章 13-3-1)
- 品質機能展開 (第 13 章 13-4-1)
- 箭線圖 (第 15 章 15-3-1)
- PDPC 法 (第 15 章 15-3-1)

16-4 實踐案例 4：汽車零件的生產技術開發

本節介紹汽車零件之一的離合器，在其生產過程中開發新的生產技術的事例。在此事例中，有系統地列舉對品質有影響的要因，適切地解析實驗數據，開發生產技術。

16-4-1 背景的整理

離合器是依照駕駛人的意圖將引擎的迴轉力傳達給輪胎的一種零件。其中如圖 16-7(a)，包含有以螺帽 (nut) 固定的彈簧。這首先是在軸上製作出螺絲溝紋後，先透過彈簧，其次透過襯墊 (利用墊圈、螺帽鎖緊螺釘時，可夾住有洞口的金屬零件)，再固定螺帽及彈簧。彈簧溝紋的製作、襯墊環、上鎖小螺絲等甚花時間。並且，螺帽與襯墊本身的單價雖然低廉，但是如考量這些零件的供應時，此零件的成本是不能忽略的。因此，為了生產力、成本的削減，如圖 16-7 所示，檢討切削軸固定彈簧的方式。如此生產技術確立時，彈簧溝紋的製作、襯墊環、固定螺帽即為「切削」的一個作業。並且，螺帽、襯墊的供應就變得不需要，如計算與此有關聯的成本時，年間可降低數千萬元的成本。

由以上來看，要開發切削軸固定螺絲的生產技術。此開發的前提，只是將上鎖小螺絲的機能，利用軸的切削來替代，其他並不改變。並且，當作為期兩個月的專案。

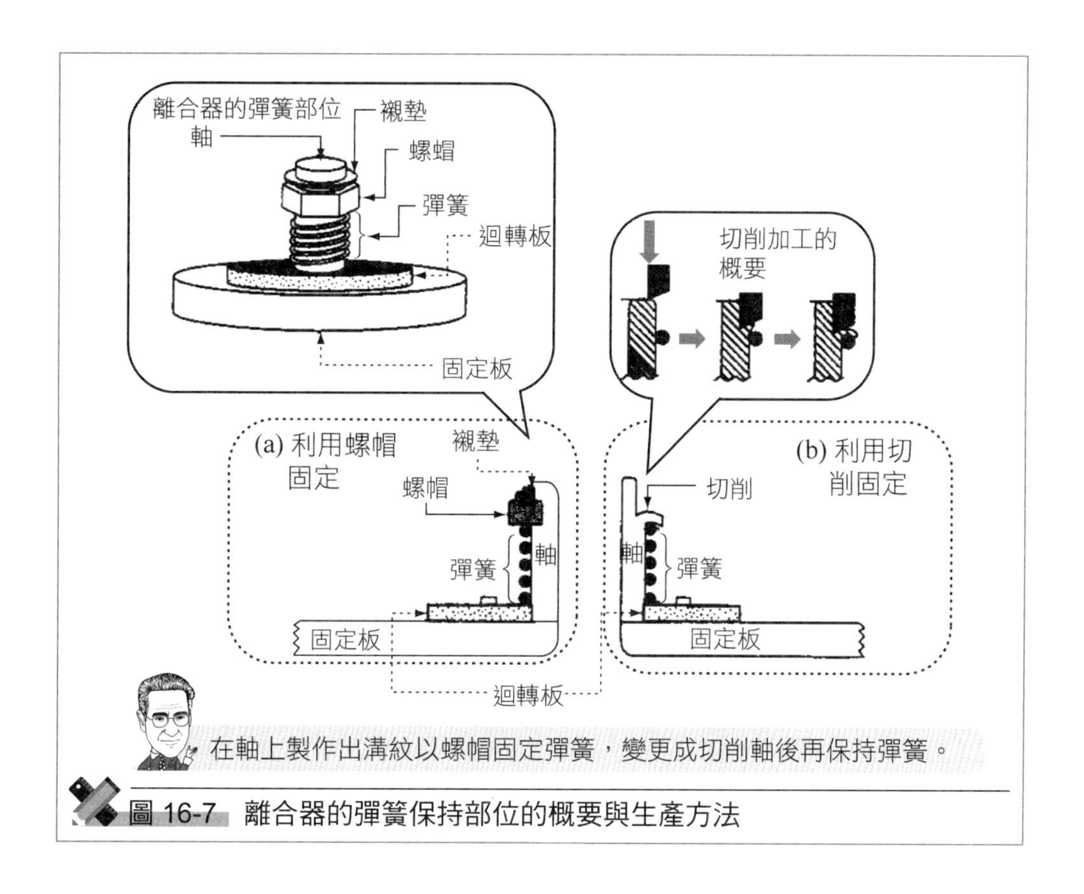

圖 16-7　離合器的彈簧保持部位的概要與生產方法

16-4-2　現狀的分析

螺帽、襯墊的機能，是保持彈簧使彈簧的負荷達到規定的水準。因此，為了能確保此機能切削軸是需要的。另外，已切削的軸為了能半永久性地保持彈簧，確保強度是很重要的。

為了充分地考量軸經切削後，彈簧的負荷是否達一定的水準，以及切削後壓住彈簧的部分的彈度是否足夠，製作出 20 個試製品。結果，彈簧負荷並無問題，而它的保持強度則有問題。因此，為了提高保持彈簧部位的強度而開發生產技術即成為目標。

16-4-3　要因的探索

彈簧保持部位強度的要因，就切削軸時的加工條件可想出許許多多。針對這些，由技術上的見解列舉要因作成特性要因圖 (參照第 12 章 12-2-1)。

結果，切削時「刀的形狀」、「角度」、「軸的材質」等當作要因被列舉出來。

16-4-4　對策的研擬

在先前所作成的特性要因圖中，就生產條件所決定的要因像切削時刀的形狀等，利用實驗設計法 (參照第 13 章 13-3-1) 之中的直交表進行部分實驗，調查哪一個要因的影響較大。結果，知「切削刀的形狀」、「刀對軸的角度」、「切削幅度」的影響較大。

使用這些被認為影響大的這些要因，再次進行如圖 16-8 所示的實驗。此實驗的目的，是為了儘可能使彈簧的保持強度提高，而決定出「切削刀的形狀」、「刀對軸的角度」、「切削幅度」。解析實驗數據，求出被認為最適的「切削刀的形狀」、「刀對軸的角度」、「切削幅度」。

16-4-5　效果的驗證

就先前所求出的切削條件，檢討了速度及設備的耐久性有無問題。結果，生產速度的提高是有需要的，因此使用切削時的輔助冶具，確保了生產速度。並且，設備的耐久性等也無問題。

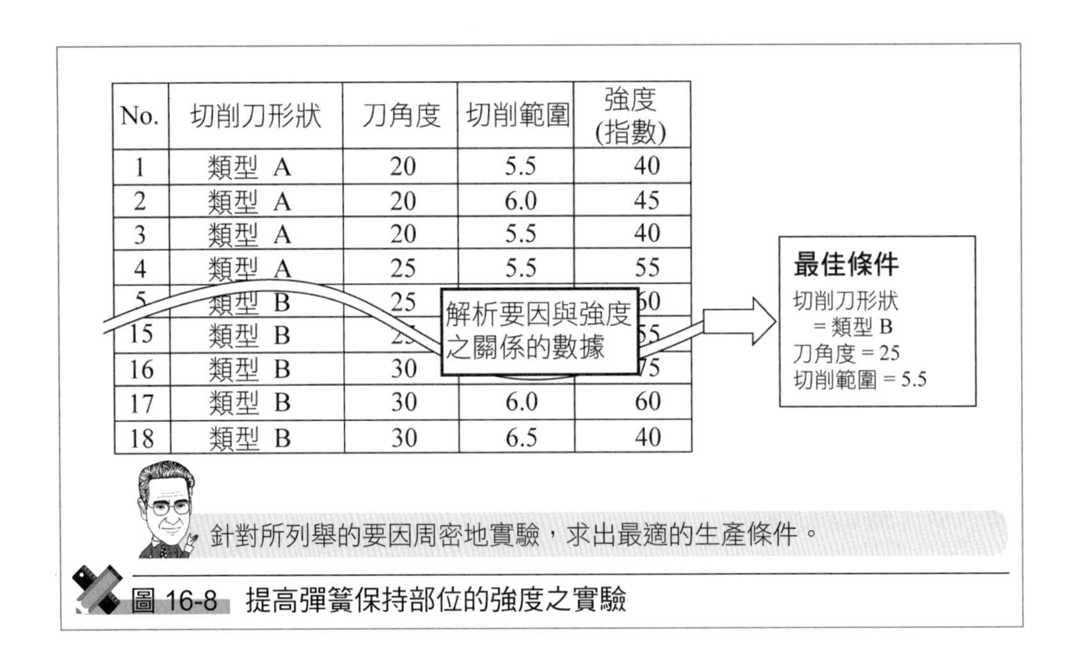

No.	切削刀形狀	刀角度	切削範圍	強度 (指數)
1	類型 A	20	5.5	40
2	類型 A	20	6.0	45
3	類型 A	20	5.5	40
4	類型 A	25	5.5	55
5	類型 B	25	[illegible]	60
15	類型 B	[illegible]	[illegible]	55
16	類型 B	30	[illegible]	75
17	類型 B	30	6.0	60
18	類型 B	30	6.5	40

圖 16-8　提高彈簧保持部位的強度之實驗

16-4-6 引進與管制

為了將新的切削方法引進到實際的製程中，製作了作業標準。在此製作上，為了確實實踐先前新的切削方法，包含現場的作業員在內進行了討論。接著，為了遵從此作業標準進行作業，經教育之後，再應用到實際的製程中。

利用此生產方法，螺帽、襯墊等的作業與供應變得不需要，如包含用人費來考慮時，一年間可以獲得降低 2,000 萬元的成本效果。之後，此生產技術部門將此事例水平展開，檢討引進到同種的產品中。

16-4-7 本事例的重點

第一個重點是有效地應用實驗設計法，利用實驗有效率地求出最佳的生產條件。像這樣，實驗設計法利用實驗數據探索最適條件是相當有效率的。

第二個重點是有系統地列舉影響彈簧的保持強度的要因。利用實驗探索最佳的條件時，胡亂地列舉條件，結果也不甚順利。此專案是從技術上的見解遍處列舉要因，將它整理成特性要因圖，從中選出實驗條件。

第三個重點是一面確認產品品質是否適切確保，一面進行成本降低。為了降低成本如使用低廉的材料、低廉的手段時，損害品質的情形時有發生。因為使用低廉的材料，結果變壞，因之並非改善。

◎本事例中所使用的改善手法

- 特性要因圖 (第 12 章 12-2-1)
- 實驗設計法 (第 13 章 13-3-1)

16-5 實踐案例 5：降低事務處理的工時

本事例是某研討會提供公司每四個月一期舉辦的例常性研討會，以降低事務處理工時為目的，將顧客預約研討會的流程、請託講師上課之流程，利用電腦化系統進行自動化。在此事例中，既有的做法也當做是一種備選，並且也考量以 IT 機器為核心的新系統方案。

16-5-1 背景的整理

將研討會提供公司的標準式流程表示在圖 16-9 中。研討會的日程等一旦決定時，活用顧客資料庫將此寄送給顧客。此時，使用 Fax、email、網路、DM 等。

此研討會是有關改善的基礎課程，由幾個科目所構成。這些科目的講師，是從備選的數名之中選定。從圖 16-9 的流程也可了解，它的主要機能是資訊的交換、簡介寄送等占相當大的部分，似乎可以考慮自動化。並且，利用自動化，對於顧客的洽詢被認為可以快速應對。

在改善方面，當作四個月的短期專案，基本上僅止於部門內的流程改

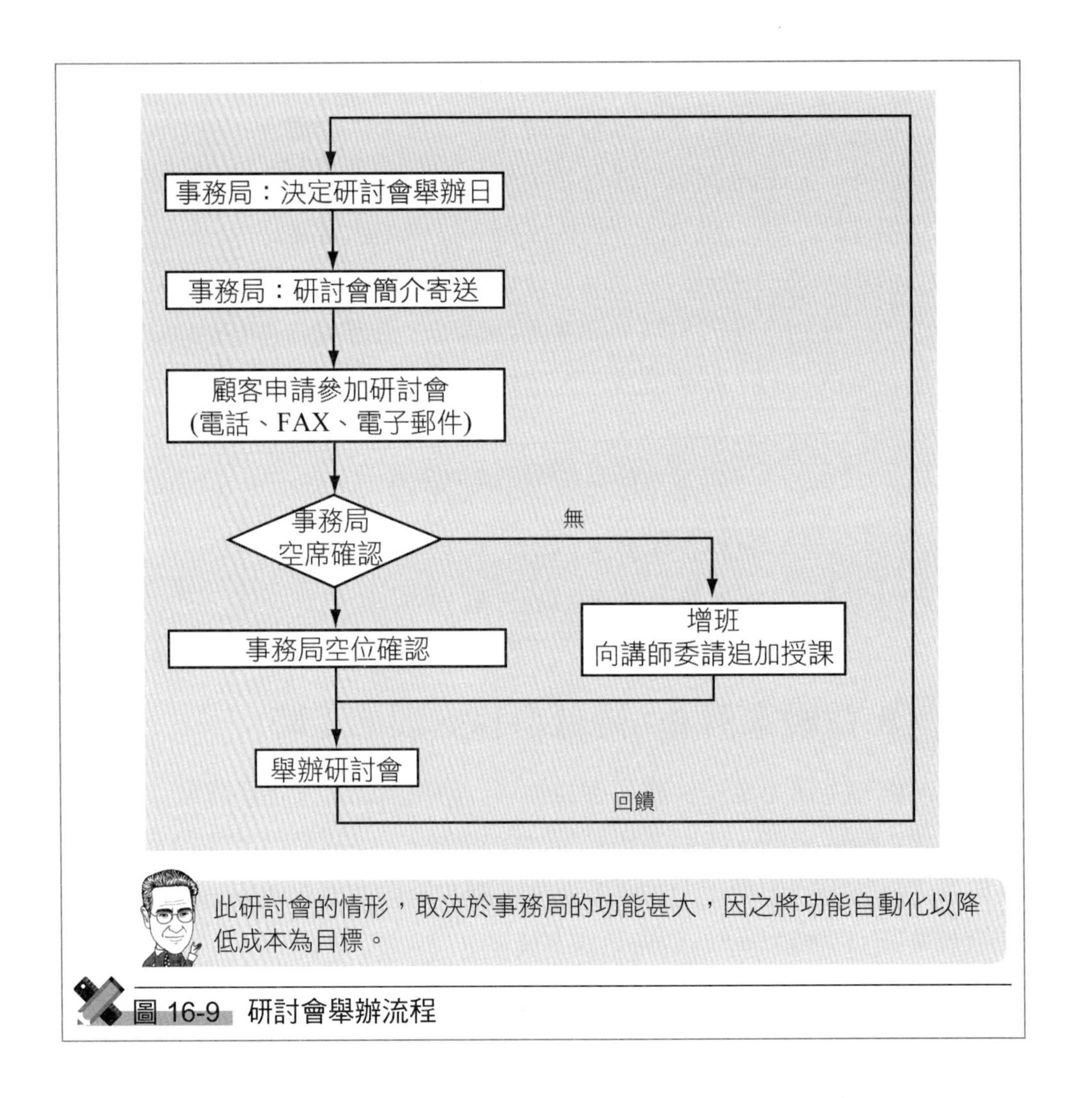

圖 16-9 研討會舉辦流程

善。像新引進資訊處理系統等的投資，如其效果可充分預期時即可實施。大致上處理時間如果可以降低 30% 左右，就要引進資訊機器。

16-5-2 現狀的分析

為了掌握現狀，調查了解對顧客寄送簡介的工時，研討會申請的處理工時、講師安排的處理工時等的概略情形。結果，在這些之中多少包含有「等候」、「浪費」，它的量並不太多。以既有系統為基礎來考量時，雖然可以削減浪費的等候時間，但其效果是否足夠不得而知。因此，並非浪費的排除，而是考慮正確地縮短實際處理時間。在縮短處理時間上，考慮建構新的系統。此次的改善專案，不只是以既有系統為基礎讓事務效率提高，也注視新系統的建構進展。

16-5-3 要因的探索

就顧客應對的實際處理時間、講師安排的實際處理時間等詳細觀察時，資訊的交換、顧客的等候反應、資訊檢索等是主要的工時。因此，不需要這些的往來或予以縮短的系統提案即變得需要。列舉出使用既有系統的改善方法或針對新系統的系統方案。將此結果表示在表 16-3 中。

表 16-3 工時降低方案

系統方案	內　　容
事務作業活化	有效率地進行既有系統的做法，以降低成本為目標
Fax 一體化	既有的受理窗口複雜，與 Fax 一體化謀求效率化
資料庫連動電子信件簡介寄送	與既有顧客的資料庫連動，從研討會企劃時，自動寄送簡介
講師自動請託系統	研討會舉辦時，選出事前有所登記的講師後自動請託
網路直接申請，講師請託連動系統	研討會企劃後，自動地存取在顧客的資料庫中，以電子郵件寄出。顧客申請的同時，自動地進行向講師提出講課的請託。

從事務作業活化此種既有系統作為前提，到以網路自動申請等全新的系統均包含在內。

在此表中，上半部是以既有系統為基礎的程度較高，愈到下半部新系統建構的程度就愈高，譬如，在網路預約系統中，以往受理部門的輸入，變成顧客直接輸入預約資訊，再將它連結到申請系統。因此，減少實際處理工時是可以期待的。另一方面，由於新系統的建構程度較高，因之也帶來種種的困難。

16-5-4　對策的研擬

將表 16-3 所示的系統方案利用 AHP (參照第 13 章 13-2-2) 進行評價。其概要表示在圖 16-10 中。。如此圖，以評價項目來說，將「實現可能性」、「引進期間」、「成本削減效果」、「變更的手續」、「系統的副作用」引進到評價構造中。結果，網路直接申請、講師請託連動系統的建構，被評價是最理想的。因此針對這些詳細檢討。

16-5-5　效果的驗證

就已引進資訊機器的系統來說，檢討它的規格，並試驗性地測量它的效果。此處設想數年均有研討會參加之委託，如測量處理工時可減少多少時，

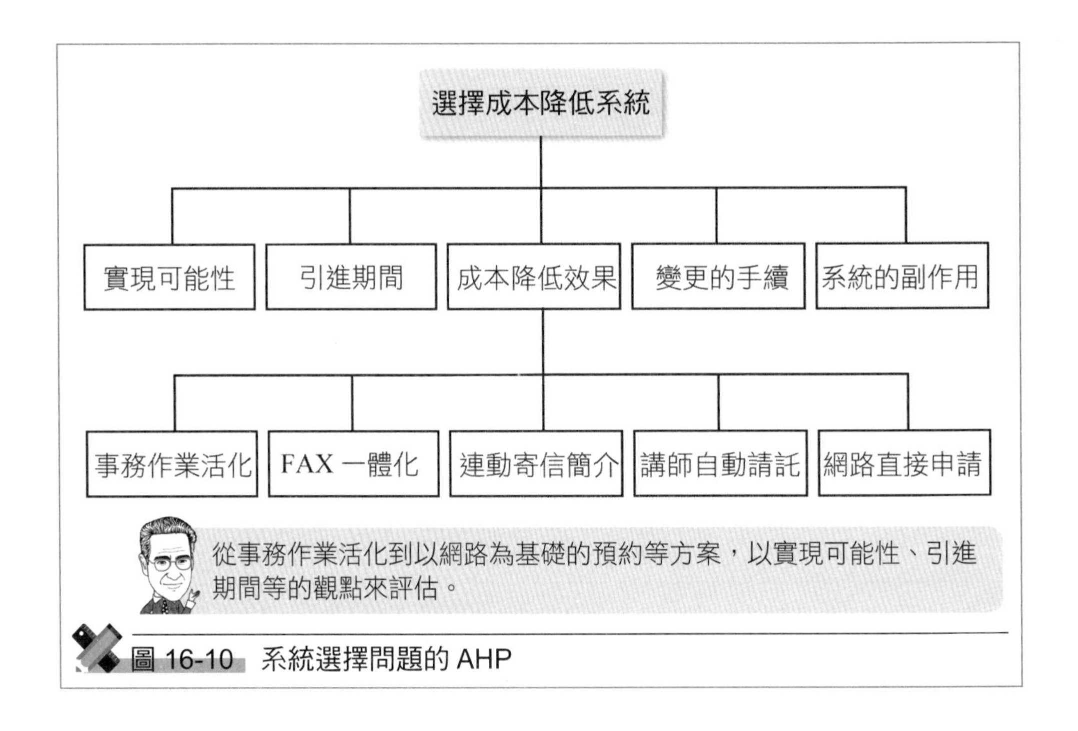

圖 16-10　系統選擇問題的 AHP

就處理工時來說似乎可以期待約削減 40% 以上。此次的資訊機器的引進雖花下種種的投資，然而也考慮到因此對顧客的應對會變得周密，乃決定了系統的引進。

16-5-6　引進與管制

對於本系統當有不適時，會出現何種的影響呢？利用 FMEA (參照第 14 章 14-2-1) 進行了解析。並且如圖 16-11 所示，利用 PDPC 法 (參照第 15 章 15-3-1) 進行引進管理。具體來說，將整個系統分解成顧客預約系統與講師請託系統，兩方都在期限內運作時是最樂觀的情形。兩個系統之中，只有一方在期限內完成時，只將完成的部分暫時性地公開，之後再與另一方的系統相統合。另外，如果兩方均未在期限內完成時，背後設想有本質上的問題，再從設計階段重新檢討。

根據此種事前的設想進行活動之後，雖然顧客預約系統在期限內完成了，但講師請託系統卻未在期限內完成。因此，一如 PDPC 法的結果，只公開顧客預約系統，之後再統合講師請託系統，運作終於可行。經由以上的系統引進，最後 45% 的處理工時的削減得以達成。

16-5-7　本事例的重點

本事例的第一個重點，從以既有系統為基礎的改善到新系統的建構為止，從資訊處理的觀點如表 16-3 合理地列舉數個備選。談到新系統的建構由於聽起來有魅力，因之有想立即飛奔投入的意向。可是，效果可以充分獲得時，使用既有系統其成功機率與對策的引進等是較為合理的。本事例依據這些，列舉出以既有系統為基礎的改善案與建構新系統的改善案。

第二個重點是利用 AHP 以階層構造方式評估系統方案，防止直覺式的選定。對於評價雖然主觀總會介入，但上記的手續儘可能排除主觀。

第三個重點是利用 PDPC 法事前預測問題，系統的建構變得容易。譬如，講師請託系統的完成延誤時，因準備有次佳的對策，雖然可順利地替換成該對策，但這些未能如預期時，此時雖然心慌，但仍要去思考方案才行。

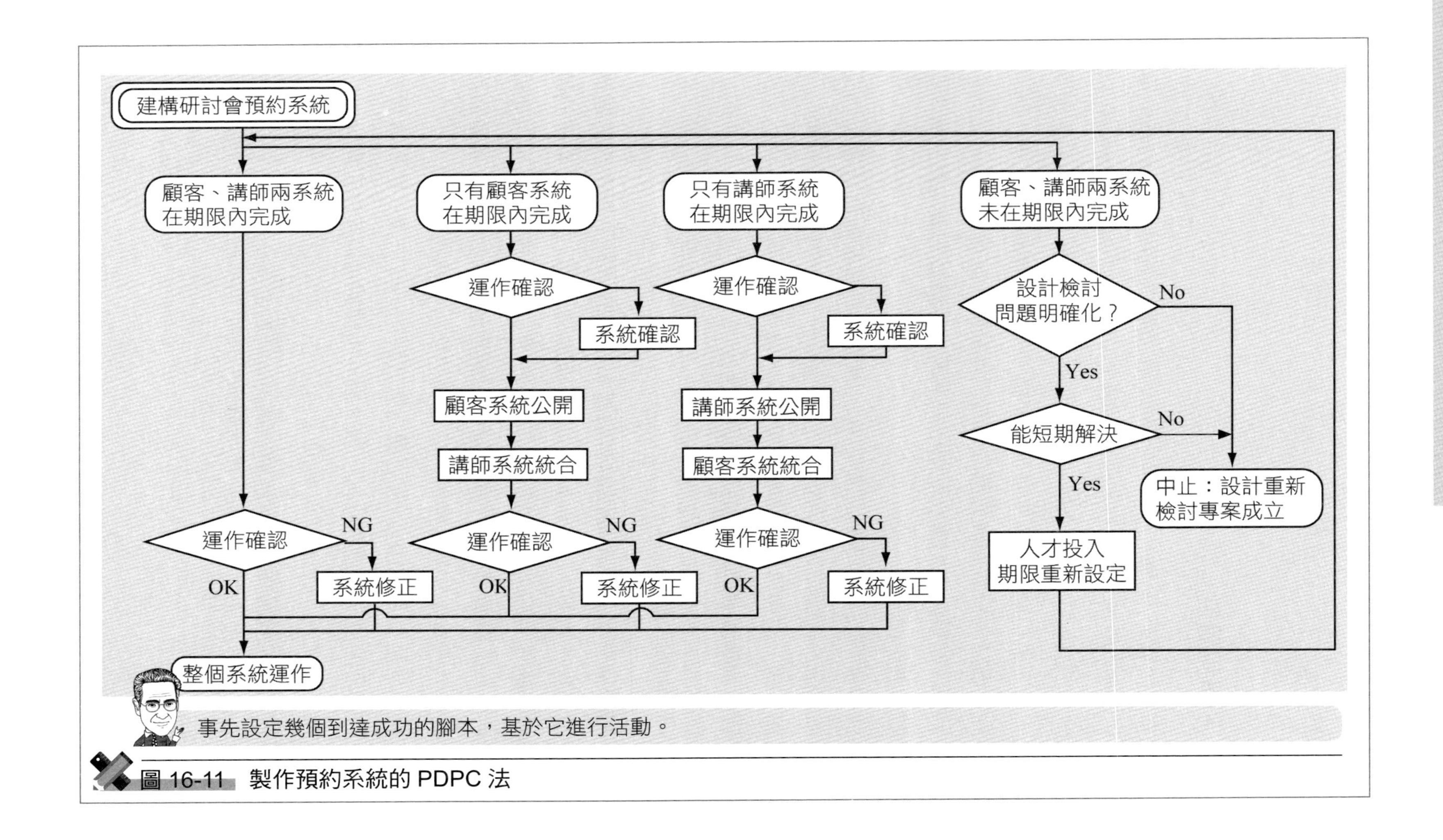

圖 16-11 製作預約系統的 PDPC 法

◎本事例中所使用的改善手法

- AHP (第 13 章 13-2-2)
- FMEA (第 14 章 14-2-1)
- PDPC 法 (第 15 章 15-3-1)

Part 3

品管常用手法篇

Chapter 17

QC 七工具 (Q7)

17-1 特性要因圖

17-1-1 特性要因圖的作法

所謂特性要因圖是將目前視為問題的特性 (結果) 與被認為對它有影響之要因 (原因) 之關聯加以整理，有系統的整理成如魚骨般的圖形之謂 (參照圖 17-1)。特性要因圖是進行工程的管制與改善的有效工具。

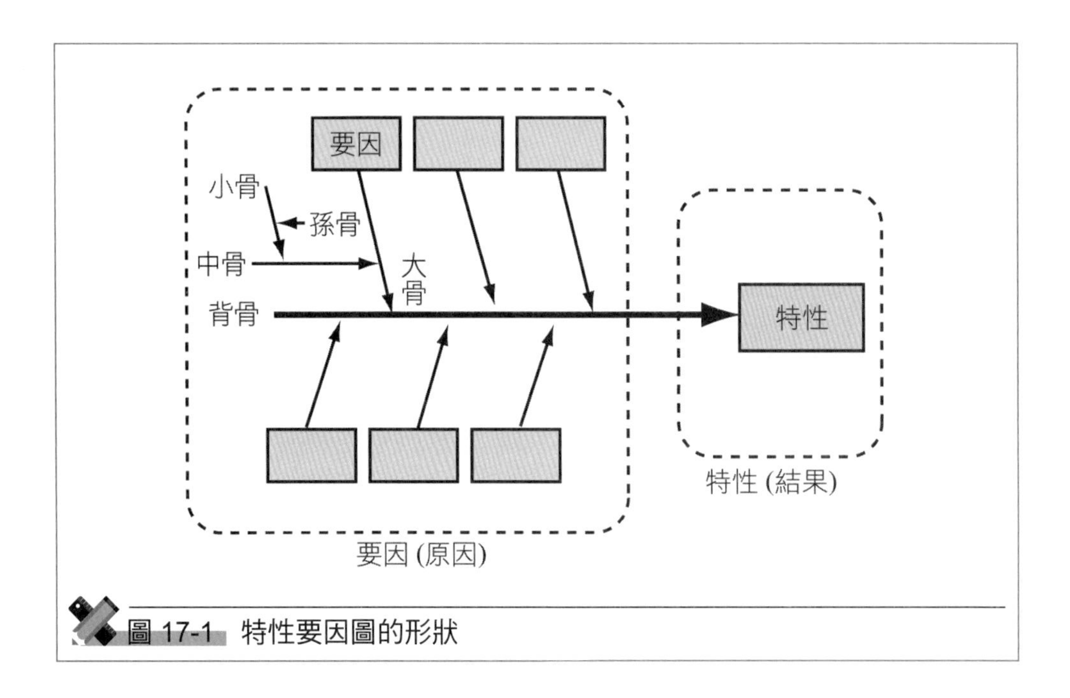

圖 17-1 特性要因圖的形狀

似乎很簡單，但難的是特性要因圖的作法。作出能使用的良好特性要因圖其祕訣在於與問題有關的人員的參加之下，明確目的相互提出許多的意見來製作。可是，不熟練是無法順利進展的，因之按以下步驟進行想必較好。

1. 大骨展開法

步驟 1 明確問題特性，特性的例子有以下幾種：

- 品質：尺寸、重量、純度、不良率、缺點數。
- 效率：工數、所需時間、使用率、操作率、生產量。

・成本：收率、損失、材料費不良率、用人費。

・安全：災害率、事故件數、無事故期間。

・人際關係：參加率、缺勤人數。

此處取「作業失誤」為特性，製作特性要因圖。

步驟 2 於右端以長方形圍著特性，然後從左畫一條粗的橫線，並加上箭頭。

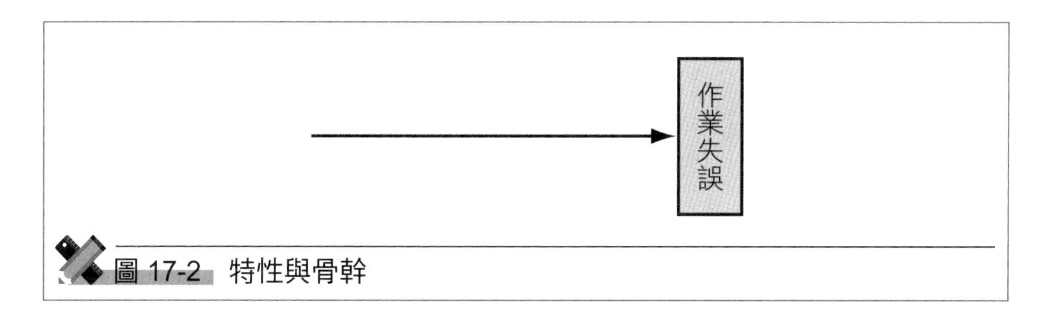

圖 17-2 特性與骨幹

步驟 3 將要因大致分成四～八類。然後向著骨幹由左橫著畫大骨。於骨的先端記入這些要因再以長方形圍著。

要因的大分類一般可就 4M (作業員、機械、作業方法、材料) 或七要素 (除 4M 之外加冶工具、測量、搬運) 來考慮。與「作業失誤」有關之大要因列舉作業員、機械設備、作業方法、材料零件等四者。

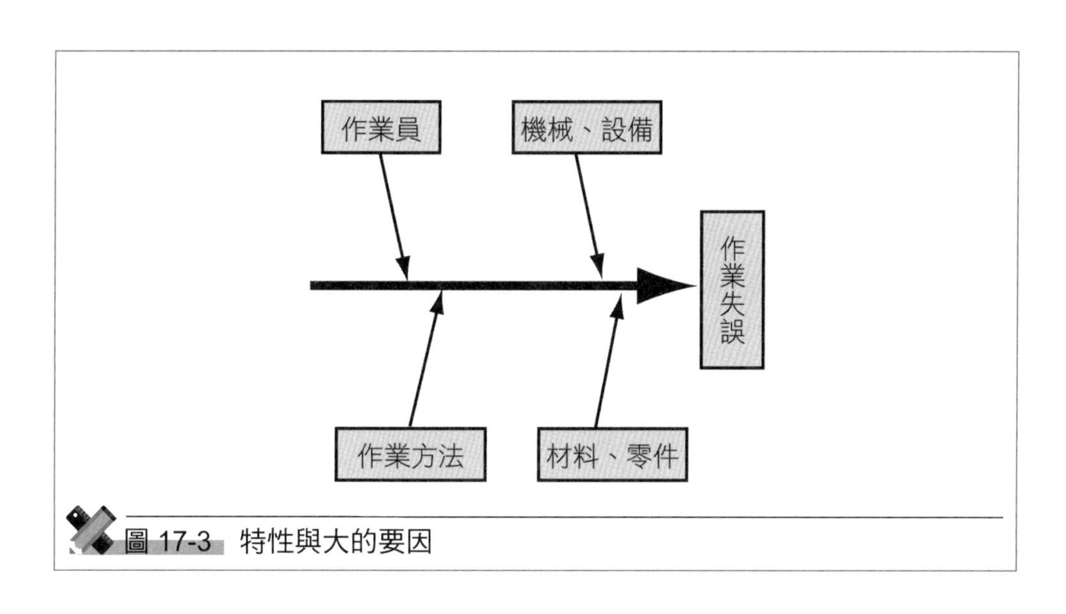

圖 17-3 特性與大的要因

步驟 4 探討大骨的原因，找出中骨，再向小骨細分。將骨的名稱記入，最末端記入能採取對策之原因是非常重要的。

步驟 5 檢查要因有無遺漏。

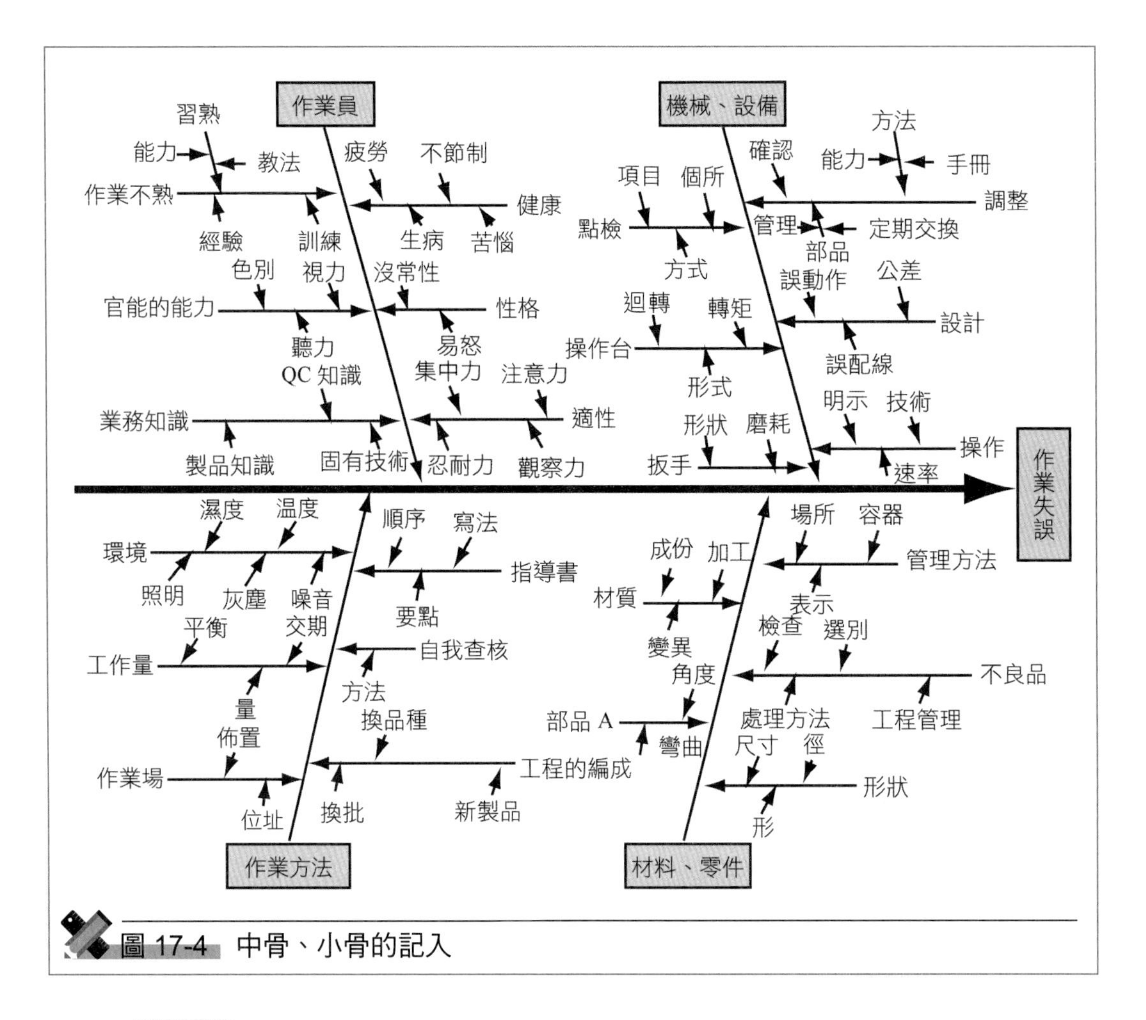

圖 17-4 中骨、小骨的記入

步驟 6 就各要因之影響度設定權重。於設定權重時，要好好討論，經由數據解析、柏拉圖、自由討論利用舉手來進行，對於重要要因以長方形圍起來，或加上紅圓圈來識別。另外，按重要度來決定順位。

步驟 7 記入關聯事項。記入標題、產品名、工程名、製作單位、製作小組、參加者、製作年月日、製作時之資訊。

以上就特性要因圖的作法加以說明，不妨嘗試看看。選出簡單的主題，

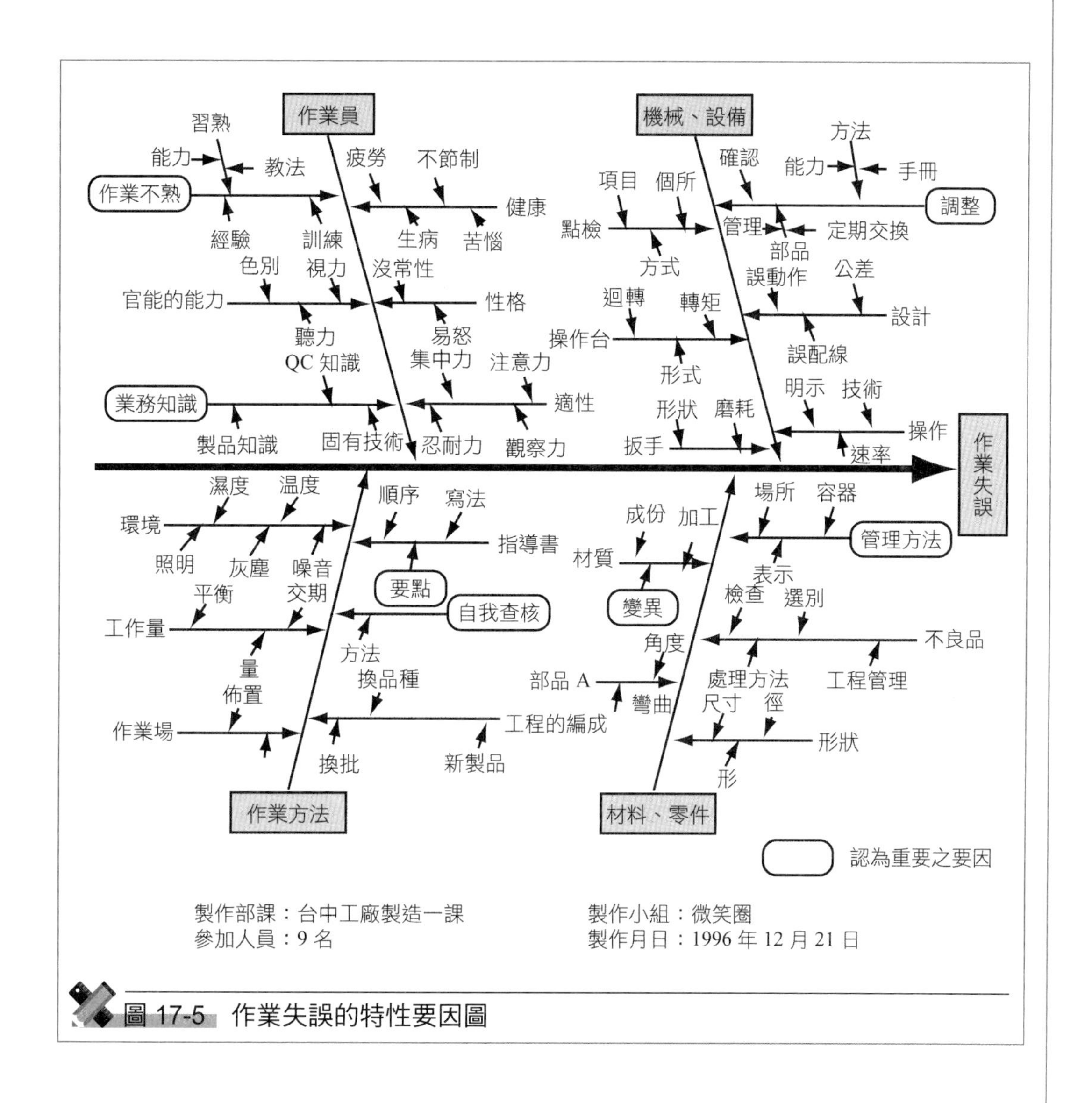

圖 17-5　作業失誤的特性要因圖

譬如「維護健康」、「尋找好的結婚對象」等，由大家想想。在牆壁上貼著大模造紙，把所提出的意見以色筆記入。提出項目結束之後，整理特性要因圖之形式也是可以的。

17-1-2　製作有用的特性要因圖的注意事項

在製作特性要因圖時，要注意以下幾點：

1. 集合眾智來製作

在製作特性要因圖時，現場的幕僚、領班、作業員當然是要參加，就是前後工程的人、檢查或採購等有關人員，大家集合在一起，自由提出意見，依據全員的意見來製作特性要因圖是非常重要的。

認為無聊的原因有時也是很重要的，因之積極的收集意見，就是小意見也不要遺漏的寫進去。

2. 篩選所有的要因

只是拉雜地記入要因，如此作成的特性要因圖是沒有幫助的。記入不是目的，目的在於使用，必須要能浮現出問題點或改善案才行。因此，魚的骨不是像比目魚那樣簡單，而是連小骨、孫骨都要填入的「恐龍骨」才行。

3. 經常檢討改善

特性要因圖並非畫完就不管了，像貼在現場等，要放在身旁的地方，出現新意見或問題產生時加以檢討，經常要加上新的資訊。經過好幾次的討論，累積事實重複修正，然後才能做出好的特性要因圖。

4. 特性要儘量可能具體的表示

是針對什麼畫特性要因圖的呢？須明確其目的亦即特性。要避免「好的產品」、「產品的品質」等抽象的表現，應具體的表現像是「A 零件的不良率」、「B 零件的修改工時」、「產品 C 之尺寸變異」。

5. 視需要每一特性也可製作數張

為了解決一個主題，很少能以一張特性要因圖就能全部解決。每一個特性製作幾張特性要因圖是很重要的。譬如，僅僅談到「不良品」，依其不良內容其行動也會有所不同，因之要分成「尺寸不良」，「瑕疵不良」、「加工不良」、「修整不良」等來想。

6. 在重要的要因地方加上記號

將大骨、中骨、小骨填入特性要因圖之後，認為特別有影響之重要要因要加上記號。這樣一來，對異常原因的追究或改善活動就能更為有效。

7. 不用想像應到現場收集事實

光在腦海中想就會流於抽象，而變成沒有用的特性要因圖了。一面活用過去的數據與現在的數據，一面依據事實來製作是非常需要的。

8. 查檢是否是好的特性要因圖

完成的特性要因圖應針對以下十點再度全員查檢是否有問題。

(1) 要因之提出是否有遺漏？
(2) 就末端的要因而言，是否已仔細地提出到能採取具體行動的地步 (能收集數據，改變條件) 呢？
(3) 大骨、中骨、小骨是否有系統的加以整理呢？
(4) 要因之大小有無顛倒呢？
(5) 是否列出與特性無關之要因呢？
(6) 要因之重要度與解析或對策之優先順位決定了嗎？
(7) 要因有無抽象的表現？
(8) 計量性要因與計數性要因是否明確？
(9) 能收集數據之要因明確嗎？
(10) 可標準化者與未能標準化者明確區分嗎？

17-1-3 製作特性要因圖須知

像圖 17-6 那樣的特性要因圖來說，是存在有一些問題。

它並非是特性要因圖，反而變成「特性水準圖」了。乍見似乎是有中骨、小骨的特性要因圖，卻將水準當作要因列舉著。譬如以大骨的「上司」來看，變成「熱誠」的「有」、「無」，「教育」的「有」、「無」，「助成」之「有」、「無」等。這些都是水準，所以整理出來就變成了圖 17-7 那樣。

在這方面，要因的過濾不能說很充分。特性水準圖雖然不能說是「錯誤的」，但陷入找出許多要因之錯覺中，想來是可預知的，請再深入討論，增加骨數，骨數要有 50 個以上。

特意過濾出來的水準也不要丟棄，把它整理成表，對日後想法必有所助益。

今將形成了「特性水準圖」的一個例子，說明在圖 17-8 中，請自行參考。

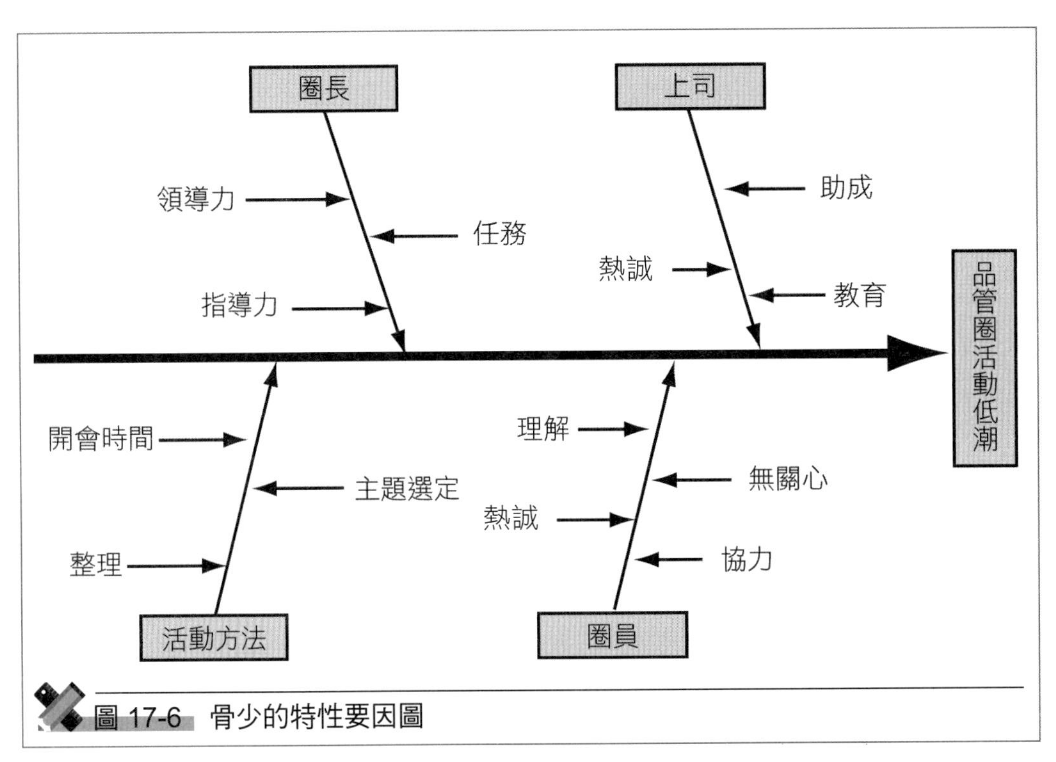

圖 17-6 骨少的特性要因圖

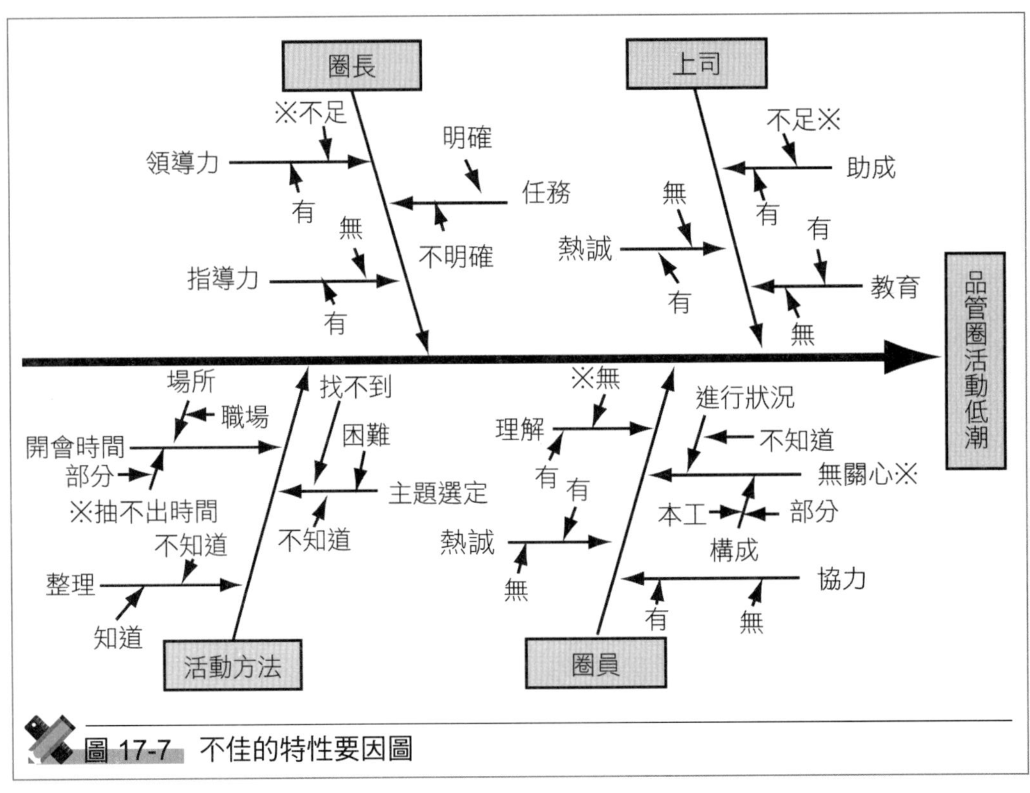

圖 17-7 不佳的特性要因圖

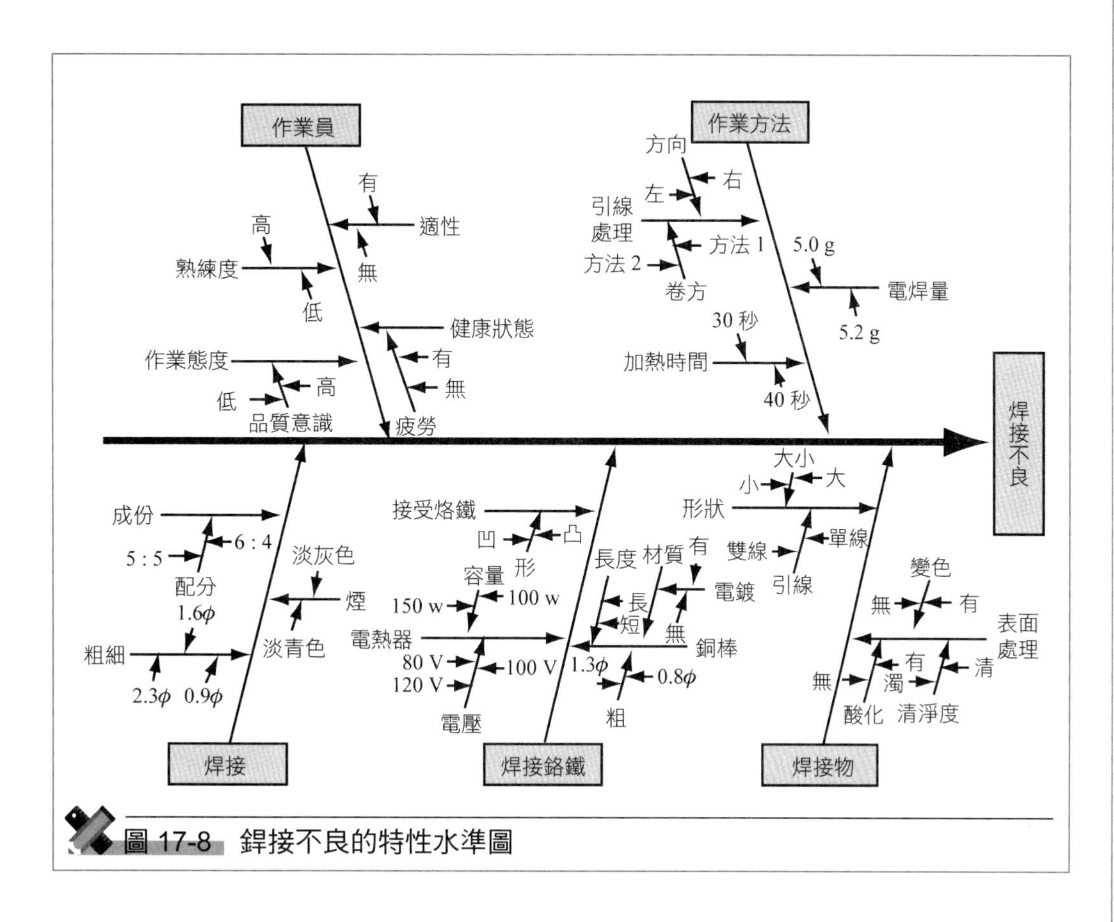

圖 17-8　銲接不良的特性水準圖

17-1-4　特性要因圖的類型

特性要因圖的用途有許許多多，但好好考慮其目的，製作合乎目的的特性要因圖是非常重要的。如前述，依照基本製作特性要因圖雖然比什麼都重要，但有時試著思考稍許改變的特性要因圖也是需要的。以下介紹幾個實例。

實例 1　併記圖形之特性要因圖

在卡車裝配工程的所有不良當中，油漏或氣漏占全體的 62%，為了消除此不良，進行腦力激盪所作成的即為圖 17-9 的特性要因圖。

此特性要因圖的特徵，是大骨的要因其時間上的變化以折線圖來表示，像這樣將數據加以圖形化，不僅可以掌握各要因之動向，對提高作業員的品質意識與改善意識都是有幫助的，特別是當作揭示用，效果更好。

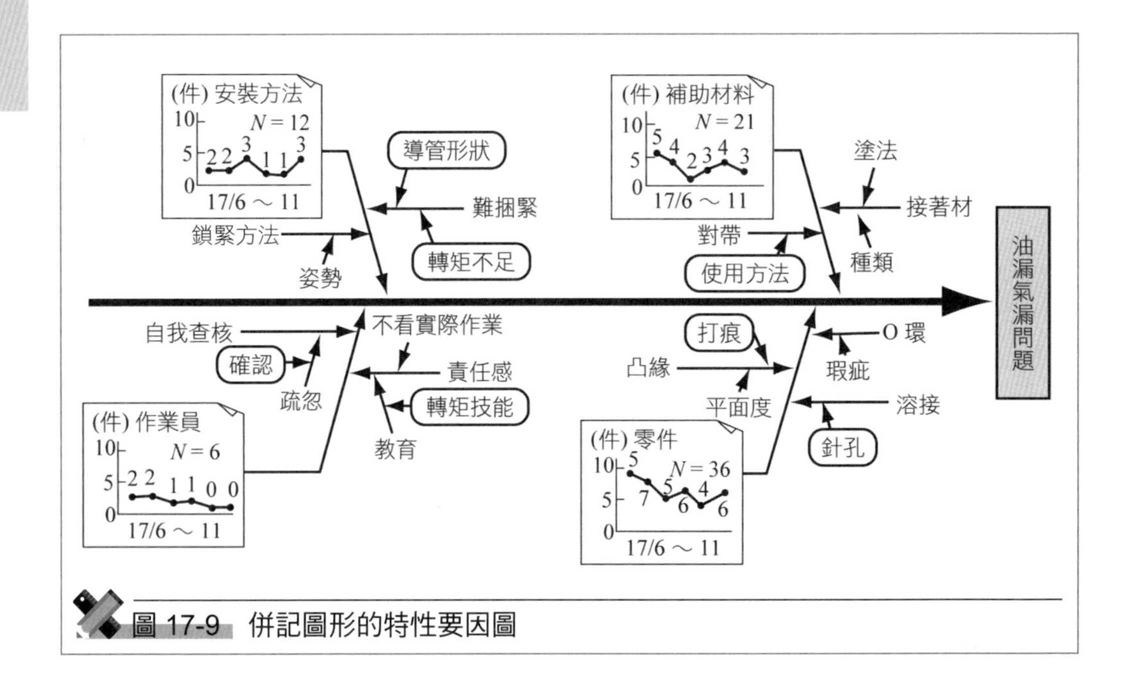

圖 17-9　併記圖形的特性要因圖

實例 2　漫畫化之特性要因圖

女性圈「大家面帶微笑來工作 (smile for)」是從事巧克力的包裝作業，對包裝作業的改善想嘗試以章魚圖來表現要因，所作成的特性要因圖即為圖 17-10。

此後，該圈對特性要因圖湧現親切，乃從圖 17-10 選擇「冶具的射出棒不佳」、「在目前的作業方法裡，手套難以接近」、「瓦楞紙盒的橡皮輪彈出」等三個問題，檢討這些問題之改善案，終於成功的減少不良及提高效率。

要能很愉快的來進行品管圈活動，如果看到索然無味的特性時，就要像這樣嘗試各種方法，才可以使興趣湧現出來。

實例 3　現狀分析圖兼特性要因圖

胡先生們是擔任將電視零件安裝在基板上之作業。為了分析安裝不良的現狀，進行了腦力激盪，作成了如圖 17-11 的特性要因圖。

光是列出項目名，不易了解其詳細情形，因之將有問題的要因以具體的圖形來表現。如此一來，要因調查之重點就變得明確，從不良的調

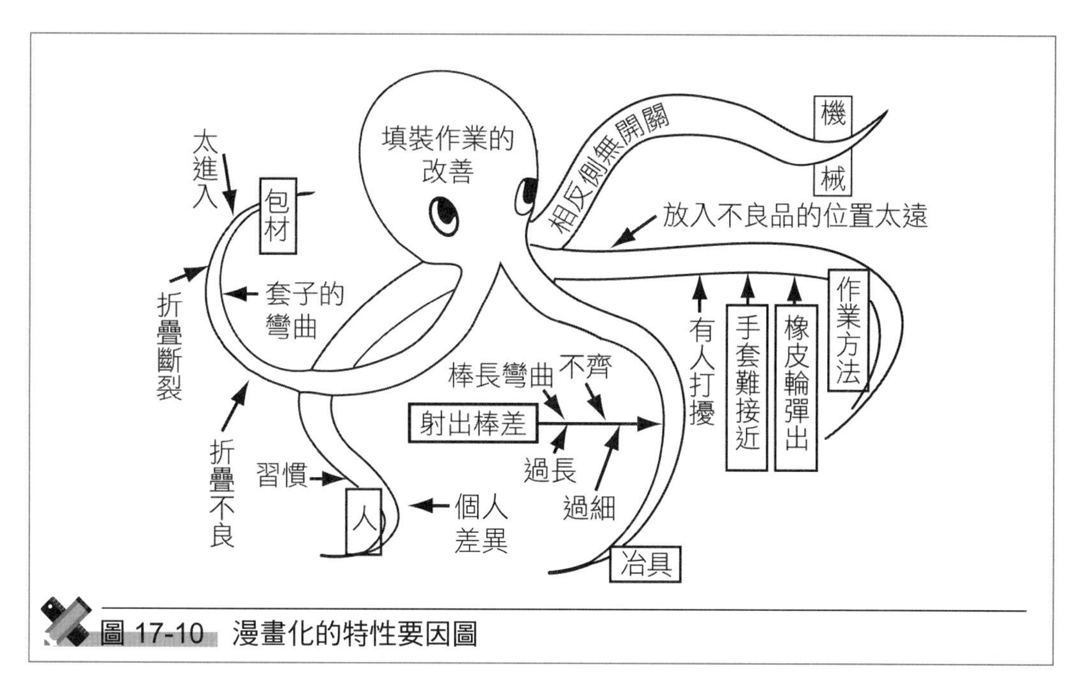

圖 17-10 漫畫化的特性要因圖

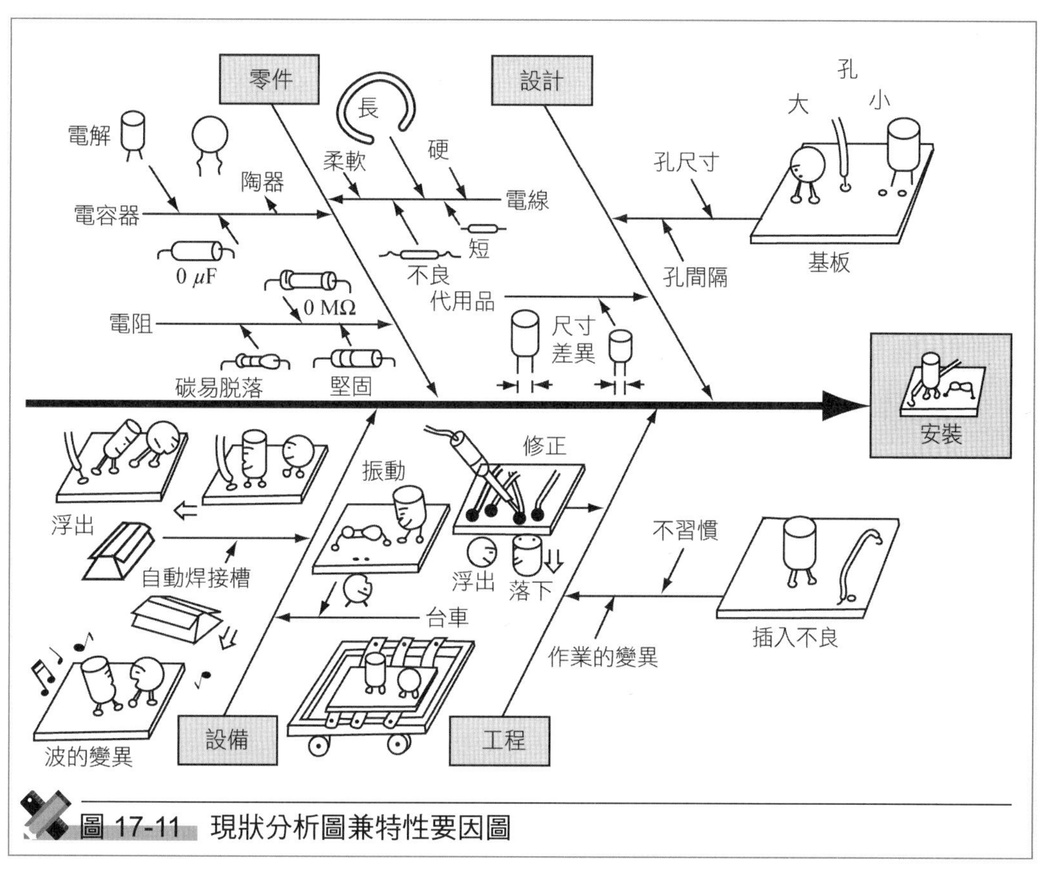

圖 17-11 現狀分析圖兼特性要因圖

查分析結果，即可發掘以下的問題點。

(1) 因為基板的孔太大，熱槽傾斜了。

(2) 因設備不良，保險絲出現傾斜。

(3) 放下台車時，因振動使零件浮出。

(4) 有極性零件之方向紛歧。

(5) 由一人承擔類似零件，容易安裝錯誤。

(6) 由零件管掉下零件。

以上說明了三個實例，各位可以參考這些再下功夫，試製作出能讓人感到親切的特性要因圖。雖然有些畫蛇添足，但這些都是變形的使用方法，因之請勿太受制於它，畢竟依據前面所敘述之步驟，作成如圖 17-4 之正確特性要因圖是第一要務。

17-2 柏拉圖

17-2-1 柏拉圖的作法

所謂柏拉圖 (pareto) 是將工作現場中成為問題的不良品、缺點、客訴、事故等，按它的現象或原因別分類來收集數據，然後按不良個數或損失金額等之多寡順序排列，將其大小以棒形圖來表示之圖。

製作柏拉圖可按以下步驟進行。

步驟 1 決定調查事項，收集數據。

- 決定收集數據之方法與期間。期間是考慮問題之發生狀況，像一週或一個月來區分。
- 活用檢核表，不僅結果之數值，也調查內容與原因。

步驟 2 將數據按內容或原因分類，並累計，數據要儘可能以能採取行動來分類。

- 原因別分類：材料、機械、作業員、作業方法別等。
- 內容別分類：不良項目、場所、工程、時間別等。

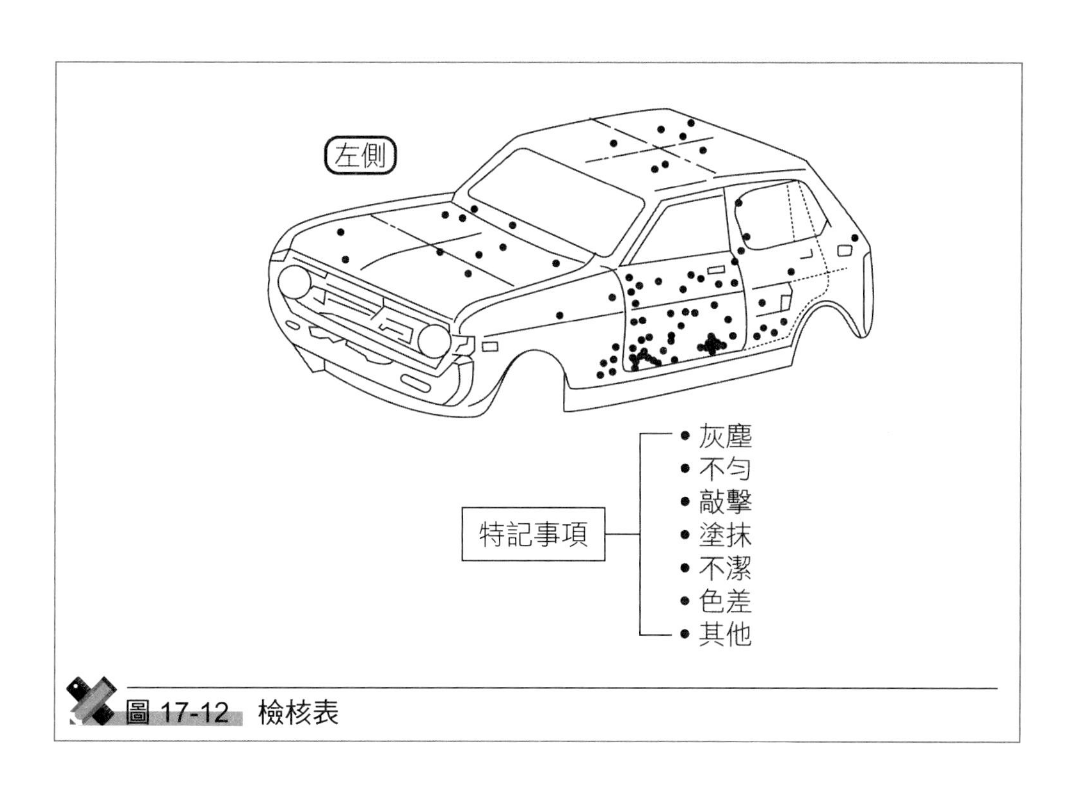

圖 17-12 檢核表

表 17-1 數據的累計表

乘用車：VA-58　　　　　　　　　　　　期間：11 月 1 日～30 日

塗裝外觀不良狀況累計表　　　　　　　　作成者：張三

項目＼場所	前嵌板	前柱	門	頂部	後柱	後嵌板	合計
不勻	//	///	卌 卌 ///	卌 卌 /	////	///	36
敲擊	/	/	卌 //	////	/	/	15
灰塵	卌 卌 /	卌	卌 卌 卌 卌	卌 卌	///	//	51
不潔			卌			卌	10
塗抹	卌	///		/	/		10
色差				//	///		5
其他	/	/	/	/	/	//	7
合計	20	13	46	29	13	13	134

步驟 3　整理數據，計算累積數。

• 按數據數之多寡順序重排項目，分別記入各項目之數據數。「其他」項目放在最後。

• 從數據數多的項目相繼累加，計算累積數，請參表 17-2。

表 17-2 累積數的計算

No.	不良項目	數據數	累積數	累積占有率
1	灰塵	51	51	
2	不勻	36	87	
3	敲擊	15	102	
4	塗抹	10	112	
5	不潔	10	122	
6	色差	5	127	
7	其他	7	134	
合計		134	–	

註：累積數可如下求得。

No. 1： 51

No. 2：51 + 36 = 87

No. 3：87 + 15 = 102

⋮ ⋮

接著，依下式計算累積占有率。

$$累積占有率 = \frac{累積數}{合計} \times 100\%$$

所計算的累積占有率請參表 17-3。

表 17-3 累積占有率的計算

No.	不良項目	數據數	累積數	累積占有率
1	灰塵	51	51	38.1
2	不勻	36	87	64.9
3	敲擊	15	102	76.1
4	塗抹	10	112	83.6
5	不潔	10	122	91.0
6	色差	5	127	94.8
7	其他	7	134	100.0
合計		134		

註：累積占有率可如下求得。

No. 1：$\frac{51}{134} \times 100 = 38.1$

No. 2：$\frac{87}{134} \times 100 = 64.9$

⋮ ⋮

步驟 4 在用紙上記入橫軸與縱軸。

- 橫軸上從數據多的項目按順序由左向右記入項目之名稱。
- 縱軸上取特性，記入能將數據之合計列入之刻度。縱軸與橫軸之長度比例約為 1:1 ～ 2:1 (完成之柏拉圖近乎正方形) 之下來決定刻度之間隔。

步驟 5 製作棒形圖。

將數據作成棒形圖。棒形圖取等寬度，不留間隙來繪製，參圖 17-13。

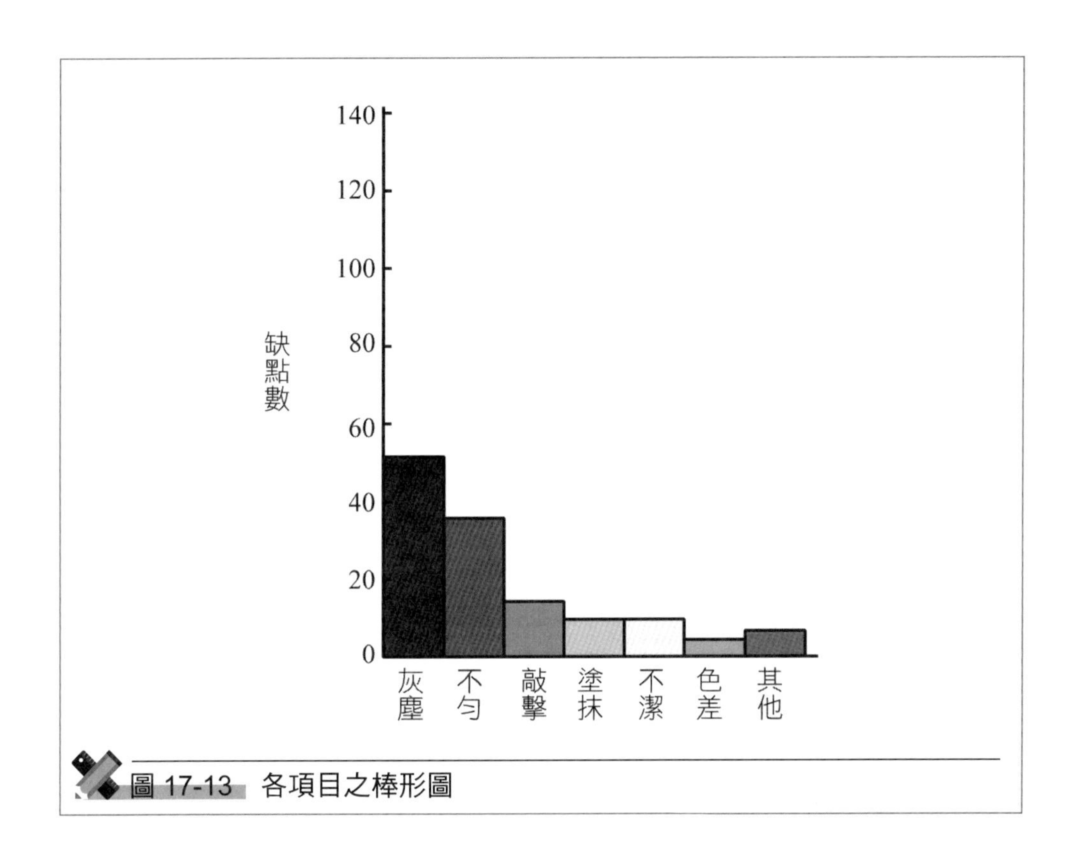

圖 17-13 各項目之棒形圖

步驟 6 將累積數描在各棒圖形之右肩，連結此點畫出折線圖。此線稱為累積曲線。請參圖 17-14。

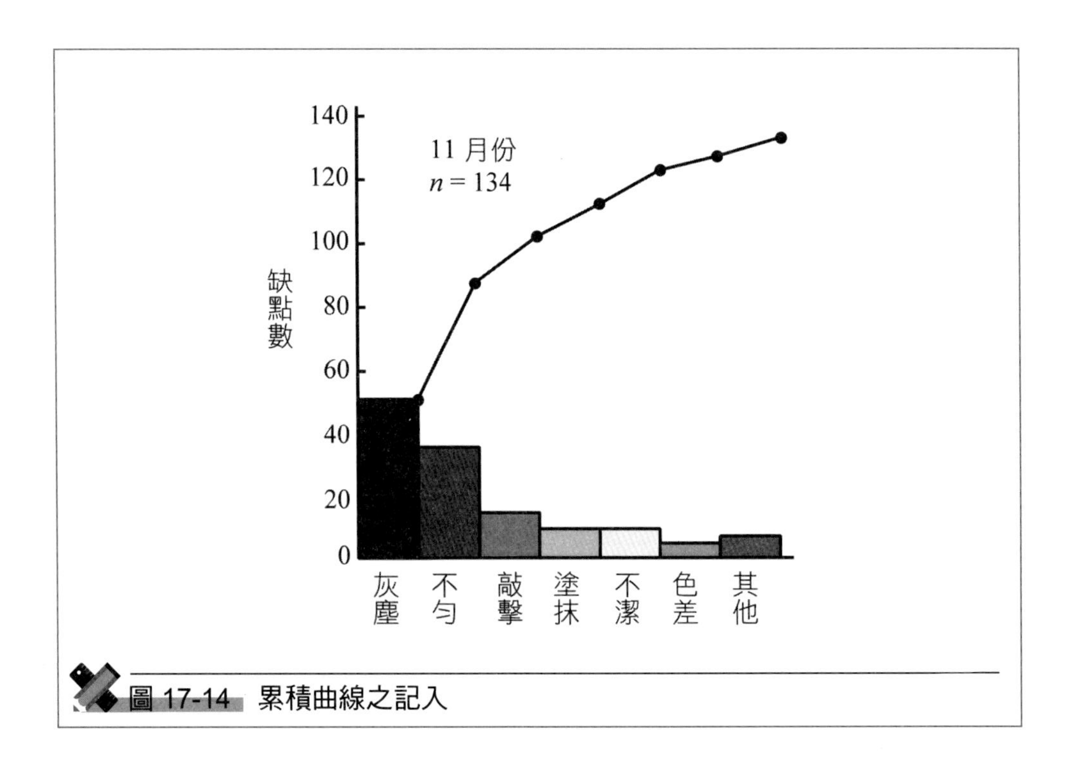

圖 17-14 累積曲線之記入

步驟 7 在右端列入縱軸，記入刻度。

・折線圖之始點當作 0，終點當作 100 (%)。

・將 0 ～ 100 (%) 五等分，列入刻度再記入 20、40、60、80 (%) 之數值 (或將 0 ～ 100 (%) 十等分，分別記入 10、20、30、......、100)。

步驟 8 記入所需事項。

記入標題、期間、數據數之合計 (*n*)、工程名、製作人等，參圖 17-15。

17-2-2 製作柏拉圖須知

1. 分類項目之中的「其他」項目，是集合數量少的幾個項目而當作「其他」

因此，為了畫在柏拉圖上，與分類項目之中最少數量之項目相比時，即使其數量多，也應放在分類項目的最後。

圖 17-16 是把到 NTT 公司上班的通勤方法作成柏拉圖。此處人數少的 No.9 ～ No.12 之項目，亦即「地下鐵與公車」、「自用轎車與電車」、「自

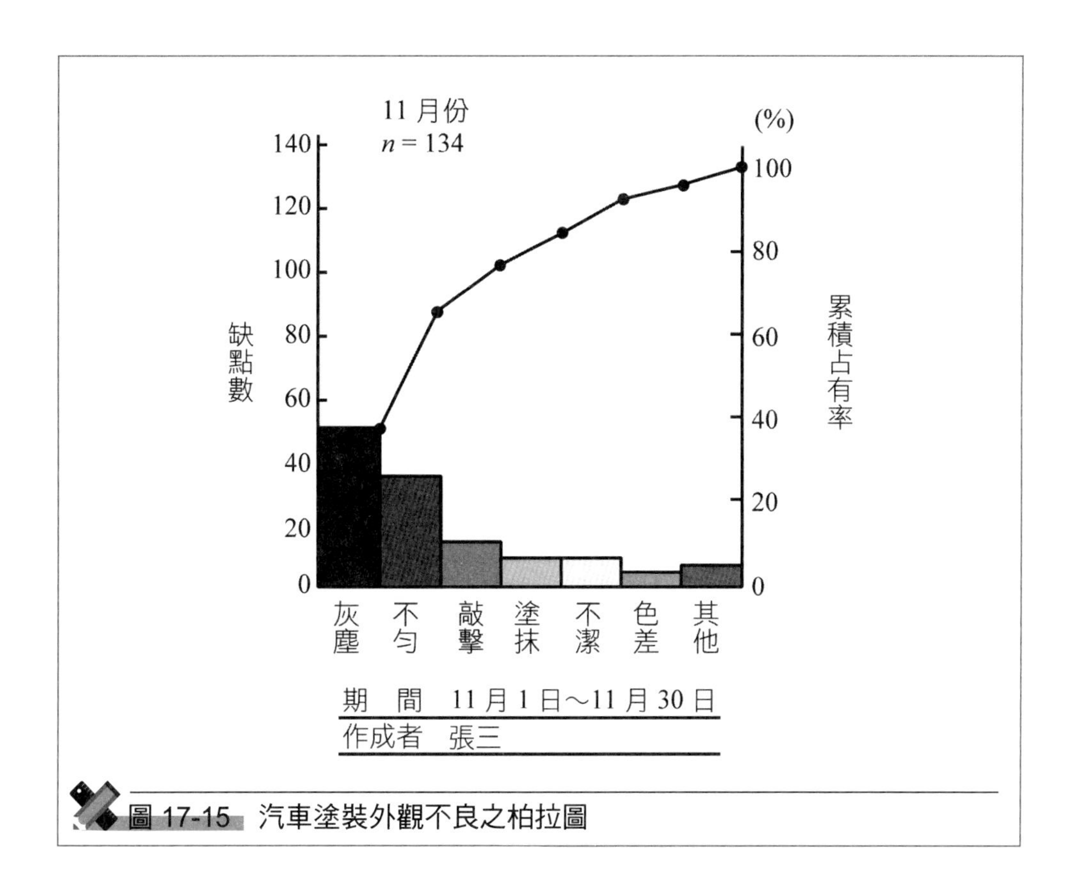

圖 17-15　汽車塗裝外觀不良之柏拉圖

用轎車與地下鐵」、「無回答」之四項目合併一起當作「其他」(參照表 17-4)。像這樣，特別是分類項目沒有順序時，「其他」的項目不妨放在最後。

2. 柏拉圖的縱軸刻度一般常使用件數或時間

各項目之件數或時間與損失金額成比例時是可以的，但不良品或缺點的每一個損失金額依各項目而異時，即為問題所在。此種情形如不以損失金額來表示時，真正成為問題的重要問題會疏忽而無法獲得改善之效果。

在製造某機械零件的工廠中，調查了不良項目別之不良品發生狀況之後，得出如表 17-5。由表 17-5 製作不良個數與損失金額的柏拉圖，得出如圖 17-17 與圖 17-18。

在圖 17-17 之不良個數的柏拉圖中，「打壞不良」、「加工不良」、「尺寸過長不良」為最多，而此處若著眼於圖 17-18 之損失金額的柏拉圖時，則可列舉出特別多的三項目即「尺寸過長不良」、「破裂不良」、「打壞不良」，

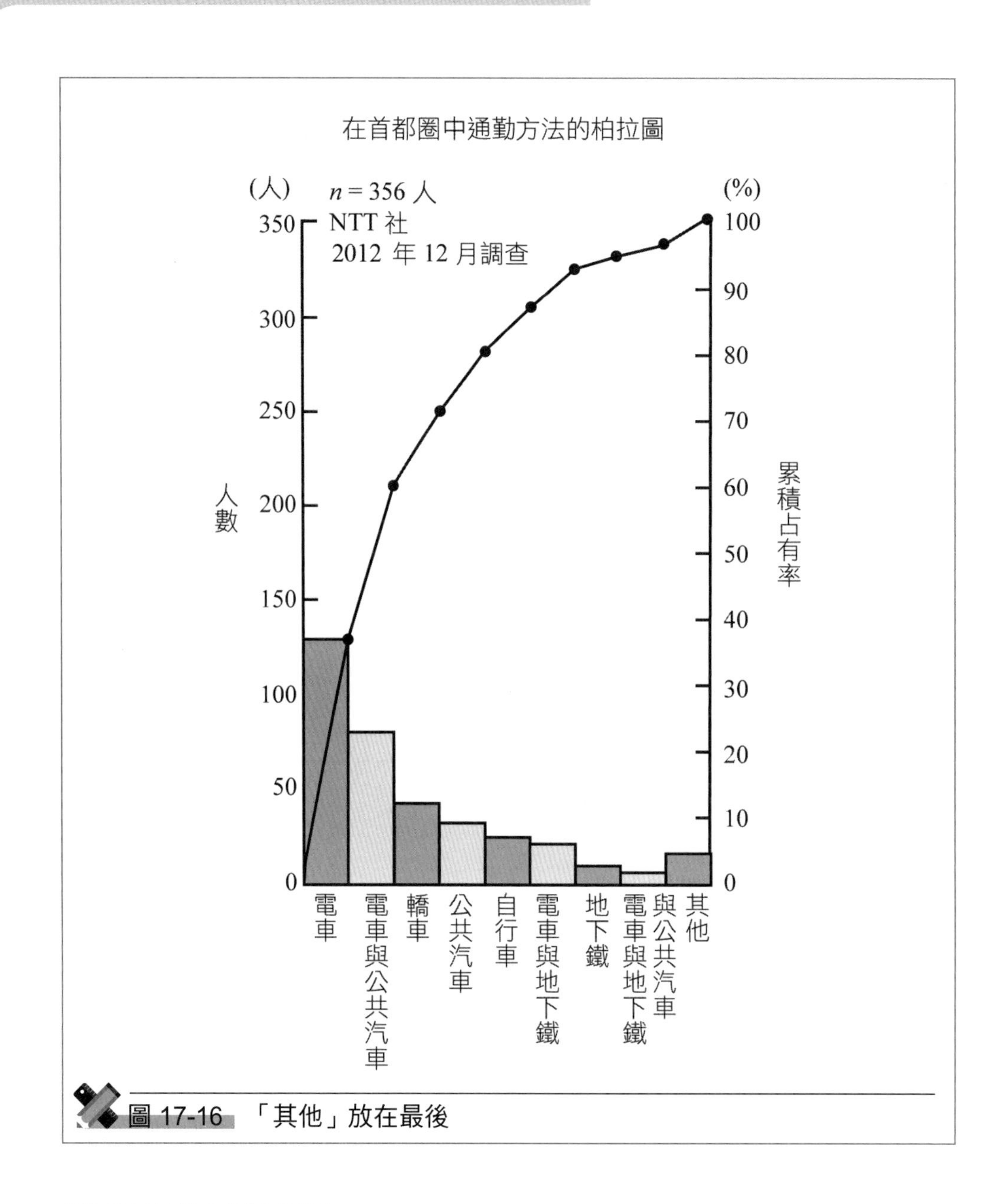

圖 17-16 「其他」放在最後

即可決定著手探究原因。

像這樣每個不良品之損失金額不同時，柏拉圖的順位會改變，此若只觀察不良個數即使改善對策順利進行，比之從前總不良個數也減少了，金額上的效果卻只提高一點點而已。因之才說要柏拉圖的縱軸改成金額。為了以金額來繪製柏拉圖，必須了解各不良項目每一個的損失金額才行，而現場卻不一定能知道，此時可向會計部門打聽。能知道金額最好，若金額不知道，而

表 17-4 數據表

No.	項目	人數	累積數
1	電車	128	128
2	電車與公共汽車	80	208
3	轎車	42	250
4	公共汽車	32	282
5	自行車	23	305
6	電車與地下鐵	21	326
7	地下鐵	8	334
8	電車與地下鐵與公共汽車	7	341
9	地下鐵與公共汽車 } 其他	6 } 15	} 356
10	轎車與電車 } 其他	4 } 15	} 356
11	轎車與地下鐵 } 其他	3 } 15	} 356
12	無回答	2	
合　計		356	356

表 17-5 數據與損失金額的計算

No.	不良項目	不良個數	每 1 個的損失金額 (元)	損失金額 (元)	由損失金額所看的順序
1	打壞不良	164	300	49,200	(3)
2	加工不良	140	200	28,000	(5)
3	尺寸過長不良	105	850	89,250	(1)
4	形狀不良	43	1,000	43,000	(4)
5	破裂不良	38	1,800	68,400	(2)
6	尺寸過短不良	7	1,800	12,600	(6)
7	其他	10	500	5,000	(7)
合　計		507		295,450	

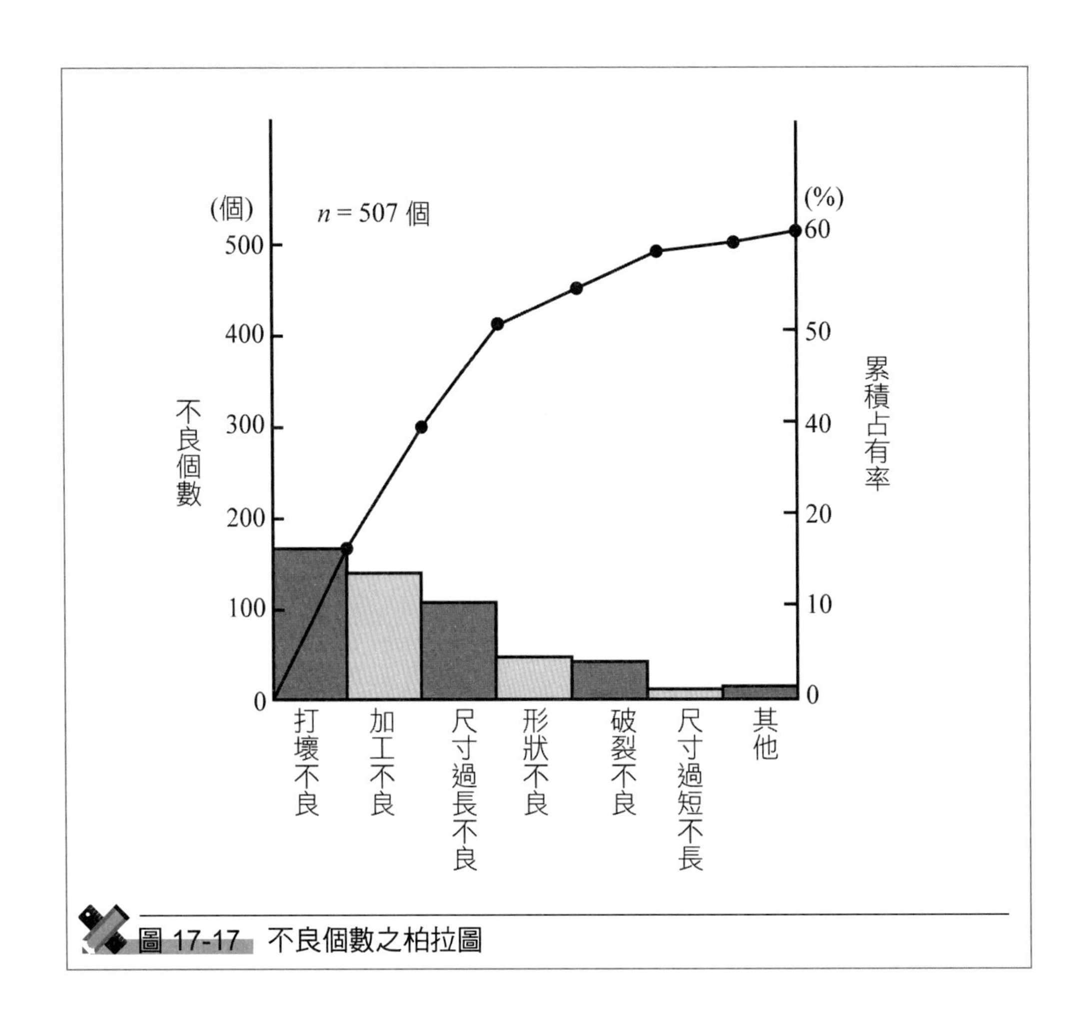

圖 17-17 不良個數之柏拉圖

能知道其比重也行，譬如「加工不良」為 1 時，其他項目損失金額之倍率，此時，譬如求出：

不良點數 = 不良個數 × 它的不良項目之損失比重

將此不良點數作為縱軸來製作柏拉圖。

另外，不必逐一的換算金額，對缺點之情形來說，按輕微缺點、輕缺點、重缺點、致命缺點等之等級設定點數，以此點數的合計來繪製柏拉圖也是一種方法。

17-2-3 柏拉圖之用途

柏拉圖具有以下特徵。

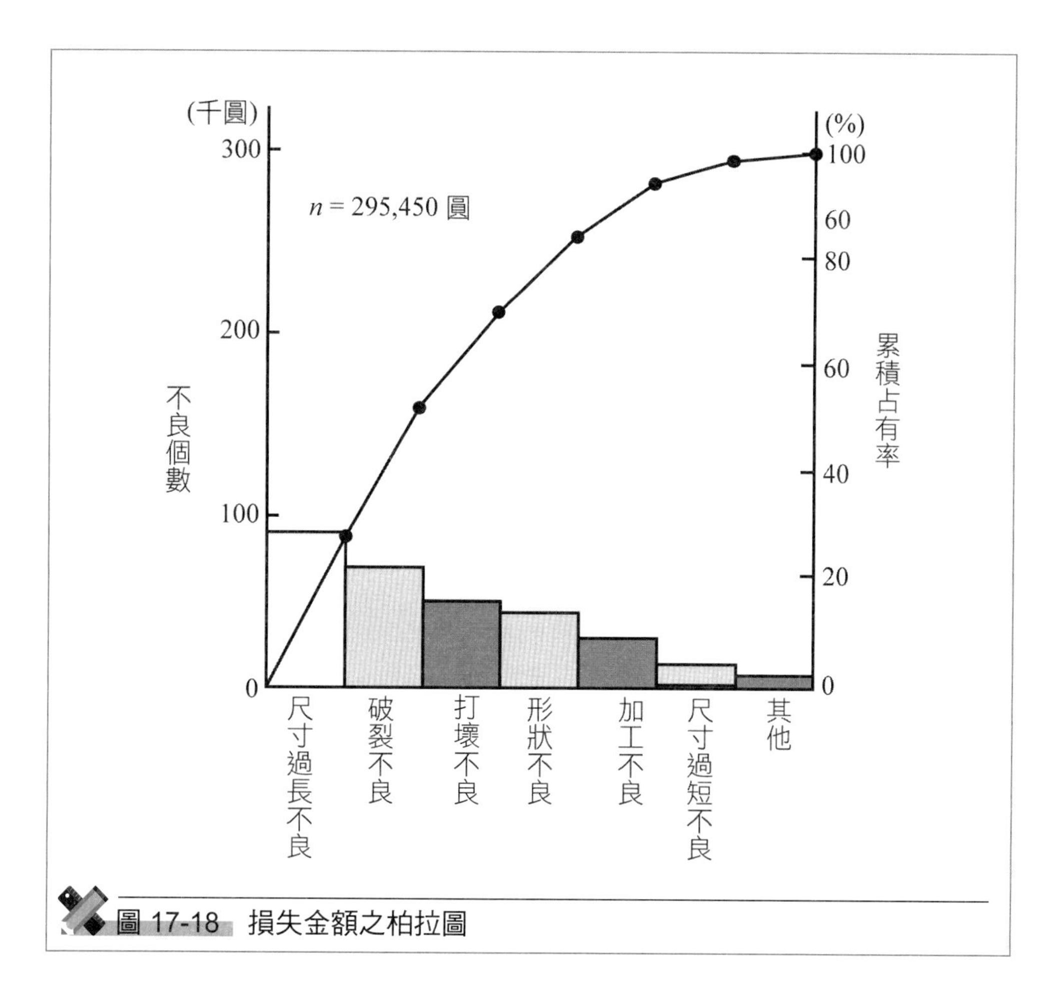

圖 17-18 損失金額之柏拉圖

(1) 能發現哪一項目最有問題。

(2) 一眼即可了解問題之大小順序。

(3) 可以了解該項目占全體的比率有多少。

(4) 因為可將問題的大小訴諸於視覺，因而具有說服力。

(5) 不需要複雜的計算，能簡單的作圖。

在工作所中活用此特徵而可用於以下幾方面。

1. 為決定改善的攻擊目標而使用

從工廠內具有的問題之中找出真正重要的問題，為鎖定改善的目標而活用。

在手錶加工的研磨工廠中工作的「微笑圈」，接受製造課所提出的「減少外觀缺點」之方針，乃著手消除以往即存在的外觀缺點。

首先，將缺點內容以柏拉圖分析之結果，如圖 17-19 (改善前)，「擦痕」由於占全體約有 40%，乃將此降低不良提出作為主題，設定減少一半的目標，展開活動。

像這樣，從工作場所的問題點中選擇主題時，柏拉圖是很有效的。

2. 為確認改善效果而使用

在前述的「微笑圈」中，要因分析之結果成立四個迷你圈，採取了以下對策。

(1) 手指圈：在手袋上使用手套，拿東西時不要產生擦痕。
(2) 夾持圈：為了消除夾持時發生個人差異，將夾持方法標準化。
(3) 箱圈：將箱的形狀改善，使不出現擦痕。
(4) 認知圈：提高對防止擦痕之認知。

這些活動之結果，如圖 17-19 之改善後所示，擦痕減半，減少外觀不良

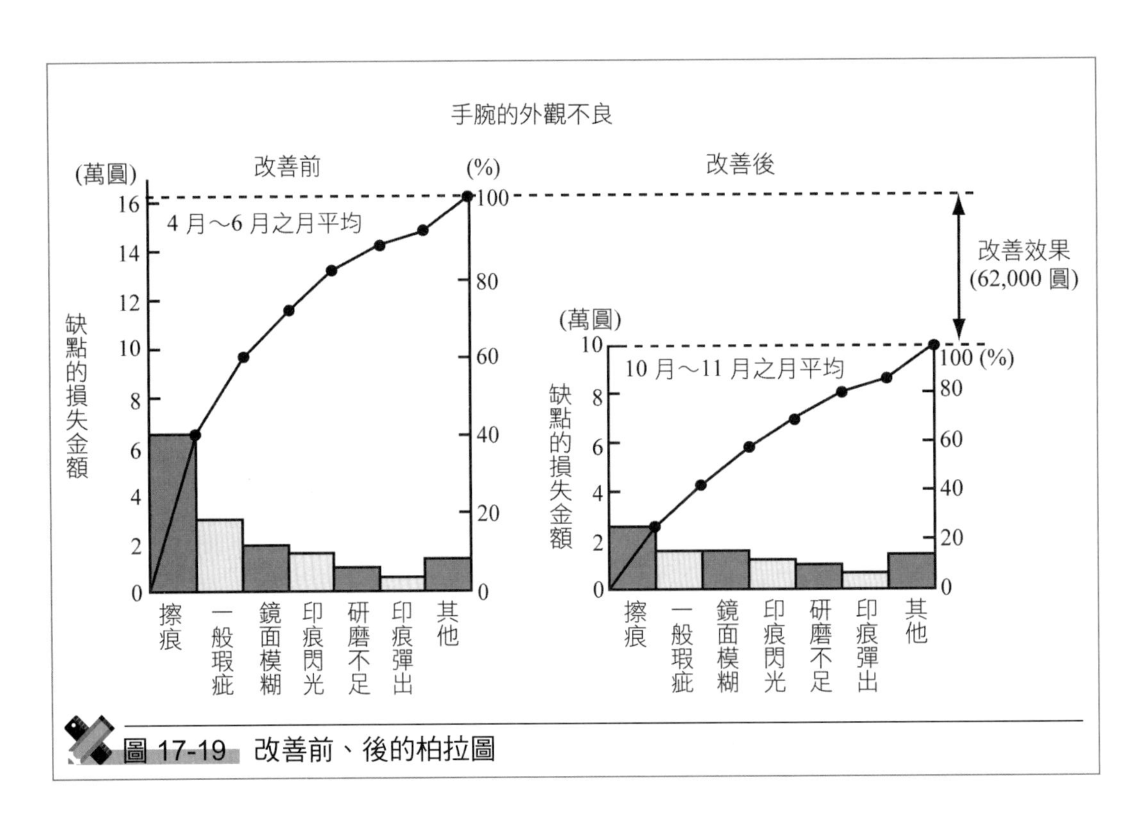

圖 17-19 改善前、後的柏拉圖

而獲得成功。

像這樣柏拉圖在比較改善前、後的效果，掌握上月與本月之變化，對下次的改善有所助益。

3. 調查不良或故障原因時使用

管制工程發生問題時，必須調查不良或故障之原因，此時若能活用柏拉圖就很有效。

4. 對報告或記錄也有幫助

柏拉圖由於是圖解法，所以報告或記錄時，與其羅列著數據，不如作成柏拉圖，可讓對方容易了解，並且也有說服力。

17-2-4　以柏拉圖來確認改善效果

柏拉圖在調查不良對策或改善的措施可帶來多大的效果方面也可以活用。

在區分為改善前、後柏拉圖中，若能配合縱軸的刻度是最好的。如果這樣，在最後之項目中累積曲線之大小差異即為「改善效果」。又此時，對策項目之順位如何改變也可確認，甚為方便。

胡君是擔任汽車防護桿此製造工程的組長。在胡君的工作場所中，為了降低成本，乃著手進行消滅不良的活動。

關於防護桿的廢棄不良經柏拉圖分析之結果，知「塗抹不勻」之不良居第1位，占總不良個數的39%，因此就此不良原因進行要因分析之後，知「離型劑之稀釋倍率」與「鑄模溫度」的設定有問題。

立即在4月實施如下之第一次對策。

(1) 鑄模溫度提高10度。
(2) 變更溫度計的安裝位置，將測量方法標準化。
(3) 離型劑的稀釋倍率當作以往的1.5倍。
(4) 製作離型劑投入之作業標準，圖示在槽的上部。

另外，從此後的解析結果知，最好提調乾燥度，因此在5月進行乾燥機的一部分改造，當作第二次對策。

將這些改善活動之結果整理在柏拉圖上，即為圖 17-20。縱軸的不良個數從改善前的 2 月有 709 個「塗抹不勻」之不良，在第一次對策後的 5 月變成 108 個，在第二次對策後的 6 月變成 67 個，接著在 7 月變成了 9 個，因之列入「其他」項目之中。在柏拉圖中的項目順位也由 2 月分的第 1 位到 5 月的第 4 位，到 6 月的第 3 位，到 7 月變成了「其他」。

在累積曲線的終端其大小之差異即為改善效果，從圖 17-20 知可以獲得非常大的改善效果。總不良個數減少了 1,818 − 582 = 1,236 個。

在 QCC 活動的成果報告時，像圖 17-19 與圖 17-20 之柏拉圖請務必要準備好。

又，在圖 17-19 中是併記著改善前與改善後的二個柏拉圖，將此整理在一張紙上也經常可見。整理在一張紙上雖可節省空間，但由於在一個項目中表示改善前、後的大小，縱然利用影線或色別來區分，也難以掌握各項目之改善前、後的大小，因之最好要避免。

17-2-5 從柏拉圖所獲得的資訊

(1) 不良個數、缺點數、損失金額等之數量占全體約為多少？

(2) 各分類項目之大小與占有率有多少？

(3) 各分類項目之大小，形成何種順序？

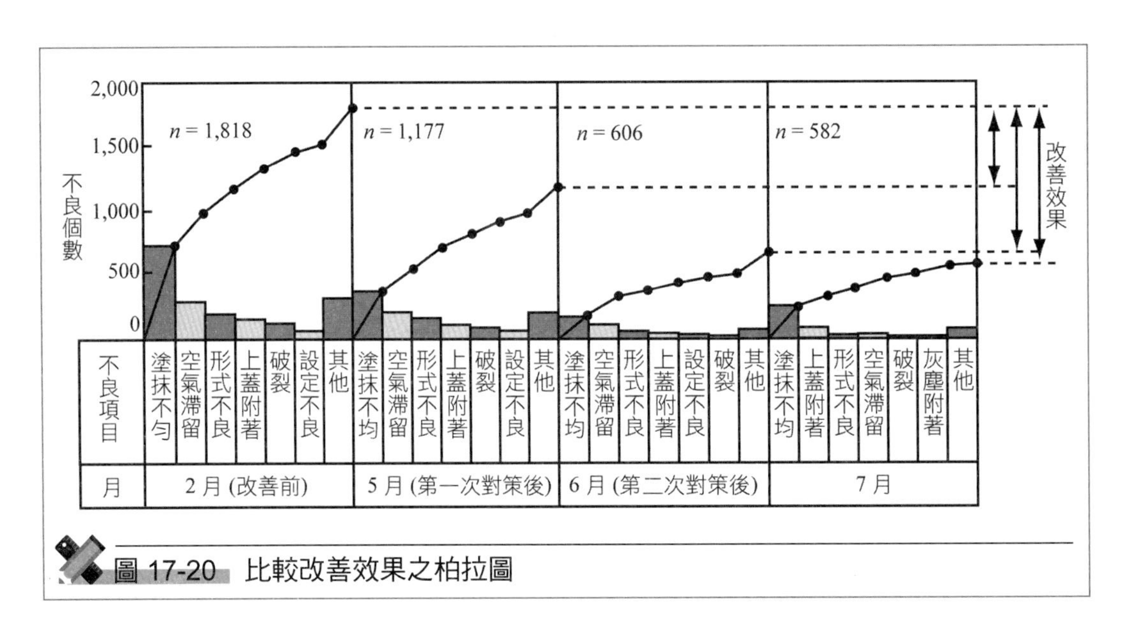

圖 17-20 比較改善效果之柏拉圖

(4) 哪一項目與哪一項目如能減少多少，全體的效果約能成為多少？

(5) 不良對策或改善的處理會帶來多大的效果？

(6) 不良或缺點等分類項目的內容如何改變呢？

17-2-6　活用柏拉圖之要點

就活用柏拉圖的十個要點加以說明。

1. 儘可能從柏拉圖獲得許多的資訊

畫出柏拉圖時，像「各項目之大小與順序」、「減少哪一項目可獲得多少效果」等要探究所有的資訊。

2. 與其現象別不如畫原因別之柏拉圖

原因別柏拉圖可直接與改善的方法相結合。

3. 縱軸儘可能用金額表示

為了不迷失有價值之真正問題，以損失金額來評價。

4. 試著改變各種分類方法

從種種的角度來觀察問題，試著改變分類方法也是一種方法。

5. 「其他」的項目不宜過多

此種情形試著再檢討分層或分類方法。

6. 記入累積曲線及累積占有率

發現重點項目，或觀察消除哪些項目可獲得多少效果是需要的。

7. 要考慮能檢核改善效果

改善前、後的柏拉圖，縱軸的刻度要一致。

8. 即使順位低，但能採取對策者要立即著手

雖然不大，效果卻能立即出現。

9. 柏拉圖的形式要好

縱軸或橫軸太長都不行，看起來舒服是很重要的。

10. 要明記柏拉圖的履歷

於成果報告或往後檢討解析結果時，有所助益。

17-3 統計圖

17-3-1 統計圖的「選定基準」

統計圖只要一眼觀察即可理解其內容，不僅方便而且用途也很廣。統計圖有許許多多種，查明其使用目的，選出適合目的的統計圖是很重要的。今將「圖形選定的基準」整理在表 17-6 之中。

表 17-6 圖形的選法

目的	使用圖形	圖形的說明	特徵
比較數量的大小時	棒形圖	利用棒的長度來比較數量的大小	作圖簡單，能正確表現，最常使用。
	面積圖	利用圖形的面積比較數量	視覺性雖強但大小 (比較項目間的大小關係) 難以掌握，恐有誤導看法之虞。
	繪畫圖	使用能想像實物之圖畫，利用圖畫所表示之大小 (數目、長度、面積等) 來表示數量的大小。	能喚起視覺上的興趣，但大小關係易變成不正確為其缺點。
	地形圖	將數據在地圖上圖形化來表示，利用地域表示數量的分配情形。	地域與數據之關聯性變得明確，作圖比較麻煩，一不注意就會混雜而難以觀察。
表示時間性的變化	折線圖	橫軸取時間，縱軸取數量，將數據描點，將其點以實線連結。	利用時間的變遷來表示連續性的變化或傾向最為合適。作圖容易，也容易讓對方理解。
	Z 形圖	在一張圖上記入每日或每月之數量大小，累積數量之大小，以及目標線 (或移動合計) 三者。	適於一面比較目標值與實績值，一面管制生產量或不良率、缺點數等。

表 17-6 圖形的選法 (續)

目的	使用圖形	圖形的說明	特徵
表示內容時	圓形圖	將圓以分類項目之構成比率區分 (分割半圓時稱為半圓圖)	用於表示某一時點的內容比率。製作容易，且容易讓人理解，人口、面積、生產率、不良的分類與用途甚廣。
	帶狀圖	將長方形按構成比率區分	觀察內容的比率時，各項目的比較容易，特別是表示構成比率的時間上變化或層別因子間之差異最為合適。
觀察項目間之平衡時	雷達圖	由中心點以雷達狀延伸直線，在其線上表示數量之大小。	想觀察各分類項目與平均值、目標值之關係時，或想掌握構成比之大小在時間上的變化時所使用。
	三角形圖	在正三角形的三邊取分類項目，利用這些三邊之交點位置，表示項目間之關係。	分類項目必須是三種如煤、石油、電力等，在視覺上很獨特，但製作費時。
管制日程時	甘特圖	以棒線表示計畫與實績	將日程的計畫與現在的進行狀態配合表示甚為方便，適於日程計畫與其進度管理。
	箭頭線	將作業以箭線 (→) 表示，考慮這些之順序關係一面以圓記號連結作業與作業之間，表示先行、後續、並行等關係。	具有複雜關係之作業工程、或工事計畫、新產品開發等之日程計畫的制訂，這些最適程序之選擇、進度管理上均可使用。能正確掌控、作業間之相互關聯與成為瓶頸之作業。

17-3-2 統計圖製作的步驟

為了製作有幫助且正確的統計圖，最好依據以下的步驟。

步驟 1 明確製作的目的

想用統計圖得知什麼？想表現什麼？要明確設定製作的目的。

步驟 2 收集、整理數據

配合製作目的收集數據。在繁忙的現場中收集數據時，最好利用檢核表。

步驟 3 選定統計圖

決定使用何種的統計圖。棒狀圖、折線圖、圓形圖等各有其特徵，在充分檢討之後選擇合乎使用目的者。

步驟 4 決定圖名

採用簡潔、只要一眼即可得知其內容。

步驟 5 將數字加工

配合統計圖的目的好好檢討數據，如有需要則計算平均值、比率、指數等。然後將計算結果整理成表的形式。

步驟 6 決定構圖與色彩等

思考橫軸、縱軸的刻度比率，數字的最小值與最大值等，並思考整個統計圖的構圖。加線條與色彩也要一併決定。

步驟 7 製作草圖看看

先嘗試以鉛筆畫看看。

步驟 8 正式作圖

使用圓規與直尺，製作正確的圖形。

步驟 9 檢討所完成的圖形

以下就各種常用的圖形加以說明。

17-3-3 製作棒狀圖須知

將棒狀圖正確製作，並將正確資訊訴諸於視覺是非常重要的。畫棒狀圖時，要注意的事項即為此一問題。

棒的大小及棒與棒的間隔之決定方法，並無理論上的根據。最重要的事情是橫軸與縱軸要取得平衡，並且要容易看。以何種比率製作好呢？所試作的圖即為圖 17-21。這是針對棒的大小與棒的間隔為 7:1；2:1；2:5 三種情況所畫的圖。(1) 是棒與棒的間隔過窄不易觀察；(3) 間隔過寬不自然；(2) 則是較為調和。

基於以上，當製作棒狀圖時，棒的大小取成棒與棒之間隔為二倍最好 (一～二倍也可)。

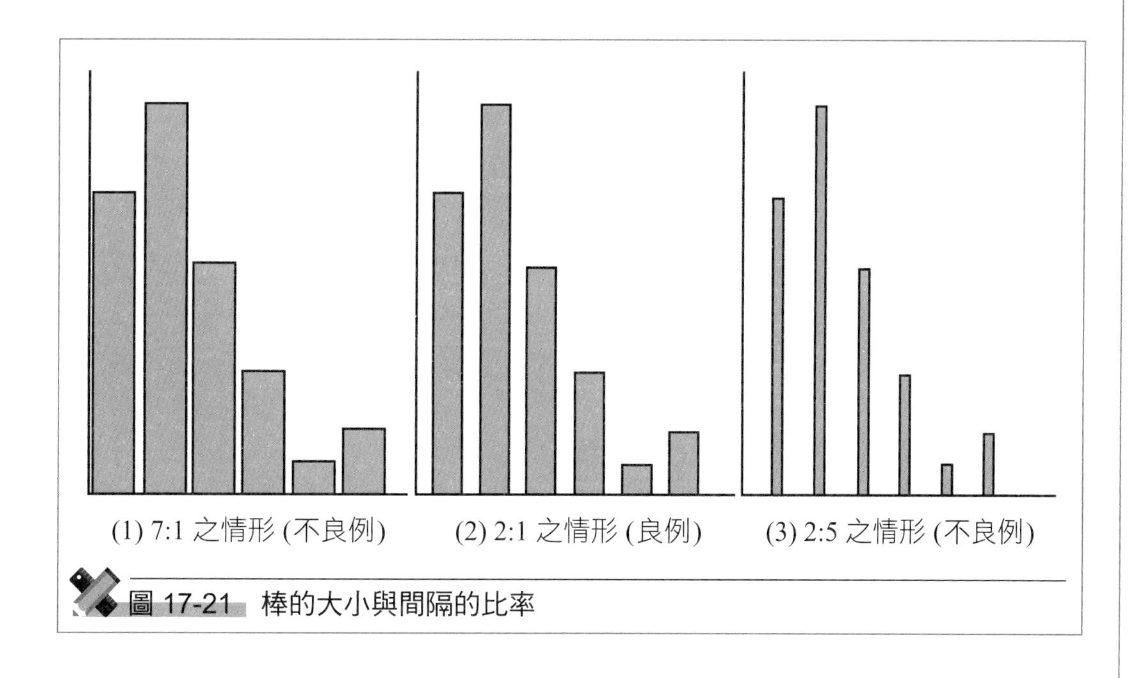

圖 17-21 棒的大小與間隔的比率

17-3-4 棒狀圖與柏拉圖之不同處

「棒狀圖」是利用棒狀的長度來表示數量的大小。另一方面，「柏拉圖」是按數量 (譬如，不良個數或損失金額) 的大小順序排列，並將其大小以棒狀來表示，而後記入累積曲線。

因各有各的特徵，因之用途即有不同，將兩者的不同加以整理，即成表 17-7。

表 17-7 棒狀圖與柏拉圖之比較

	棒狀圖	柏拉圖
使用目的	比較數量的大小	從許多的項目中，選擇真正成為問題的重要項目。
橫軸	分類項目	分類項目。但是分類項目之順序按數據的大小順序排列。
縱軸	數據	左側縱軸為數據，右側縱軸為累積占有率。
圖形	棒與棒之間有空隙	棒與棒之間無空隙，可畫出累積曲線。
特徵	作圖簡單，一般常使用	一般比棒狀圖可獲得更多的資訊。

從柏拉圖可獲得許多的資訊，儘可能活用此圖。

17-3-5 棒狀圖與直方圖之不同處

「棒狀圖」是將想比較的數量取成棒長，利用此長度來表示各數量間的大小關係。相對的，「直方圖」是就其特性值的有關數據，將其範圍分成幾個組，計數各組所含的次數，再將此以棒狀圖來表示，如圖 17-22。

直方圖所獲得的資訊量是比棒狀圖多，如圖 17-23 所示。

表 17-8 棒狀圖與直方圖之比較

	棒狀圖	直方圖
使用目的	比較數量的大小關係	掌握分配的形狀
橫軸	分類項目	特性 (尺寸、重量、溫度、年齡、時間等)
縱軸	數據	次數
圖形	棒與棒之間有空隙	棒與棒之間無空隙，形成吊鐘形 (常態分配)
特徵	作圖簡單，一般常使用	能計算平均值與標準差，與規格值之比較或工程能力之有無可以判斷。

17-3-6 折線圖的用法

針對時間性變化表示數量之變化時所使用的圖即為「折線圖」。與比較一定時期或一定期間中數值之大小的棒狀圖有稍許之不同，折線圖不僅是這些之數量差異，針對時間的變遷，表示傾向或全體的變動也是很不錯的。

折線圖有以下的使用方法。

1. 用來管制時間性變化

用來管制品質、成本、生產量、出勤率、安全次數率等的時間性變化。具體來說，將應管制特性的實績值描點在圖形上，將此與目標值或規格值比較，即可早期發現問題點，有助於預防活動。

2. 用來說明數量變化

用來說明營業成績、生產實績、品質狀況等。僅僅將數字排列不易獲得理解，將此以折線圖表示時即可訴諸於視覺，可加速對方的理解且有說服力。

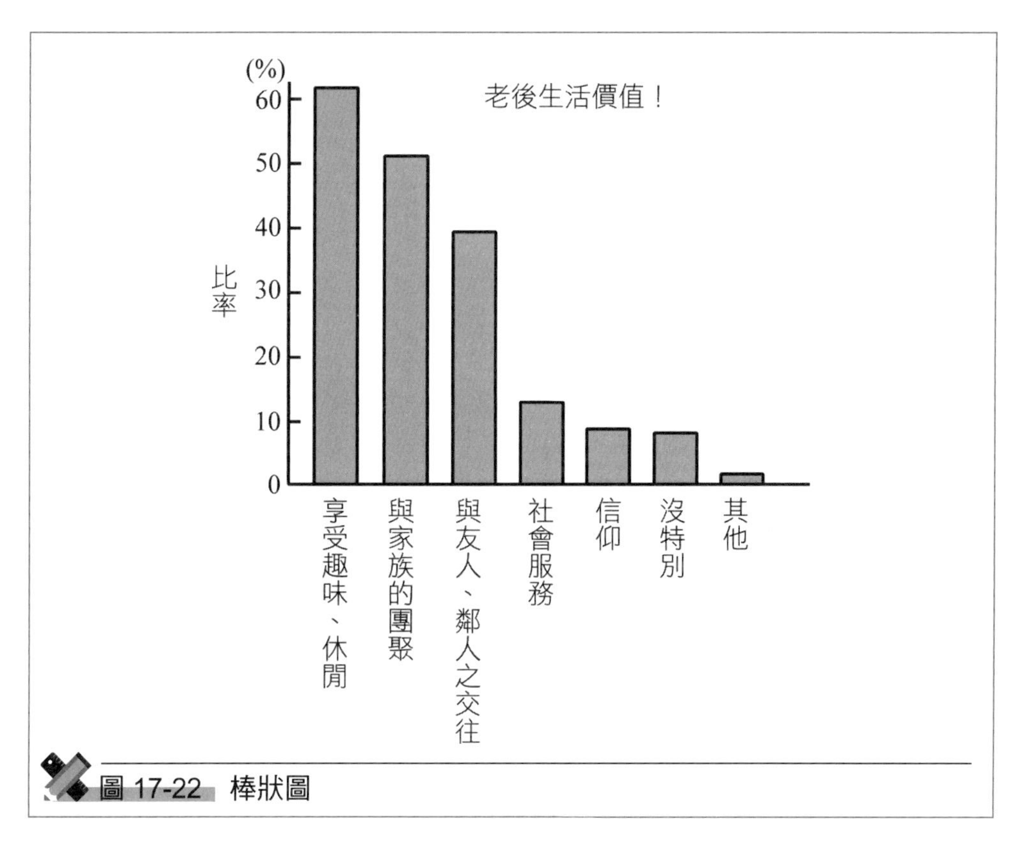

圖 17-22 棒狀圖

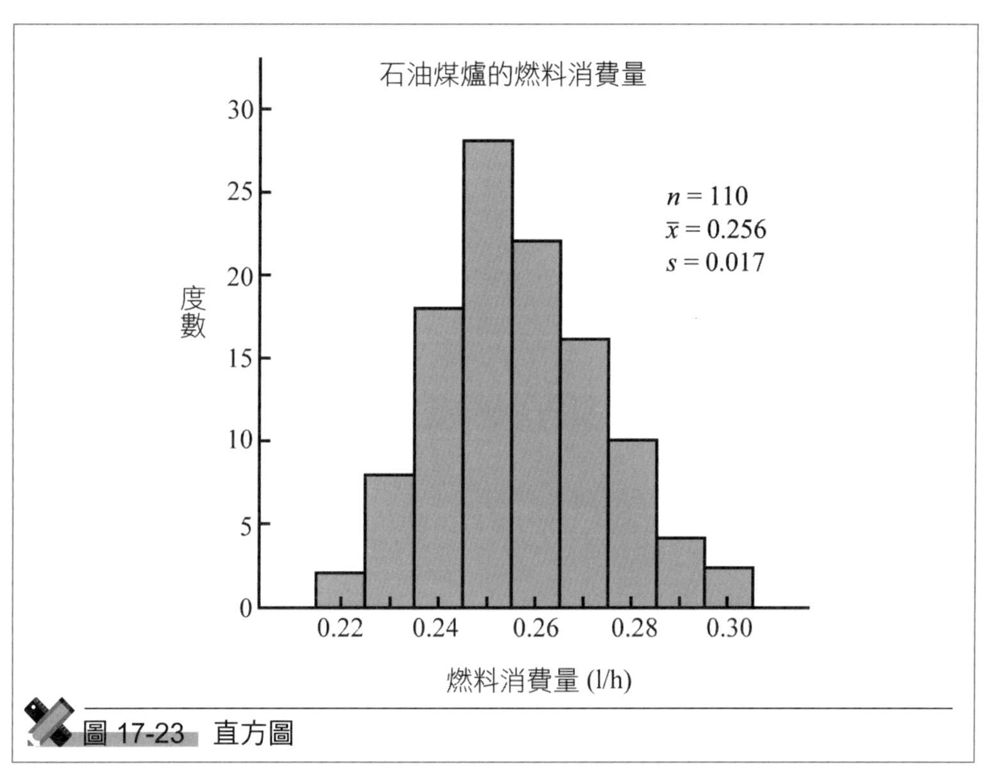

圖 17-23 直方圖

此時應注意的事情是要作成正確且容易理解之圖形。

3. 掌握現狀，即可掌握問題點

將現狀作成折線圖，即可掌握目前的水準是否好呢？或者必須進行改善活動提高水準呢？……等之問題點。

4. 為了改善可作為解析來使用

像「溫度下降」、「不良品增多」、「失誤過多」等現場有許多的問題。藉著分析、比較折線圖上的點之移動與工程的狀態來掌握異常的原因，對改善活動有所幫助。

5. 可以檢查處理對策的效果

藉著折線圖的描繪，可以比較對策前與對策後之數據，且可檢查所採取之對策的效果。

6. 有助於書寫報告書

在製作 QCC 活動的體驗談，或整理實驗結果的報告書時，活用折線圖，即可將許多的資訊簡潔、明瞭地整理。

以上是對折線圖的用法加以敘述，此處以一個實例來說明。

圖 17-24 是 QCC 針對石油爐的油槽，著手降低油漏不良的活動狀況。觀此圖時，油漏不良率是否隨著每月的變遷而減少呢？一面與目標值相比較即可掌握。另外，因在各時點中記入對策，因之與這些改善效果之關係也可清楚明白。以此一張圖即可達成管制用、說明用、解析用、效果掌握用、報告用之功能。

17-3-7 製作折線圖須知

在製作折線圖方面，有以下的注意事項。

(1) 橫軸與縱軸之刻度取法要考慮圖的平衡後再決定 (完成之圖形大致成為正方形即可)。
(2) 橫軸、縱軸的說明不要忘了列入。
(3) 橫軸的時間 (年、月、時等) 記入，原則上不要放在刻度與刻度之間，

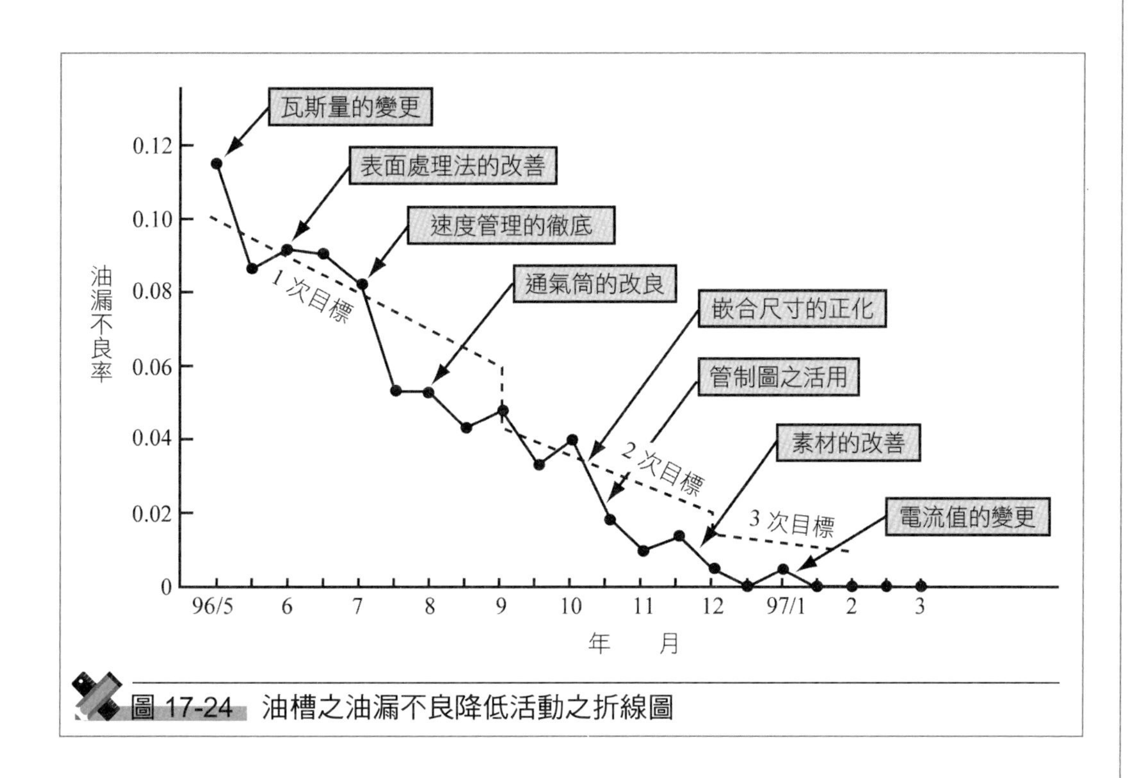

圖 17-24　油槽之油漏不良降低活動之折線圖

擺在刻度的正下方。

(4) 橫軸、縱軸之刻度，原則上在軸的內側。

(5) 縱軸刻度原則上是等間隔、等刻度。比較之數量差異很小時，省略中途部分加入波線。

(6) 縱軸刻度的數值，由於位數多是不易閱讀數值，儘可能位數少、簡潔些。

(7) 縱軸刻度的數字要記入單位。通常單位在縱軸的最上方橫向書寫。

(8) 原則上縱、橫的格子狀的刻度線不必列入，避免繁雜。

(9) 不列入刻度線時作成 L 字型，而列入刻度線時則圍成四方形。

(10) 數據的數字礙眼，原則上不記入。

(11) 一個圖中畫有幾條線時，改變線的種類、大小、顏色來區別。

(12) 連結點與點之直線，不必有空隙連續畫出。

(13) 標題簡單明瞭，正確表現內容。

17-4 檢核表

17-4-1 檢核表的種類與活用的步驟

1. 何謂檢核表

為了製作產品的不良原因別的柏拉圖，或者調查零件尺寸與規格之關係而製作直方圖，此時必須收集數據甚為麻煩，並且所收集的數據的整理也甚為費時，常容易誤失行動的機會。

所謂「檢核表」是事先設計好的式樣，能簡單收集數據，而且數據也容易整理。使用此表，只要簡單的查核，即可收集並整理所需要的資訊。

另外，也有一個好處就是能毫無遺漏的查核「點檢、確認項目」。

2. 檢核表的種類

檢核表有以下幾種：

(1) 不良項目調查用檢核表。
(2) 不良要因調查用檢核表。
(3) 工程分布調查用檢核表。
(4) 缺點位置調查用檢核表。
(5) 點檢、確認用檢核表。

3. 檢核表的活用方法

將檢核表的用途大略來分時，可分成記錄用與點檢用。

(1) 記錄用：這是為了掌握分配的形狀，或收集何種缺點或不良項目有多少、在何處發生等等數據。
(2) 點檢用：事先決定應點檢的項目，依此進行點檢確認。

4. 檢核表活用的步驟

圖 17-25 是說明檢核表的活用步驟，以下按步驟說明。

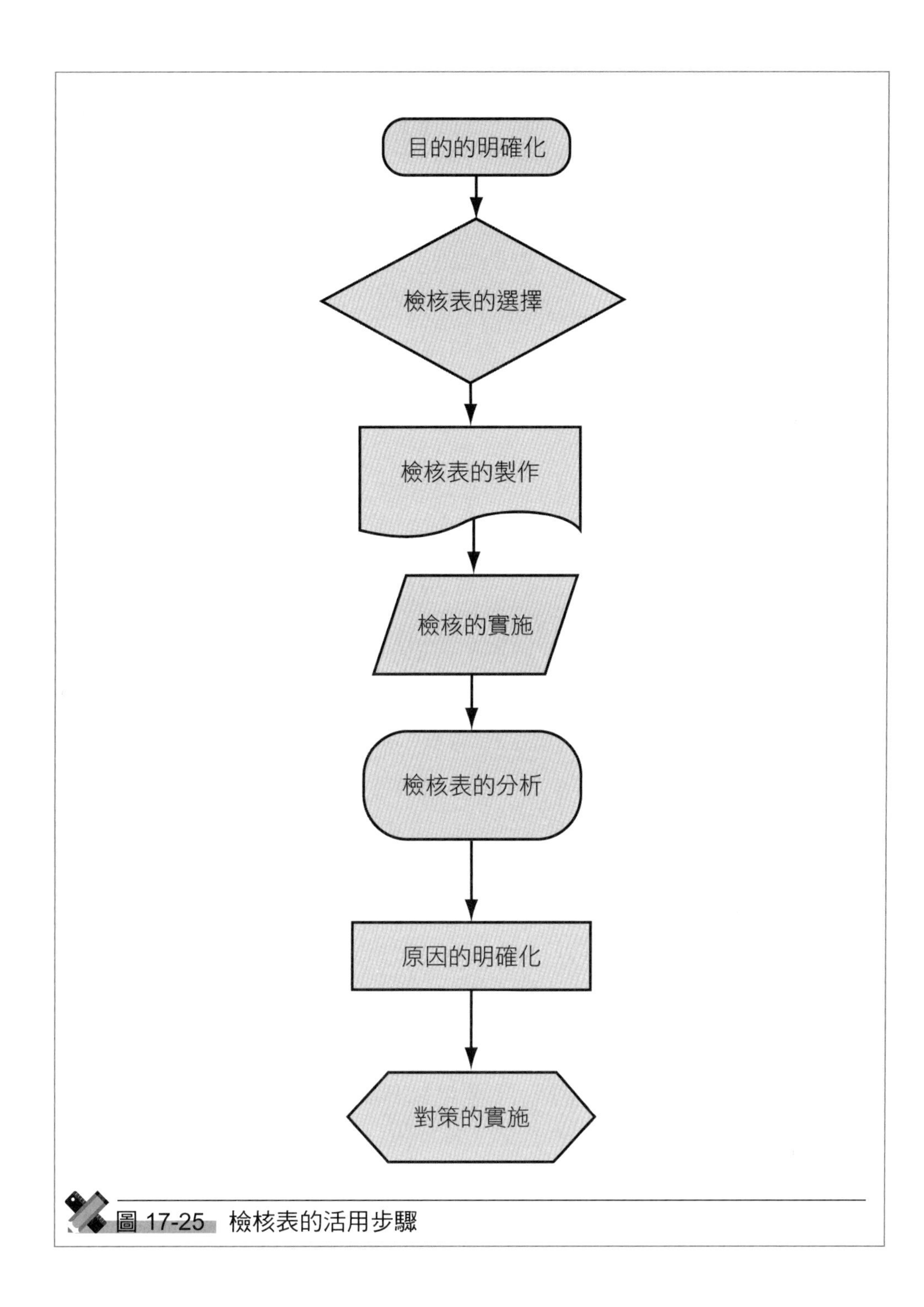

圖 17-25 檢核表的活用步驟

步驟 1 目的的明確化

為了什麼才收集的呢？要查明收集數據的目的。

步驟 2 選擇檢核表

檢核表有上述檢核表種類 2 中所述的五種。決定利用其中的哪一者。「數據容易收集，容易整理」此為選擇的重點。

步驟 3 製作檢核表

要具體地設計檢核表。於製作時要儘可能多收集現場的心聲，並且使之樣式化以利數據的收集及整理。「誰」、「什麼」、「何時」、「何處」、「以何種的方法」以五個要素，不要忘了當作項目列進去。

步驟 4 檢核的實施

使用檢核表。

步驟 5 檢核表的分析

累計檢核表進行分析。於分析時可活用 QC 七工具，亦即柏拉圖、統計圖、直方圖、管制圖及散佈圖等。

步驟 6 原因的明確化

從檢核表的分析結果，找出數據所帶來的變異，或使不良或缺點發生之原因。

步驟 7 對策的實施

思考對策方案，並加以實施。就對策後的效果也可使用 QC 手法來掌握。

17-4-2 檢核表的「活用要點」

為了好好活用檢核表，遵守以下要點是非常重要的。

1. 製作合乎目的的檢核表

檢核表雖有幾種，但應好好思考它的使用目的，譬如「什麼是問題呢？」、「想了解不良的內容嗎？」、「想調查缺點的發生部位嗎？」等，必須製作符合目的的檢核表才行。

2. 儘可能簡單

「數據能簡單收集，所收集的數據能很容易掌握全體的型態」這是檢核表的使命。記入複雜時，就會喪失檢核表的機能，因之要整理記入項目或記入方法且能簡單檢核，避免文字或數字的填記，最好以○、×、✓、## 等之記號來圈選。

3. 不斷檢討點檢項目

若項目一成不變時，檢核表就無法發揮作用，因之要經常檢討點檢項目，視需要改訂是非常重要的。

三個月以上未變更的檢核表需要注意，作為點檢項目來說，是否要追加或減少應加以檢討。基於此意，檢核表要避免活版印刷或拷貝。

4. 將檢核的方式規定化

應決定「誰」、「在何時」、「何處」、「用什麼方法」來填記記號。並且，將這些事項事先印刷在用紙之中。另外關於檢核表的改廢，也要明確它的規則。

5. 點檢項目要配合作業的步驟

點檢用檢核表，如能配合點檢順序排列項目時，就會很方便。

6. 要查明數據的履歷

要先製作記入欄，毫無遺漏地記入產品名、工程名、日時、測量者等所需事項。

7. 在未喪失時機下採取處置

以檢核表所獲得的數據，使用柏拉圖、統計圖、管制圖、直方圖等在勿喪失時機之中進行分析，使所獲得的資訊有助於管制、改善。

8. 數據每次收集均要檢核

疏忽檢核就有流於形式上的危險。作業結束之後才一併檢核之做法，即為疏忽或檢核錯誤的原因。因之每次要設法正確的檢核。

以上針對檢核表的活用要點加以敘述，但在各自現場中仍要下功夫才行。

此處以「向日葵圈」為例來說明。該圈是由男性二名，女性七名所構成。該圈擔任的工作是製造手錶的外殼。為了要減少以往存在的問題即「外觀缺點」，乃就外觀缺點進行了現狀分析。

一面進行研磨作業，一面收集數據甚為麻煩。經大家思考的結果，製作實物大的手錶模型，其中放入米糠。然後在擦痕的部位決定插入別針。以別針的圓珠顏色分成擦痕、一般瑕疵、鏡面模糊、研磨不足、折痕色澤等分類，像這樣，對於哪一部分發生較多的那種缺點，即可獲得正確且有助益的數據，而獲得甚大的改善效果。

17-4-3 何謂不良項目調查用檢核表

想減少不良時，有需要調查哪種不良發生的比率有多少。以及調查占全體的比率最大的項目，然後採取處置。

所謂「不良項目調查用檢核表」是事先將認為會發生的主要不良項目記入到用紙，每當不良發生時，在所屬內容的不良項目欄上以記號 ✓ 或 /// 填入。將此檢核表利用累計即可了解那一不良項目發生的情形，進而掌握改善的線索。

一個產品有二個項目以上的不良，或二種以上的改點時，要如何查檢應事先決定好，並向查檢的人貫徹執行。

另外，為了觀察時間上的傾向時，按時間順序準備好幾張檢核表，再按時間順序去檢核，或有好幾組的作業班時，可按各作業班附上檢核表。

表 17-9 是不良項目調查用檢核表例，這是調查汽車風扇所使用的 V 皮帶的不良項目所使用的檢核表。不良項目有過粗、過細、迴轉不良、山形、高壓外洩、模具、其他等十二個項目。各批按型式、大小、式樣判定良品或不良品，再就不良品分析不良內容後記入。

這是為了能讓製造工程與檢查工程對應的記入所設計而成者。另外，用紙因使用能簡單拷貝的薄紙，所以製造工程檢核後取得一份拷貝，再將原紙交給檢查部門。

17-4-4 何謂不良原因調查用檢核表

這是從不良項目調查檢核表再進一步加以使用的表。將各不良項目的發

表 17-9　不良項目調查用檢核表

線名　MKS　　　　V 皮帶不良項目調查用　　　　1 月 28 日

形式	大小	規格	脫耳		過粗		過細		迴轉不良		山形		高壓外洩		有雜質		模具		卡住		破裂		折疊		其他		合計		備考
			加硫	檢查	加硫	檢查	加硫	檢查	加硫	檢查	加硫	檢查	加硫	檢查	加硫	檢查	加硫	檢查	加硫	檢查	加硫	檢查	加硫	檢查	加硫	檢查	加硫	檢查	
H	39	S																//			卌/						6	2	
H	305	GT			///	卌///																					3	8	
H	32	G				/										/												2	
H	149	SM						/							/										/		2	1	
H	1221	S																											
M	185	S						/													////						4	1	
M	21	S					/														/						2		
M	22	S																											
M	39	GT				卌/														卌								11	
HM	1310	G																											
HM	1450	T						//																		/		3	
HM	1321	G				/														/						/		3	
M	98	G				/																						1	
M	555	G																				//						2	
M	432	T																		/								1	
M	1038	GT			卌//	卌//												///									7	10	
K	1450	S																		/								1	
K	1370	SM				卌////			/						/					卌/							2	15	
K	1005	G																											
N	215	S										/								//								3	
N	18	SM													/												1		
N	82	G				///																						3	
H	57	GT			/	//														/							1	3	
HM	1100	G																											
H	1030	G				/														/								2	
H	150	T																											
H	850	GT			/	卌/														/							1	7	
H	720	S														//												2	
合計			0	0	12	45	1	4	1	0	0	1	0	0	3	3	0	5	0	19	11	2	0	0	1	2	29	81	

(1) 加硫支數　20,425　　(2) 不良率　0.54%　　配佈途徑　各線→生 2 工程→檢查

(3) 不良支數　110　　(4) (加硫工廠內) 發現率 26.4%

生狀況按機械別、作業員別、作業方法別、材料別、時間別分層，來掌握不良發生要因時所使用者。

在某一編織物的編織工廠中，四位作業員使用二台機械製造無縫緊身衣。在編織時因出現甚多的碎布，從成本面來看是問題所在。針對「減少緊身衣編織碎布」的主題，首先調查編織碎布的內容，經由品管圈的集眾智所作成的檢核表即為表 17-10。

由此檢核表作成柏拉圖，即可了解「斷線不良最多」、「H 型機最會發生」、「作業員之間有差異」、「星期一的上午最會發生」等。

17-4-5 何調工程分配調查用檢核表

在產品的尺寸或重量等成為管理項目的工程中，有需要知道「分配的形狀」、「平均值或變異數的情形」、「與規格之關係如何」。並且，在解析要因時，按作業員別、材料別等分層，以便調查「這些之間是否有差異」之情形也有。而用於此種情形的最方便表即為此檢核表。

所謂工程分配調查用檢核表，乃是將所測量的數據不須逐一地以數值記

表 17-10 不良原因調查用檢核表

無縫緊身衣服編織碎布的要因調查檢核表

課名：緊身衣服課　期間：4 月 7 日～ 12 日

機械	作業者	星期一		星期二		星期三		星期四		星期五		星期六		計	
		午前	午後	午前	午後	午前	午後	午前	午後	午前	午後	午前	午後		
H 型機	張三	○○○○○○○ ○○○○ ××××× ●● Δ	○○○○ ×××× ●●	○○○○ ×× ●	○○○ ××	○ ●	○○○ × Δ	○○○ ×× ●● Δ	○○○○ × ●	○○○○○○ ○ ×	○○ × Δ	○○○○○○ ○ ××× ● Δ	○○○○○○ × ● Δ □	93	148
	李四	○○○○○○ ××	○○ ×	○○	○○○○	○ × Δ	○	○○○○	○○○○ × ●	○○ ● Δ	○○○ ×× ● Δ □	○○○ ××× ●	○○○○○	55	
K 型機	王五	○○○○○ × Δ	○○○ × ● Δ	○○○	●	× □	○○	○○○○ ×	○○ ●	○○	○○	○	○	35	98
	陸六	○○○○○○○ ○○○ × ●●●	○○○○○ ×× ●	○○ ××	○ ×× ● Δ	○	○○ × Δ	○○ ×	○ □	○ × ● Δ	○○ × ● ΔΔΔ	○○ × ΔΔ	○○ × ● ΔΔ	63	
計		46	25	16	15	8	12	20	17	18	21	26	22	246	
		71		31		20		37		39		48			

記號：○ 斷線　× 打結　● 線不對　Δ 針斷　□ 其他

入，而是事先將特性值區分，每當得到數據時就以 /、//、///、////、卌 之記號填入，測量結束時即可得出直方圖。此例說明於表 17-11 中。

表 17-11　工程分配調查用檢核表

工程分配調查檢核表

課長	組長	班長
陸六	王五	李四

品名：AH 部品內徑尺寸　課　名：生產 3 課　日期：6 月 10 日 (全)
規格：±0.05　測定者：張三

No.	尺寸	次數的檢核																計
		5	10	15	20	25	30	35	40	45	50	55	60	65	70	75	80	
1	−0.07																	
2	−0.06																	
3	−0.05																	
4	−0.04	////																4
5	−0.03	卌	//															7
6	−0.02	卌	卌	卌														15
7	−0.01	卌	卌	卌	卌	卌	卌	卌	//									37
8	±0	卌	卌	卌	卌	卌	卌	卌	卌	卌								45
9	+0.01	卌	卌	卌	卌	卌	卌	卌	卌	卌	////							49
10	+0.02	卌	卌	卌	卌	卌	卌	/										31
11	+0.03	卌	卌	/														11
12	+0.04	/																1
13	+0.05																	
14	+0.06																	
15	+0.07																	
記事		總生產數 14,379 個															合計	200

17-4-6　何謂缺點位置調查用檢核表

一般是備妥產品的草圖，在此草圖上查檢缺點的位置，按缺點的種類別，一眼即可了解其位置。因此，在要因分析時，著眼缺點的發生場所，為何該處缺點會如此集中呢？藉著追根究底即可查明其原因。

表 17-12 是就乘車用的塗裝不良所進行的調查。由此知缺點項目之中色差占第一位，缺點大多發生在側面部，特別是車門的地方發生最多。

表 17-12 工缺點位置調查用檢核表

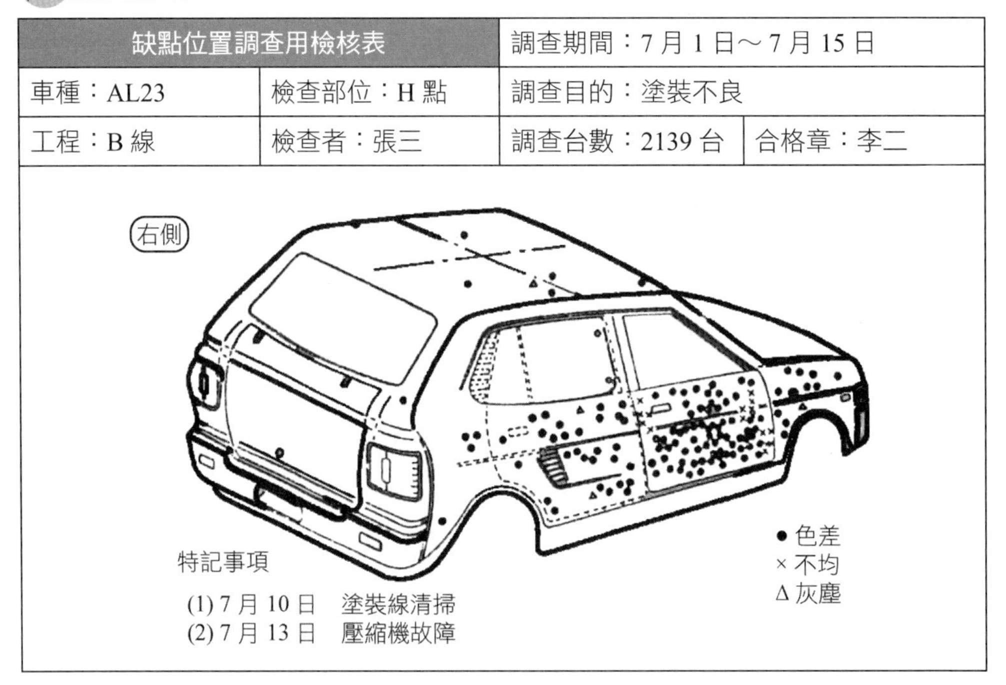

缺點位置調查用檢核表		調查期間：7 月 1 日～7 月 15 日	
車種：AL23	檢查部位：H 點	調查目的：塗裝不良	
工程：B 線	檢查者：張三	調查台數：2139 台	合格章：李二

17-4-7 何謂點檢、確認用檢核表

這是為了毫無遺漏地查核「點檢、確認項目」所使用的表，事先將應點檢的項目全部記入到用紙上，每當點檢項目時即加以使用之檢核表。

1. 點檢汽車的作業所用之檢核表

在汽車的交通事故所發生之原因中，因車子的維護不良或故障造成者出乎意外的多。為了未然防止事故每日一次，在開車前進行作業點檢，早期發現車子異常的徵候或輕微的故障是有需要的。談到作業點檢，點檢項目也多，點檢有遺漏就會出現差錯。表 17-13 是汽車作業點檢的檢核表。以粗字表示重要項目，一張可使用 10 次。

2. 點檢現場的問題所用之檢核表

發現現場中的問題點有幾種方法，而事先準備好檢核表對此一面自問自

表 17-13 點檢、確認用檢核表

作業點檢表

良好：V
不良：×
尚經得起使用：Δ

點檢內容		9/5	9/6	9/8	9/9	/	/	/	/	/	/
1的點檢	**冷卻水的量與遺漏**	V		V	V						
	風扇皮帶的損傷與打撓	V		V	V						
	引擎機油的量與污濁	V		V	V						
	二次細線的接線	V		V	V						
	煞車油的量	V		V	V						
	電瓶液的量與端點的連接	V		V	V						
2的點檢	**輪胎的氣壓與磨損**	V		V	×						
	避震器的損傷	V	V	V	V						
	下部的液、油漏洩	V	V	V	V						
3的點檢	工具數的有無	V	V	V	V						
	備胎的氣壓	V		V	V						
4的點檢	**引擎的起動情形**	V		V	V						
	方向盤的操縱情形	V		V	V						
	煞車的靈敏情形	V	V	V	V						
	手煞車的鬆緊	V	V	V	V						
	手煞車的作用	V	V	V	V						
	離合器的變速情形	Δ	Δ	Δ	Δ						
	方向指示器的作用	V		V	V						
	警告器	V	V	V	V						
	後視鏡的清晰度	V	V	V	V						
	門鎖的正常性	V	V	V	V						
	門鎖正常	V		V	V						
	緊急信號用具之有無	V		V	V						
	駕駛燈、車輛檢查燈	V		V	V						
5的點檢	**各燈光的污損與點燈情形**	V	V	V	V						
	臨時標籤的污損	V	V	V	V						
	反射器的污損	V	V	V	V						
	排氣的顏色	V	V	V	V						
行駛中	各計器的作用	V	V	V							
	方向盤的振動、重量	V	V	V							
	煞車的靈敏度	V	V	V							
	加速器的起動	V	V	V							

答，一面加上記號也是一種方法。此方法因已將問題點列出，所以可以避免疏忽真正的問題點。

常說「工作上如出現不合理就會出現不勻，不勻一出現就會出現浪費」，關於此不合理、不均衡、浪費的檢核表，即為表 17-14(a)。另外，有關「現場 4M」所作成之檢核表，即為表 17-14(b)。

表 17-14 點檢、確認用檢核表

(a) 現場的 3 不

項目		檢查
(1) 不合理	・人員有不合理嗎？ ・技能有不合理嗎？ ・方法有不合理嗎？ ・時間有不合理嗎 ・設備有不合理嗎？ ・冶工具有不合理嗎？ ・資材有不合理嗎？ ・生產量有不合理嗎？ ・庫存量有不合理嗎？ ・場所有不合理嗎？ ・想法有不合理嗎？	
(2) 不均衡	・人員有不均衡嗎？ ・技能有不均衡嗎？ ・方法有不均衡嗎？ ・時間有不均衡嗎？ ・設備有不均衡嗎？ ・冶工具有不均衡嗎？ ・資材有不均衡嗎？ ・生產量有不均衡嗎？ ・庫存量有不均衡嗎？ ・場所有不均衡嗎？ ・想法有不均衡嗎？	
(3) 不充足	・人員有不充足嗎？ ・技能有不充足嗎？ ・方法有不充足嗎？ ・時間有不充足嗎？ ・設備有不充足嗎？ ・冶工具有不充足嗎？ ・資材有不充足嗎？ ・生產量有不充足嗎？ ・庫存量有不充足嗎 ・場所有不充足嗎？ ・想法有不充足嗎？	

(b) 現場的 4M

項目		檢查
(1) 作業者	・遵守標準嗎？ ・作業效率好嗎？ ・有問題意識嗎？ ・責任感旺盛嗎？ ・技能足夠嗎？ ・經驗足夠嗎？ ・配置適切嗎？ ・有提高意願嗎？ ・人際關係好嗎？ ・健康狀態好嗎？	
(2) 設備、冶工具	・生產能力夠嗎？ ・工程能力夠嗎？ ・添油適切嗎？ ・點檢充分嗎？ ・有無故障停止嗎？ ・精度不足嗎？ ・有異常音出現嗎？ ・配適適切嗎？ ・配置足夠嗎？ ・數量足夠嗎？ ・整理、整頓了嗎？	
(3) 原材料	・數量有差異嗎？ ・等級有差異嗎？ ・品牌有差異嗎？ ・有異材混入嗎？ ・庫存量適切嗎 ・浪費使用嗎？ ・處理良好嗎？ ・在製品已放妥嗎？ ・配置好嗎？ ・品質水準好嗎？	
(4) 方法	・作業標準的內容好嗎？ ・作業標準已改訂否？ ・能安全的執行嗎？ ・有作出好產品的方法嗎？ ・有效率的方法嗎？ ・順序適切嗎？ ・準備良好嗎？ ・溫度、濕度適切嗎？ ・照明、通風良好嗎？ ・前後工程的連結好嗎？	

3. 品管圈活動的自我評價檢核表

以 QCC 的自主性、自發性活動的一環來說，自己查檢自己的活動，轉動計劃、實施、檢討、處置的循環是非常重要的。在表 17-15 中利用填上○

表 17-15 點檢、確認用檢核表

(c) QCC 活動自我查檢表 (例)

<table>
<tr><th>評價項目</th><th colspan="3">評價要素</th><th>評點</th></tr>
<tr><td>1. 主題的選定
(20 點)</td><td colspan="3">(1) 所有圈員充分檢討了嗎
(2) 已充分掌握主題的背景、問題嗎
(3) 效果的程度大嗎</td><td>20
10
0</td></tr>
<tr><td>2. 動員數
(20 點)</td><td colspan="3">(1) 圈員協力參加嗎
(2) 每次需要時間順利地向有關部署請求協助嗎
(3) 有關部署積極協助嗎</td><td>20
10
0</td></tr>
<tr><td rowspan="6">3. 進行方法的適切性
(40 點)</td><td>評價項目</td><td colspan="2">評價要素</td><td></td></tr>
<tr><td>(1) 活動目標之達成
(10 點)</td><td>(1) 能充分達成當初的目標嗎
(2) 目標的設定方法適切嗎</td><td>10
5
0</td><td rowspan="5">40
30
0
10
0</td></tr>
<tr><td>(2) 解析
(10 點)</td><td>(1) 充分掌握過去的數據嗎
(2) 解析的作法有深入探討嗎
(3) 充分活用 QC 手法嗎</td><td>10
5
0</td></tr>
<tr><td>(3) QC 活動
(5 點)</td><td>(1) 團隊合作良好嗎
(2) 獲得積極的協助嗎</td><td>5
3
0</td></tr>
<tr><td>(4) 確認
(5 點)</td><td>(1) 結果的確認全部進行了嗎
(2) 確認掌握問題點了嗎</td><td>5
3
0</td></tr>
<tr><td>(5) 標準化
(10 點)</td><td>在管制的落實上需要的工作全部進行了嗎</td><td>10
5
0</td></tr>
<tr><td>4. 管制手法的利用度
(10 點)</td><td colspan="3">(1) 在各步驟中使用適切的手法進行解析嗎
(2) 充分活用 QC、IE 等的手法嗎
(3) 使用了有特色的手法嗎</td><td>10
5
0</td></tr>
<tr><td>5. 上司的滿意度
(10 點)</td><td colspan="3">(1) 上司充分認同效果嗎
(2) 認同品管圈活動的內容充分嗎
(3) 圈長對圈的著手方式滿意嗎</td><td>10
5
0</td></tr>
</table>

記號，即可以點數來掌握，可以客觀的進行評價，有助於對今後的活動訂出方向來。

17-5 直方圖

17-5-1 直方圖的製作

製作直方圖時特別要注意的事情是「組距」的決定方法。如果處理不當，就會出現毫無意義的直方圖，而導出錯誤的資訊。要言之，為了製作正確的直方圖，要製作正確的次數表。

以適當的間隔等分數據存在的範圍，作成次數表，此所等分的各間隔稱為「組」，所等分之間隔稱為「組距」，一般以記號 h 表示。

「組距」採取「測量刻度的整數倍」。具體上可按如下步驟來決定。

步驟 1 求出數據的最大值與最小值

從全部的數據中求最大值與最小值較為不易，可按數據表的各列 (或各行) 求最大值與最小值，其次從這些之中，得到所有數據中的最大值與最小值。

今測量某新產品的重要品質特性之消費電力得出如表 17-16 之數據。想由此製作直方圖時，「組距」要如何決定才好？

將各行的最大值加上〇記號，最小值加上 × 記號。

從這些〇記號中找最大值，從 × 記號中找最小值。

最大值 = 23.6

最小值 = 20.2

步驟 2 決定組數，依下式來求。

$$組數 = \sqrt{數據數}\ (化整為整數值)$$

數據數為 100 個，因之：

$$組數 = \sqrt{100} = 10$$

步驟 3 決定組距。

表 17-16 數據表

22.0	21.4	22.0	22.6	21.6	22.4	22.6	22.4	22.8	22.0
21.8	21.8	21.4	○ 23.2	22.4	21.6	23.0	× 20.8	22.2	22.4
22.4	22.2	22.2	21.6	○ 23.2	21.2	22.2	21.8	○ 23.0	○ 22.8
○ 22.6	× 21.0	× 20.2	22.0	21.4	22.0	○ 23.6	22.2	22.0	21.8
× 21.0	22.0	22.6	× 21.2	22.8	○ 22.6	21.8	○ 22.6	22.2	22.0
22.0	22.4	22.2	21.8	22.8	× 20.6	21.6	21.8	22.6	21.6
22.2	× 21.0	22.8	21.4	× 21.2	22.2	× 21.2	21.6	21.6	× 21.4
21.2	22.6	21.6	22.4	22.0	21.4	22.2	21.4	× 21.0	22.6
22.4	22.4	21.8	22.2	22.2	21.8	22.0	21.2	22.0	22.0
21.4	○ 22.8	○ 23.4	22.4	21.8	22.0	21.4	22.0	21.8	22.2

註：○號：行之最大值　　× 號：行之最小值

$$臨時的組距 = \frac{最大值 - 最小值}{組數}$$

將此值化整為測量單位的整數倍。此即為所求的「組距」。

$$臨時的組距 = \frac{23.6 - 20.2}{10} = \frac{3.4}{10} = 0.34$$

測量的等級為 0.2，其整數倍為：

$$0.2 \times 1 = 0.2$$
$$0.2 \times 2 = 0.4$$
$$0.2 \times 3 = 0.6$$

最接近 0.34 的即為 0.4，此決定作為「組距」。

17-5-2 組距設定須知

組距必須設定為測量單位的整數倍，不遵守此規則時，直方圖的形狀會形成「缺齒狀」或「雙峰型」，無法獲得正確的資訊。

以具體例子來說明吧。使用 17-5-1 節的數據正確描畫的次數表即為表

17-17(a)，而其直方圖即為圖 17-26(a)。

今不遵守此規則時，

$$\text{組距} = \frac{\text{最大值} - \text{最小值}}{\text{組的個數}} = \frac{23.6 - 20.2}{10} = \frac{3.4}{10}$$
$$= 0.34 \xrightarrow{\text{將此值化整}} 0.3$$

將 0.3 當作「組的寬度」製作次數表時，即為表 17-17(b)。此時 0.3 為測量單位 0.2 的 1.5 倍，不成為整數。因此，直方圖即形成如圖 17-26(b) 的「缺齒狀」。此無法掌握分配的真正型態。

為什麼變成這樣？就其理由來想想看。

如好好觀察表 17-16 的數據表時，數據的最下位，亦即小數點以下第 1 位均為偶數，測量單位為 0.2。

因此，「組距」取成 0.3 時，各組所含的數據是：

表 17-17

(a) $h = 0.4$ 之情形 (正確例)

No.	組	次數
1	20.1 ～ 20.5	1
2	20.5 ～ 20.9	2
3	20.9 ～ 21.3	10
4	21.3 ～ 21.7	17
5	21.7 ～ 22.1	26
6	22.1 ～ 22.5	23
7	22.5 ～ 22.9	15
8	22.9 ～ 23.3	4
9	23.3 ～ 23.7	2
計		100

(b) $h =$ 0.3 之情形 (錯誤例)

No.	組	次數
1	20.15 ～ 20.45	1
2	20.45 ～ 20.75	1
3	20.75 ～ 21.05	5
4	21.05 ～ 21.35	6
5	21.35 ～ 21.65	17
6	21.65 ～ 21.95	11
7	21.95 ～ 22.25	28
8	22.25 ～ 22.55	10
9	22.55 ～ 22.85	15
10	22.85 ～ 23.15	2
11	23.15 ～ 23.45	3
12	23.45 ～ 23.75	1
計		100

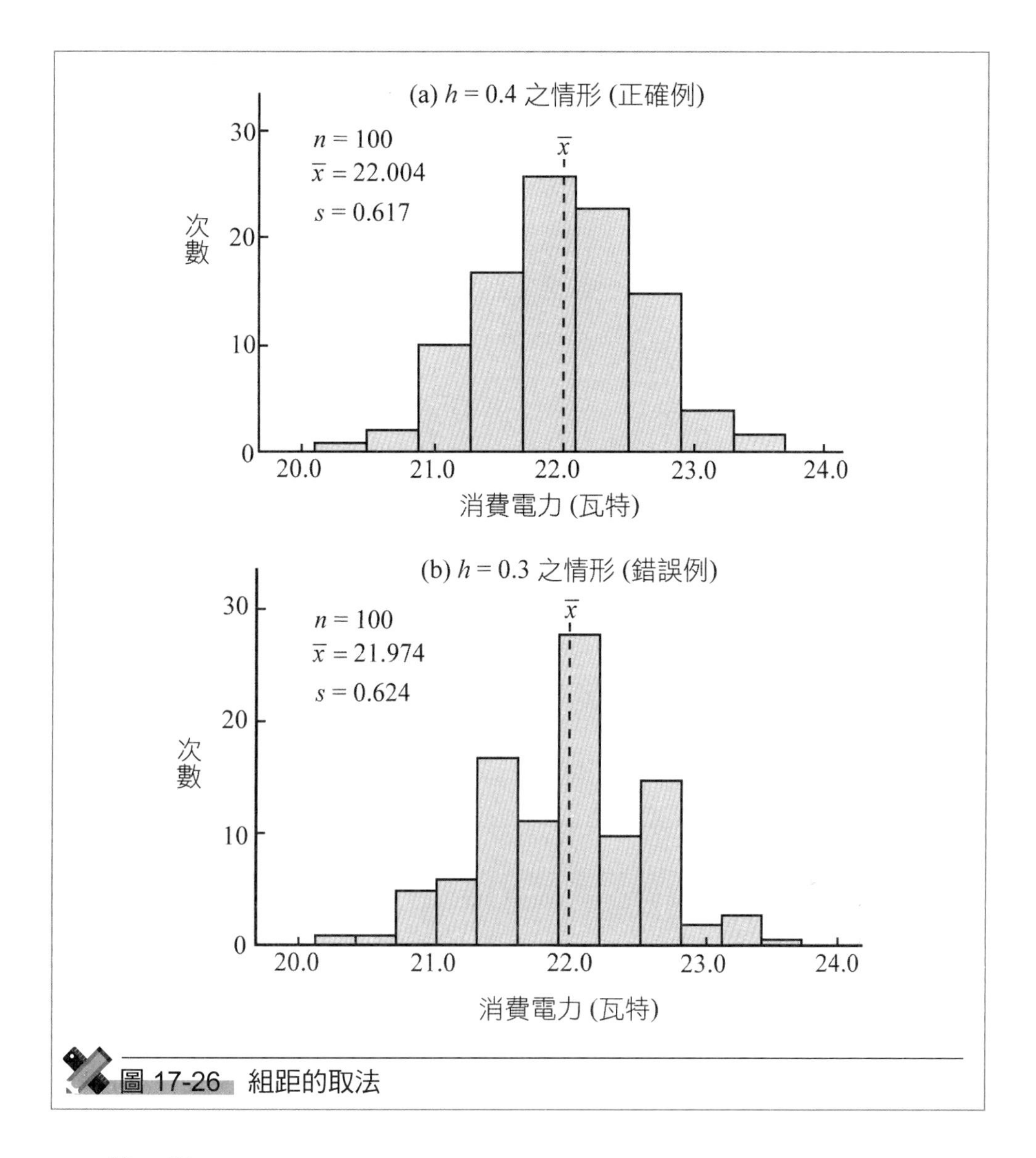

圖 17-26 組距的取法

第一組 (20.15 ～ 20.45) …… 20.2, 20.4

第二組 (20.45 ～ 20.75) …… 20.6

第三組 (20.75 ～ 21.05) …… 20.8, 21.0

第四組 (21.05 ～ 21.35) …… 21.2

⋮

變成了 2 個、1 個、2 個、1 個……之類的情形。雖然可以形成吊鐘型 (常態分配)，但卻成為缺齒狀。

17-5-3 「組數」的決定

製作直方圖時，要立起幾根柱子是問題所在，此時柱子的數目相當於「組數」。當有很多數據時，為了容易觀察分配的型態，須將數據以組來區分，但數據數甚多時，「組數」要增多，數據數少時，「組數」要減少，亦即「組數」可按數據數來決定，在這方面有以下幾種方法。

1. 利用數據與組數之表的方法

為了容易觀察分配的形狀，組數大致可按表 17-18 來決定。譬如，數據為 80 個時，組數可以取 6 ～ 10 個。但是此方法是組數係以 6 ～ 10、7 ～ 12、10 ～ 20 之範圍來表示，若數據為 100 個時，有 6 ～ 10、7 ～ 12，亦即 6 ～ 12，範圍變大難以取捨為其缺點。

表 17-18 數據與組數

數據數	組數
50 ～ 100	6 ～ 10
100 ～ 250	7 ～ 12
250 以上	10 ～ 20

2. 使用 sturges 公式的方法

sturges 提及由數據 n 求組數 k，可使用下式。

$$\text{組數 } k = 1 + 3.22 \log n = 1 + 3.22 \log (\text{數據數})$$

式中的 log n 是 n 的常用對數，譬如數據數 n 為 80 個時，組數 $k = 1 + 3.22 \log 80 = 1 + 3.22 \times 1.90309 = 1 + 6.32 = 7.32$，因之所求之組數為 7。此方法是式中出現常用對數，若未使用電子計算機時，計算就不很方便。

3. 使用平方根的方法

這是利用下式求組數之方法。

$$\text{組數 } k = \sqrt{n} = \sqrt{\text{數據數}} \rightarrow \text{將值整化}$$

譬如，數據數 n 為 80 個時，

$$組數\ k=\sqrt{n}=\sqrt{89}=8.9 \rightarrow 將小數點以下一位化整成\ 9$$

因之，所求之組數即為 9。同樣，

$n=50$ 時，$k=\sqrt{50}=7.1 \rightarrow 7$

$n=100$ 時，$k=\sqrt{100}=10.0 \rightarrow 10$

$n=150$ 時，$k=\sqrt{150}=12.2 \rightarrow 12$

$n=200$ 時，$k=\sqrt{200}=14.1 \rightarrow 14$

此方法計算簡單，所求出之組數也適合於表示分配的形狀。

雖然就以上三種方法加以說明，但以平方根的方法想來最好。

組數如增多或變少時，情形如何不妨調查看看。使用表 17-16 的數據，就組數 $k=18$、$k=9$、$k=5$ 之三種情形畫圖，即為圖 17-27。由圖 17-27 知 $k=9$ 的情形可以說最好。

17-5-4 直方圖的看法

為了檢討分配的型態，可忽略少許的凹凸，而須著眼於整體型態。並且試著以手來繪畫圓滑的曲線也是一種方法。

通常調查以下事項：

(1) 分配的中心位置在何處？
(2) 數據的變異情形如何？
(3) 分配的形狀偏左或右呢？
(4) 分配平坦或尖突呢？
(5) 有無偏離的數據？
(6) 中間有無缺齒的地方呢？
(7) 是否形成雙峰？
(8) 分配的左或右方有無形成峭壁型？
(9) 分層的話變成如何，有其需要性嗎？
(10) 有無偏離規格的數據呢？
(11) 分配的中心在規格的正中嗎？
(12) 對規格寬度而言，分配是否充分位於其內呢？

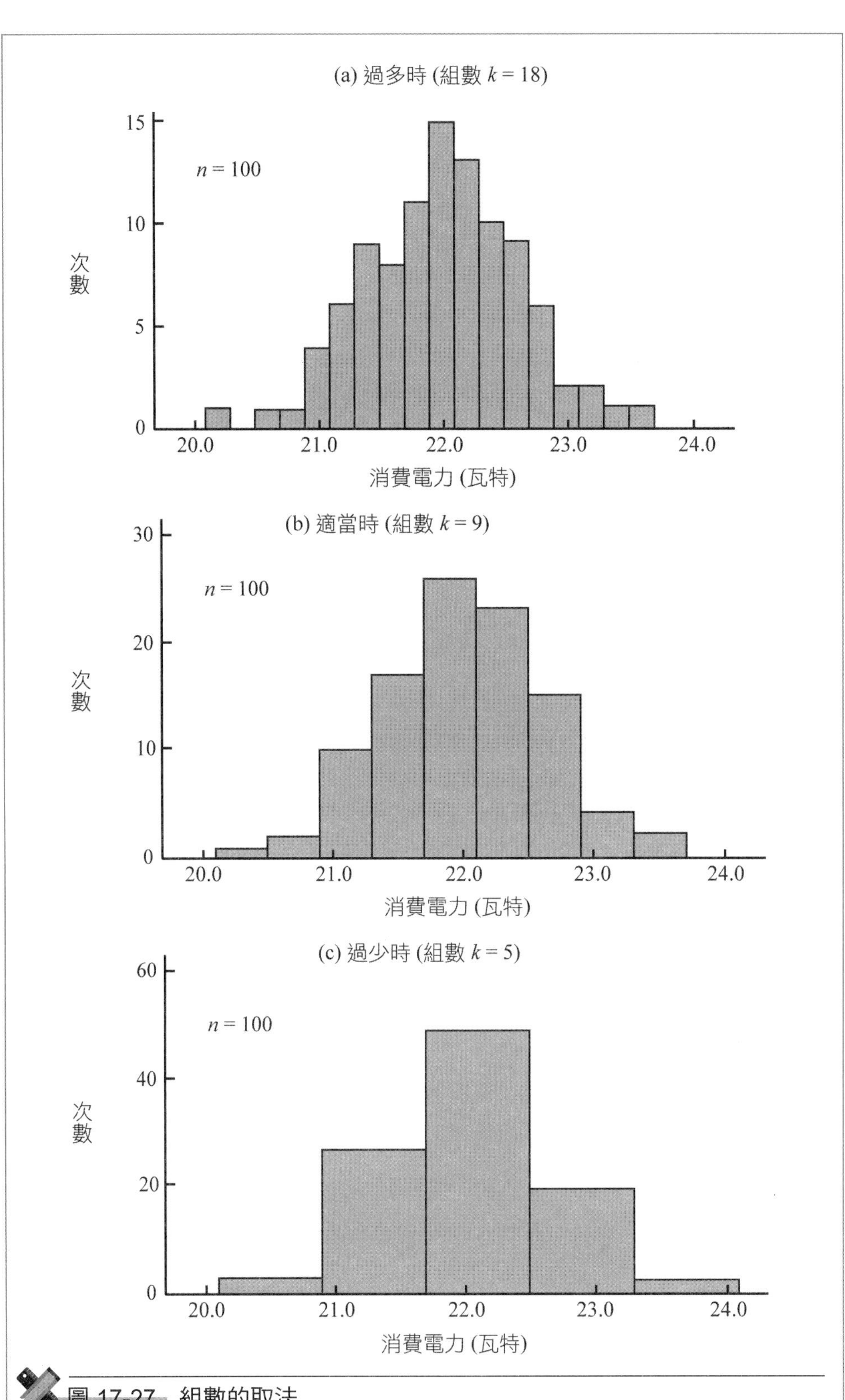
(a) 過多時 (組數 $k = 18$)
$n = 100$
次數
15
10
5
0
20.0
21.0
22.0
23.0
24.0
消費電力 (瓦特)
(b) 適當時 (組數 $k = 9$)
$n = 100$
次數
30
20
10
0
20.0
21.0
22.0
23.0
24.0
消費電力 (瓦特)
(c) 過少時 (組數 $k = 5$)
$n = 100$
次數
60
40
20
0
20.0
21.0
22.0
23.0
24.0
消費電力 (瓦特)

圖 17-27 組數的取法

(13) 界限位於適切的地方嗎？

一般言之，計量值的直方圖大多在中心附近最高，愈向左右就愈低且形成左右對稱，可是實際上卻有如圖 17-28 那樣的各種圖形。形狀的說明與查核點說明在表 17-19 之中。

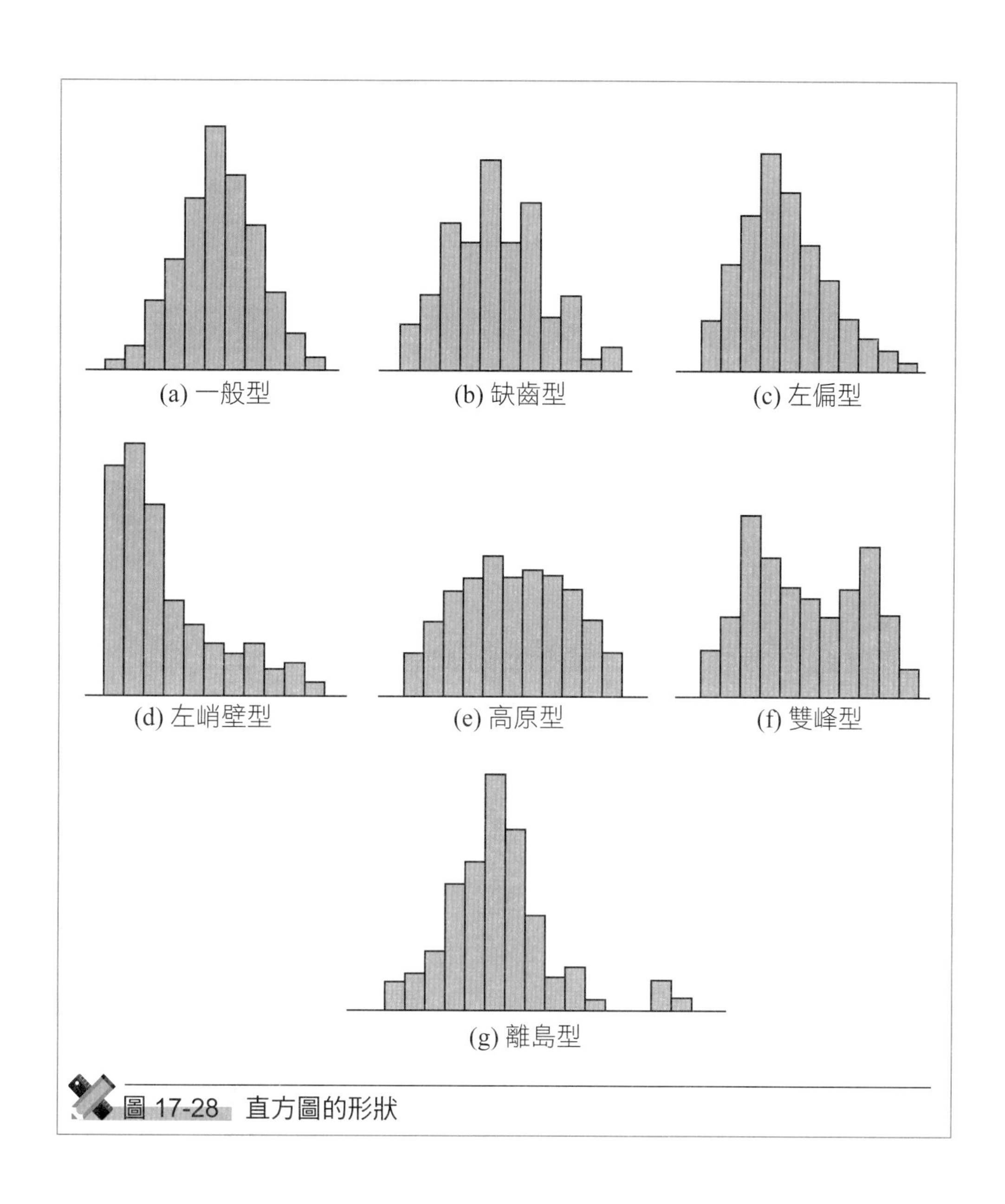

圖 17-28 直方圖的形狀

表 17-19 各種類型的說明

圖號	名稱	形狀的說明	查核點
(a)	一般型	次數在中心附近最多，愈向兩方偏離，就慢慢減少。左右對稱。	一般所出現的形狀。
(b)	缺齒狀	隔了一個組次數即減少，形成缺齒狀	組的寬度是否為測量單位的整數倍，測量者的刻度讀法是否有習性……等之檢討是需要的。
(c)	左偏型 (右偏型)	直方圖的平均值靠在分配中心的左邊，次數左側陡峭，右側平滑地減少。左右非對稱。	理論上，像是以規格值等來限制下限，出現在不取某值以下之值。不純物的成份近於 0% 時，不良品數或缺點數近於 0 時會發生此形狀。
(d)	左峭壁型 (右峭壁型)	直方圖的平方值靠在分配中心的值左端，次數左側陡峭右側平滑減少，左右非對稱。	將規格以下者之全數選別除去時會出現。測量的不實、檢查失誤、測量誤差等是否存在，試著檢核看看。
(e)	高原型	各組所含之次數不變，形成高原狀。	平均值稍許不同的幾個分配混合時會出現。作出分層直方圖，比較看看。
(f)	雙峰型	分配中心附近之次數少，左右有山峰	平均值不同的二個分配混合時會出現。譬如，二台的機械間、二種原料間有差異時。作出分層直方圖，即可得知其差異。
(g)	離島型	在一般的直方圖的右端或左端有偏離的小島	來自不同分配之數據稍許混入時會出現，調查數據的履歷。工程是否有異常、測量有無失誤、有無其他工程的數據混入等。

17-5-5 工程能力

1. 工程能力的意義

工廠中品質管理的問題是掌握工程能力，並予以維持或改善之謂。所謂工程能力 (process capacity) 是有關工程維持品質的能力，當照著所設定的標準去進行作業時，可實現到何種程度的品質之謂。〔註：此又稱工程品質能力，與生產能力 (指數量) 有別〕。

影響產品品質之原因有原料、機械、作業方法、作業員等一般所謂的 4M，總合了這些之後的工程，在現在的技術水準及經濟水準之下，究竟有多少能力使所生產出來的產品可達到何種程度的品質時，該工程所能達成之品質的上限即謂工程能力。要言之，工程的標準化充分推行，異常原因被去除，工程維持在安定狀態時，此時工程之品質能力可想成是工程能力。

2. 工程能力調查的目的

為了企劃、設計、生產、銷售能讓消費者喜歡購買、使用滿意的產品，生產產品的母體工程其能力要很充分才行。因此，工程欠缺能力無法生產出能滿足消費者要求的產品時，此時必須採取改善工程能力的對策，又如果能力充分則有須予以維持。總之，在推進品管活動方面，掌握工程能力是非常需要的，調查此工程能力即稱之為「工程能力調查」。

工程能力調查的目的，如依部門別來看有以幾點。

(1) 設計關係：決定圖面規格時之基礎資料。

(2) 生產技術關係：工程設計、機械、冶工具設計、加工條件的設定及變更等之資料。

(3) 製造關係：製作及變更 QC 工程圖、作業要領書、作業指導書等之資料。

(4) 檢驗、採購、銷售關係：檢驗方式的設定、供應商的指導、對客戶的要求資料。

3. 工程能力調查的步驟

在掌握工程能力方面，基本上按以下方法進行。

(1) 明確欲調查的品質特性及調查的範圍，並收集數據。

(2) 製作 $\bar{x}-R$ 管制圖，確認工程處在安定狀態。

(3) 製作直方圖，計算工程能力指數 (C_p, C_{pk})。

(4) 判斷工程能力的有無，如工程能力不足即進行改善。

具體言之，可依圖 17-29 的步驟進行。

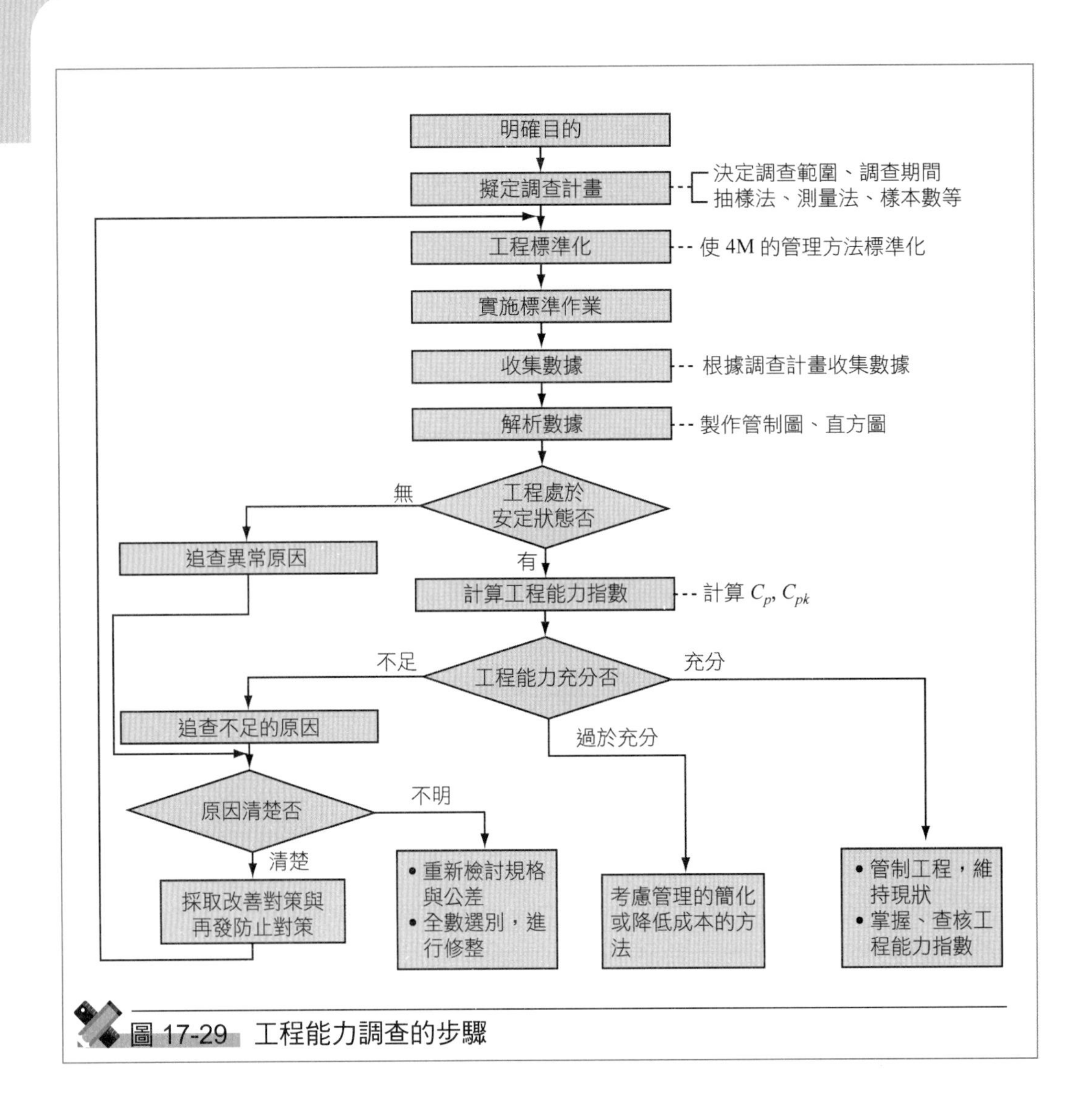

圖 17-29 工程能力調查的步驟

4. 工程能力判斷基準

滿足以下二個條件時，可謂有工程能力。

(1) 工程管制得很好，處於管制狀態。

(2) 工程能力指數 C_p 或 C_{pk} 適正。

工程能力有無的判斷基準與處置，說明在表 17-20 之中。由此表似乎可知，產品的範圍是 6*s*，而規格的範圍剛好在 8*s* 的位置時最為適當 。

表 17-20　工程能力有無的判斷基準

C_p（或 C_{pk}）之值	分配與規格之關係	工程能力有無的判斷	處　置
$C_p \geq 1.67$	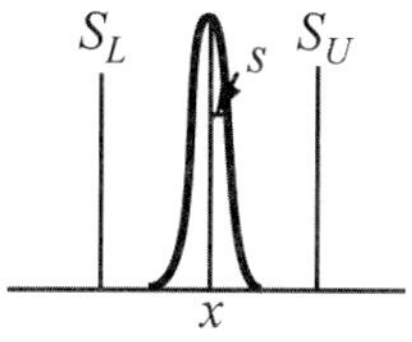 S_L s S_U x	工程能力過於充分	產品的分散稍大些也不必擔心。考慮管理的簡化或成本降低的方法
$1.67 > C_p \geq 1.33$	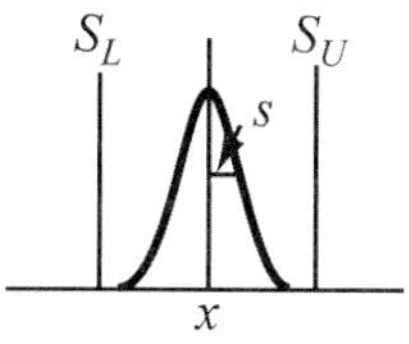 S_L S_U s x	工程能力充分	為理想的狀態，故須維持
$1.33 > C_p \geq 1.00$	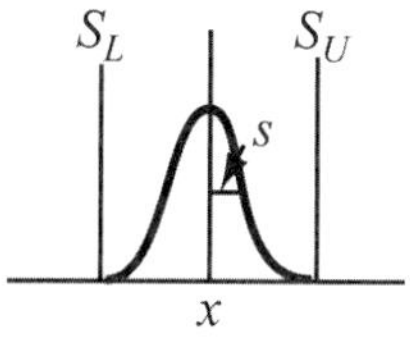 S_L S_U s x	工程能力不能說充分但還過得去	工程管理要踏實進行保持在管制狀態，C_p 近於 1 時會產生不良品，故須視需要採取處置
$1.00 > C_p \geq 0.67$	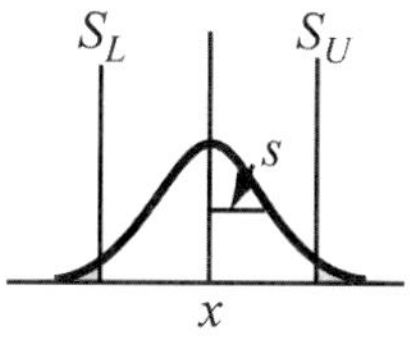 S_L S_U s x	工程能力不足	發生不良品、全數選別，工程的管理、改善顯得有需要
$0.67 > C_p$	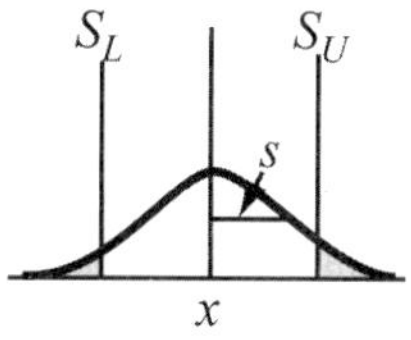 S_L S_U s x	工程能力非常不足	處於無法滿足品質的狀態，有須改善品質、追求原因，採取緊急對策，並重新檢討規格

5. C_p 與 C_{pk} 的計算方法

為了將工程能力的水準予以數量化，以判斷工程能力的有無，工程能力指數 C_p 及 C_{pk} 廣為一般所使用。在表 17-21 中說明有計算式與計算例。又，在計算例中設定：平均值 $\bar{x} = 52$；標準差 $s = 0.48$；規格上限 $S_U = 52$；規格下限 $S_L = 49$。

C_p 與 C_{pk} 之間有問題的情形是在給與雙邊規格時，今就此例加以說明。

表 17-21 工程能力指數 (C_p, C_{pk}) 的計算

區分		分配與規格的關係	計算式	計算例
雙邊規格時	可以不考慮偏度時	S_L S_U s x	$C_p = \frac{S_U - S_L}{6s}$	$C_p = \frac{52-49}{6 \times 0.48} = \frac{3}{2.88} = 1.04$
	考慮偏度時	S_L K S_U s x	$K = \frac{\lvert (S_U + S_L)/2 - \bar{x} \rvert}{(S_U - S_L)/2}$ $C_{pk} = (1-K)\frac{S_U - S_L}{6s}$ $K \geq 1$時，$C_{pk} = 0$	$K = \frac{\lvert (52+49)/2 - 50 \rvert}{(52-49)/2} = 0.33$ $C_{pk} = (1-0.33)\frac{52-49}{6 \times 0.48} = 0.70$
單邊規格時	規格上限 (S_U) 時	S_L S_U s x	$C_p = \frac{S_U - \bar{x}}{3s}$ $\bar{x} \geq S_U$ 時，$C_p = 0$	$C_p = \frac{52-50}{3 \times 0.48} = 1.39$
	規格下限 (S_L) 時	S_L S_U s x	$C_p = \frac{\bar{x} - S_L}{3s}$ $\bar{x} \leq S_L$ 時，$C_p = 0$	$C_p = \frac{50-49}{3 \times 0.48} = 0.69$

註：C_p：工程能力指數，C_{pk}：評價偏差之工程能力指數
$\bar{x}$：平均值，s：標準差，S_U：規格上限，S_L：規格下限
K：偏度，$\lvert\ \rvert$：絕對值

C_p 是用標準差的 6 倍去除規格的範圍 (公差) 而得。

$$C_p = \frac{S_U - S_L}{6s} = \frac{規格的範圍}{6 \times 標準差}$$

其中，S_U 表規格上限，S_L 表規格下限，s 表標準差。

在上式中，平均值 $\bar{x}$ 全未考慮。因此，在以下兩例的情形中，C_p 均為 1.39

(參照圖 17-30)。

例 1

平均值在規格的中心時

$$\bar{x}=500, s=2.4, S_L=490, S_U=510$$

例 2

平均值偏離規格中心時

$$\bar{x}=495, s=2.4, S_L=490, S_U=510$$

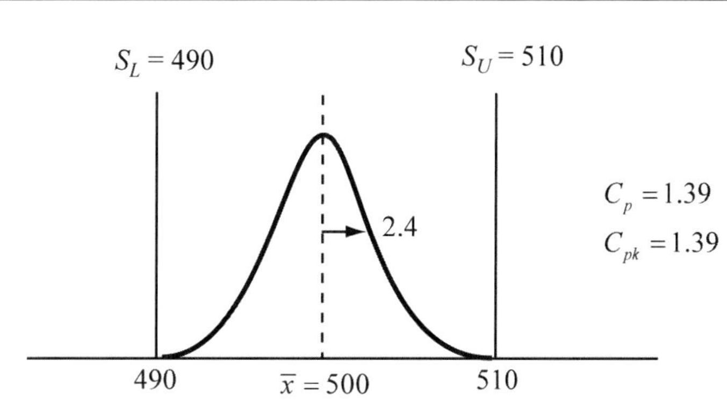

例 1　平均值在規格的中心

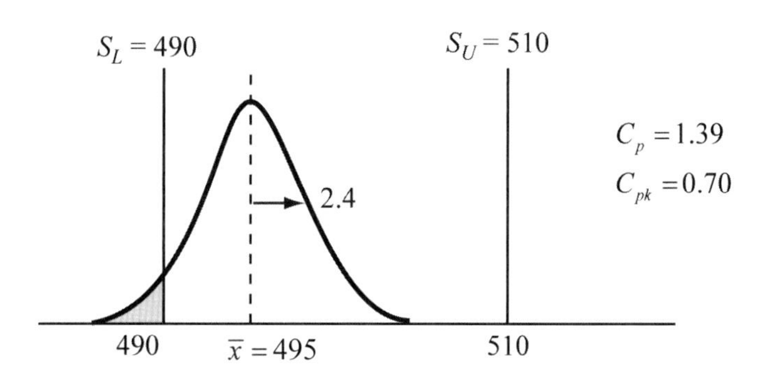

例 2　平均值偏離規格的中心

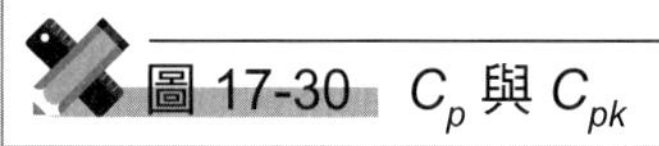

圖 17-30　C_p 與 C_{pk}

C_p 的計算

$$C_p = \frac{S_U - S_L}{6s} = \frac{510-490}{6\times 2.4} = \frac{20}{14.4} = 1.39$$

依判定基準知：

$$1.67 > C_p = 1.39 > 1.33$$

故得出「工程能力充分」的結論。可是，從圖 17-30 似乎可知，在例 2 的情形中因平均值的管理不佳，而有出現在規格外的產品，儘管如此，仍進行此種判斷是不合理的。在目標的品質特性其平均值能自由調節時，尚不致有問題，但並不一定經常能如此。

在調節平均值甚為困難的情形中，須掌握工程的偏度，並採取行動減少偏度。此時 C_p 就沒有太大用處。因此，評價偏度的工程能力指數，亦即 C_{pk} 方有意義可言。C_{pk} 可利用 K 來求，

$$\text{偏度 } K = \frac{\text{規格中心與分配中心的間距}}{\text{規格範圍的一半}} = \frac{|(S_U + S_L)/2 - \bar{x}|}{(S_U - S_L)/2}$$

評價偏度的工程能力指數：

$$C_{pk} = (1-K)C_p = (1-K)\frac{S_U - S_L}{6s}$$

就前面的例子來說明，其情形如下。

例 1 的 C_{pk}

$$K = \frac{|(510+490)/2 - 500|}{(510-490)/2} = 0$$

$$C_{pk} = (1-0)\times 1.39 = 1.39$$

例 2 的 C_{pk}

$$K = \frac{|(510+490)/2 - 495|}{(510-490)/2} = \frac{5}{10} = 0.5$$

$$C_{pk} = (1-0.5)\times 1.39 = 0.5\times 1.39 = 0.70$$

因此，C_{pk} 較 1 為小，所以即形成「工程能力不足」的情形。將以上加以整理，得出如下。

(1) 品質特性的平均值能自由調節時，使用 C_p。

(2) 偏度與變異必須總合評價時，併用 C_p 與 C_{pk} (只有 C_{pk} 仍無法區分偏度與變異何者不佳)。

17-6 散佈圖

17-6-1 散佈圖的作法

散佈圖是用在想調查二組成對數據之關係，譬如電鍍時間與電鍍厚度，或某成份之含有量與強度，服務年數與薪資，電阻值與保險絲熔斷時間等之關係。收集成對的二組數據 x 與 y，在圖形用紙的橫軸上取數據 x，縱軸上取數據 y，將測量數據描點在用紙上即為「散佈圖」。依散佈圖上的分散情形，即可掌握相關關係之有無。

以下以步驟的方式說明散佈圖的作法。

步驟 1 將欲調查有無相關關係之二種特性值，以成對來收集數據，作成表。

此時，二種特性值之中的一者為原因系，另一者為結果系時，將原因系的特性值當作 x，結果系的特性值當作 y。

數據數若太少有時難以掌握相關關係，收集的數據最好在 30 組以上。

在某種的光化學反應產品中，為了調查照射光中的紫外線量 x (%) 與收量 y (kg) 之關係，製造了 32 批，得出表 17-22 的數據。試由此製作散佈圖看看。

步驟 2 分別求出數據 x 及 y 的最大值與最小值。

$$x_{max} = 3.70, x_{min} = 3.12$$
$$y_{max} = 58.9, y_{min} = 55.1$$

表 17-22 數據

No.	x (%)	y (kg)	No.	x (%)	y (kg)
1	3.20	58.5	17	3.51	56.7
2	3.48	56.5	18	3.40	57.3
3	3.32	58.5	19	3.34	57.2
4	3.36	58.0	20	3.31	56.3
5	3.25	57.8	21	3.14	58.1
6	3.55	56.3	22	3.70	55.1
7	3.28	57.0	23	3.34	57.1
8	3.62	55.9	24	3.46	57.0
9	3.12	58.9	25	3.22	58.0
10	3.64	55.4	26	3.50	56.2
11	3.30	57.7	27	3.13	58.3
12	3.44	56.5	28	3.54	56.2
13	3.38	57.6	29	3.24	57.2
14	3.18	58.2	30	3.46	57.9
15	3.35	57.0	31	3.26	57.4
16	3.60	56.0	32	3.42	56.6

步驟 3 畫出橫軸與縱軸。

一般，準備圖形用紙，橫軸取 x，縱軸取 y，使 x 的最大值與最小值之差，與 y 的最大值與最小值之差的長度相等之下，訂出 x 與 y 之數值的刻度，刻度是在橫軸上愈往右值愈大，縱軸上愈向上值愈大。

橫軸…紫外線量 (%)

縱軸…收量 (kg)

$$x_{max} - x_{min} = 3.70 - 3.12 = 0.58$$
$$y_{max} - y_{min} = 58.9 - 55.1 = 3.8$$

x 之數據範圍 0.58 與 y 之數據範圍 3.8 在圖形用紙上儘可能相等之

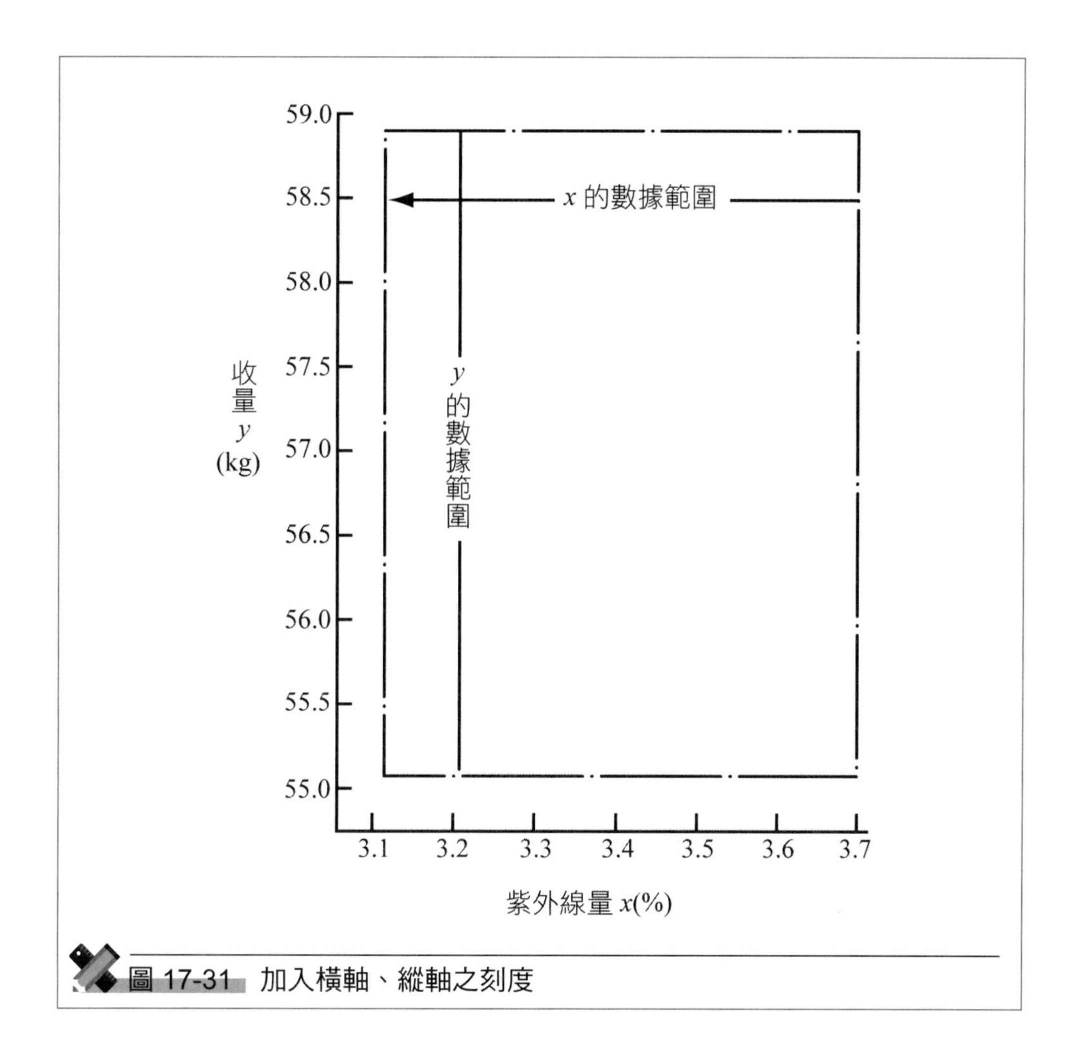

圖 17-31　加入橫軸、縱軸之刻度

下來決定刻度。

步驟 4　將數據描點。

從數據表的 No. 1 起按順序取橫軸與縱軸之值，在其交點上描點。數據相同點重合時，以二重⊙表示，或在右肩上記入數字 ·2，如有 3 個相同時以三重◎表示，或在右肩上記成 ·3。

步驟 5　記入所需事項。

將數據的數目、目的、產品名、工程名、作成部課名、作成者名、作成年月日等記入到空白處。當然，橫軸、縱軸上也不要忘了記入特性值之名稱與單位。

又，計算出相關係數時，與數據數一起記在散佈圖中的左上或右

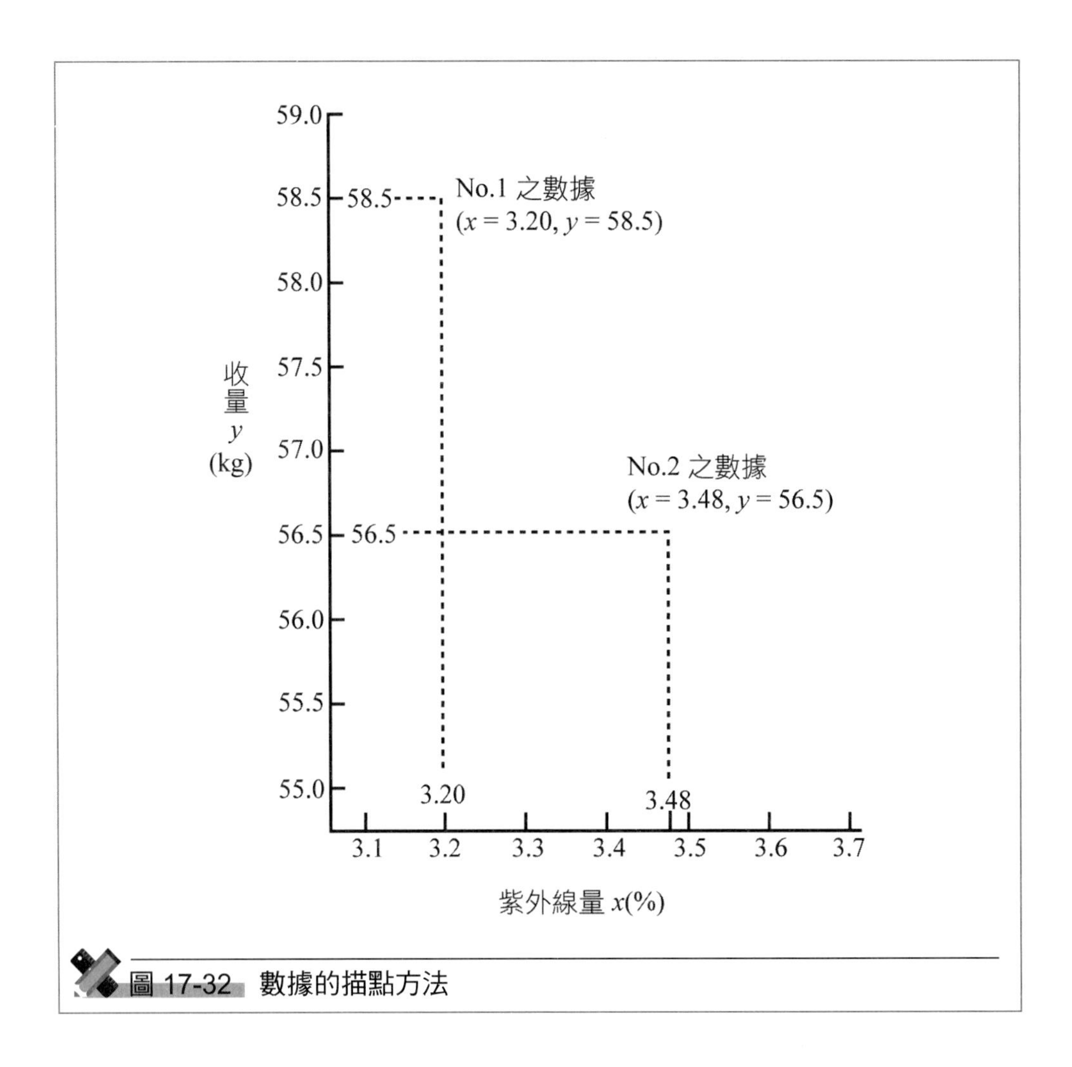

圖 17-32 數據的描點方法

上，又想求迴歸直線時，可在散佈圖中畫入迴歸直線，並記入其式子。

17-6-2 散佈圖的看法

散佈圖完成時，需要就以下五點進行確認。

1. 有無相關關係？

在成對的二種以上的要因與特性之間有直線的關係時，稱為「有相關」，依散佈圖上點的分散方式即可調查相關之有無與強度之大小。

(1) 有強的正相關時：這是 x 增加 y 也直線增加之情形 (參照圖 17-

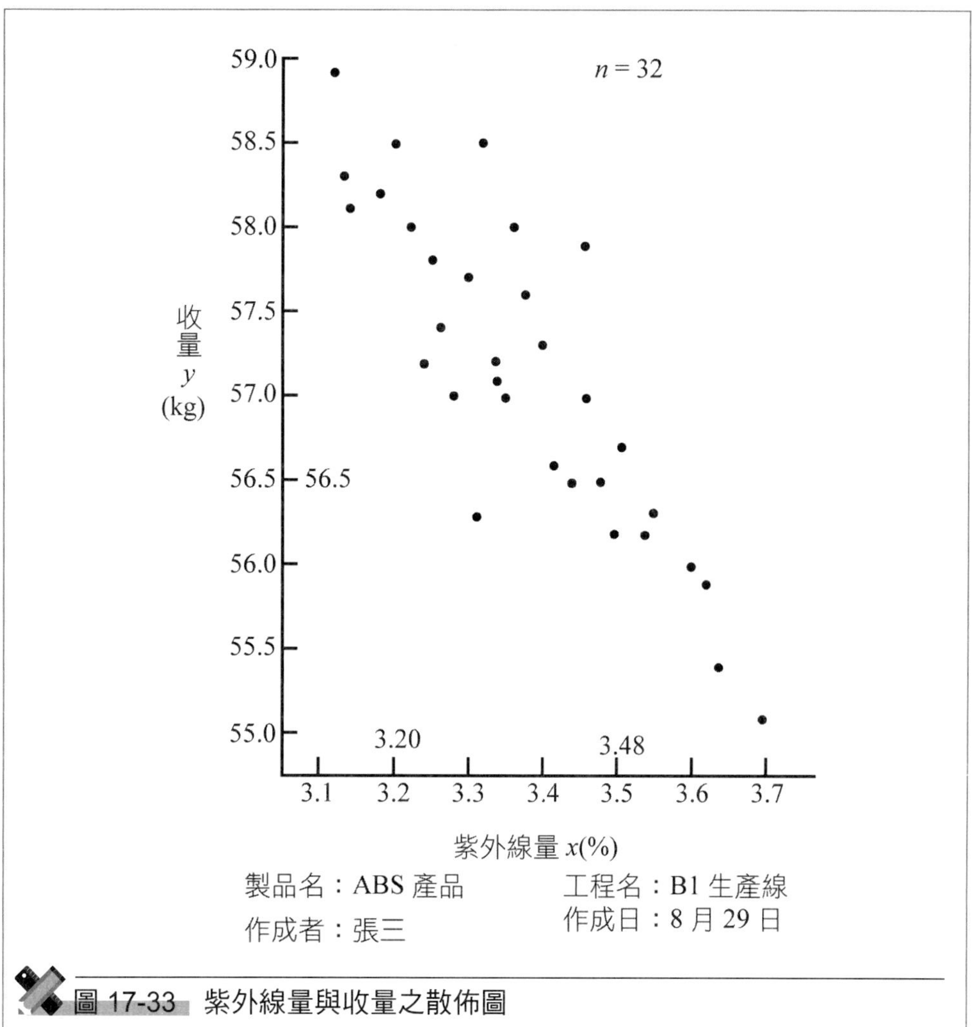

圖 17-33 紫外線量與收量之散佈圖

34(a))。

(2) 有弱的正相關時：x 若增加 y 也大致增加，但正相關之程度較弱。除 x 以外，可以認為仍存在有對 y 有某些影響無法忽略之要因 (參照圖 17-34(b))。

(3) 有強的負相關時：這是 x 增加 y 則減少的情形 (圖 17-34(c))。

(4) 有弱的負相關時：x 若增加則 y 也大致減少，負相關之程度比 (c) 弱。亦即，除 x 以外，可以認為仍存在有對 y 有影響無法忽略之原因 (參照圖 17-34(d))。

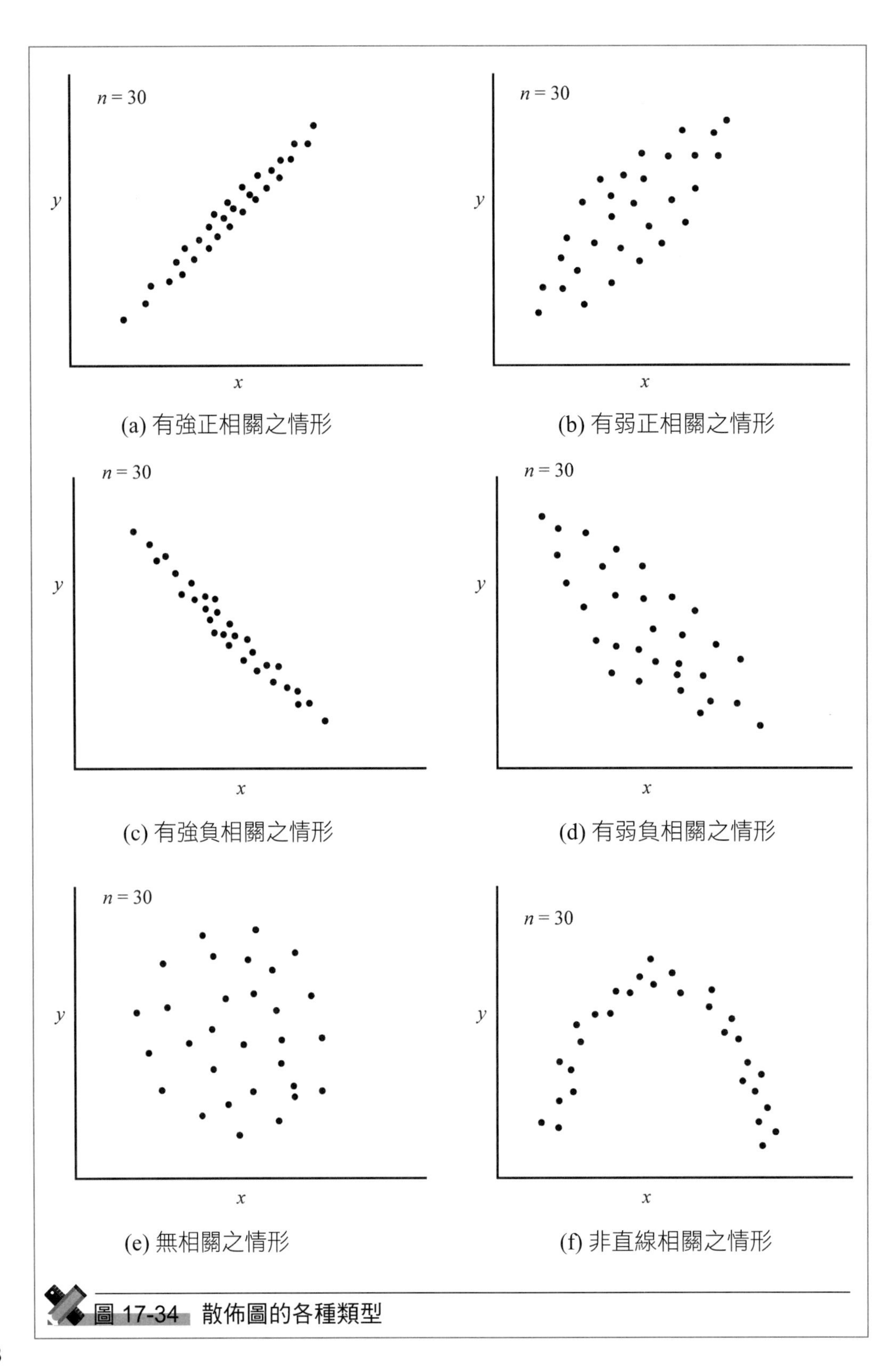

圖 17-34 散佈圖的各種類型

(5) 無相關時：x 與 y 無相關時，點近乎呈現圓形狀 (參照圖 17-34(e))。

(6) 具有非直線之關係時：x 與 y 呈現二次曲線或三次曲線之情形 (參照圖 17-34(f))。

2. 有無異常點嗎？

在散佈圖上所描畫的點之中，確認有無從許多點的集團中溢出而被認為是異常的點 (參照圖 17-35)。

異常點大多發生在作業員或材料有改變，亦即作業條件發生變更，或測量有錯誤之特別原因存在時。因此，如有異常點必須徹底追究原因。

又，異常點的處理是原因查明處置完成時，將該點去除再考察 x 與 y 之關係，而原因不明時，包含該點一起考慮。

3. 有需要層別嗎？

有直方圖或管制圖同樣，散佈圖也按原料別、裝置別、季節別等分類描點時，透過所層別的要因即可獲得 x 與 y 之關係有所不同等之有效資訊。

如圖 17-36(a)，以整體觀察散佈圖的點時，似乎可以認為沒有相關，但

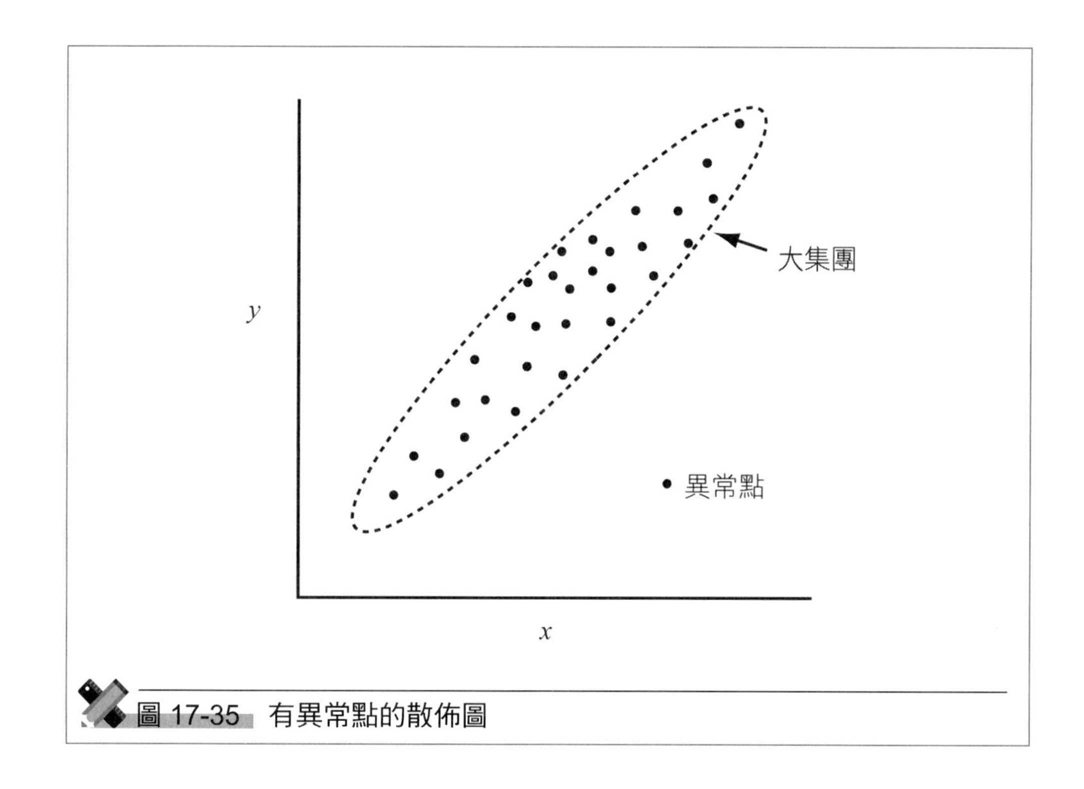

圖 17-35　有異常點的散佈圖

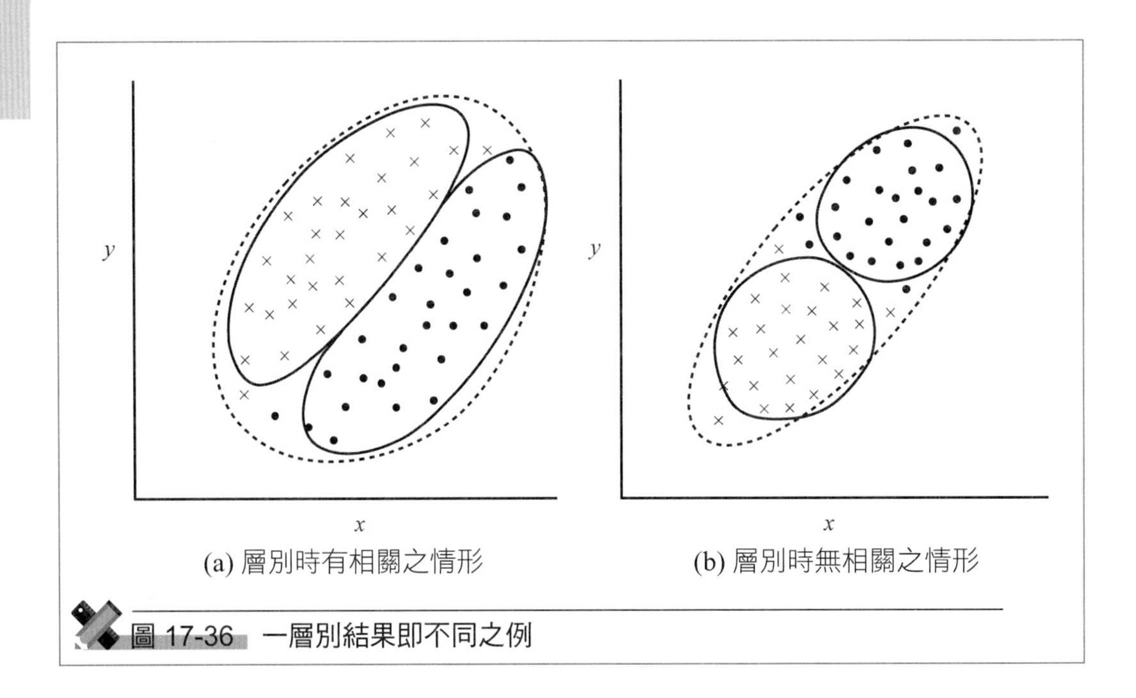

(a) 層別時有相關之情形 (b) 層別時無相關之情形

圖 17-36 一層別結果即不同之例

分層來看時，即有相關；另外，與此相反如圖 17-36(b)，整體來看可以認為有相關，但分層來看卻無相關之情形也有。因此，畫散佈圖時如果能按一些要因來層別時，改變描點的記號，或以顏色區分，均可說是可行的。

4. 是否有假相關呢？

「小孩在滿潮時較容易出生」，「風一吹動，木桶店就會賺錢」等有此類的諺語。從技術上來看時，儘管無法想出相關關係，但在散佈圖上卻呈現「有相關」之狀態。此種情形稱為「假相關」。

譬如，像溫度上升，收率就變壞，產品的純度就變好之情形，以數據來說對於收率與純度即出現有「負的相關關係」。此時，收率變壞並非是純度變好的原因，以技術上來看時，其原因在於溫度。像此種收率與純度之關係稱為「假相關」。

並非就那樣相信從散佈圖得來的結果，對二個數據的關係加上技術上的考察，試著檢討此種關係是否真的成立是有需要的。

5. 有無外插呢？

超出數據 x 或 y 的測量範圍之部分，來判斷相關之有無或擴張迴歸直線之應用稱為「外插」。在測量範圍以外，x 與 y 之間存在何種關係完全不明，所以無法外插。

以具體例子來敘述。從圖 17-34 的散佈圖知，紫外線量愈少，收量就愈多，有負的相關關係，所以儘可能減少紫外線量，以技術上可能之值的 2.9 (%) 來製造之後，收量卻比原來的低，低於 55 kg 此類例子即是。進行外插時，要再追加實驗進行確認等，有需要充分進行技術上的檢討。

17-7 管制圖

17-7-1 管制圖的基本想法

我們即使以相同的材料、機械進行同樣的作業，而產品的電阻值、迴轉轉距、尺寸、效率等的品質特性因有變異，所以不會成為一定值。數據有變異性是說在工程中存在有對產品的品質產生變異的原因。這些原因可以分成以下兩類：

1. 偶然原因產生之變異

在技術上一直以相同的方法進行正確的作業，產品仍出現變異之原因，原物料、作業方法等全部按標準進行，也仍會出現不得已的變異。

2. 異常原因產生的變異

工程中發生某種之異常，譬如，不遵守作業標準，或因標準類不周全出現無法忽視的變異。

為了管制工程，應判斷目前所出現的變異是哪種原因產生的，如果是偶然原因造成的變異，則維持此工程，如果是異常原因造成的變異，查明該異常原因並去除之，為了不發生因二次相同原因造成變異，採取適切的處置是很重要的。

管制圖是為了區分工程中的因偶然原因及異常原因造成的變異，進而管制工程所想出來的方法，這是由一條中心線 (CL) 與上下兩條合理所決定的管制界限 (UCL, LCL) 所構成的。

將表示狀態的特性值加以描點時，所有的點均在上下二條管制界限內，且點的排法並無習性時，工程即可視為「處於管制狀態」。另一方面，點溢出界外，以及點的排法有習性時，工程可以說「不在管制狀態」，判斷工程出現異常狀態，應調查其原因並採取處置。

管制圖作為工程管制用以及工程解析的方法來說，是非常有用的工具。

17-7-2 管制圖的種類

管制圖種類的分類法有許許多多，此處就「依統計量之分類」與「依用途之分類」加以說明。

1. 依統計量來分類

對於表示原材料或產品品質之數據，有收集像長度、重量、時間、成份、強度等連續性數值之「計量值」，以及收集像不良個數、瑕疵、缺點數等間斷性數據之「計數值」。計量值與計數值所使用之管制圖不同，通常所使用之標準型管制圖有如下幾種：

(1) $\bar{x}-R$ 管制圖：這是針對工程可以獲得甚多資訊之管制圖，利用尺度、收量、強度等之計量值來管制工程時所使用。$\bar{x}$ 為組的平均值，R 為組的全距，$\bar{x}$ 管制圖是為了觀察組之平均值的變化，R 管制圖是為了管制組內的變異之變化分別加以使用，$\bar{x}$ 管制圖與 R 管制圖通常一併使用。

(2) $\tilde{x}-R$ 管制圖：雖與 $\bar{x}-R$ 管制圖相同，但不用平均值 $\bar{x}$ 而使用中位數 $\tilde{x}$。$\tilde{x}$ 是將數據按大小順序排列之後，將正中之數值描點即可，因之不像 $\bar{x}$ 那樣計算複雜，在現場繪製時甚為方便。

(3) x 管制圖：這是利用各個數據來管制，將所得到的數據照原樣一點一點的描繪的一種管制圖。像一日、一週、一個月之類的數據，獲得之間隔非常長時，以及無法分組時等特殊的情形中所使用。

求出移動全距 R_s 作成「$x-R_s$ 管制圖」，或與 $\bar{x}-R$ 管制圖併用作為「$x-\bar{x}-R$ 管制圖」。這是因為光是 x 管制圖無法區分是工程的平均值與變異的哪一個發生變化之故。

(4) pn 管制圖，p 管制圖：像產品一個個的來判別它是良品或不良品，或分級一級品與二級品之情形，求出所有樣本中的不良品數或次級品數，利用此來管制工程時所使用。樣本數 n 為一定，以不良個數

pn 當作問題時使用 *pn* 管制圖。樣本數 *n* 不一定時，亦即以不良率作為問題時，使用 *p* 管制圖。*p* 管制圖及 *pn* 管制圖是針對服從二項分配之計數值所使用。

(5) *c* 管制圖，*u* 管制圖：像電鍍的金屬表面瑕疵、針孔、織物的不均等依產品之中的缺點數來管制工程時所使用之管制圖。產品的大小一定時，使用缺點數的 *c* 管制圖。產品的大小不同時，使用每單位的缺點數 *u* 的 *u* 管制圖。*c* 管制圖及 *u* 管制圖是針對服從卜氏分配之計數值所使用。

針對以上的管制圖，將管制界限的計算式、用法與注意事項，整理在表 17-23 中。

2. 依用途來分類

(1) 管制用管制圖：進行了工程的改善且完成了種種的標準化，對於品質標準等來說如可以提供滿足的結果時，這時只要維持管制狀態即可。維持此良好的狀態，亦即為了管制工程所使用之管制圖稱為「管制用管制圖」，具體來說，將顯示管制狀態的解析用管制圖的管制界限延長，一面在延長的部分描點，一面判斷工程是否異常。

(2) 解析用管制圖：這是解析工程所使用之管制圖，將數據按原料別、裝置別、組別、季節別分層，或改變數據的分法 (分組) 來描畫管制圖，調查「何處有差異」、「何者不在管制狀態」。對於變異變大或平均偏離目標值時，應調查其原因並採取處置。

解析用管制圖可用於「決定方針」、「解析工程」、「調查工程能力」、「估計工程的狀態」等。

17-7-3 管制圖的選定方式

關於使用管制圖，首先要決定管制的項目，亦即品質特性是什麼？其次，依此品質特性或數據的種類、抽樣的方式等，決定使用何種的管制圖。

對於現場一般經常所使用的管制圖來說，將選定的規則作成流程圖即為圖 17-37。在選定管制圖時，將此流程圖循著箭頭的方向去選擇所需要的管制圖。

表 17-23

管制圖的種類			中心線	管制界限	用法	主意點
計量值之管制圖	平均值與全距（$\bar{x}-R$ 管制圖）	平均值（$\bar{x}$ 管制圖）	$\bar{\bar{x}}=\frac{\sum \bar{x}_i}{k}=\frac{各組平均值之合計}{組數}$	$\bar{\bar{x}}=\pm A_2\bar{R}$	品質依據長度、重量、收率、時間等連續之值（計量值）來管制時經常所使用。可提供甚多的資訊。	$\bar{x}$ 管制圖主要是管制組間平均值之動向，R 管制圖是管制各組之變異所使用，組內的大小 n 為 4～5 是適當的。
		全距（R 管制圖）	$\bar{R}=\frac{\sum R_i}{k}=\frac{各組全距之合計}{組數}$	$UCL=D_4\bar{R}$ $LCL=D_3\bar{R}$		
	中位值（$\tilde{x}$ 管制圖）		$\bar{\tilde{x}}=\frac{\sum \tilde{x}_i}{k}=\frac{各組中位值之合計}{組數}$	$\bar{\tilde{x}}\pm m_3A_2\bar{R}$	用於計量值之品質特性。計算簡單，適合於現場。	與 R 管制圖併用，組的大小 n 為 3 或 5 是適當的。
	各個測定值（x 管制圖）	能分組	$\bar{\bar{x}}=\frac{\sum \bar{x}_i}{k}=\frac{各組平均值之合計}{組數}$	$\bar{\bar{x}}\pm E_2\bar{R}$	雖是計量值，但數據的取得間隔非常長，或分組製作 $x-R$ 管制圖在時間上並不適當時所使用。	與 $\bar{x}-R$ 管制圖併用，作成 $x-\bar{x}-R$ 管制圖。
		不能分組	$\bar{x}=\frac{\sum \bar{x}_i}{k}=\frac{數據之合計}{組數}$	$\bar{x}\pm 2.659\bar{R}_s$		與 R_s 管制圖併用，作 $x-R_s$ 成管制圖。
	移動全距（R_s 管制圖）		$\bar{R}_s=\frac{\sum R_{s(i)}}{k-1}=\frac{移動全距之合計}{(組數)-1}$	$UCL=3.267\bar{R}_s$ $LCL=$ 不考慮		
計數值之管制圖	不良個數（pn 管制圖）		$\bar{p}n=\frac{\sum r_i}{k}=\frac{總不良個數}{組數}$	$\bar{p}n\pm 3\sqrt{\bar{p}n(1-\bar{p})}$	檢查個數一定時，品質依不良個數管制時。	用於不良個數或 2 級品數，使 r 在 5 以上來決定 n。
	不良率（p 管制圖）		$\bar{p}=\frac{\sum r_i}{\sum n_i}=\frac{總不良個數}{總檢查個數}$	$\bar{p}\pm 3\sqrt{\frac{\bar{p}(1-\bar{p})}{n}}$	品質以不良率（以檢查個數除不良個數時）管制時。	也可用於使用率，出勤率、使 r 在 5 以上來決定 n。
	缺點數（c 管制圖）		$\bar{c}=\frac{\sum c_i}{k}=\frac{總缺點數}{組數}$	$\bar{c}\pm 3\sqrt{\bar{c}}$	品質以缺點數管制時（組的大小 n 為一定）。	缺點數像布、鐵板上的瑕疵、轉記失誤、事故面積等。
	單位缺點數（u 管制圖）		$\bar{u}=\frac{\sum c_i}{\sum n_i}=\frac{總缺點數}{總單位數}$	$\bar{n}\pm 3\sqrt{c\frac{\bar{u}}{n}}$	品質以缺點數管制時（組的單位數 n 不同時也行）	以面積、長度等決定單位的大小，此單位數設為 n。

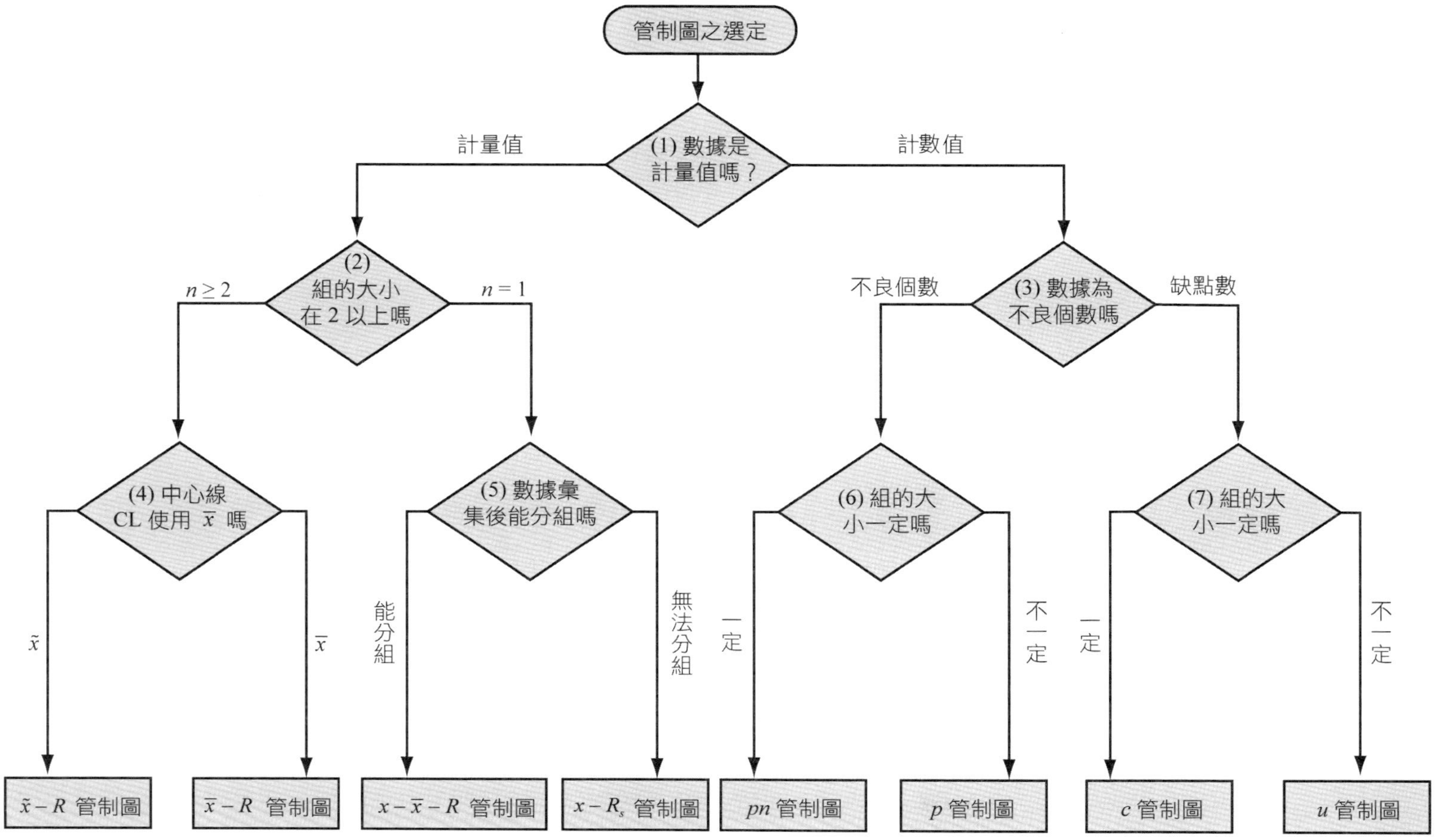

管制圖之選定

(1) 數據是計量值嗎？

計量值 → (2) 組的大小在 2 以上嗎

計數值 → (3) 數據為不良個數嗎

(2) $n \geq 2$ → (4) 中心線 CL 使用 $\bar{x}$ 嗎

(2) $n = 1$ → (5) 數據彙集後能分組嗎

(3) 不良個數 → (6) 組的大小一定嗎

(3) 缺點數 → (7) 組的大小一定嗎

(4) $\tilde{x}$ → $\tilde{x}-R$ 管制圖

(4) $\bar{x}$ → $\bar{x}-R$ 管制圖

(5) 能分組 → $x-\bar{x}-R$ 管制圖

(5) 無法分組 → $x-R_s$ 管制圖

(6) 一定 → pn 管制圖

(6) 不一定 → p 管制圖

(7) 一定 → c 管制圖

(7) 不一定 → u 管制圖

圖 17-37　選定管制圖的種類的流程圖

1. 在流程圖中詢問項目之說明

(1) 數據是計量值嗎？

首先判定數據是計量值或計數值。

- 計量值：像長度、重量、時間、收率等，經測量所得到的數據，收集此種連續性數值之數據。
- 計數值：像不良品質、缺點數等，經計數所得到的數據，收集此種不連續性數值之數據。

即使是相同的百分率，而不良率是計數值，而收率是計量值，亦即，像不良率或收率，單位面積之瑕疵數等比率，在求比率時，不受分母數值種類之影響，分子如為計量值時即為計量值，分子如為計數值時即為計數值。亦即

- 計數值 / 計數值，計數值 / 計量值…此值為計數值。
- 計量值 / 計數值，計量值 / 計量值…此值為計量值。

(2) 組的大小在 2 以上嗎？

從一個母體收集幾個數據，構成「組」。亦即將數個數據集中一起即形成組，而一個組所含的數據稱為「組的大小」，以 n 之記號來表示。

組的大小 n，從管制圖的性能來想收集 2 ～ 6 個。可是，像數據一日 1 個或一個月才能收集到 1 個，收集數據之間隔甚長，或抽樣與測量需在甚多的經費時，由於情非得已因之當作 $n = 1$。

(3) 數據是否為不良個數？

判定數據是關於不良個數的呢或是關於缺點數的呢？

- 不良個數的數據：像樣本 n 個中有 r 個不良品之情形。譬如，不良個數與不良率，2 級品數與 2 級品率，退貨數與退貨率等。
- 缺點數的數據：像出現的瑕疵數、針孔數、電銲不良的部位數、電話的誤接次數、塗裝不勻的數目等，計數缺點的單位面積有一定與不一定的兩種情形。

(4) 中心線使用 $\bar{x}$ 嗎？

在計量值的數據中，為了掌握分配的中心必須決定使用平均值 $\bar{x}$ 或中位值 $\tilde{x}$。從管制圖的性能面來說，$\bar{x}$ 較優，因之一般使用 $\bar{x}$。想將

原始的數據描點時，或需要簡便的計算時，可使用 $\tilde{x}$。

(5) 匯集 n 後能分組嗎？

組的大小 n 為 1 時，將此匯集可以構成合理的組時，作成 x 管制圖。譬如，在以 3 班進行作業的工程中，1 日 1 班僅能得 1 個數據時，以此製作 x 管制圖，在第 3 班的工作結束之階段以日為組製作 $n = 3$ 的 $x - R$ 管制圖。不能構成此種合理的組時，不得已才作成 $x - R_s$ 管制圖。

(6) 不良個數的組大小是否一定？

樣本數，亦即檢查個數即為組的大小 n。p 管制圖在組的大小為一定或不一定時均能使用，而 pn 管制圖計算簡單，因之組的大小一定時使用 pn 管制圖，只有不一定時才使用 p 管制圖。

(7) 缺點數的組的大小是否一定？

樣本數，亦即檢查單位的大小 (長度、面積、體積等) 即為組的大小 n。u 管制圖在組的大小為一定或不一定時均能使用，由於 c 管制圖的計算較簡單，因之組的大小一定時使用 c 管制圖，不一定時則使用 u 管制圖。

2. 管制圖選定的實例

(1) 某零件的機械加工工程中，一日收集 5 個樣本測量內徑尺寸，想管制此工程時，計量值→組的大小 $n > 2$ 以上→中心線為 $\bar{x}$ → $\tilde{x} - R$ 管制圖 (中心線選 $\tilde{x}$ 時即為 $\tilde{x} - R$ 管制圖)。

(2) 一日三次測量大氣中的一氧化碳濃度 (ppm)，每次測量均須確認，如有問題即想發出警報時，計量值→組的大小 $n = 1$ →能分組 ($n = 3$) → $x - \bar{x} - R$ 管制圖。

(3) 管制工廠中每個月的電力消費量時，計量值→組的大小 $n = 1$ →無法分組→ $x - R_s$ 管制圖。

(4) 電鍍工程中從電解槽中每日取出 150 個樣本，想管制電鍍的外觀不良個數時，計數值→不良個數→組的大小一定→ pn 管制圖。

(5) 日檢查 200 ～ 300 個想管制電話機的外觀不良率時，計數值→不良個數→組的大小不一定→ p 管制圖。

(6) 管制十字路口每 1 小時中通過的大型卡車通過台數時，計數值→缺點數 (在許多汽車通過之中的大卡車通過台數) →組的大小一定 (1 小時) → c 管制圖。

(7) 大小不同的嵌板想管制每 1 m^2 的瑕疵數時，計數值→缺點數→組的大小不一定→ u 管制圖。

17-7-4 管制圖上品質特性的選取須知

繪製管制圖時，首先必須要考慮的是決定管制圖上的品質特性，亦即應管制的項目。在管制圖上要管制的項目 (此稱為管制項目)，必須是能正確掌握工程狀態的指標。

選定記載在管制圖上的品質特性，應考慮以下事項後決定。

(1) 消費者要求的品質是產品中的哪一個品質特性，要好好調查，選出與此有重要關係者。

(2) 不只是最終產品的品質特性，選擇後續工程所要求的原材料、半製品之品質特性也是需要的。

(3) 裝配品的情形，與其從裝配之後才來選擇品質特性，不如在裝配前的工程中選擇零件的品質特性或製造條件，來管制這些工程較為有利的情形居多。

(4) 一個產品的品質特性只有一個的情形也有，而必須選擇二項目以上的情形也很多。

(5) 品質特性是原因系的測量較為容易，對工程而言，儘可能選擇處置較為容易者。儘管選擇不太重要者，或工程中無法採取處置的特性值畫在管制圖上，也是毫無幫助的。

(6) 直接測量某品質特性，在技術上、經濟上均有困難時，可以選擇與該品質特有密切關係之代用特性或製造條件。譬如在化學上不直接測量硫酸的濃度，使用測量較為容易的比重取代濃度作為品質特性。

(7) 以品質特性來說，不僅是狹義的品質，像產出量、單位生產量、使用率等，選擇與生產量或成本或效率有關的品質特性也是需要的。

17-7-5　製作 $\overline{x}-R$ 管制圖的方法

$\overline{x}-R$ 管制圖是在管制圖中可以提供甚多的資訊，因之經常加以使用。$\overline{x}$ 管制圖是觀察組的平均值的變化所使用的，R 管制圖是管制組內之變異的變化所使用的，一般將此兩者當作一組一起使用。

製作步驟如下：

步驟 1　收集數據。

從解析的對象工程，儘可能收集已加分組之最近 100 個以上的數據。數據的履歷要能明確清楚。組的構成是組內儘可能均一的同一批、同一製造日、同一組等的數據當作一個「組」。

一個組所含的收據稱為「組的大小」以 n 表示，一般使用 2 ～ 6。組的大小各組均相同。

分組後之組數以 k 表示，組數通常取 20 ～ 25。

在某電氣零件 H 的製造工程中，每日收集 $n=5$ 的樣本，共 20 日測量零件的卷線電阻，整理成表 17-24 的數據表。

試由此製作 $\overline{x}-R$ 管制圖看看。此處，1 日當成一組。

組的大小：$n=5$

組數：$k=20$

數據總數：$n=5\times 20=100$

步驟 2　記入到數據表中。

數據記入到數據表中 (一定的形式用紙)。由日報等抄寫不但麻煩，且容易發生錯誤，所以一開始即填入數據表 17-24 最為方便。

步驟 3　計算平均值 $\overline{x}$。

各組的平均值 $\overline{x}$ 利用下式來計算

$$\overline{x}=\frac{x_1+x_2+\cdots+x_n}{n}=\frac{\sum x}{n}=\frac{\text{組內之數據合計}}{\text{組的大小}}$$

計算位數是只要比測定值的位數低一位 (先計算出低二位，再將最後一位四捨五入) 即可。

組號 1 之情形：

表 17-24 管制圖的數據表

No.______________

產品名稱		電氣零件 H	製造編號		H-328	期間	6 月 1 日～ 6 月 30 日
品質特性		卷線電阻	職場		第一製造部二課		(6 月份)
測量單位		0.1 Ω	規準日產值		16,000	機械號碼	No.2
規格限界	最大	17.0	樣本	大小	5	作業員	張三
	最小	13.0		間隔	1 時間	檢查員姓名	李四
規格號碼		QC-H-12	測定器號碼		No.7		

日期	組號	測定值					合 計Σx	平均值 $\bar{x}$	全距 R	摘要
		x_1	x_2	x_3	x_4	x_5				
6/1	1	15.3	14.5	16.9	14.0	14.9	75.6	15.12	2.9	
6/2	2	13.0	15.2	14.2	15.1	13.5	71.0	14.20	2.2	
6/3	3	16.7	16.0	14.4	14.2	14.3	75.6	15.12	2.5	
6/6	4	14.2	14.9	13.2	17.0	15.1	74.4	14.88	3.8	
6/7	5	14.5	15.6	16.9	16.4	15.8	79.2	15.84	2.4	
6/8	6	14.5	15.9	14.3	15.0	14.2	73.9	14.78	1.7	
6/9	7	15.9	15.4	15.5	14.4	13.8	75.0	15.00	2.1	
6/10	8	15.1	15.12	15.0	15.7	13.6	74.6	14.92	2.1	
6/13	9	15.1	12.7	17.6	16.4	15.2	77.0	15.40	4.9	
6/14	10	16.4	16.4	14.6	14.3	14.3	76.0	15.20	2.1	
6/15	11	16.0	16.2	15.7	15.6	16.0	79.5	15.90	0.6	
6/16	12	13.9	13.5	13.3	16.1	16.1	72.9	14.58	2.8	
6/17	13	15.1	14.2	13.8	16.8	15.7	75.6	15.12	3.0	
6/22	14	15.3	14.6	17.3	14.2	16.9	78.3	15.66	3.1	
6/23	15	14.5	15.9	13.9	15.6	13.7	73.6	14.72	2.2	
6/24	16	13.3	15.6	14.2	14.6	13.7	71.4	14.28	2.3	
6/27	17	13.6	15.2	15.2	16.5	15.6	76.1	15.22	2.9	
6/28	18	15.9	14.0	14.2	13.4	15.3	72.8	14.56	2.5	
6/29	19	14.5	15.8	16.3	14.7	14.2	75.5	15.10	2.1	

表 17-24 管制圖的數據表 (續)

6/30	20	15.1	17.0	15.4	13.1	14.7	75.3	15.06	3.9	
$\bar{x}$ 管制圖 $UCL=\bar{\bar{x}}+A_2\bar{R}$ $LCL=\bar{\bar{x}}-A_2\bar{R}$			R 管制圖 $UCL=D_4\bar{R}$ $LCL=D_3\bar{R}$				計	300.66	52.1	
							$\bar{\bar{x}}=15.033$ $\bar{R}=2.605$			
記事										

n	A_2	D_4	D_3
4	0.729	2.282	−
5	0.577	2.115	−

$$\bar{x}=\frac{\sum x}{n}=\frac{15.3+14.5+16.9+14.0+14.9}{5}=\frac{75.6}{5}=15.120\rightarrow 15.12$$

將比測量值低 2 位 (小數點以下第 3 位) 的數字予以四捨五入

以下，同樣計算各組的平均值 ，記入到表 17-24 的數據表中。

步驟 4 計算全距。

求各組的全距。全距R是組內數據的最大值x_{max}與最小值x_{min}之差。

$$R=x_{max}-x_{min}$$

組號 1 之情形：

$$R=x_{max}-x_{min}=16.9-14.0=2.9$$

以下，同樣計算各組的全距 R，記入到表 17-24 的數據表中。

步驟 5 計算總平均 $\bar{x}$。

將各組的平均值 $\bar{x}$ 相加後除以組數 k，即可求出 $\bar{\bar{x}}$。

$$\bar{\bar{x}}=\frac{\bar{x}_1+\bar{x}_2+\cdots+\bar{x}_k}{k}=\frac{\sum\bar{x}}{k}=\frac{\text{各組的平均值合計}}{\text{組數}}$$

$$\bar{\bar{x}}=\frac{\sum\bar{x}}{k}=\frac{300.66}{20}=15.0330\rightarrow 15.033$$

將比測量值低 3 位 (小數點以下 4 位) 之數字予以四捨五入。

步驟 6 計算全距的平均值 $\overline{R}$。

將各組的 R 全部相加再除以組數，求出 $\overline{R}$。

$$\overline{R}=\frac{R_1+R_2+\cdots+R_k}{k}=\frac{\sum R}{k}=\frac{\text{各組全距之合計}}{\text{組數}}$$

全距之平均值 $\overline{R}$ 的位數，求至比各組的 R 亦即測量位數低 2 位 (第 3 位四捨五入)，記入 R 管制圖中時低 1 位即可。

$$\overline{R}=\frac{\sum R}{k}=\frac{52.1}{20}=2.6050\rightarrow 2.605$$

將比測量值低 3 位予以四捨五入。

記入在 R 管制圖時，比各組之 R 低 1 位，亦即：

$$2.605\xrightarrow{\text{四捨五入}}2.61$$

步驟 7 計算 $\overline{x}$ 管制圖的管制界限。

管制界限有 3 條：

- 管制上限：UCL (upper control limit)
- 中心線：CL (central limit)
- 管制下限：LCL (lower control limit)

計算利用下式進行：

中心線：$\mathrm{CL}=\overline{\overline{x}}$

管制上限：$\mathrm{UCL}=\overline{\overline{x}}+A_2\overline{R}$

管制下限：$\mathrm{LCL}=\overline{\overline{x}}-A_2\overline{R}$

A_2 是依組的大小 n 來決定之係數，表示在表 17-25 中。$\overline{x}$ 管制圖的管制界限，求到比測定值的位數低 2 位。組的大小 $n=5$，由表 17-25 得 $A_2=0.577$

$$\mathrm{CL}=\overline{\overline{x}}=15.033$$

$$\mathrm{UCL}=\overline{\overline{x}}+A_2\overline{R}=15.033+0.577\times2.605=15.033+1.5031=16.5361\xrightarrow{\text{四捨五入}}16.536$$

$$\mathrm{LCL}=\overline{\overline{x}}-A_2\overline{R}=15.033-0.577\times2.605=15.033-1.5031=13.5301\xrightarrow{\text{四捨五入}}13.530$$

表 17-25　求管制圖之管制界限的係數表

管制圖的種類	$\bar{x}$	$\tilde{x}$	R	
組的大小	A_2	m_3A_2	D_3	D_4
2	1.880	1.880	–	3.267
3	1.023	1.187	–	2.575
4	0.729	0.796	–	2.282
5	0.577	0.691	–	2.115
6	0.483	0.549	–	2.004
7	0.419	0.509	0.076	1.924
8	0.373	0.432	0.136	1.864
9	0.337	0.412	0.184	1.816
10	0.308	0.363	0.223	1.777

註：– 表不考慮。

步驟 8　計算 R 管制圖的管制界。

中心線：$\text{CL} = \bar{R}$

管制上限：$\text{UCL} = D_4\bar{R}$

管制下限：$\text{LCL} = D_3\bar{R}$

D_3 與 D_4 是依組的大小 n 所決定的定數，如表 17-25 所表示之值。

n 在 6 以下時，D_3 之值未加以表示，因之 LCL 當作不考慮。

R 管制圖的管制界限也求到比測量值的位數低 1 位。

組的大小 $n = 5$，由表 17-25 得：

$$D_3 = -$$

$$D_4 = 2.115$$

$$\text{CL} = \bar{R} = 2.605 \xrightarrow{\text{四捨五入}} 2.61$$

$$\text{UCL} = D_4\bar{R} = 2.115 \times 2.605 = 5.510 \xrightarrow{\text{四捨五入}} 5.51$$

$$\text{LCL} = \text{不考慮}$$

步驟 9　製作管制圖。

註 1：UCL 稱為管制上限，LCL 稱為管制下限。

註 2：由批取出 2 ~ 6 個樣本，當作 1 個組，求出 $\bar{x}$，R 在管制圖上描點來管制工程的優點有 (1) 各個的測量值即使不服從常態分配，而 $\bar{x}$ 的分配是樣本數愈大愈接近常態分配；(2) 從同一批抽取數個樣本，因之可推測批內的變異大小；(3) 工程有變化時，比各個測量值的管制圖更容易發現異常等。

17-7-6 「管制圖的畫法」須知

就管制圖中最具代表的 $\bar{x}-R$ 管制圖的畫法加以說明。對於 pn 管制圖、c 管制圖等，其他的管制圖也按以下敘述的方法作圖即可。

步驟 1 準備好描畫管制圖的用紙。

一般準備 A4 大小的用紙，擺成橫方向來使用，如公司有規定的用紙就加以利用。

步驟 2 決定橫軸與縱軸的刻度。

在管制圖的用紙上畫出橫軸與縱軸。$\bar{x}-R$ 管制圖是將 $\bar{x}$ 管制圖放在上方，將 R 管制圖放在下方。R 管制圖與 $\bar{x}$ 管制圖之間要空出一些寬度 (R 管制圖的 UCL 與 CL 之間隔寬度)。

縱軸的 UCL 與 LCL 之間隔，約為橫軸之組與組之間隔的 6 倍左右。

在 R 管制圖上，6 以下時 LCL 不考慮，因之縱軸的最下方的刻度設為 0，將此看成 LCL。

譬如 17-7-5 節的情形中，組與組的間隔如為 0.5 cm 時，$\bar{x}$ 管制圖的縱軸為

$$1\,\text{cm 的刻度間隔} = \frac{\text{UCL 與 LCL 之寬度}}{\text{組與組之間隔 (cm)}\times 6} = \frac{16.536-13.530}{0.5\times 6}$$

$$= \frac{3.006}{3} = 1.002 \xrightarrow{\text{四捨五入}} 1\,(\text{g})$$

因之將 1 cm 當作 1 g。另一方面，R 管制圖的縱軸為

$$1\,\text{cm 的刻度間隔} = \frac{\text{UCL 與 LCL 之寬度}}{\text{組與組之間隔 (cm)}\times 6} = \frac{5.510-0}{0.5\times 6}$$

$$= \frac{5.510}{3} = 1.84 \xrightarrow{\text{四捨五入}} 2\,(\text{g})$$

因之將 1 cm 當作 2 g。

在管制圖的縱軸刻度的左側 (中心線的位置) 上，以記號表示出管制圖的種類。譬如，在 $\bar{x}$ 管制圖的縱軸刻度的左側以 $\bar{x}$ 表示，在 R 管制圖的縱軸刻度的左側以 R 表示。又，在橫軸的刻度上記入組號。

步驟 3 畫管制界限。

中心線 (CL) 以實線，管制上限 (UCL) 與管制下限 (LCL) 若是解析用管制圖用虛線 (⋯)；若為管制用管制圖則用點鎖線 (–·–) 表示。

步驟 4 在管制圖上描入各組的點。

將各組所計算的 $\bar{x}$ 與 R 描在管制圖上。為了能區分兩者之點，$\bar{x}$ 之點用“·”記號，R 之點用“×”記號表示。對於溢出管制界限外之點再加上○記號記成⊙或⊕以利區別。位於界限上之點可視為溢出界外，還是要加上⊙記號，記成 ⊙。另一方面，接近界限的界限內的點，記成 ● 以表示點在內側。所描好的點按組號的順序以實線連結形成折線。

步驟 5 記入所需事項。

在 $\bar{x}$ 管制圖的左上記入組的大小 n。LCL、CL、UCL 之值則記入在右端各線的附近，必須避免與點重疊。又，將工程名、產品別、品質特性、數據的收集期間、測量方法、測量者等，表示數據之履歷的事項記入在空白處。

依據 17-7-5 節的數據，將 $\bar{x}-R$ 管制圖表示在圖 17-38 上。

17-7-7 製作 pn 管制圖的方法

「pn 管制圖」是將不良個數 pn (一級品之個數或良品個數也行) 當作管制的項目來處理時所使用。此時組的大小 n 必須一定。在 p 管制圖中 n 為一定時，與其以不良率表示不如照樣以各組的不良個數來表示，計算上可以省事，表現上也較具體，作業員也容易理解為其優點。

製作 pn 管制圖可按如下步驟進行。

步驟 1 收集數據。

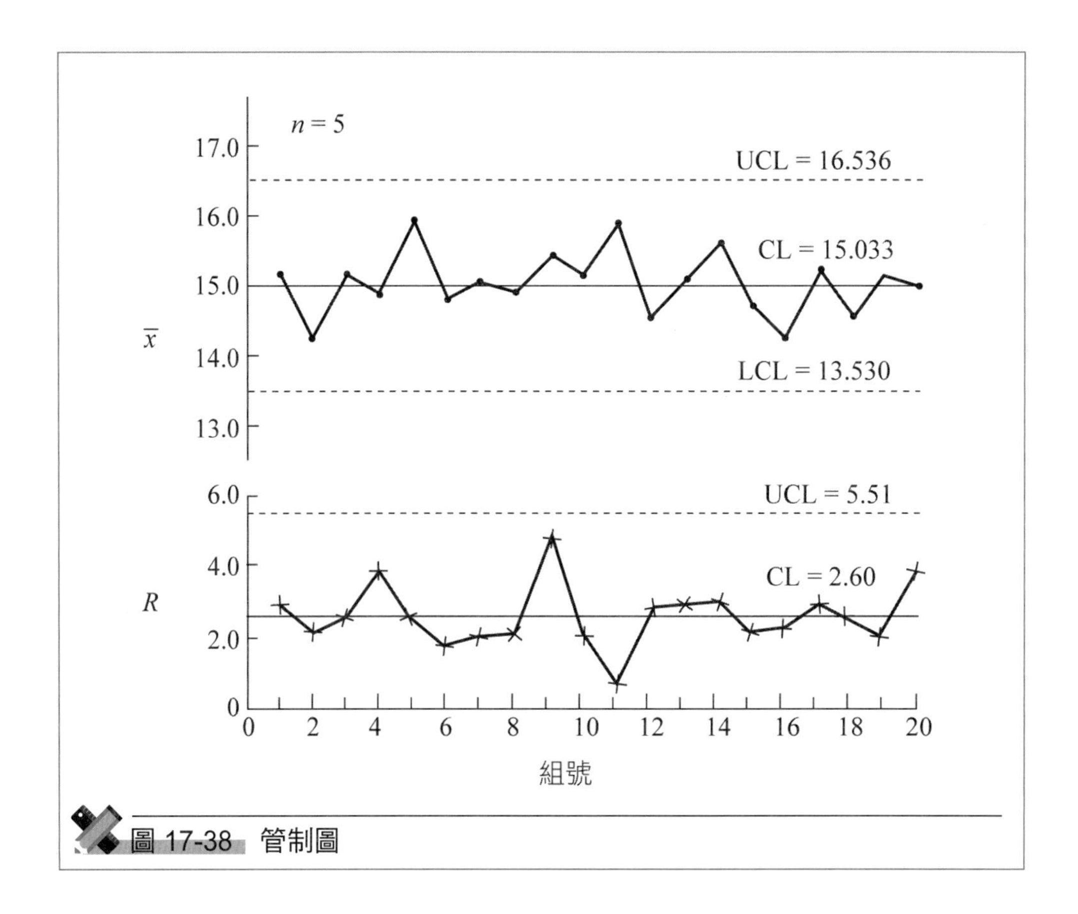

圖 17-38 管制圖

在組的大小 n 為一定下，組數 k 收集 20 組以上的數據，調查各組內的不良個數 pn (參照表 17-26)。

步驟 2 計算平均不良率 。

將各組的不良個數 pn 相加後，除以總檢查個數 $(k \times n)$，即可求出平均不良率 $\overline{p}$。

$$\overline{p} = \frac{\sum pn}{kn} = \frac{\text{總不良個數}}{\text{總檢查個數}} = \frac{36}{20 \times 100} = 0.0180$$

步驟 3 計算管制界限。

pn 管制圖的管制界限，利用下式即可求得。

中心線：$\mathrm{LC} = \overline{p}n = 0.018 \times 100 = 1.80$

管制上限：$\mathrm{UCL} = \overline{p}n + 3\sqrt{\overline{p}n(1-\overline{p})} = 1.80 + 3 \times \sqrt{1.80(1-0.0180)}$

$= 1.80 + 3 \times 1.330 = 1.80 + 3.99 = 5.79$

表 17-26　求管制圖之管制界限的係數表

組號	日期	組的大小 n	不良個數 pn	組號	日期	組的大小 n	不良個數 pn
1	9/10 (一)	100	0	11	9/24 (一)	100	3
2	9/11 (二)	100	1	12	9/25 (二)	100	2
3	9/12 (三)	100	0	13	9/26 (三)	100	3
4	9/13 (四)	100	2	14	9/27 (四)	100	6
5	9/14 (五)	100	0	15	9/28 (五)	100	2
6	9/17 (一)	100	2	16	10/1 (一)	100	3
7	9/18 (二)	100	1	17	10/2 (二)	100	0
8	9/19 (二)	100	5	18	10/3 (二)	100	1
9	9/20 (四)	100	1	19	10/4 (四)	100	1
10	9/21 (五)	100	0	20	10/5 (五)	100	3
					計	($\sum n$) 2,000	($\sum pn$) 36

管制下限：$\text{LCL} = \bar{p}n - 3\sqrt{\bar{p}n(1-\bar{p})} = 1.80 - 3 \times \sqrt{1.80(1-0.0180)}$

$= 1.80 - 3 \times 1.330 = 1.80 - 3.99 =$ 不考慮

步驟 4　製作管制圖。

在管制圖的橫軸上取組號，縱軸上取不良個數，中心線 CL 之值 pn 以實線 (—) 記入，管制界限 UCL，LCL 之值以點線 (……) (管制用管制圖時以點鎖線 –·–) 記入，然後將各點描入 (參照圖 17-39)。

17-7-8　製作 p 管制圖的方法

「p 管制圖」是以不良個數的比率亦即不良率作為管制的項目。另外，組的大小為一定時，使用 pn 管制圖較為方便。作法可按如下步驟進行。

步驟 1　收集數據。

從管制圖對象的工程收集數據，組數 k 在 20 組以上，調查各組的不良個數 pn (或 r)。

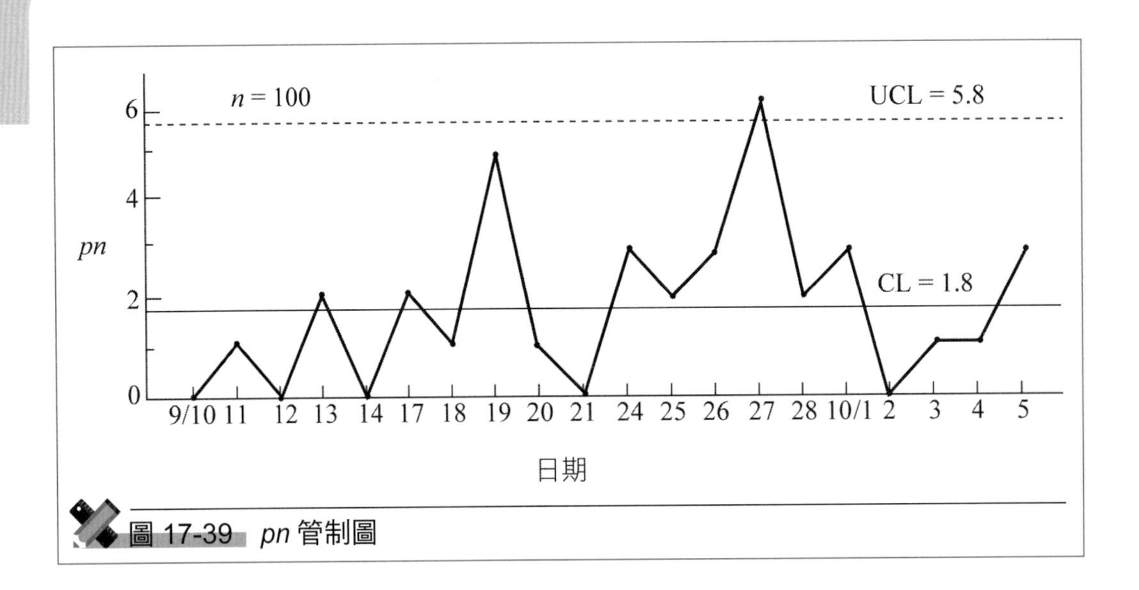

圖 17-39 *pn* 管制圖

步驟 2 計算不良率 p。

求各組的不良率 p。不良率 p 是將樣本中所含的不良個數 pn 除以檢查個數 n 所得之值。在表 17-27 中，對於批號 1 來說：

$$p=\frac{pn}{n}=\frac{\text{總不良個數}}{\text{總檢查個數}}=\frac{21}{250}=0.084$$

步驟 3 計算平均不良率 $\overline{p}$。

平均不良率 $\overline{p}$ 可按下式計算。

$$\overline{p}=\frac{\sum pn}{\sum n}=\frac{\text{總不良個數}}{\text{總檢查個數}}=\frac{231}{5{,}500}=0.0420$$

步驟 4 計算管制界限。

p 管制圖的管制界限依下式即可求得。組的大小 $n=250$，

中心線：$\text{CL}=\overline{p}=0.0420$

管制上限：$\text{UCL}=\overline{p}+3\times\sqrt{\dfrac{\overline{p}(1-p)}{n}}$

$$=0.0420+3\times\sqrt{0.0420(1-0.0420)/250}$$
$$=0.0420+0.0380=0.0800$$

表 17-27　p 管制圖的計算表

日期	批號	組號	檢查個數 n	不良個數 pn	不良率 p	$A=\frac{3}{\sqrt{n}}$	$A\times\sqrt{\bar{p}(1-\bar{p})}$	UCL $\bar{p}+A\sqrt{\bar{p}(1-\bar{p})}$	LCL $\bar{p}-A\sqrt{\bar{p}(1-\bar{p})}$
10/1 (一)	1	1	250	21	0.084	0.190	0.0380	0.0800	0.0040
10/2 (二)	2	2	250	7	0.028	0.190	0.0380	0.0800	0.0040
10/3 (三)	3	3	250	10	0.040	0.190	0.0380	0.0800	0.0040
10/4 (四)	4	4	200	6	0.030	0.212	0.0424	0.0844	–
10/5 (五)	5	5	250	7	0.028	0.190	0.0380	0.0800	0.0040
10/8 (一)	6	6	250	15	0.060	0.190	0.0380	0.0800	0.0040
10/9 (二)	7	7	200	0	0	0.212	0.0424	0.0844	–
10/11 (四)	8	8	250	8	0.032	0.190	0.0380	0.0800	0.0040
10/12 (五)	9	9	250	2	0.008	0.190	0.0380	0.0800	0.0040
10/13 (六)	10	10	200	4	0.020	0.212	0.0424	0.0844	–
10/15 (一)	11	11	250	26	0.104	0.190	0.0380	0.0800	0.0040
10/16 (二)	12	12	250	5	0.020	0.190	0.0380	0.0800	0.0040
10/17 (三)	13	13	200	3	0.015	0.212	0.0424	0.0844	–
10/18 (四)	14	14	200	5	0.025	0.212	0.0424	0.0844	–
10/19 (五)	15	15	250	8	0.032	0.190	0.0380	0.0800	0.0040
10/22 (一)	16	16	250	19	0.076	0.190	0.0380	0.0800	0.0040
10/23 (二)	17	17	200	8	0.040	0.212	0.0424	0.0844	–
10/24 (三)	18	18	200	11	0.055	0.212	0.0424	0.0844	–
10/25 (四)	19	19	250	9	0.036	0.190	0.0380	0.0800	0.0040
10/26 (五)	20	20	200	9	0.045	0.212	0.0424	0.0844	–
10/27 (六)	21	21	200	12	0.060	0.212	0.0424	0.0844	–
10/29 (一)	22	22	200	16	0.080	0.212	0.0424	0.0844	–
10/30 (二)	23	23	250	7	0.028	0.190	0.0380	0.0800	0.0040
10/31 (三)	24	24	250	13	0.052	0.190	0.0380	0.0800	0.0040
計			5,500 $(\sum n)$	231 $(\sum pn)$	$\bar{p}=\sum pn/\sum n=231/5,500=0.0420$ $\sqrt{\bar{p}(1-\bar{p})}=\sqrt{0.0420(1-0.0420)}=0.200$				

管制下限： $LCL = \overline{p} - 3 \times \sqrt{\dfrac{\overline{p}(1-p)}{n}}$

$= 0.0420 - 3 \times \sqrt{0.0420(1-0.0420)/250}$

$= 0.0420 - 0.0380 = 0.0040$

又，LCL 為負時，視為「不考慮」。所製作的管制圖請參圖 17-40。

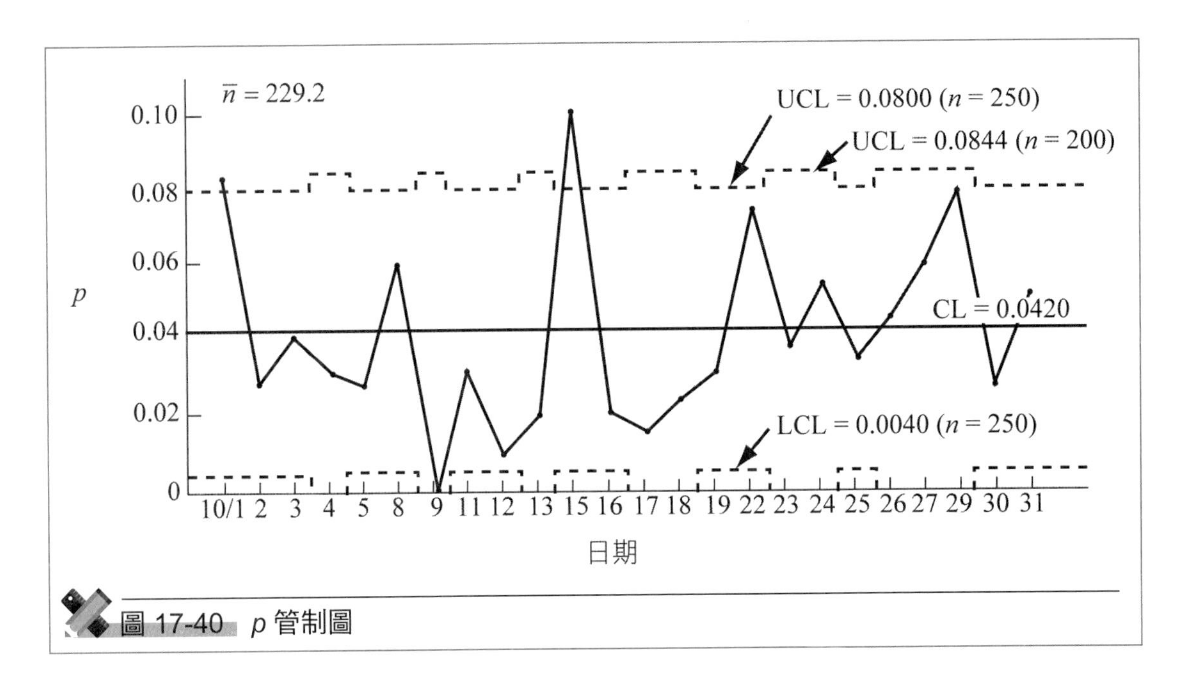

圖 17-40 p 管制圖

17-7-9 製作 c 管制圖的方法

「c 管制圖」的管制項目像一定單位中出現之瑕疵數、琺瑯線的一定長度中的針孔數、產品中塗裝不均的個數等，用於處理事先所規定的一定單位所出現的缺點數。

作法可按以下步驟。

步驟 1 收集數據。

從管制對象的工程中，收集 k 組樣本各組的大小均為一定，調查各樣本中的缺點數。

步驟 2 計算平均缺點數 $\overline{c}$。

將各組的缺點數 c 合計後除以組數 k，求出平均缺點數 $\bar{c}$。

$$\bar{c}=\frac{c_1+c_2+\cdots+c_k}{k}=\frac{\sum c}{k}=\frac{缺點數之合計}{組數}$$

在表 17-28 的例子中，

$$\bar{c}=\frac{\sum c}{k}=\frac{134}{48}=2.79$$

表 17-28　c 管制圖的計算表

組號	日	缺點數 c	組號	日	缺點數 c	組號	日	缺點數 c	組號	日	缺點數 c
1	2/ 1 (二)	1	13	2/18 (五)	1	25	3/ 8 (二)	1	37	3/25 (五)	0
2	2/ 2 (三)	2	14	2/21 (一)	2	26	3/ 9 (三)	3	38	3/28 (一)	2
3	2/ 3 (四)	2	15	2/22 (二)	1	27	3/10 (四)	6	39	3/29 (二)	0
4	2/ 4 (五)	1	16	2/23 (三)	5	28	3/11 (五)	1	40	3/30 (三)	5
5	2/ 7 (一)	2	17	2/24 (四)	3	29	3/14 (一)	1	41	3/31 (四)	0
6	2/ 8 (二)	6	18	2/25 (五)	1	30	3/15 (二)	4	42	4/ 1 (五)	2
7	2/ 9 (三)	9	19	2/28 (一)	2	31	3/16 (三)	7	43	4/ 4 (一)	3
8	2/10 (四)	3	20	3/ 1 (二)	1	32	3/17 (四)	0	44	4/ 5 (二)	5
9	2/14 (一)	0	21	3/ 2 (三)	4	33	3/18 (五)	1	45	4/ 6 (三)	6
10	2/15 (二)	1	22	3/ 3 (四)	3	34	3/22 (二)	3	46	4/ 7 (四)	7
11	2/16 (三)	0	23	3/ 4 (五)	5	35	3/23 (三)	4	47	4/ 8 (五)	8
12	2/17 (四)	4	24	3/ 7 (一)	0	36	3/24 (四)	2	48	4/11 (一)	4
										計	134

步驟 3　計算管制界限。

管制界限可按下式計算。

中心線：$CL=\bar{c}=2.79$

管制上限：$UCL=\bar{c}+3\sqrt{\bar{c}}=2.79+3\times\sqrt{2.79}=2.79+5.01=7.80$

管制下限：$LCL=\bar{c}-3\sqrt{\bar{c}}=2.79-3\times\sqrt{2.79}=2.79-5.01=$ 不考慮

LCL 之值為負時，視為「不考慮」。

步驟 4 製作管制圖。

準備管制圖用紙或方格紙，在橫軸上取組號，在縱軸上取缺點數。將 $\bar{c}$ 當作中心線，並在 $\bar{c}$ 的上下記入管制界限。CL 以實線，UCL、LCL 以虛線 (管制用管制圖時以點鎖線) 記入。上下兩方有管制界限時，UCL 與 LCL 對 CL 形成上下對稱，而 LCL 視為「不考慮」時成為非對稱 (參圖 17-41)。

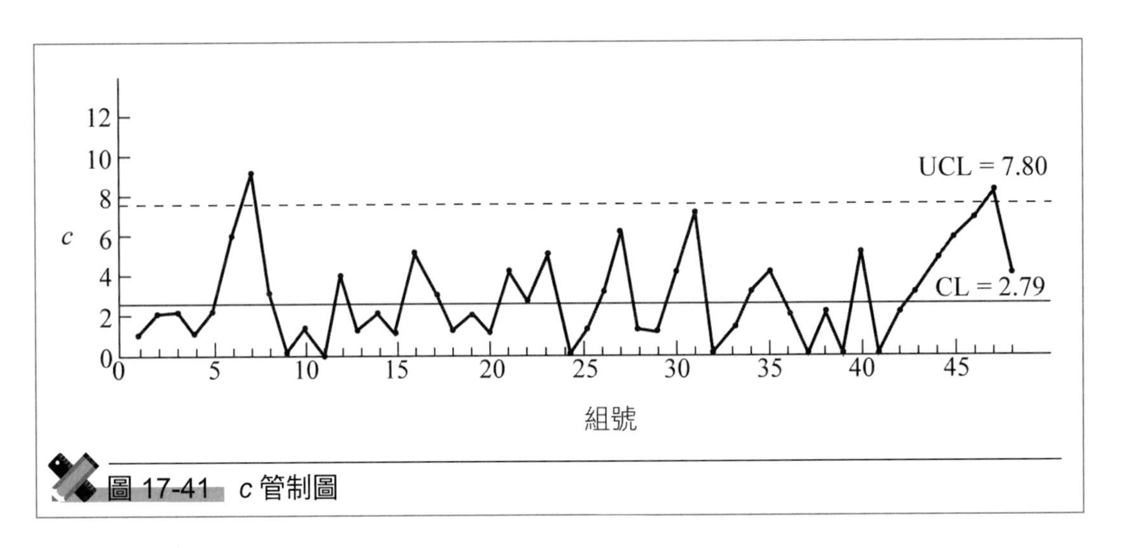

圖 17-41 c 管制圖

17-7-10 製作 *u* 管制圖的方法

像織物、紙、線、板狀等之缺點。譬如表面之不勻、瑕疵、針孔或所完成之機械類、裝配品等之裝配不良、外觀不良等，管制產品所出現的缺點數時使用「u 管制圖」。另外，管制事故的件數、故障的件數等也可使用。u 管制圖用於組的大小並不一定時，而一定時使用 c 管制圖較為方便。

u 管制圖的作法按以下步驟說明。

步驟 1 收集數據。

分組是與 $\bar{x}-R$ 管制圖的想法完全相同。譬如，將來自一個批的樣本、一裝置、工廠內的課等當作一個組。按各組收集它的「缺點數」與「單位數」，亦即依據板狀、線狀、塊狀等的狀態來測量面積、長度、重量等單位的大小 (此也稱為組)。

所謂「單位數」，譬如從工程製造 5 m^2 或 8 m^2 之織布時，若將缺

點數換算成每 m^2 時，管制缺點數即變得容易。此時，所製造出來的織布面積稱為「單位數」，以 $n = 5$ 或 $n = 8$ 來表示。單位取成什麼，依管制之目的或處理方便來決定。

在製造輸送帶的工程中，測量輸送帶 1 卷中的皺紋數，得出表 17-29 的數據表。

表 17-29 u 管制圖的計算表

組號	日期	單位數 n	缺點數 c	單位的缺點數 u
1	1/17 (一)	15	36	2.40
2	1/18 (二)	15	42	2.80
3	1/19 (三)	15	33	2.20
4	1/20 (四)	10	21	2.10
5	1/21 (五)	10	35	3.50
6	1/24 (一)	20	40	2.00
7	1/25 (二)	20	34	1.70
8	1/26 (三)	20	46	2.30
9	1/27 (四)	20	50	2.50
10	1/28 (五)	10	10	1.00
11	1/31 (一)	10	25	2.50
12	2/ 1 (二)	10	32	3.20
13	2/ 2 (三)	15	43	3.87
14	2/ 3 (四)	15	36	2.40
15	2/ 4 (五)	15	52	3.47
計		220	535	

步驟 2 計算每單位的缺點數。

各組將缺點數 c 以單位數 (組的大小) n 去除，求出每單位的缺點數。

$$u = \frac{c}{n} = \frac{\text{缺點數}}{\text{單位之數}}$$

今取 1 m 作為單位，對於組號 1 來說 $n = 15(\text{m})$，每單位的缺點數為：

$$u = \frac{c}{n} = \frac{36}{15} = 2.40$$

步驟 3 計算每單位的缺點數的總平均 $\overline{u}$。

將缺點數 c 的合計以單位數 n 的合計來除，求出總平均 $\overline{u}$。

$$\overline{u} = \frac{c_1 + c_2 + \cdots + c_k}{n_1 + n_2 + \cdots + n_k} = \frac{\sum c}{\sum n} = \frac{\text{缺點數之合計}}{\text{單位數之合計}} = \frac{535}{220} = 2.432$$

步驟 4 計算管制界限。

u 管制圖的管制界限利用下式來求。

中心線：$\mathrm{CL} = \overline{u}$

管制上限：$\mathrm{UCL} = \overline{u} + 3\sqrt{\frac{\overline{u}}{n}}$

管制下限：$\mathrm{LCL} = u - 3\sqrt{\frac{\overline{u}}{n}}$

就 $n = 15$ 之情形予以計算，得出如下：

$$\mathrm{CL} = \overline{u} = 2.432$$

$$\begin{aligned}\mathrm{UCL} &= \overline{u} + 3\sqrt{\frac{\overline{u}}{n}} = 2.432 + 3 \times \sqrt{\frac{2.432}{15}} \\ &= 2.432 + 3 \times 0.403 \\ &= 2.432 + 1.209 = 3.641\end{aligned}$$

$$\begin{aligned}\mathrm{LCL} &= \overline{u} - 3\sqrt{\frac{\overline{u}}{n}} = 2.432 - 3 \times \sqrt{\frac{2.432}{15}} \\ &= 2.432 - 3 \times 0.403 \\ &= 2.432 - 1.209 = 1.223\end{aligned}$$

$n = 10$、20 之情形得出如表 17-30。

若 LCL 為負數時，管制下限不考慮。另外 n 為不定時，管制界限形成凹凸狀。

步驟 4 製作管制圖。

在方格紙或管制圖用紙上，將橫軸取為組號，縱軸取成每單位之缺點數。記入管制界限線，按各組描入每單位之缺點數。當然，

CL、UCL、LCL 之值，以及組的大小 n 等，所需事項也要記入 (參圖 17-42)。

表 17-30 管制界限之計算

n	$3\sqrt{\bar{u}/n}$	$UCL=\bar{u}+3\sqrt{\bar{u}/n}$	$LCL=\bar{u}-3\sqrt{\bar{u}/n}$
10	1.48	3.91	0.95
15	1.21	3.64	1.22
20	1.05	3.48	1.38

註：中心線：$CL=\bar{u}=\sum c/\sum n=535/220=2.432$

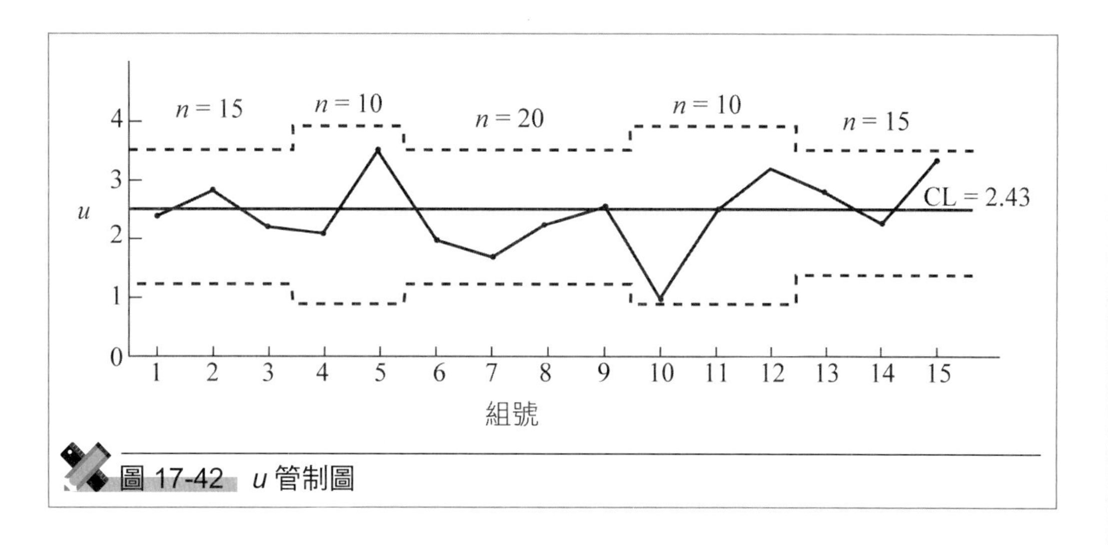

圖 17-42 u 管制圖

17-7-11 管制圖的「分組」方式

「分組」可以說是支配管制圖之生命的最重要想法，分組不當或有錯誤，就會變成無法使用的管制圖。

所謂「分組」在管制圖上是指如何形成組。解析或管制工程的特性值若決定時才收集數據，將這些數據按時間順序、測量順序將每 2 ～ 6 個左右當作一組來區分稱為分組。然後，將幾個數據集中在一起稱為「組」，由組所收集來的數據即可使之代表工程 (參照圖 17-43)。由於分組，可以將數據整體的變異分成組內變異與組間變異，依分組的方式組內因何種原因使變異介入，或組間因何種原因使變異介入，即可從技術上來判斷。

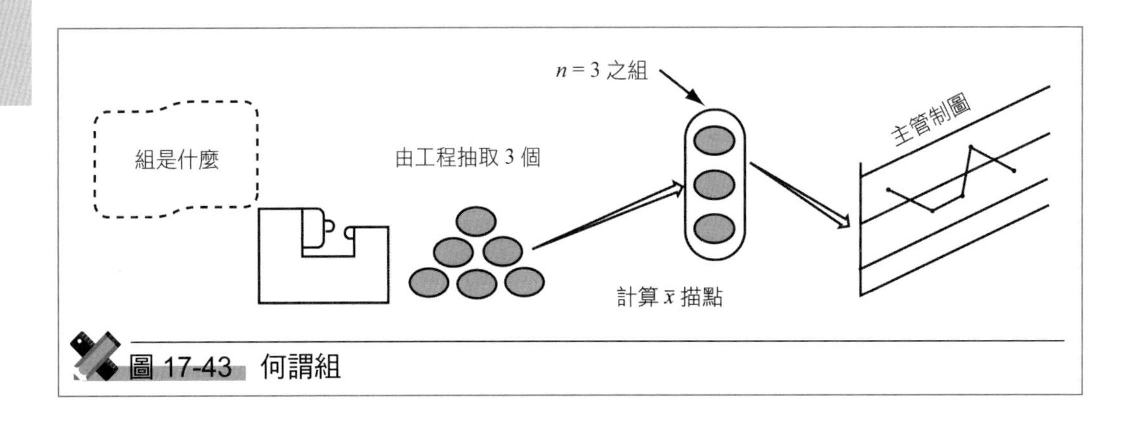

圖 17-43 何謂組

組內變動因分組的方式，會如何發生改變，說明此事者即為圖 17-44，此圖說明以機械 A、B 經二日所加工的物品分別予以整理後，若改變抽樣的作法時，組具有的性質，亦即內容會如何改變。當繪製管制圖時，採用 (a) ～ (d) 之何者，依製作管制圖的目的與現狀中工程的變動狀態而改變，所以必須考慮這些之後再來決定。

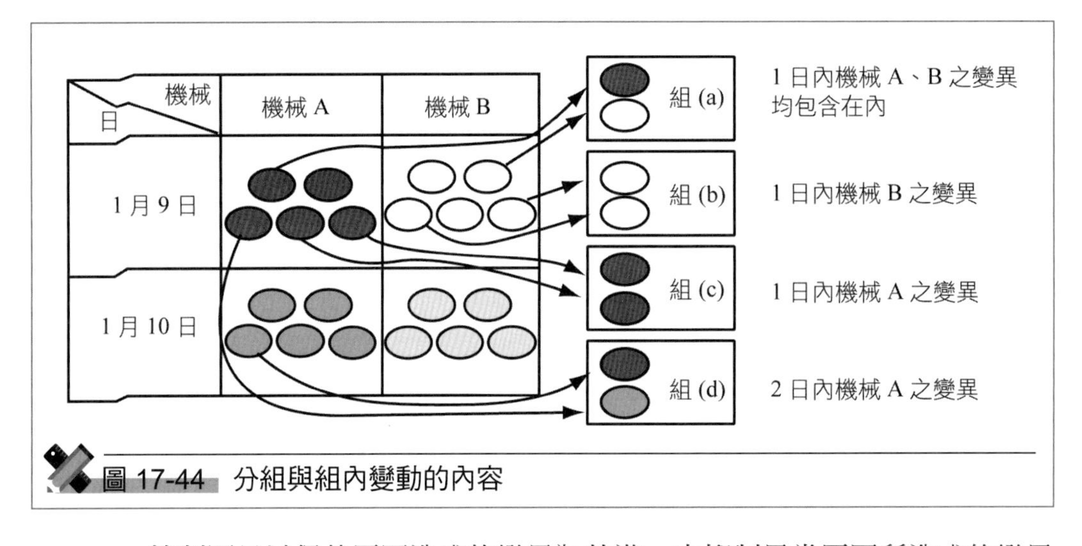

圖 17-44 分組與組內變動的內容

管制圖是以偶然原因造成的變異為基準，來抑制異常原因所造成的變異作為目的。管制界限線是依據組內變異所決定的，因之在分組方面，組內變異必須是由偶然原因造成的變異所構成才行。因此，以組來說：

(1) 以技術的立場來想，幾乎以相同的條件來進行。

(2) 可認為是不含異常原因比較短期間的數據。

判斷分組對現在工程是否適當，可依據以下的看法。

〈分組是否適當的判斷方法〉

1. 點全部在 1.5σ 內時：點在中心線的附近時，表示分組的方式不佳，平均值相異之數據或異質的數據介入在組內。因此，試著改變分組，有需要經各種的分層來檢討。
2. 點有半數以上介入在 3σ 界限內時：問題雖有，但即使是照原來的分組，若能除去異常原因或進行分層時，也仍可當作有效工程管制的管制圖。
3. 點有半數以上跳出 3σ 界限時：改變分組使組內變動稍為大些，或有需要進行分層。

17-7-12 管制圖的「分層」方式

由數台的機械或數位作業員加工相同的產品時，分別按各機械或各作業員來區分數據時，機械間或作業員間的差異即可明白，工程的解析或管制變得容易。

所謂「分層」，像這樣按機械別或作業員別調查數據的履歷，將承受共同原因之影響併在一起，與不受共通原因所影響者予以區分來收集數據之方法 (參照圖 17-45)。

在對特性值會造成變異之原因之中，有計量性原因 (譬如：溫度、尺寸、成份等) 與計數性要因 (譬如：裝置、機械、原料、零件的廠商等)。工程中通常所進行的分層是針對計數性原因，列舉何種原因來分層，必須依管制或解析的目的來決定。

在工程中成為分層對象的事項，一般情形如下：

- 時間別：時間、日、上午、週、月、星期、季節別。
- 作業員別：組、年齡、男、女、新舊、熟練度別。
- 機械別：型式、號機、位置、冶具、模具別。
- 作業條件別：溫度、壓力、速度、迴轉數、氣溫、溫度、天候、方式別。
- 測量、檢查別：計量器、測量者、檢查員別。

這些均可認為對工程會有影響的原因，在解析工程時有需要對種種的要

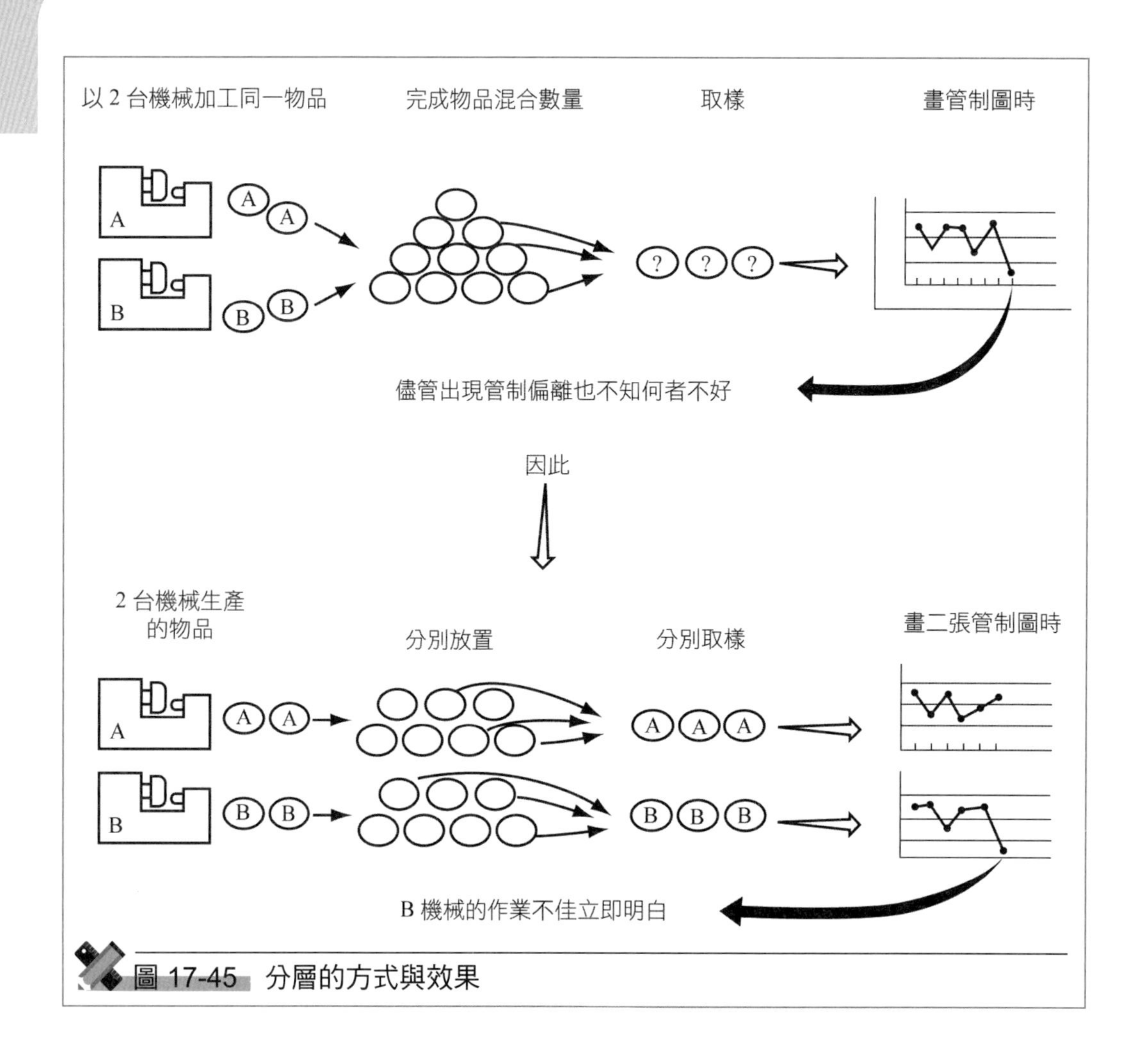

圖 17-45 分層的方式與效果

因試著繪製分層的管制圖。

試就分層的具體例子來說明。

某藥品公司使用槽 A、B 兩座，每週釀造一次，開始製造新的抗菌物質。測量力價 (每單位重量的抗菌力，kg 力價 /g)，製作管制圖即為圖 17-46。另一方面按 A、B 兩槽分別繪製管制圖為圖 17-47。由圖 17-47 知，A、B 兩槽之變異幾乎可以認為沒有差異，而 B 槽的工程平均較高，且與圖 17-46 有不同，A、B 兩槽的工程分別在管制狀態。

像這樣分層有誤時，就會誤失重要的資訊。

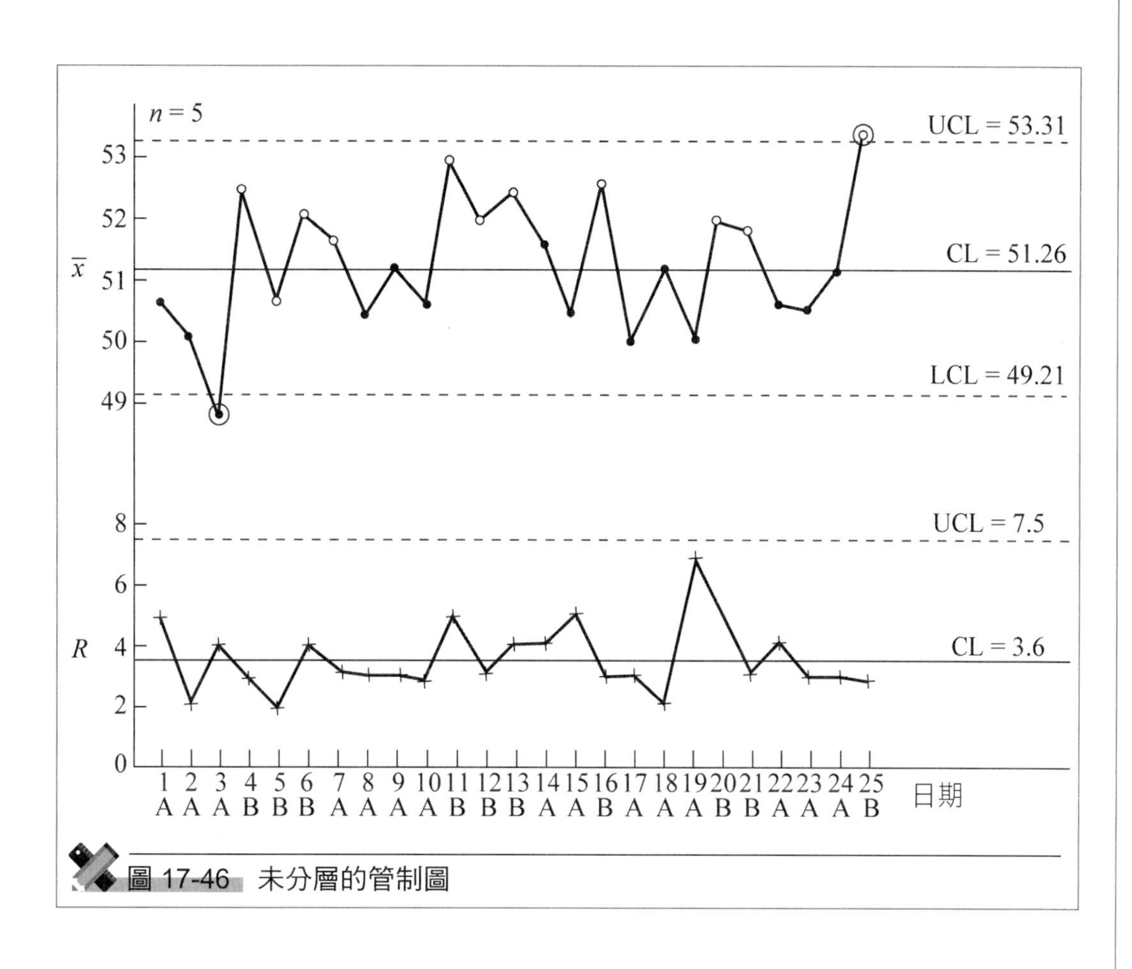

圖 17-46 未分層的管制圖

17-7-13 「管制界限的重新計算」須知

管制圖即使經過一段長期間使用後，管制界限可考慮重新計算，使用新計算的管制界限之值是可以的。一般在以下的情形需要重新計算管制界限。

(1) 就繪製管制圖的特性值，繪製特性要因圖，在其要因係有明顯的變化時 (譬如，式樣改變、安裝的零件改變等)。
(2) 管制圖上出現異常，工程有明顯的變化時。
(3) 儘管工程的管制狀態一直持續，而使用該管制界限開始起經過三個月左右時。

當管制界限重新計算時，需要注意以下事項。

1. 有溢出界限外之點時，需要注意以下事項。

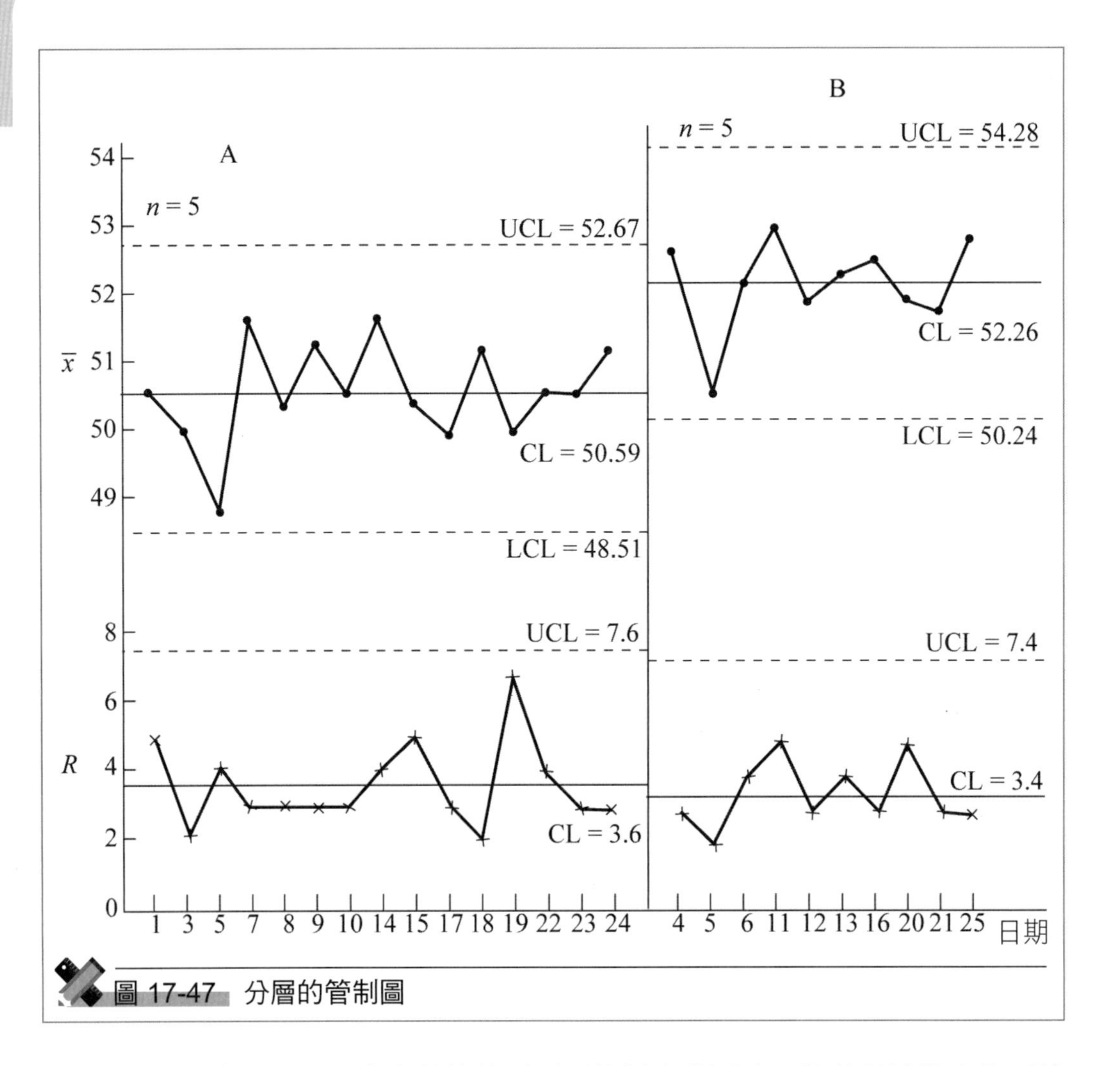

圖 17-47 分層的管制圖

(1) 查明顯示異常之數據的原因而能採取處置時，將該數據除去後再計算管制界限。

(2) 顯示異常之數據的原因不明或無法採取處置時，包含該數據再計算。

2. 重新計算後的管制界限為了不要比以往寬，要貫徹日常管理。

因管制不足管制界限變寬，從下月起即管制加嚴之作法要避免。對於此種情形，不進行無意義的管制界限的重新計算，應調查其原因。結果找不出比原來還壞的原因時，仍舊採用以往的管制界限，貫徹日常管理視需要實施改善對策。此事在 R 管制圖、p 管制圖、pn 管制圖、u 管制圖及 c 管制圖上，當 UCL 比以往還大時，要特別注意。

17-7-14　管制圖的判定基準

管制圖中的「點」是表示某一組的性質，換言之是表示其背後有某一分配。譬如，在 $\bar{x}-R$ 管制圖中，$\bar{x}$ 管制圖的點主要是表示該組的平均性質、該組的分配的位置，R 管制圖的點是表示該組內的變異。

對管制圖來說，含有變異 (因機械或材料等造成工程的變異)，或誤差 (具有抽樣誤差或測量誤差) 之點是相繼按時間順序來描繪的，我們從該管制圖以統計的方式判斷工程的狀態，而後對工程採取處置。因此，觀察管制圖時，對於該點或幾個連續的點所顯示之意義，必須從技術上經充分檢討後再下判定。

所謂「管制狀態」是指工程安定，工程平均與變異並未變化之狀態。從管制圖判定工程是否處於管制狀態，係依據如下基準：

(1) 點未溢出管制界限外。
(2) 點的排法並無習性。

亦即，上記的二條件同時滿足時，該工程即判定為「管制狀態」。

處於管制狀態的管制圖，點的變動呈現如圖 17-48 所示。

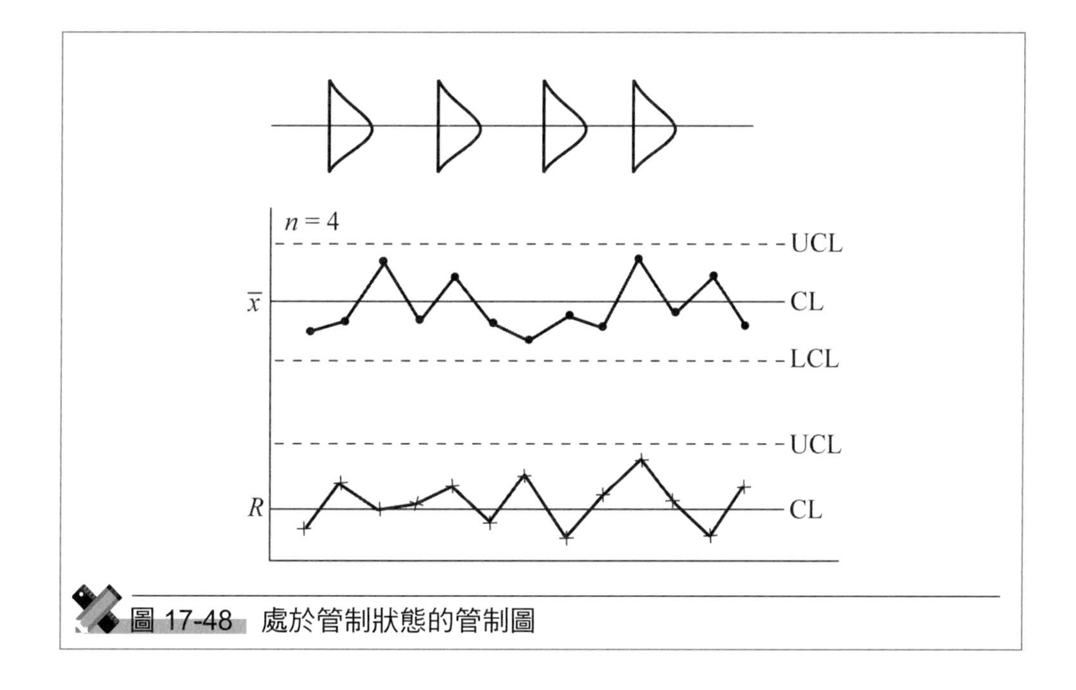

圖 17-48　處於管制狀態的管制圖

17-7-15　在管制圖中「工程不在管制狀態」的判定基準

工程若處於管制狀態，管制圖上的點在中心線的附近比較會出現，偏離中心線隨著接近上下管制界限點的出現會減少，出現在管制外側的點幾乎沒有。

點即使位於管制界限內，而點的排法呈現特異的狀態時，與溢出 3s 界限外的情形一樣，大多發生了什麼的異常原因。若與以下的條件相當時，工程判定為異常，可以說工程不在管制狀態。

〈工程不在管制狀態時的判定基準〉

1. 點溢出管制界限外時
2. 出現七個點以上的連串時

   點對中心線 (單格來說分成上下同數的中位線) 而言，排列在上或下任何一方的狀態稱為「連串」，排列在一側的點數稱為「連串長度」(參照圖 17-49)。若出現長度 7 的連串時，判定「工程為異常」。

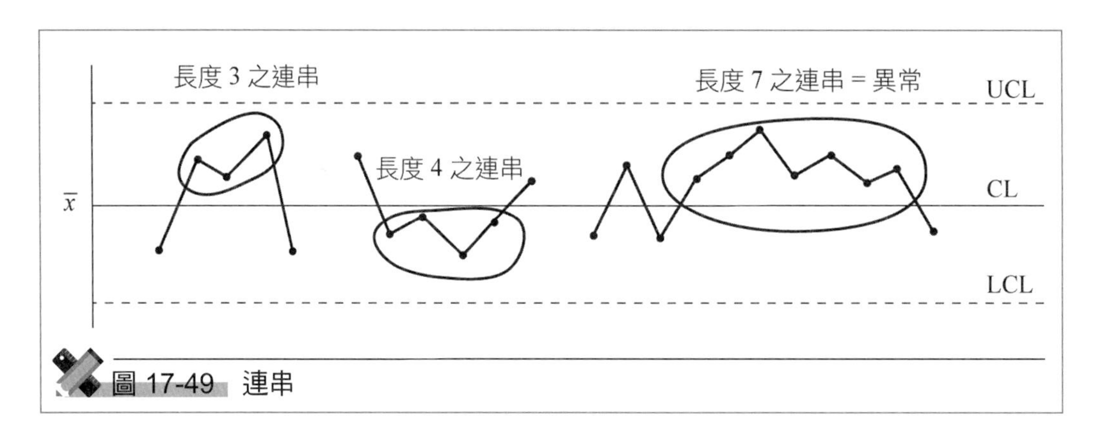

圖 17-49　連串

3. 點接近管制界限時

   將中心線與管制界限線三等分，位於最外側區域中連續 3 點中有 2 點介入時 (參照圖 17-50)。

4. 許多的點接近中心線時

   將上下管制界限的寬度六等分，大部分的點位於中央二個區域之中時。此情形，組內是否有異質的數據，或測量是否正確進行等，有需要調查工程看看 (參照圖 17-51)。

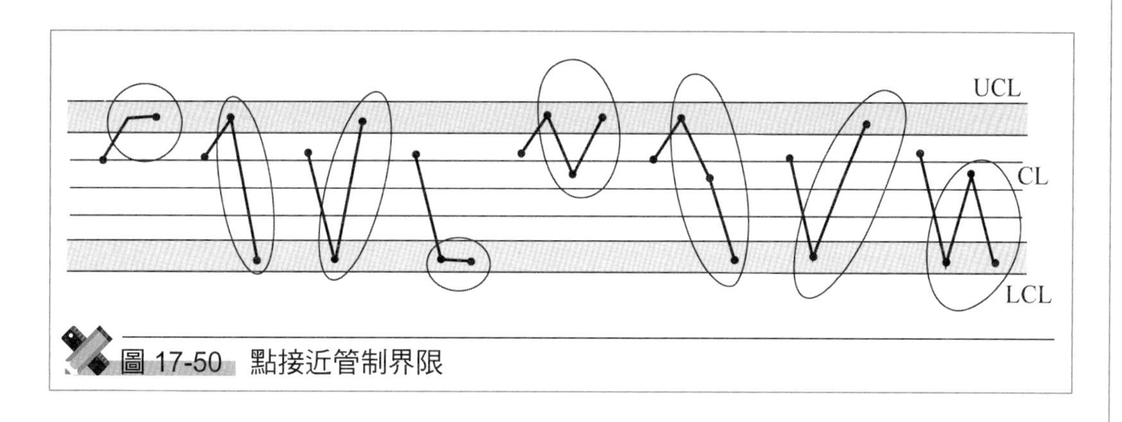

圖 17-50 點接近管制界限

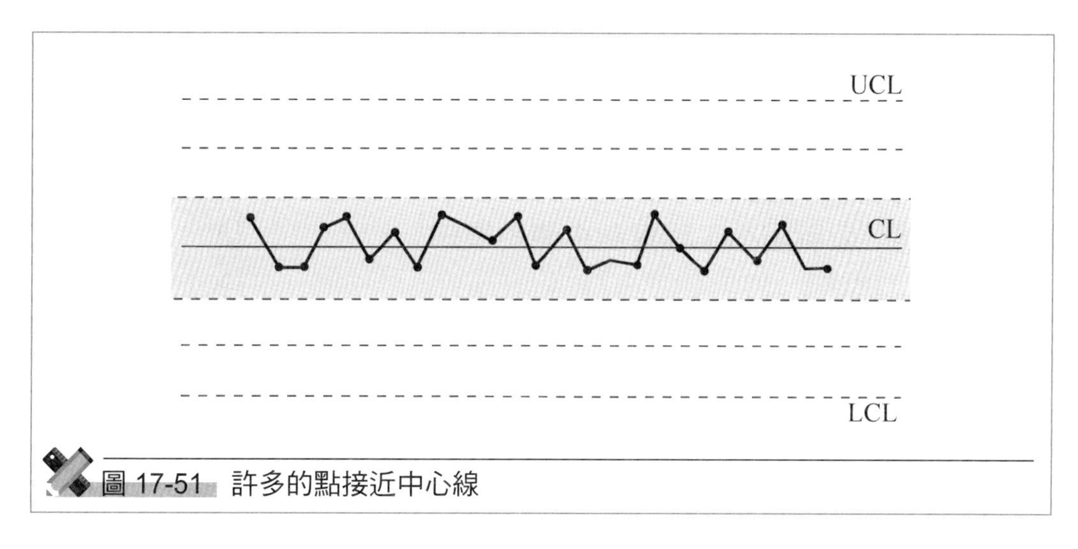

圖 17-51 許多的點接近中心線

5. 有傾向時

點連續上升或下降時，稱為「有傾向」。出現傾向時，不久點會出現界外，或可檢測出被判定為不在管制狀態的連串，因之有需要追究原因 (參照圖 17-52)。

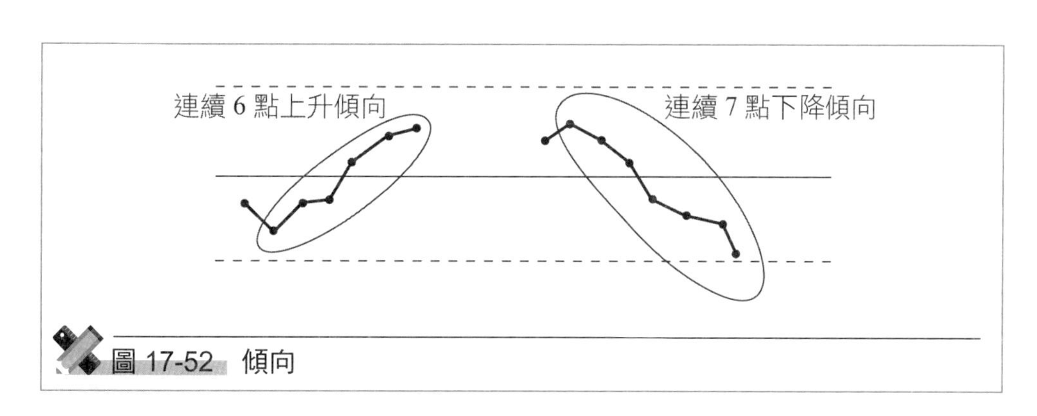

圖 17-52 傾向

6. 有週期性時

以一定的間隔點相同的重複波形時稱為「有週期性」。必須要追究原因(參照圖 17-53)。

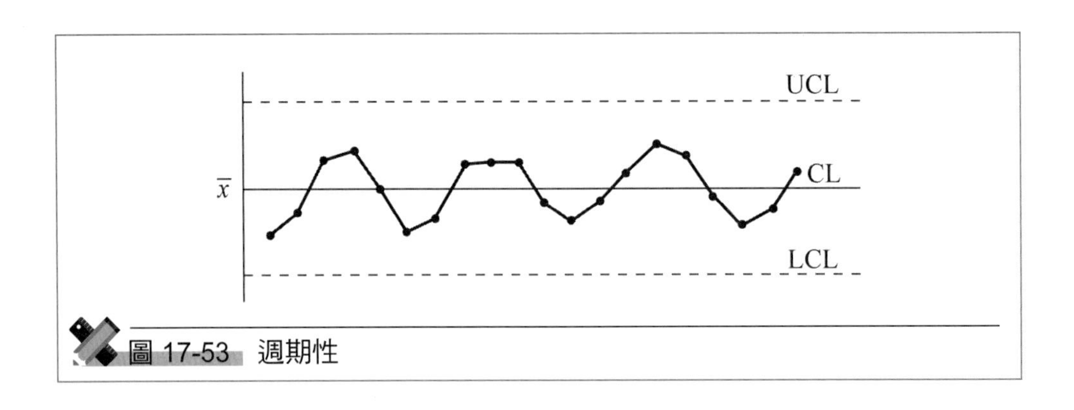

圖 17-53 週期性

17-7-16 管制圖在工程管制中使用須知

利用管制圖進行工程管制的基本方法整理如下：

(1) 將數據表示成管制圖。
(2) 依管制圖上的點掌握工程的狀態。
(3) 工程如異常時，追究異常原因，除去原因並採取處置。

使用管制圖進行工程管制的原則性步驟說明如下：

步驟 1 決定應畫在管制圖上的特性。

步驟 2 選定使用的管制圖。

此時，也要決定好抽樣法與測量法。

步驟 3 製作解析用管制圖。

收集某期間的收據，一面注意分層、分組，一面製作解析用管制圖。

步驟 4 著眼於點的排列方式，判定工程是否處於管制狀態。

步驟 5 工程如為異常時，追究其異常原因設法除去，使工程維持在管制狀態。

如有需要，使用 QC 的手法與技術上的知識進行工程的解析，像管制界限外的點等要查明變異的原因，並予以標準化。

步驟 6 與規格值比較。

對於訂定有規格之情形來說，使用各個數據製作直方圖，並與規格比較。若不滿足規格時，須採取對策，謀求提高工程能力使滿足規格，再重新收集數據製作管制圖。

步驟 7 製作管制用管制圖。

管制圖一度呈現管制狀態，並且滿足規格時，將解析用管制圖的管制界限延長，作為管制用管制圖，而管制界限以點鎖線表示。

步驟 8 之後將每日的數據描點。

步驟 9 所記入的點如果是界外時，立即追究原因，確實採取處置。

步驟 10 原材料的規格改變或裝置改變時，工程可看出有明顯的變化時，重新計算管制界限。

經過以上的步驟，一面注意產品的品質，一面管制其原因系。

工程管制用的管制圖，需要時時檢核。以其檢核表而言，在「管制圖法」上列有十個項目，依據此查檢表檢核工程的管制圖看看。

〈活用管制圖的檢核表〉

(1) 被用來管制何種的工作？

(2) 特性值適切否？

(3) 異常原因的除去、調查、檢查有無混亂？

(4) 使用管制圖的管制標準是否適切？

(5) 異常原因的出現方式有無變化？

(6) 採取處置之方式其標準是否適切？有需要改善嗎？確實採取處置，結果變好了嗎？

(7) 管制圖的種類、管制界限、畫法、分組、抽樣間隔及測量法有無問題？

(8) 此管制圖有需要持續嗎？

(9) 工程能力有無變化？

(10) 作業標準適切改訂嗎？

Chapter 18

新 QC 七工具 (N7)

18-1 N7 簡介

18-1-1 N7 是整理語言資料的工具

QC 的基本乃是藉以事實為根據的數據來管理。可是，事實不一定能用數值資料來表現。

譬如，考慮洗衣機的新產品的設計時，必須活用消費者對以往產品所抱持的不滿，像「開關的位置不好，難於使用」之類。此種消費者的不滿牽涉到機械的使用方法、設計、色彩等。一般，這些並不一定能用數值資料來表現，僅能以語言來表現的居多。可是，以這些語言加以表現者，在表現「事實」的資料上也毫無差異。基於此意，表示這些事實的語言資訊即稱之為語言資料。

如果是事實的話，這些之語言資料也要應用在品管上。新 QC 七工具 (以下簡稱 N7) 是將這些語言資料整理成圖形的一種技法。

圖 18-1 正是說明 N7 與 Q7 是互補的，以及活用在 QC 中解決問題的狀況。

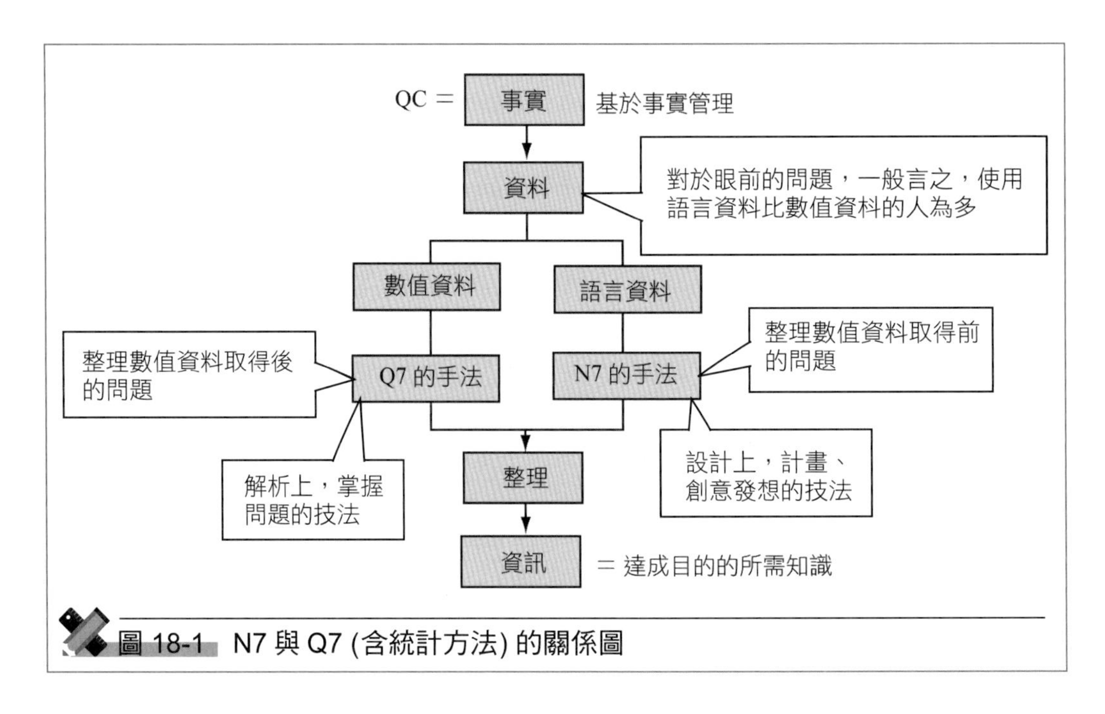

圖 18-1 N7 與 Q7 (含統計方法) 的關係圖

18-1-2　N7 是解決問題所準備的工具

譬如，有「出納業務的效率化」此種問題。如考慮此問題的改善時，像是效率化的意義是什麼，要謀求哪一種業務的效率化，這些業務的問題點為何，以及它與內部教育或 OJT 的關聯是否良好，與最近的 OA (Office Automation) 之關聯如何等，問題可無限展開。

像這樣，一般遭遇迷茫繁雜的問題甚多。因之有需要將這些問題與其原因系加以整理，找出能解決問題的方式。

如果不知道 N7，則此種迷茫繁雜的問題就會變成像圖 18-2 的右方一樣變成未能解決的問題，因而挫折失敗的情形甚多。N7 是將問題的複雜關係加以整理的技法。如果使用 N7 即可像圖 18-2 左方一樣，容易整理，容易

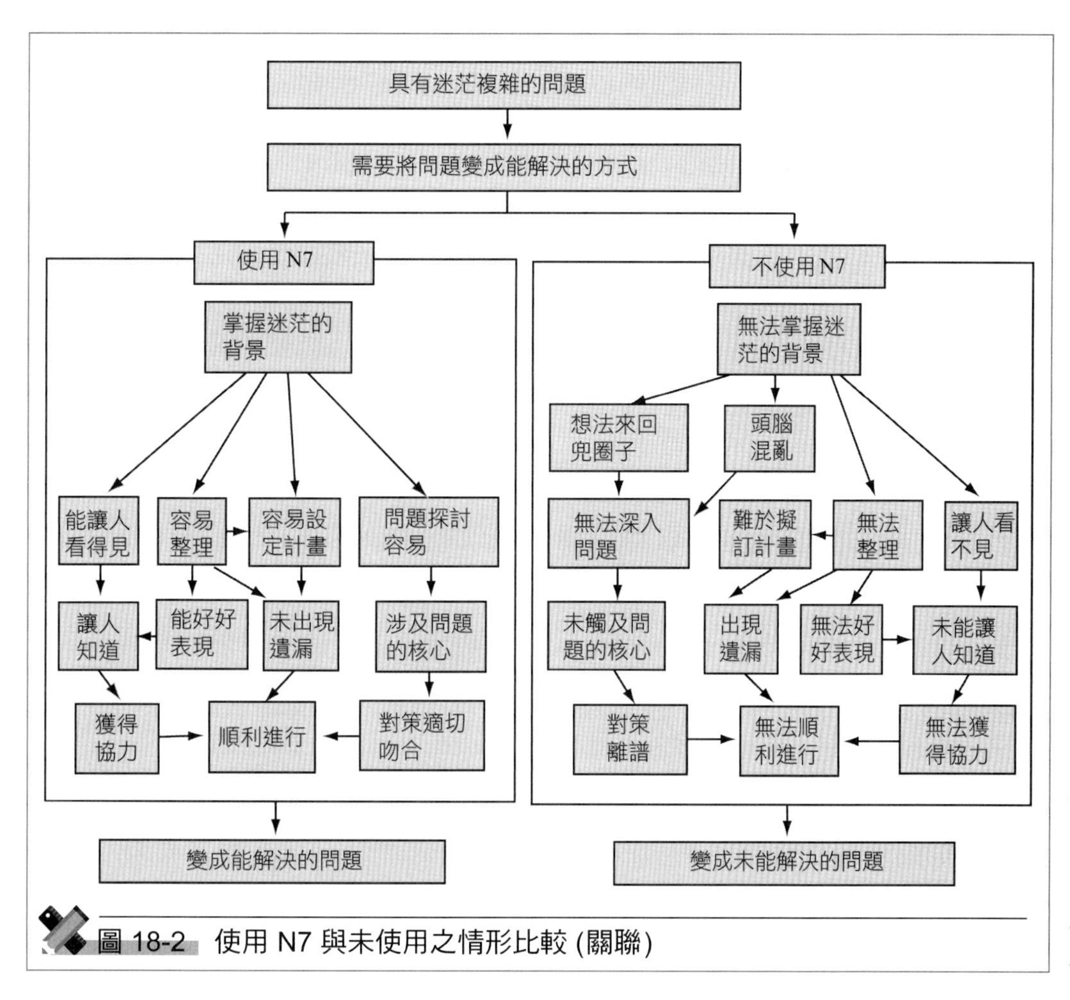

圖 18-2　使用 N7 與未使用之情形比較 (關聯)

設定計劃，容易探討問題，並且容易深入了解，也就容易取得人家的協助。

18-1-3 N7 是利用小組充實計劃的工具

在 TQM 中是由有關人員相互協力設法解決問題。是故，大家一起思考，相互提出智慧、表達思想就顯得更為重要了。包含 N7 的所有 QC 技法在內，不管是語言資料或是數值資料，在資料的整理方面，使用圖形則為其共通特色。

圖 18-3 是說明由小組討論問題解決方案的過程中，共有他人與自己的知識，於解決問題時，小組表達思想及創造的情形。

圖 18-3 的左上矩陣圖是為了說明相互溝通的重要性，由喬瑟夫．魯夫 (Joseph Ruf) 與哈瑞．英格 (Harry Ingam) 所想出而稱之為喬哈利之窗 (Joharry's Window)。圖中 (a) 係表示自己與他人都知道的事情，(b) 及 (c) 是自己或他人之任一者所知道的事情，(d) 是誰都不知道的事情。

關於 TQM 中的問題解決，是小組的每一個人收集所具有的資訊，全員藉者共有 (a)、(b)、(c) 的資訊，期待獲得新的構想，並且，藉著這些資訊的

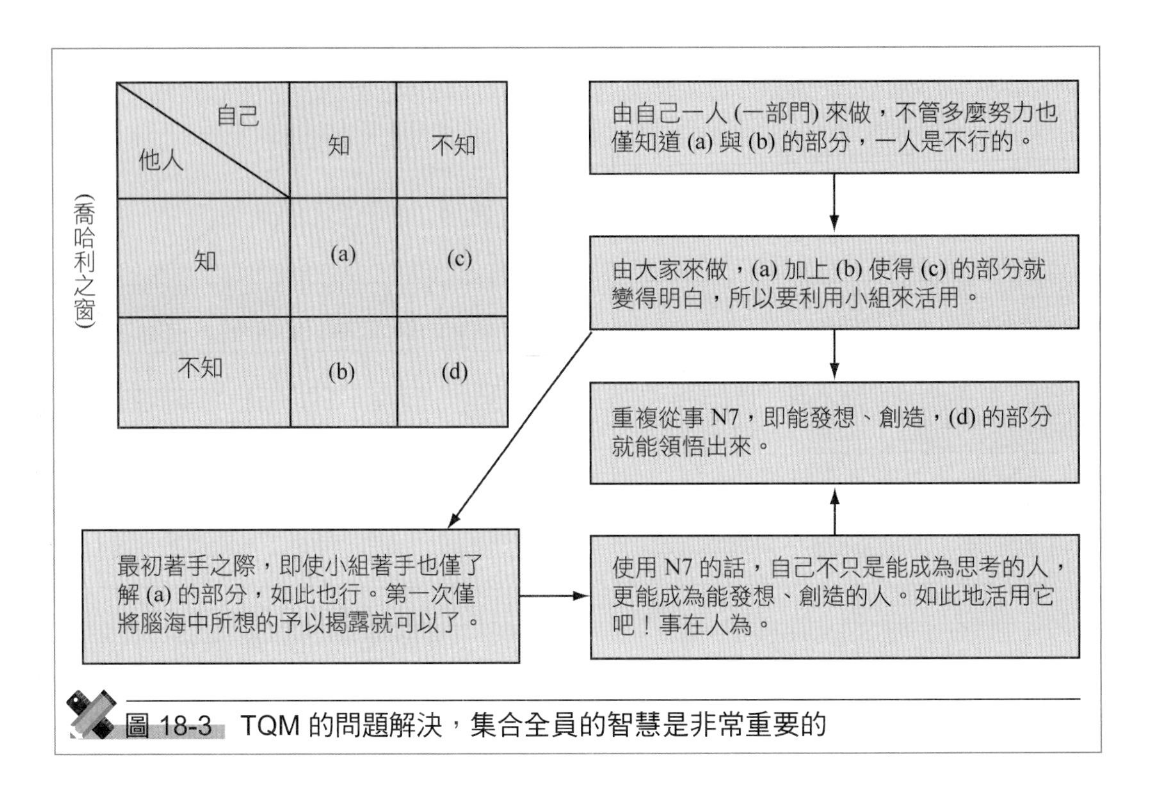

圖 18-3 TQM 的問題解決，集合全員的智慧是非常重要的

共有化，喬哈利的 (d) 的領域裡的智慧也可產生出來。

N7 是在此過程中將相互的資訊，特別是語言資料以圖來表現，如此有助於資訊的共有化、構想的效率化。其情形以圖 18-3 的右方來說明。

此外，圖 18-4 是說明解決問題時，計劃階段的重要性。圖 18-4 的最下面的水平線是說明在計劃 (P) 階段多花些時間，如此實施的結果，就可減少重做、修整 (C、A)。亦即，「準備八分」，此對應於良好狀態。

最上方的水平線，是說明 P 未在充分時間下進行 D、C、A，即會多花時間。亦即是不好的狀態。

現實的工作，中間的水平線甚多，儘可能向下方移動。N7 由於是包含過去問題點在內的語言資料整理技法，因之有助於充實圖 18-4 中所需的計劃階段。

綜合圖 18-3 及圖 18-4，在推進 TQM 充實小組所執行的計劃階段及方面，N7 是非常有幫助的。

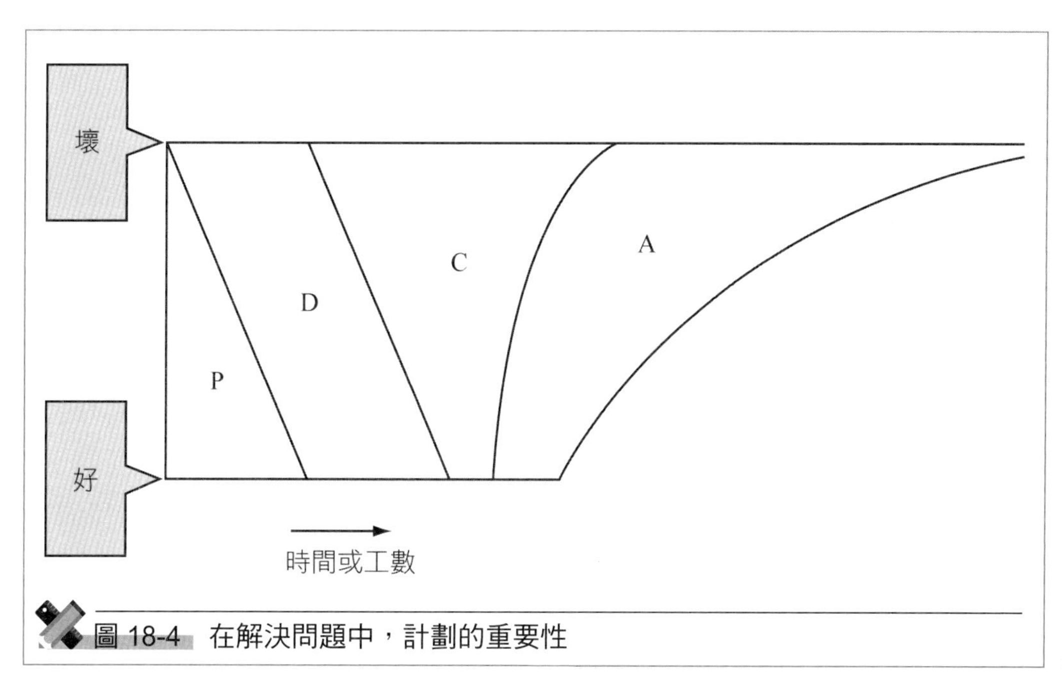

圖 18-4　在解決問題中，計劃的重要性

18-1-4　活用 N7 的四個著眼點

以下簡要地說明活用 N7 的四個著眼點。

1. 明白問題的所在

在使用 N7 解決問題時，最重要的是要明白自己現在是在解決問題的什麼階段上。

自己目前所面對的問題，它本身是否曖昧不清？此外，雖然應解決的問題明確，但其原因是否不甚清楚？或者，應解決之問題及原因都清楚，卻不知道應以什麼方策來解決？唯有使這些都明確了，才能決定使用N7的手法。

解決問題的三個層次 (階段)：

(1) 還不知道應解決之問題是什麼的階段 (第一層次)

此層次的問題是很多細微的瑣事都實際發生了，但本質問題為何？卻還不清楚。換句話說，此階段的問題就是要明確應處理的事端是什麼？

(2) 還未能明白主要原因是什麼的階段 (第二層次)

此層次的問題是應處理之問題已明確顯現它的型態。但是，至於是因為什麼原因才導致這個問題的發生，卻不能明確掌握。換言之，這個階段的問題就是要考慮各種要因，亦即是探求原因的一個階段。

(3) 未能明白應採取什麼方策的階段 (第三層次)

此層次的問題是引起問題的原因已明確，但是還沒有能夠出現具體解決方策。亦即，這個階段的問題是如何展開方策。

2. 可以選擇合於分析目的的手法

解決問題最好能夠針對前述 1. 的 (1)、(2) 、(3) 階段來活用適當的方法。關於這點，請參考圖 18-5。

明白了所應解決的問題是屬於哪個階段之後，就可以使分析的目標明確，決定 N7 手法及其使用方法。

針對前述之問題階段 (1)、(2)、(3)，要判斷應使用 N7 中的什麼手法才好時，可以參考圖 18-5。以下就針對圖 18-5 之問題階段，說明有關 N7 手法的使用。

對於第一階段的問題，可以收集實際發生之各種事情的語言資料，使用親和圖法將其統合起來，如此可以使應處理的問題明確。

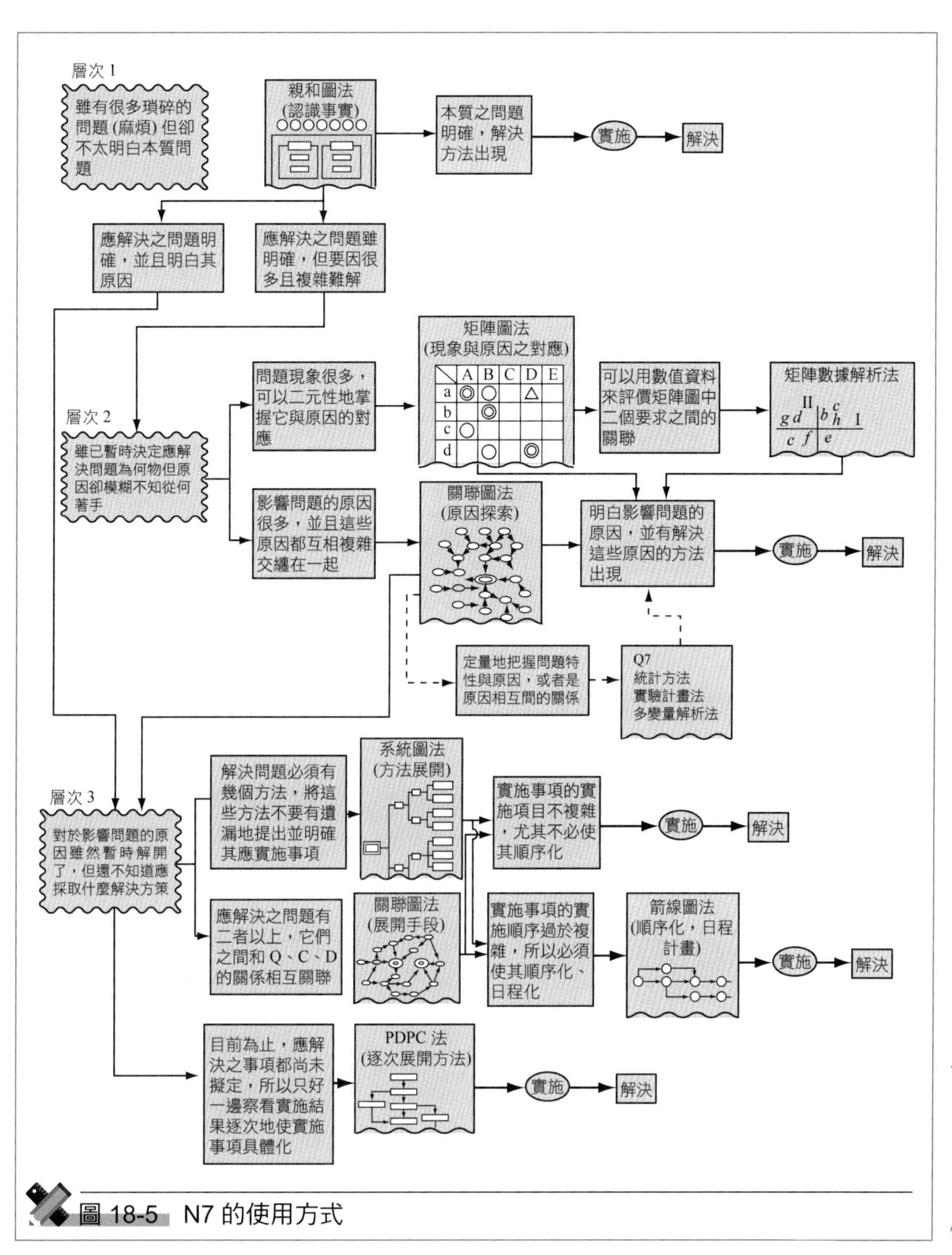

圖 18-5　N7 的使用方式

對於第二階段的問題，只要使用能夠使原因明確的手法就可以了。而特性要因圖就是這類的 N7 手法，可以善加利用。特性要因圖對於表現一個結果、多種原因分岐的構造是很有效的。但是，當一個結果的許多原因之關係複雜並交纏在一塊時，關聯圖法可以使用來解決。此外，當問題的現象 (結果) 很多時，若想二元性地掌握其結果與原因的關係，則矩陣圖法可以順利解決。

對於第三階段的問題，必須能夠有一個可以分析問題、謀求方策的手法。為了實現某個目的，找出其實現的方策，可以使用系統圖，一邊針對著眼點，一邊考慮解決手段 (構想)。考慮同時達成兩個以上目的之手段時，如根據每個目的去考慮其手段，有時會發生矛盾與背道而馳的情況。此時，可以使用關聯圖法來展開手段以順利進行。

根據以上的方法決定了解決問題的手段、方策；換句話說，決定了實施事項之後，實施時還必須使其順序化，在使其順序化或訂定日程計劃的時候，則可以使用箭線圖法。而當解決問題之實施事項尚未完全決定，需一邊實行目的的實施事項，一邊再根據其結果來考慮其後應實施之事項的時候，可以使用 PDPC 法來逐次展開方策。

3. 獲得適當的語言資料

圖 18-6 是說明語言資料的收集方式。

圖 18-6 中除了 GD 以外也有其他的方法。有興趣的讀者可以參考相關文獻。

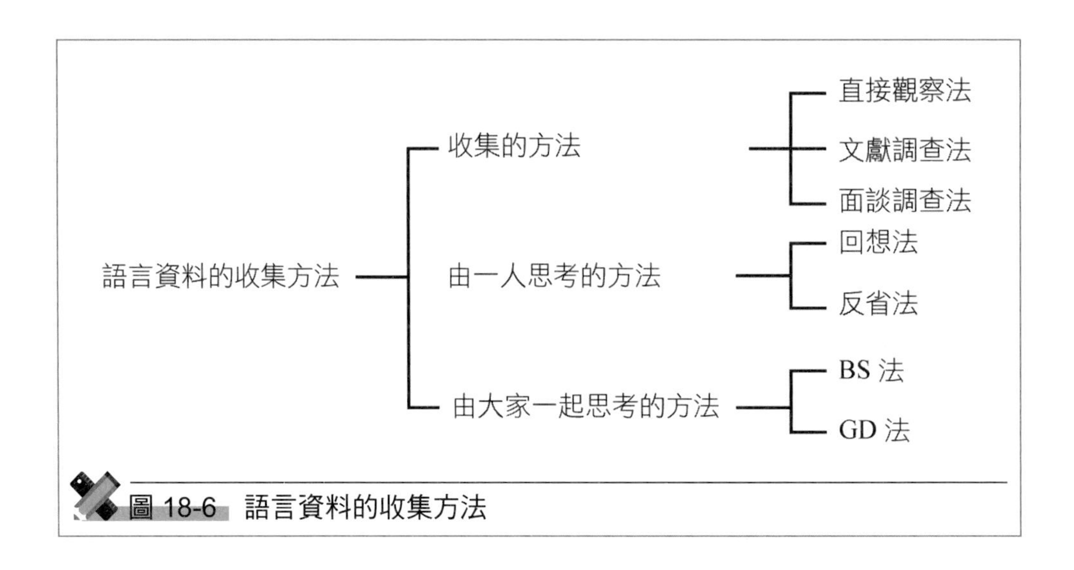

圖 18-6　語言資料的收集方法

以下就 GD (Group Disscussion：小組討論法) 加以介紹。

(1) 所謂 GD 法

所謂 GD 法是由小組的所有人員，就有關之主題，提供自己所知道的內容，由此一邊收集所需要的語言資料，一邊討論有關之對象問題的一個方法。關於小組成員所不知道的事情，必須作為「調查」資料來收集。仿照喬哈利之窗 (Joharry's Window；請參照圖 18-3) 將 GD 的目標表示在圖 18-7 中。

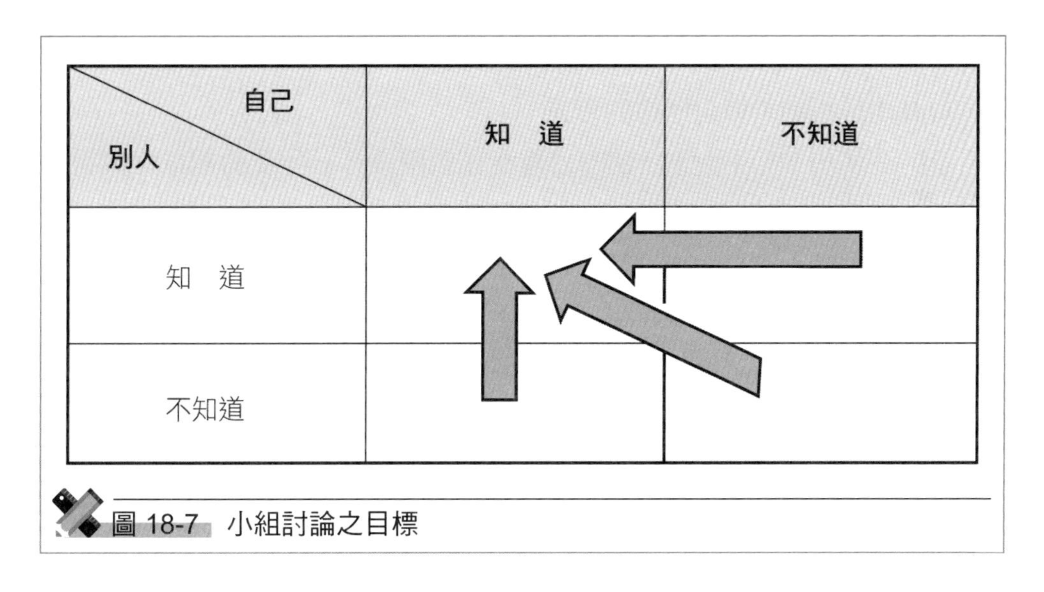

圖 18-7　小組討論之目標

(2) 以 GD 法收集語言資料時應注意的地方

(a) 必須對問題有共同的認識。

(b) 收集資料不能偏廢某方。

(c) 取得之資料需合於分析之目的。

(d) 靈活運用語言資料：

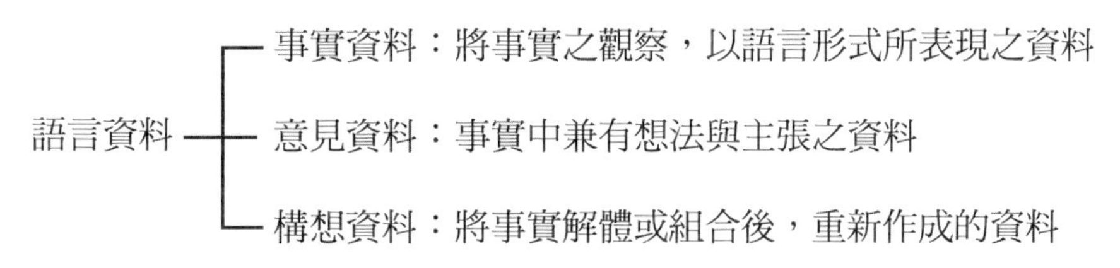

(e) 使用語的定義明確。

(f) 資料的表現方式是將所想講的事，適當地表示成文字形式。

(g) 本來的目的逐漸顯現。

表 18-1 語言資料與解析目的之對應表

語言資料 / 分析的目的	事實資料	意見資料	構想資料
形成問題	◎	○	△
探求原因	◎	×	×
展開方法	△	○	◎

(4) 由分析結果取得所需的資訊

在使用 N7 各手法作圖的過程或作圖階段，一定要有能夠達成目的所需資訊才行。因此，必須就所得之資料加以考察，這個階段上應注意的事項包括：

(a) 將所得之資訊整理成文章

N7 的各手法，光畫成圖形是不行的。必須從作圖的過程及作圖的結果，將所知道的事情整理成條例或文章形式，記錄下來。尤其在製作親和圖及關聯圖時，一定要整理成文章形式。

(b) 確認是否可以得到所需的資訊

必須牢記從使用 N7 的分析結果來確認是否真的能夠得到所需要的資訊？如果，無法得到所需要之資訊的話，那就是資料不夠，或是分析的方法不好。究明原因之後，必須採取行動。

18-2 N7 的製作方式

18-2-1 根據親和圖法形成問題

在製作親和圖法時，可分個人製作與團體製作二種方法。管理階層人員在下列情況下，最好由個人來製作親和圖，即 (1) 對於混淆、未知的範疇，想有體系地掌握其事實時，(2) 由零出發，想整理自己的想法時，(3) 想打破舊有概念，整理新構想時。另一方面，(4) 品管圈等在為著共同目的，欲組成小組著手改善時，團體製作方式則很有幫助。這裡先介紹前者的製作程序。其對應圖式如圖 18-8 所示。

1. 個人製作方法

步驟 1 決定題目。

步驟 2 就所決定之題目，收集語言資料。

為達成 (1) 之目的，收集事實資料；為 (2)，(3) 之目的收集事實資料、意見資料及構想資料。收集語言資料的方法有直接觀察法、面談閱覽法、腦力激盪 (BS) 法、個人思考法等各種。

語言資料最重要的是要能夠儘可能地具體表現事實或意見並傳達具體的意象。以具有獨立、最低限度意義之句子 (主詞 + 述詞) 來表現。省略述詞只用名詞的話，容易使表現變得抽象。所以要避免使用「做…」或「〇〇化」等等名詞化的用語來表現。

步驟 3 這種卡片稱為「資料卡」。一件資料寫在一張卡上。使用資料卡時，可以利用附有自由黏貼標籤 (市面上有出售，稱為語言標籤或 KJ 標籤等等)。

步驟 4 將資料卡混在一起，以攤牌的方式將之展開，再將這些展開的資料卡大致的看過去，二次、三次重複的看。先直著看再橫著看，以這種方式仔細地閱讀。

在閱讀這些資料卡時，就會發覺其中有些「幾乎相同」、「相似」、「類似」，再從這其中挑出二張自己認為最有親近感的資料卡。

步驟 5 確認這二張卡上的資料是否的確是最相近的。卡片最好能夠自然地類聚在一起。

步驟 6 將二張卡片上所記載的語言資料整理寫在一張卡片上。對於原先二張卡片上的內容不但要充分地傳達，也不可多餘地敘述卡片上所沒有的事項。總之最重要的是要避免抽象化。依這種方式所做成的卡片稱為「親和卡」。

步驟 7 二張的資料卡之上又加上親和卡，以橡皮筋之類的東西將之束在一起。並將附有親和卡綁在一起的卡片當作一張卡片來處理，放回原來交雜一起的卡片群中。

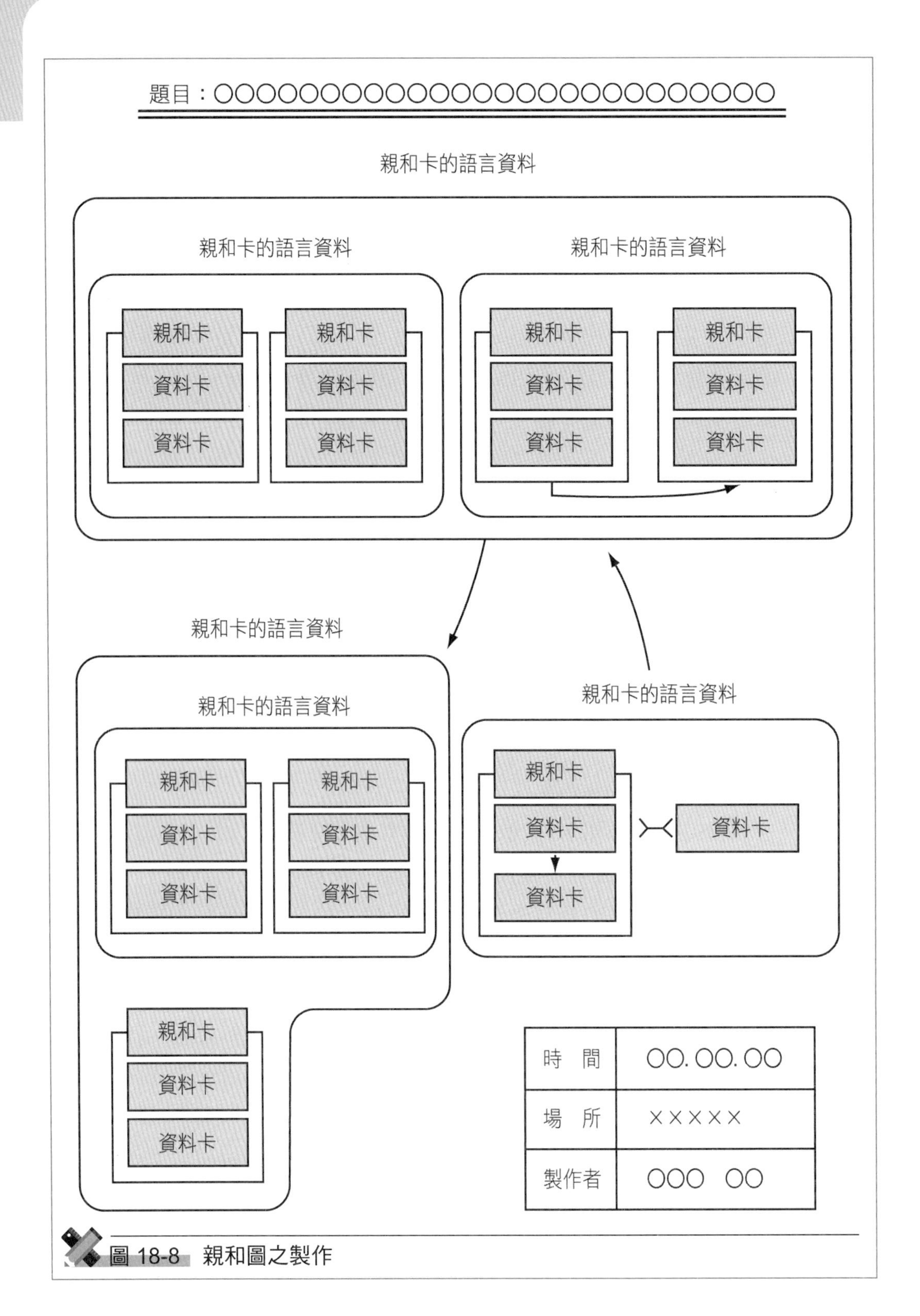
題目：○○○○○○○○○○○○○○○○○○○○○○○○○○○○
親和卡的語言資料
親和卡的語言資料
親和卡的語言資料
親和卡
資料卡
資料卡
親和卡
資料卡
資料卡
親和卡
資料卡
資料卡
親和卡
資料卡
資料卡
親和卡的語言資料
親和卡的語言資料
親和卡
資料卡
資料卡
親和卡
資料卡
資料卡
親和卡
資料卡
資料卡
親和卡的語言資料
親和卡
資料卡
資料卡
資料卡
時　間
○○. ○○. ○○
場　所
×××××
製作者
○○○　○○

圖 18-8　親和圖之製作

步驟 8 重複 4 ～ 7 的步驟，依照語言資料之間的親近感 (我們將這種性質稱之為親和性：affinity) 將卡片聚在一起並成束整理起來。

隨著卡片整理作業的進展，卡片之間的親和性就會逐漸的疏遠。相互之間的親和性會漸漸由「類似」、「相近」而變成「有關係」、「有些什麼相通之處」，逐漸遠離。

在製作親和圖時，隨著它們之間之親和性的逐漸疏離，還必須逐漸地提高抽象的程度。當然，最重要的是要能夠儘可能地保留原資料卡的意義。

在所有資料還未密集到五束之前，必須繼續這種作業。到了最後，甚至會有只剩一張資料卡的情況。不要勉強將之聚在一起，但可以把它當作一束的情形來處理。

步驟 9 將成束整理的卡片配置在紙上。在完成親和圖時，必須使它們在構造上看起來容易了解地決定它們互相的位置關係。

步驟 10 以類聚卡片相反的順序，將卡片的橡圈等等解開以決定整體的配置。

步驟 11 根據所決定的配置，將卡片貼在模造紙上，再以適當的記號來表明它們之間的相互關聯以完成親和圖。

2. 以小組來製作的方法

接著說明小組製作親和圖的方法：

步驟 1 決定題目。

步驟 2 以 BS 法來收集語言資料 (BS 法的規則如表 18-2 所示)。

表 18-2 腦力激盪法的基本規則

(1) 禁止批評	不對他人的發言加以批評或反對。
(2) 自由奔放	奔放地發想，自由地發言。
(3) 歡迎多數	構想的點子愈多愈好。
(4) 改善結合	力求改善，集結他人的構想，不可盲目附合他人的發言。

步驟 3 所有人員一起商量討論，務使大家都能對所收集的資料充分理解。

對於表現不夠適切或意義不明、能用各種說詞加以解釋的語言資料，必須加以修正改寫。

步驟 4 小組一邊討論，一邊進行個人製作方法中所提到的步驟 3 ～ 10，以完成親和圖。此外，小組製作方法中還包括下列各要項：

(1) 以撲克牌遊戲的要領向成員分發資料卡，(2) 由團體成員中的一人將手持的一張卡片唸出並提出，(3) 其他成員就提出的卡片比較自己手中的卡片，如有類似者則將之提出，依照這種方式來聚集卡片。

這是小組簡易進行聚集卡片的方法之一，但資料的親和性並不是在所有資料之中，它有時只在有限的小組中發生作用而已，品管圈在利用這種牌式時，必須知道它包含有這些缺點。

以上有關親和圖的作成範例，請參圖 18-9。

18-18-2　根據關聯圖法來探索原因

關聯圖有四種類型，分別是中央集中型、單向集中型、關係表示型、應用型。

這裡要介紹的是製作中央集中型之問題點與要因之關聯圖的一種方法。圖 18-10 是對應製作步驟的圖示。

步驟 1 以紅色字體在標籤上說明「為什麼沒有成為……」，以這種方式來表現所提出之主題為何沒有順利達成其結果的狀態。

步驟 2 將影響主題原因以主語和敘語明確表示，使用黑色字體各自寫在標籤上。

步驟 3 展開模造紙，將記有主題的標籤放在中央。

步驟 4 閱讀每張標籤，仔細體會、吟味其內容，將內容相似者類聚一起，在模造紙上形成群組。

步驟 5 隨著這些群組反覆「為什麼、為什麼」地找出其一次、二次與三次原因，有系統地展開其因果關係，並且一度將所有標籤都連上原因──►結果的虛箭線。

步驟 6 原因均被提出，所提出之主題的現狀在能掌握以前，所有人員必

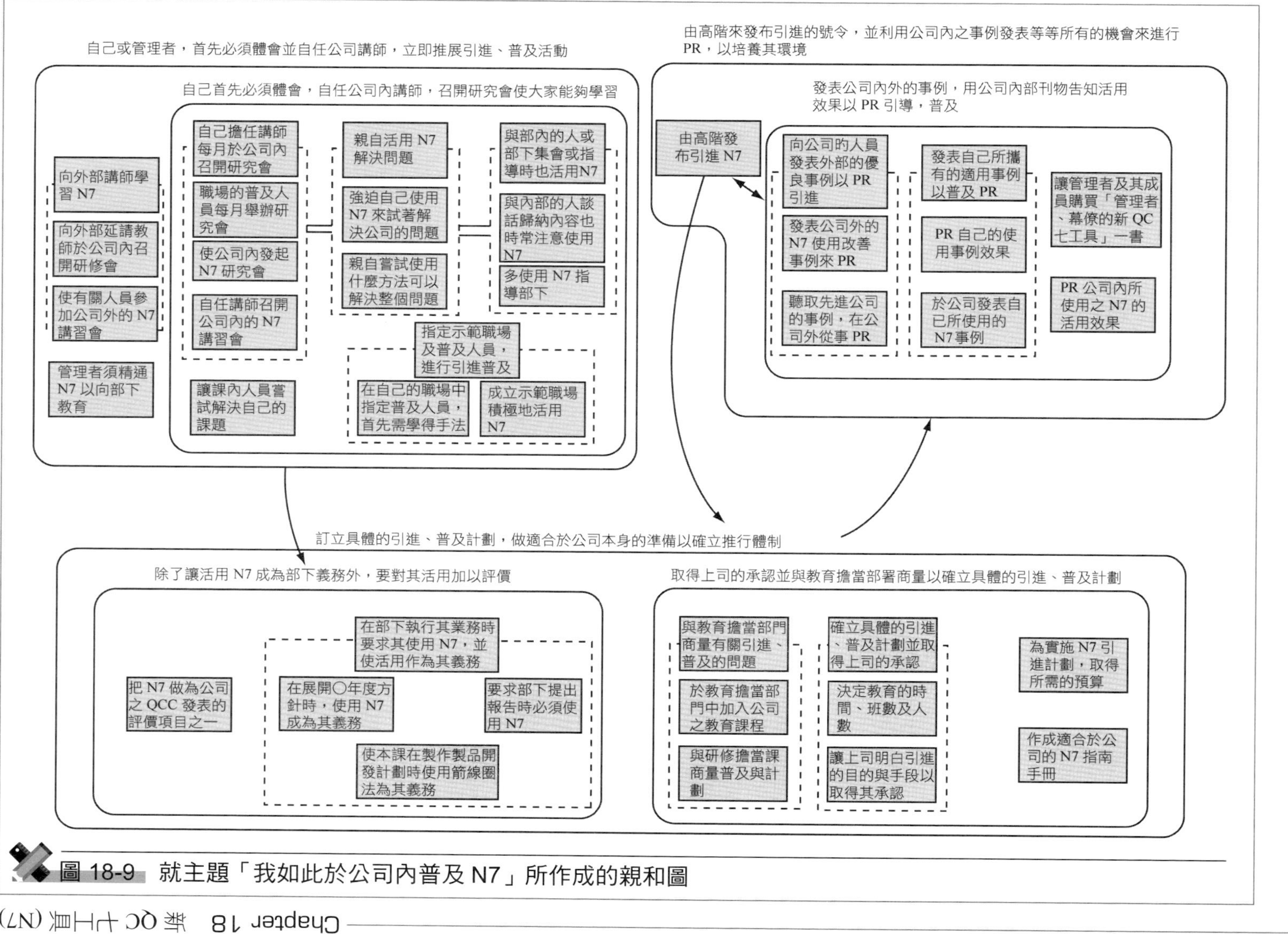

圖 18-9　就主題「我如此於公司內普及 N7」所作成的親和圖

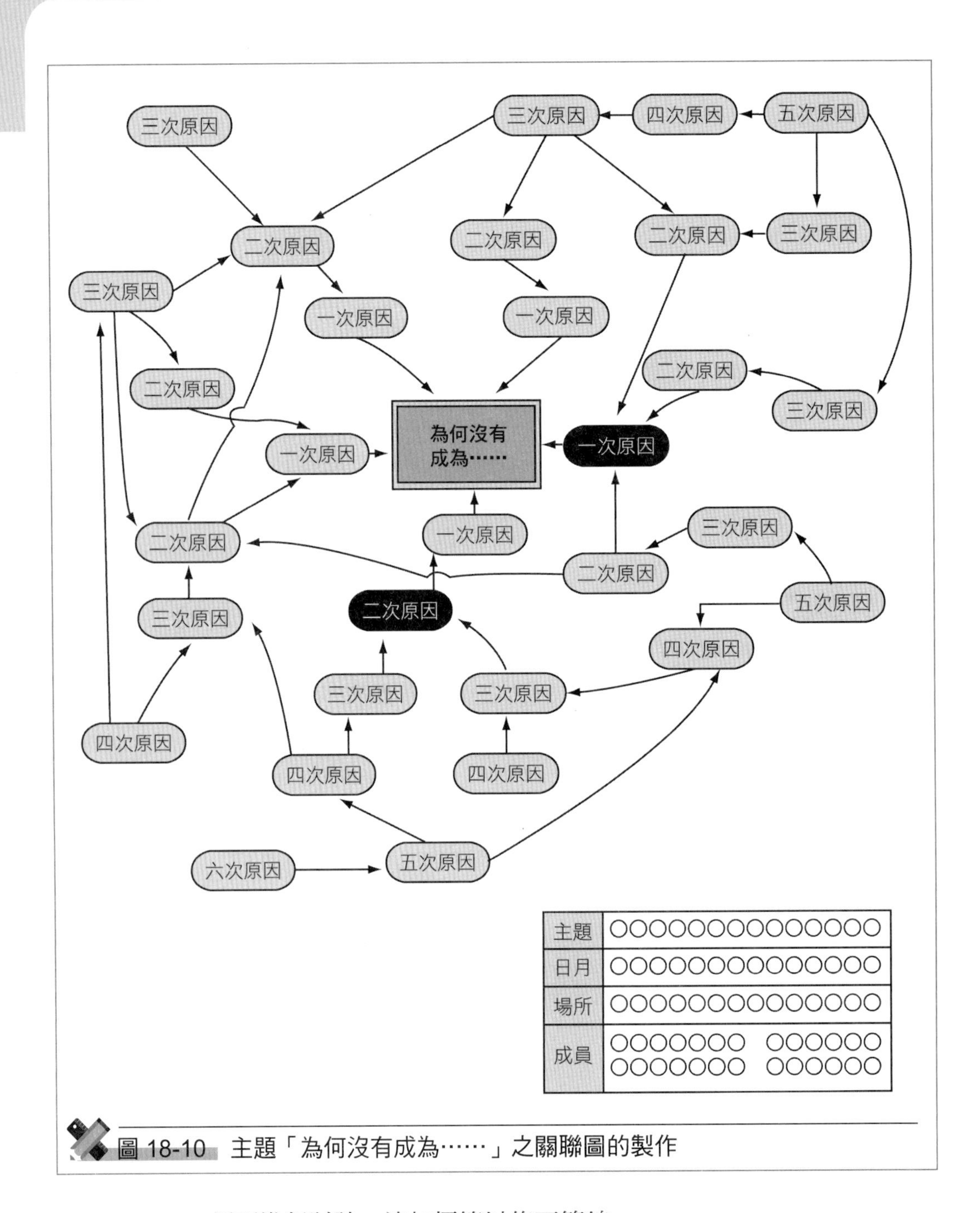

圖 18-10 主題「為何沒有成為……」之關聯圖的製作

須再進行討論，追加標籤以修正箭線。

步驟 7 原因一旦都掌握住了，再縱覽全體，以查核群組之間的關聯性，以箭頭連結有關聯者。

步驟 8 將標籤貼在模造紙上，記入主題或成員等等的必要事項。

步驟 9 大家一起討論，提出認為有重大影響的原因，再以粗框或顏色類別來表示它們 (如圖 18-10 的黑色代表重要原因)。這時也可以以點數比重來表示它們，如有重大影響之原因為二點，次要者為一點等等。

步驟 10 把作出來之關聯圖整理成文章形式，使第三者也得以理解。

以上有關中央集中型關聯圖的作成範例，請參圖 18-11。

18-2-3 以系統圖法來追求最合適的手段

以關聯圖掌握住阻礙解決問題的主要原因之後，接著就是要打破這些阻礙原因，探索能夠解決問題的方案。此時就算是改善品質的問題，也必須要求其解決手段：(1) 不使成本提高，(2) 不使作業不安全，(3) 不使生產力減低。

從這個意義可以知道，它最重要的是要追求一個能夠滿足限制條件的最合適方法。這裡將介紹的是使四次手段變成有實施可能手段之「方案．展開型」系統圖的製作步驟。其製作步驟的對應圖如圖 18-12 所示。

步驟 1 將關聯圖所提出的主題或想解決的問題以「為了使⋯⋯如何如何」的表現型式用紅色字體寫在標籤上，把它當作目的或欲達成的目標。

步驟 2 在達成目的、目標時必須明確並明記其限制事項。

步驟 3 所有成員一起討論達成目的的一次手段，由此抽出 2 ～ 4 張，並用黑字寫在標籤上。

步驟 4 將模造紙展開，把目的放在左端中央，一次手段放在其右側的上下並以虛線連接。

步驟 5 把一次手段當作目的，並將其達成手段之「使⋯⋯如何」用黑字寫在標籤上。

步驟 6 藉由團體的所有人員一邊仔細討論，一邊將以下的二次手段當作目的抽出三次手段，再將三次手段當目的抽出四次手段，記入標籤之中，如圖 18-11 那樣的予以配置。

步驟 7 四次手段都展開之後，所有成員再次重新地從目的到一次、二次、

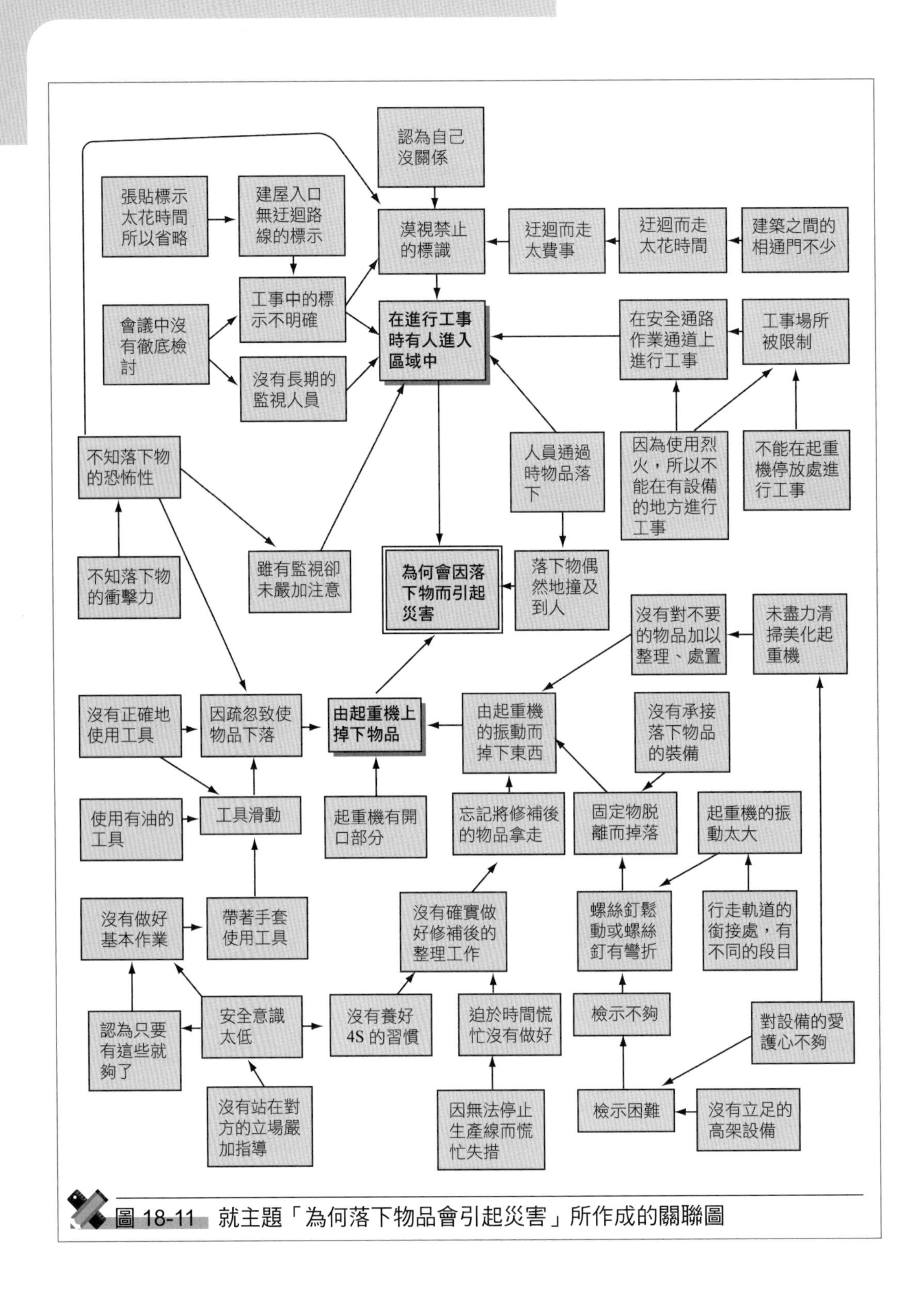

圖 18-11 就主題「為何落下物品會引起災害」所作成的關聯圖

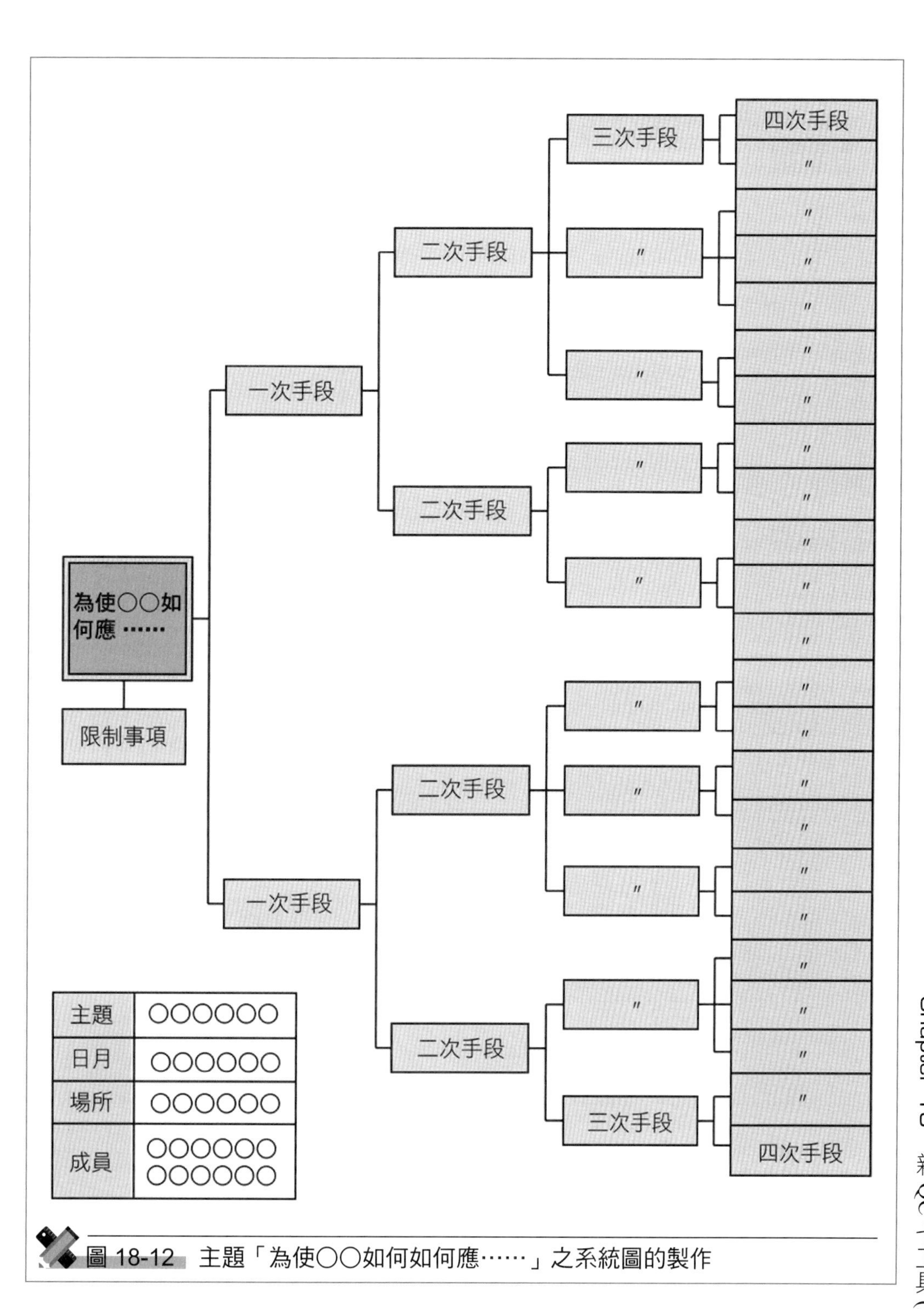

圖 18-12 主題「為使○○如何如何應……」之系統圖的製作

三次、四次手段再檢討一次，再從四次手段倒著去確認目的，視需要去構想新的手段，追加整理標籤。

步驟 8 將標籤貼在模造紙上，記入主題或成員等等的必要事項。

以上有關系統圖的製作範例，請參圖 18-13。

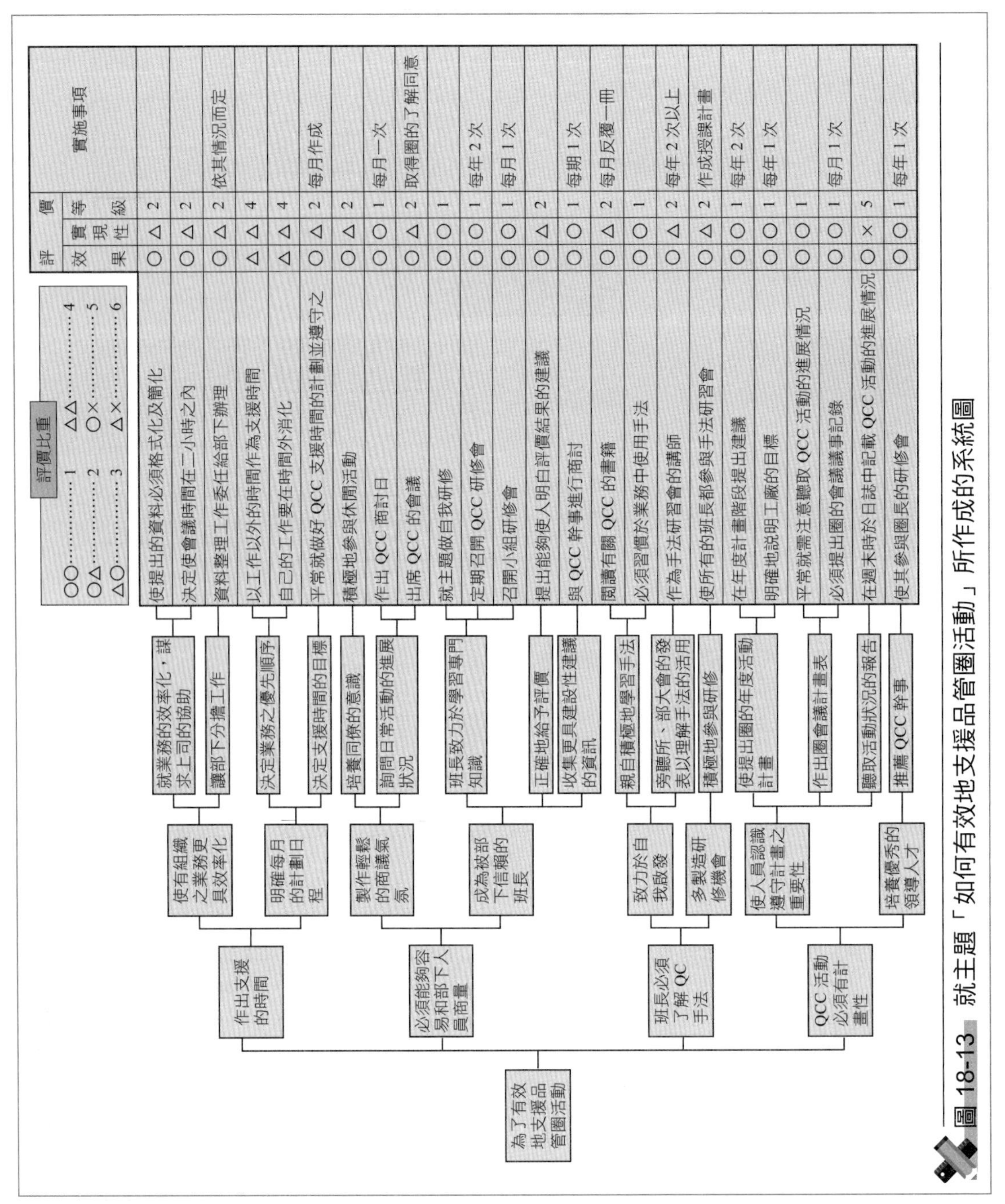

圖 18-13 就主題「如何有效地支援品管圈活動」所作成的系統圖

18-2-4 以矩陣圖法評價方案及訂定對策

矩陣圖法是用於：(1) 依系統圖所展開之方案訂定比重，(2) 決定任務分擔。此外，矩陣圖可以單獨地進行各種的分析。例如；它還可以使用於檢討使用者之要求品質與代用特性的對應或檢討代用特性與工程管理項目的對應等等這些所謂的品質展開上。本節將介紹二種矩陣圖法的製作順序。

1. 以矩陣圖法來評價方案與分擔任務

前節提到的系統圖法，當它展開到四次、五次的具體方案時，就會有相當數目的方案出現。但是，所有的方案未必一定都要實施。有些比較不重要，未必在本年度內一定要實行。此外，必須明確任務之分擔。此時之矩陣圖的製作步驟如圖 18-14 所示。

步驟 1 將系統圖所展開之有可能實施之手段 (如圖 18-14 之四次手段) 配置在縱軸上。

步驟 2 在橫軸上首先以效果、實現性、等級作為評價項目。

步驟 3 接著根據縱軸之四次手段的內容從任務分擔欄中抽出關聯部門，記入橫軸之中。

步驟 4 在橫軸的右邊設置實施事項欄。

步驟 5 步驟 2 ～ 4 之橫軸項目決定了之後，在縱、橫二軸上劃線並將橫軸的項目記入上欄之中。

步驟 6 評價項目之效果一項中的○記號代表「極大」，△記號代表「有」。實現性一項中的○記號代表「極大」，△記號代表「有」，× 記號代表「無」，記在與縱軸的交點處。

步驟 7 等級區分在○△ × 記號上配以評分點數後記入 (請參照圖 18-14 的等級點數)。

步驟 8 任務分擔中之◎記號是主管，○記號是輔佐者，各自依其分擔記入到與縱軸的交點處。

步驟 9 在實施項目欄中，具體地將所明白的實施事項表現出來並記入其中。

步驟 10 將步驟 6 ～ 8 項中的約定事項明記在模造紙的空白部分，並記入必要事項。

以上有關 L 型矩陣圖的製作範例，請參圖 18-14。

註：通常，評價與實施事項是在系統圖作好時實施。評價不單單只是意見調查，儘可能要考慮到經濟性，並根據技術性的評價成果來進行。

等級點數

○・○＝1　△・△＝4
○・△＝2　○・×＝5
△・○＝3　△・×＝6

職份

◎：主管
○：輔佐

	評價			任務分擔					實施事項
	效果	實現性	等級	所品管圈事務局	課、工廠支援者	課、工廠幹事	圈長	圈員	
系統圖的四次手段	○	○	1	○	◎	○			
〃	○	○	1				◎	○	次/每月召開
〃	△	○	3				◎	○	每回召開時數
〃	○	△	2				○	◎	
〃	○	×	5		○	◎			
〃	○	○	1	○	◎	○			
〃	△	△	4			○	◎		
〃	○	△	2				◎	○	
〃	○	○	1				◎	○	
〃	○	○	1				◎	○	
〃	○	×	5		○	◎	○		次/年・人以上
〃	○	△	2			◎	○		
〃	△	△	4			◎	○		
〃	△	○	3				◎	○	次/月
〃	○	○	1		○	○	◎		
〃	○	○	1	○	◎	○			
〃	○	×	5		◎	○	○		
〃	○	△	2		○	◎	○		
系統圖的四次手段	△	○	3				○	◎	

圖 18-14　任務分擔之矩陣圖 (L 型) 之製作

2. 以矩陣圖法使現象、原因、對策明確

矩陣圖法也可以在現象、原因、對策相互之間複雜關聯，為使其對應關係明確時使用。在這種情形下，T 型矩陣圖最為適合。接著將介紹這種矩陣圖的製作步驟，圖 18-15 是其製作步驟的對應圖。

步驟 1 將關聯圖的一次原因整理出來，用黑字寫在現象軸的標籤上。

步驟 2 從關聯圖的末端原因中整理出應去除的原因，用黑字直列式地寫在現象軸的標籤上。

步驟 3 在對策軸的標籤上用黑字寫上系統圖的末端手段。

步驟 4 展開模造紙，畫上縱線與橫線。

步驟 5 上縱軸記入現象，下縱軸記入對策，橫軸記入原因。

步驟 6 將現象、原因、對策的標籤分別安排在其位置上。

步驟 7 考慮現象、原因、對策之關係 (例如重要程度的順序或發生次數的順序等等) 以決定標籤的排列並將其張貼。

步驟 8 交點處的記號，◎表示有「極大的關聯」，○表示「有關聯」，△ 表示「好像有關聯」，無關聯者不必記入任何記號。

步驟 9 以現象之各標籤為基準，在它與原因之各標籤的交點處暫時記入各種符號以填入原因、對策的所有交點。

步驟 10 以原因之各標籤為基準，在它與對策之各標籤的交點處暫時記入各種符號以填入原因、對策的所有交點。

步驟 11 以對策之各標籤為基準，再次確認它與原因之各標籤的交點符號。接著再以原因的各標籤為基準，再次確認它與現象之各標籤的交點符號。

步驟 12 繕寫暫時記在交點中的◎○△的記號，記入題目或成員等所需事項。

以上有關 T 型矩陣圖的製作範例，請參考圖 18-16。

18-2-5 利用箭線圖法之實行計畫

訂定解決問題的最適合手段或對策，可以使用系統圖或矩陣圖。接著會發生這多少段或對策依什麼順序、何時實施才好的問題。而這時就可以使用

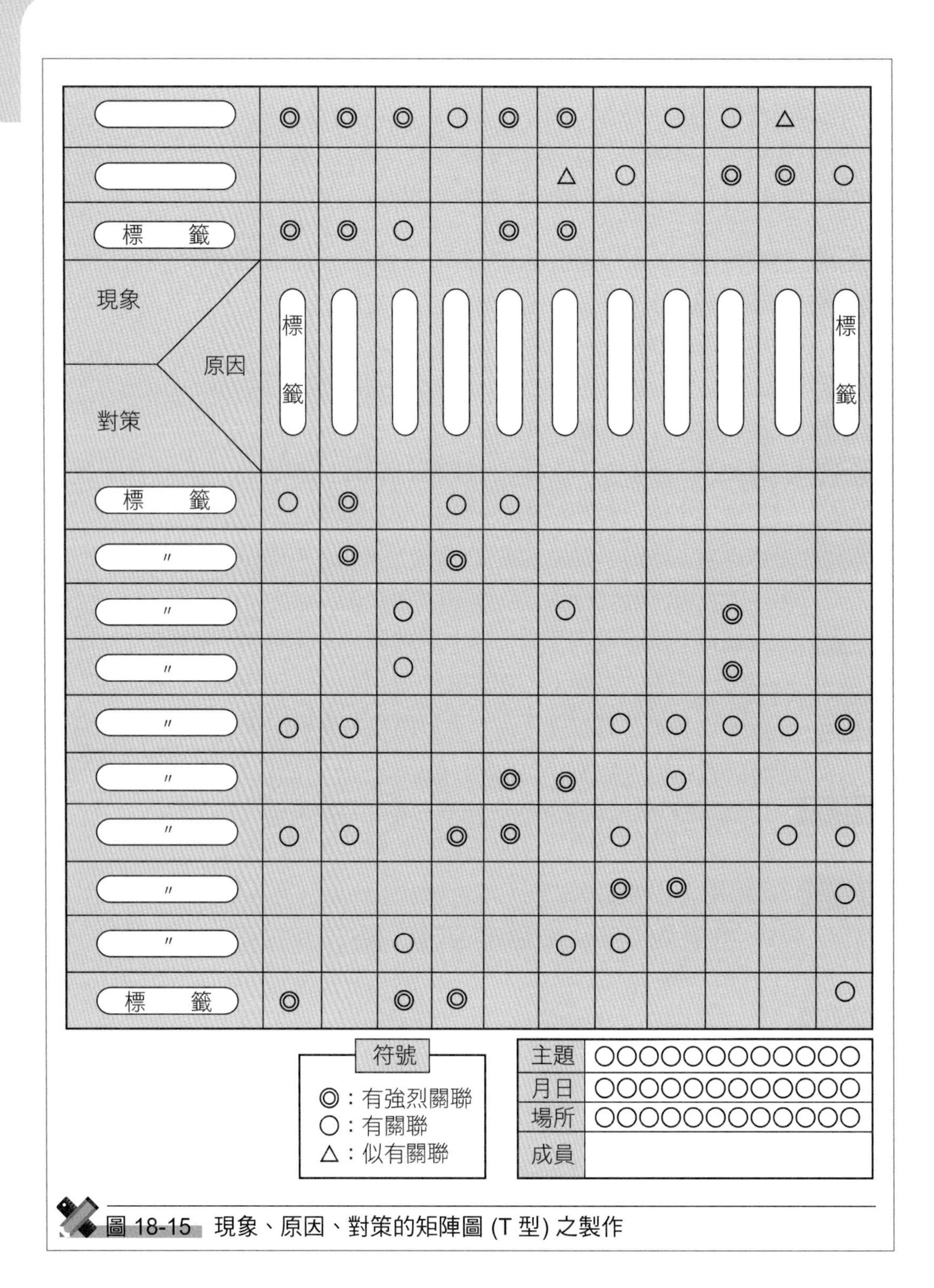

圖 18-15 現象、原因、對策的矩陣圖 (T 型) 之製作

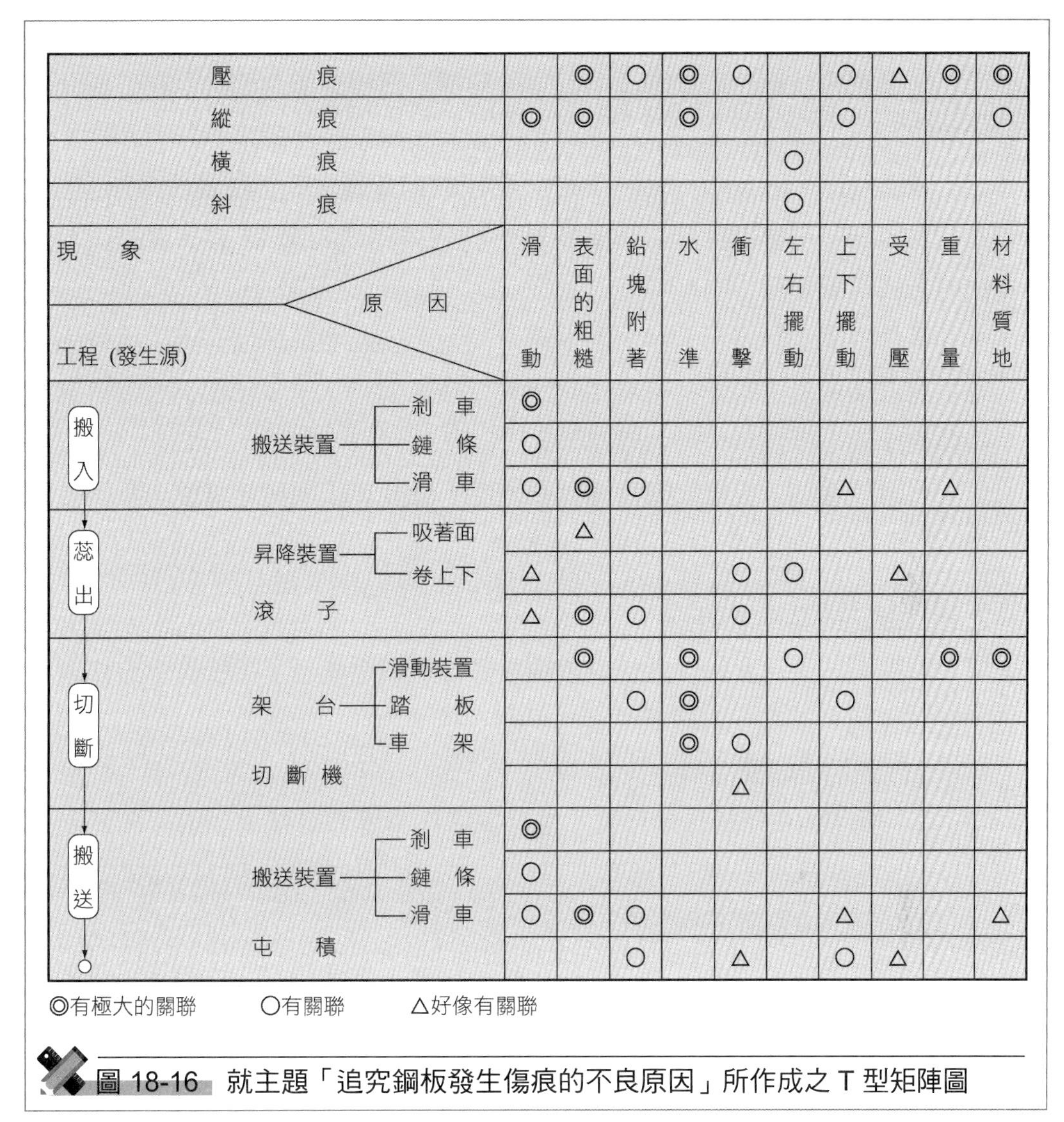

工程 (發生源)		現象 ＼ 原因	滑動	表面的粗糙	鉛塊附著	水準	衝擊	左右擺動	上下擺動	受壓	重量	材料質地
		壓痕		◎	○	◎	○		○	△	◎	◎
		縱痕	◎	◎		◎			○			○
		橫痕						○				
		斜痕						○				
搬入	搬送裝置	剎車	◎									
		鏈條	○									
		滑車	○	◎	○				△		△	
蕊出	昇降裝置	吸著面		△								
		卷上下	△				○	○		△		
	滾子		△	◎	○		○					
切斷	架台	滑動裝置		◎		◎		○			◎	◎
		踏板			○	◎			○			
		車架				◎	○					
	切斷機						△					
搬送	搬送裝置	剎車	◎									
		鏈條	○									
		滑車	○	◎	○				△			△
	屯積				○		△		○	△		

◎有極大的關聯　　○有關聯　　△好像有關聯

圖 18-16　就主題「追究鋼板發生傷痕的不良原因」所作成之 T 型矩陣圖

箭線圖法了。

本節將介紹箭線圖與甘特圖的比較，及製作箭線圖法的基本規則及順序。

1. 箭線圖與甘特圖的比較

一般在日程計畫或管理上常使用甘特圖 (Gantt chart)。這種手法對於大略的計畫或簡單的作業指示來說是一種很優良的方法，但卻很難掌握作業之間的互相關係。換句話說，因為它很難訂立精密的計畫，而且無法明白部分的作業改善或變更，會對其他的作業有任何影響，所以很難訂立最好的對策，這是它的缺點。箭線圖法則不單能夠補足這種缺憾，而且具有工程分析的機能。

我們試以「建造 QC 房屋」為例，來比較箭線圖法與甘特圖法兩種手法。

對於同一工事的內容，以甘特圖形的方式寫成如圖 18-17，而以箭線圖法的方式寫成如圖 18-18。

以甘特圖法來表示的話，則很難只從圖上就能判斷任何一項作業的拖延是否對工期會產生影響？有寬裕時間的作業是哪些？……已經迫近沒有寬裕時間的作業是哪些？……等等事項。

而對於這點，要是換成箭線圖法的話，就能夠很明確地掌握。我們從圖 18-17 與 18-18 的比較中自可明白這點。

2. 箭線圖法的基本規則

箭線圖法使用實線與虛線的箭線及圖形記號來表示，這種表示方法有其一定之規則。首先介紹最低限度的規則。

(1) 圖示記號與名稱

圖 18-19 介紹的是作業、結點、虛作業等等名稱與記號之間的對應及其意義。一般在結點上都會加上識別用的編號，稱之為結點編號。

(2) 先行作業與後續作業

作業有 A 與 B，圖 18-20 所表示的是 A 作業沒結束之前，B 作業無法開始的情形。A 作業是 B 作業的先行作業，而 B 作業則是 A 作業的後續作業。

(3) 並行作業

圖 18-21 所表示的是 A 作業與 B 作業各自同時並行進行的情形。這種情況的 A 作業與 B 作業稱之為並行作業。

(4) 虛作業的使用方法

(a) 連結二個結合點的箭線為一者

圖 18-22 是使用虛作業來同時進行 A、B 作業的正確表現方法。在圖 18-22 中之左方的錯誤表現中，無法區分作業 (1,2) 是 A 作業還是 B 作業。右側二種表示方法則因使用了虛線而能正確地

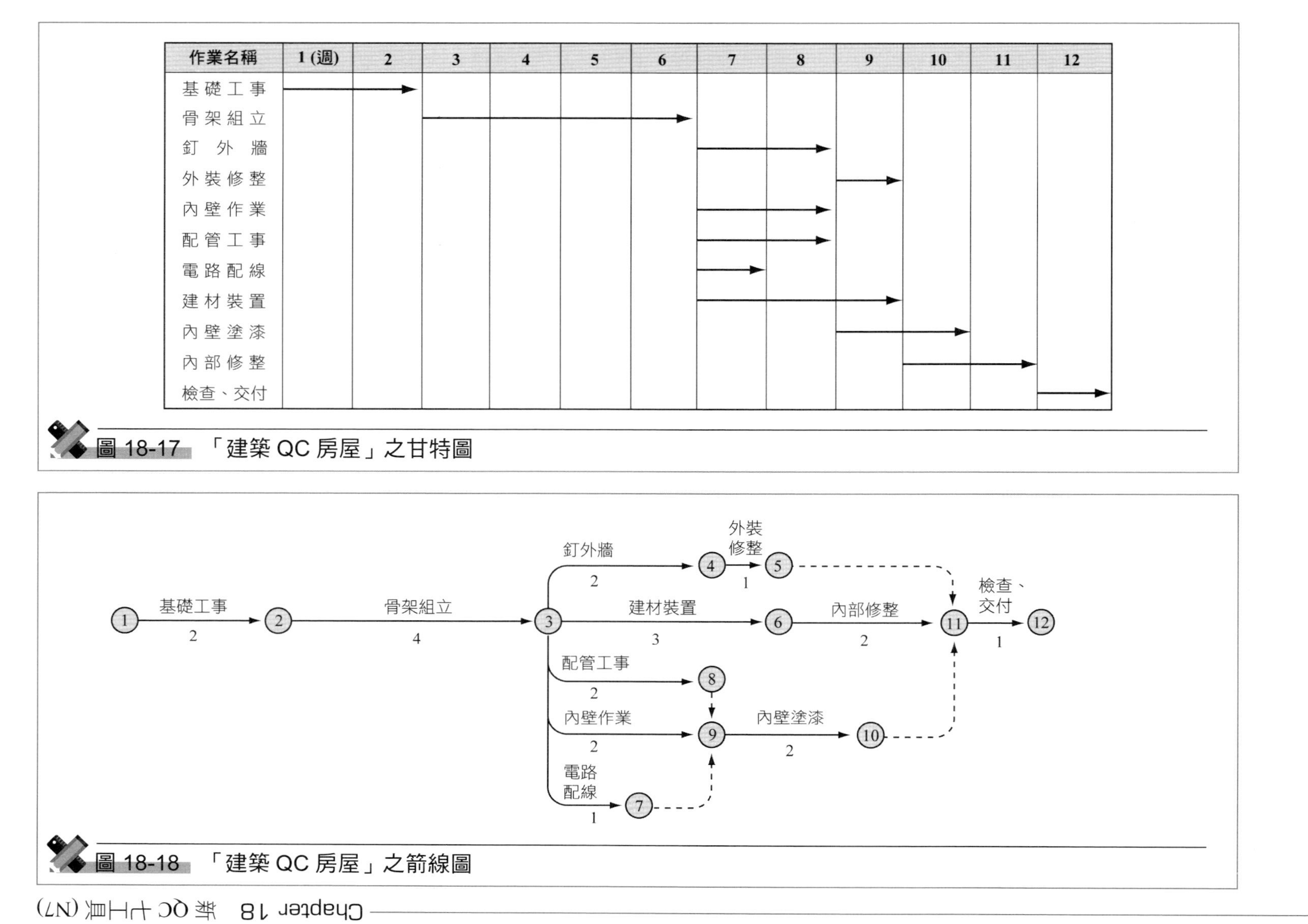

圖 18-17 「建築 QC 房屋」之甘特圖

圖 18-18 「建築 QC 房屋」之箭線圖

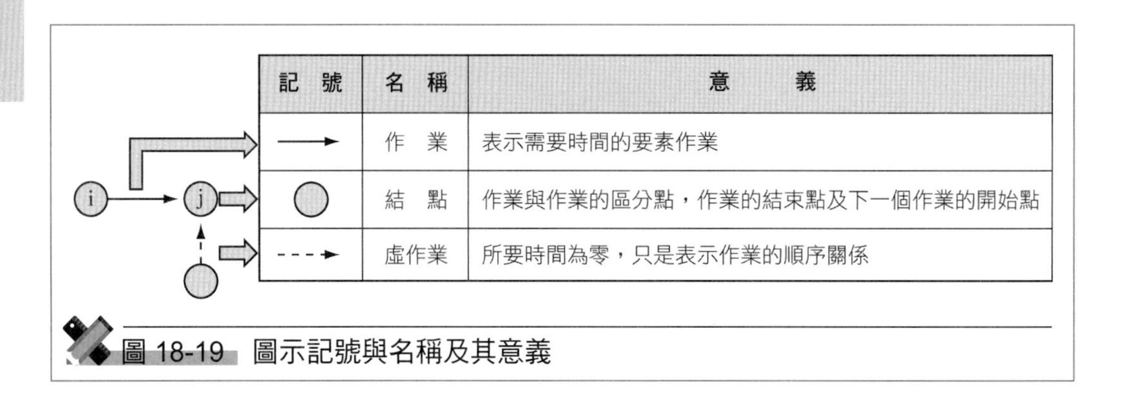

記 號	名 稱	意 義
——→	作 業	表示需要時間的要素作業
○	結 點	作業與作業的區分點，作業的結束點及下一個作業的開始點
- - -→	虛作業	所要時間為零，只是表示作業的順序關係

圖 18-19 圖示記號與名稱及其意義

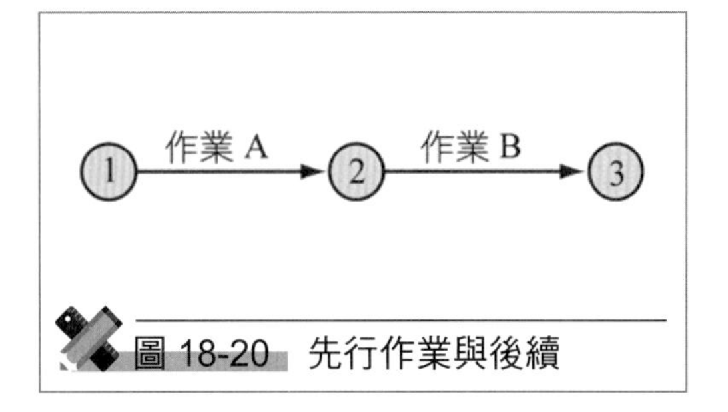

圖 18-20 先行作業與後續

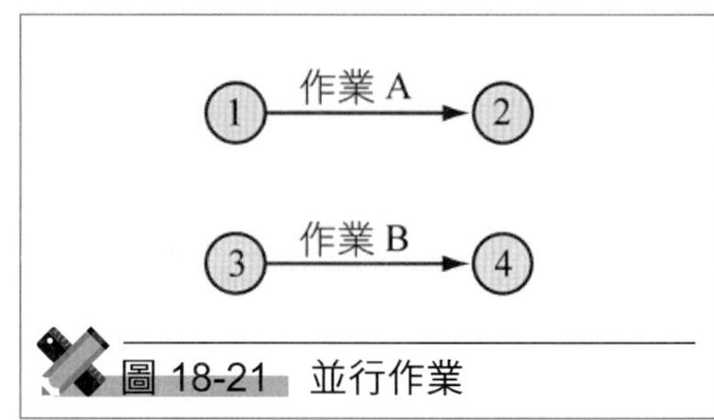

圖 18-21 並行作業

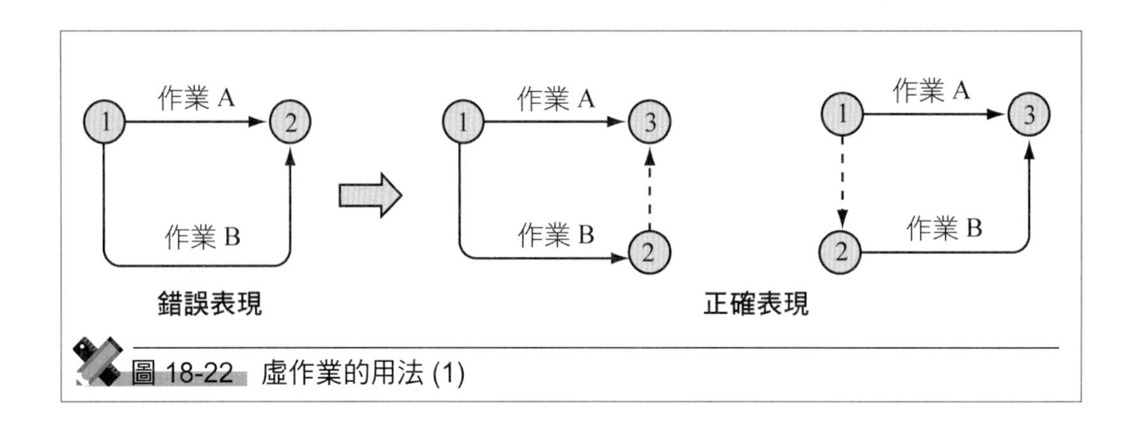

圖 18-22 虛作業的用法 (1)

表示。A 作業是作業 (1,3)，B 作業是作業 (1,2)。此外 A 作業是 (1,3)，B 作業是 (2,3)。

(b) 要表明並行進行之作業路線之間的前後關係時，使用虛作業。今有 A、B、C、D 四個作業，前後關係為：C 的先行作業是 A 與 B；D 的先行作業是 B 時，可以像圖 18-23 一樣，使用虛作業來表示。

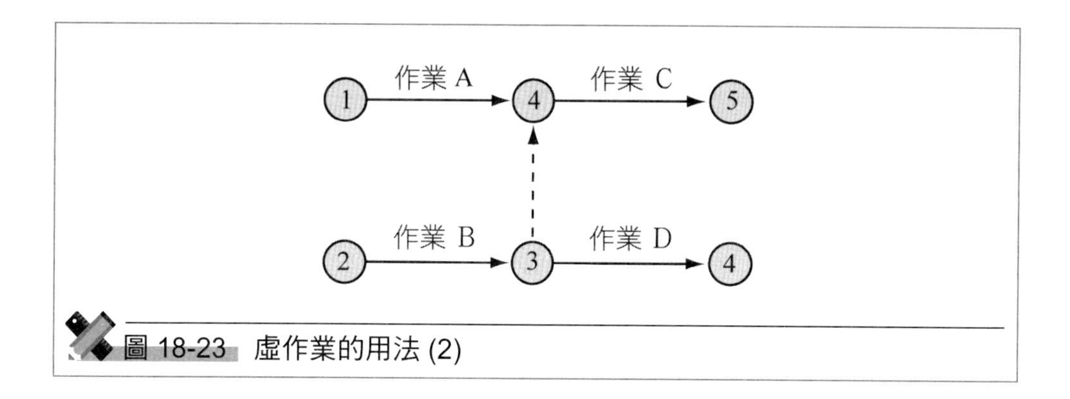

圖 18-23 虛作業的用法 (2)

(5) 不可產生循環

在圖 18-24 中，B、C、D 三個作業形成一個環狀。環形出現後會迴轉，使得作業無法進行。作業必須隨著時間移動，由左向右展開。

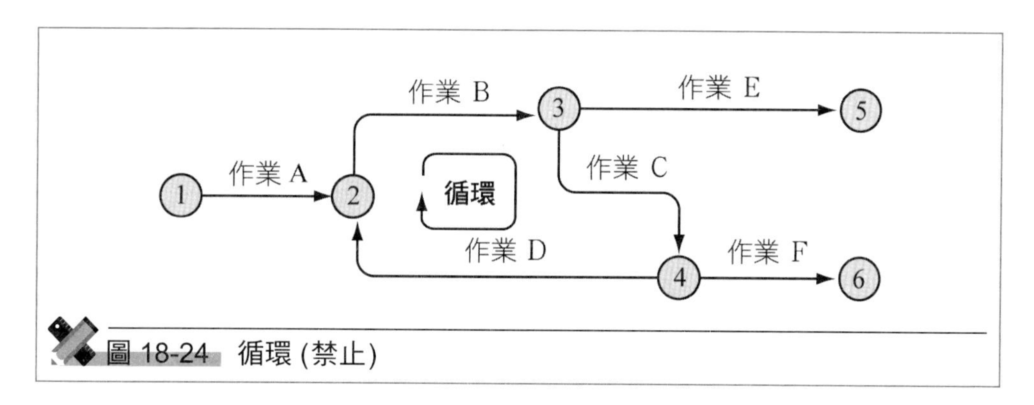

圖 18-24 循環 (禁止)

(6) 不要使用不需要的虛作業

圖 18-25 的上圖使用了不需要的虛作業 (d_1，d_2 的虛作業不需要)，圖 18-25 的下圖則表現良好。

3. 箭線圖法的製作步驟

現在根據前項的規則，介紹箭線圖法的製作步驟，其對應圖為圖 18-26。

步驟 1 在經系統圖所抽出之手段中，將實施事項明確者作為主題提出，並以紅色字體寫在標籤上。

步驟 2 如果所提出的主題有限制事項的話，必須使其明確。

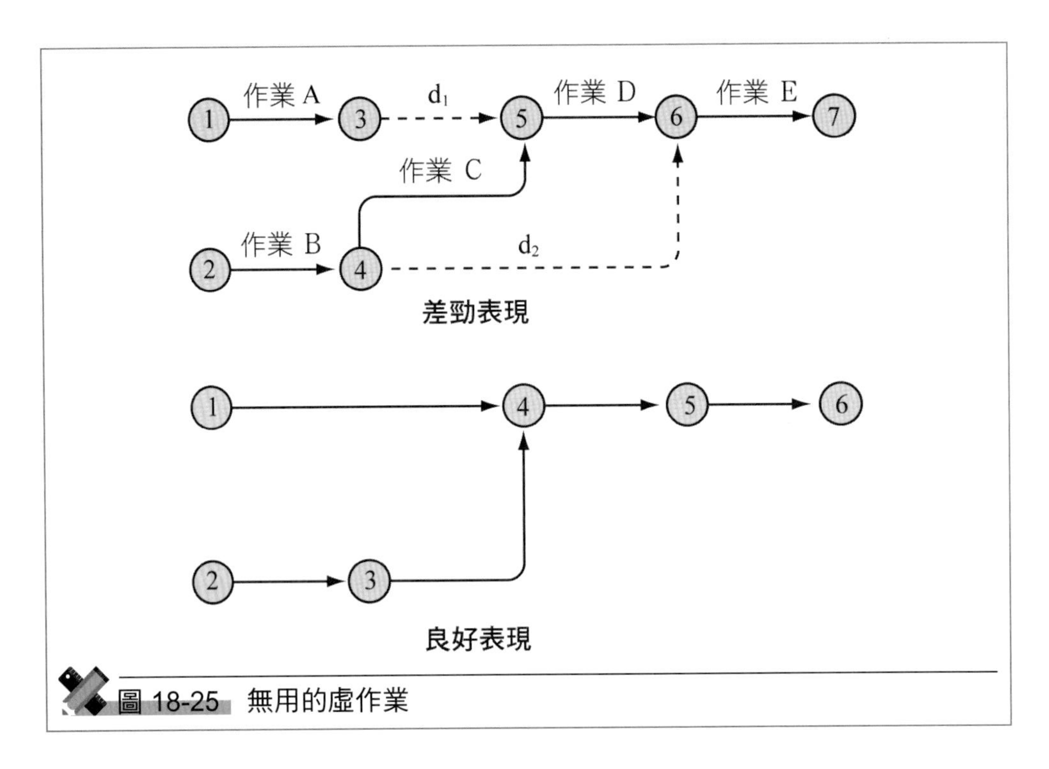

圖 18-25 無用的虛作業

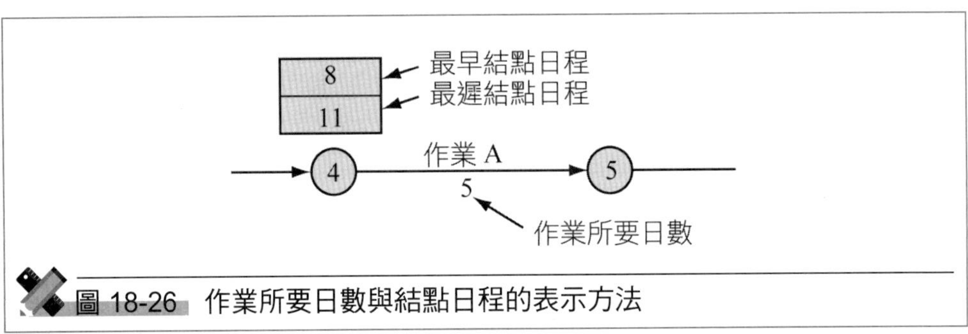

圖 18-26 作業所要日數與結點日程的表示方法

步驟 3 大家一起討論以列舉達成主題之所需作業。

步驟 4 所需作業大致找出之後，大家分工合作將其用黑字寫在標籤上。

步驟 5 展開模造紙，在上面將其作業標籤由左至右，照順序配置其作業的先行作業與後續作業的關係。

步驟 6 如果有不必要或重複之標籤則將其去除，總之要一度從頭至尾以圖示記號加以整理，並做暫時的連結。

步驟 7 由所有人員一起討論檢查，如有發現遺漏之作業，則將其追加記入標籤之中。

步驟 8 將標籤直線排列，並把作業標籤最多的路徑決定在中央，並空出結點的直徑部分予以配置。

步驟 9 將並列關係之作業標籤分別配置在該當之位置上。

步驟 10 所有作業標籤之配置決定之後，貼上標籤，用黑字記上圖示記號。並按照結點的編號，由先行作業依照順序記入，並記入成員等所需事項。

以上有關箭線圖的製作範例，請參圖 18-27。

註：在箭線圖法中，有的是調查各作業的需要日數再記到箭線之下。此外關於各結點，有的是先計算最早結點日程 (最早非從此日開始不可) 與最遲結點日程 (最遲在此日之前非結束不可之日程)，記在結點的附近。(請參照圖 18-26)。

18-2-6　PDPC 法

PDPC 法是在研究或技術開發、長年之慢性不良對策、營業活動等之問題上，其解決資訊不足，或事態呈現流動難以預測，或以上二種情形都有時，須制定實行計劃謀求解決。

從計劃制定開始，至到達一個或數個最終結果之過程或順序，依時間的推移以箭線來結合之圖形。

PDPC 法很少把制定實行計劃當初所作成的圖形一直使用到最後，它會隨著新事實的發現或事態的進展，追加能夠解決新阻礙原因的手段，PDPC 圖形的一個原則就是隨時更新改寫。

因此在製作 PDPC 圖形時有相當的可塑性，這裡只是敘述其大概的規則與製作順序。

1. PDPC 法的基本規則

(1) 圖示記號與名稱

圖 18-28 所表示的是 PDPC 法所使用之圖示記號的名稱與意義。其一與其二中的記號，均可使用。在 PDPC 法所作成的許多路線之中，以粗線之箭線來表示最希望的路線與已實行之路線，以與其他路線有別。

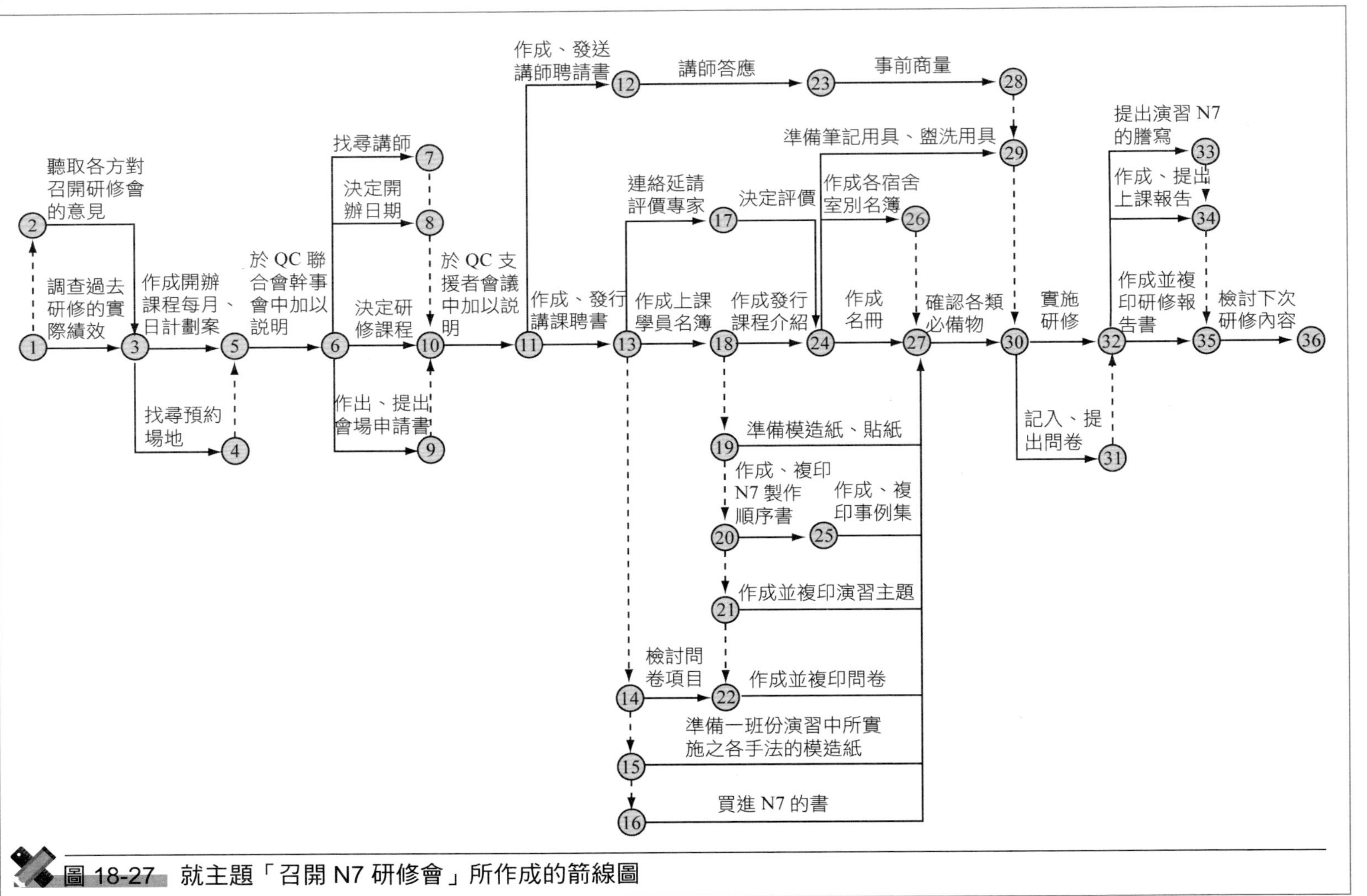

圖 18-27 就主題「召開 N7 研修會」所作成的箭線圖

記號		名　稱	意　　　　義
其一	其二		
▭	▭	對　策	表示在此時應採取之措施
	⬭	狀　態	表示因對策引起之狀況
	◇	分歧點	表示狀態分為二種以上的情形。使用分歧點時一定要做出「Yes」與「No」的回答。
⟶	⟶	箭　線	表示時間的經過與事態進行的順序 (不是表示時間的長短)
	- - -→	虛　線	從某個狀態移至下一狀態時，不需要時間或與對方的對應無關係時，以此來表示單純的順序進行

圖 18-28　圖示記號與名稱及其意義

(2) 時間的經過 (流程) 是由上至下或由左至右。

圖 18-29 是說明此種樣式的二個例子。

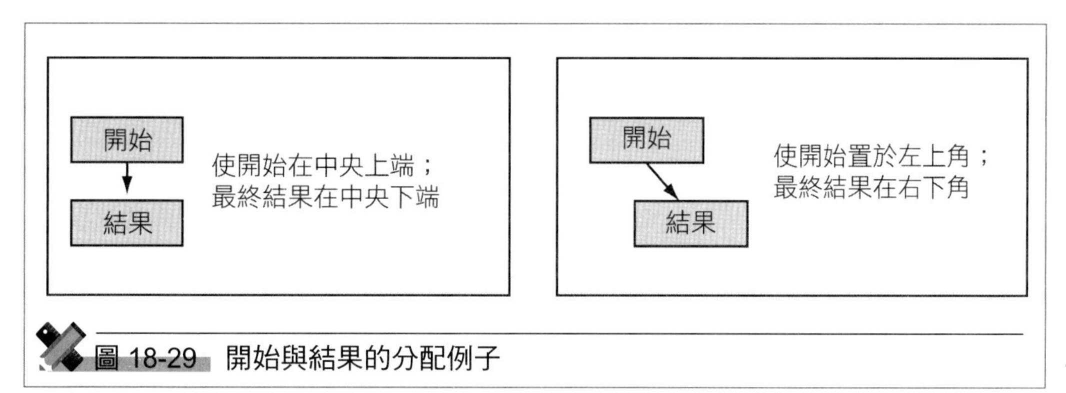

圖 18-29　開始與結果的分配例子

(3) 有時像返回出發點的情形那樣，使箭頭的指向朝相反方向，從開始或中途修正都可以，這是表示事態停頓的意思。(此乃與箭線圖法差異最大的地方)。

換句話說，可以允許回饋 (feed-back) 的循環出現。其狀況如圖 18-30 所示。

(4) 前面的狀態也可以做為中途的經過，再度提出。相同之作業還可以

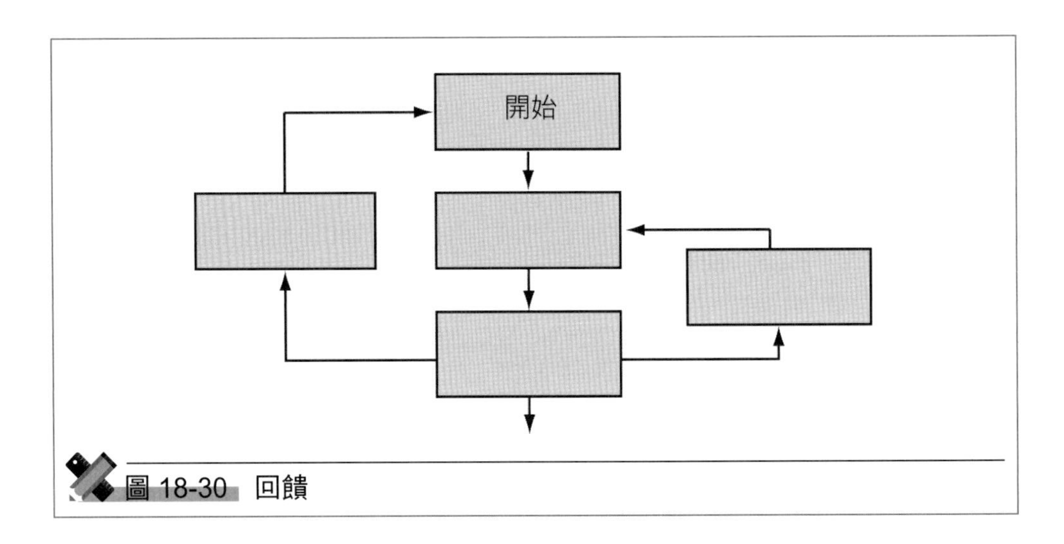

圖 18-30 回饋

針對需要，反覆進行。

2. PDPC 法的基本作法

PDPC 法正如前面所敘述的，隨著事態的進度，一邊追加新手段直到可能達成目的之前，都可多次不斷地改寫、加寫。

這裡將介紹兩種 PDPC 的一般步驟。此外，圖 18-31 所指示的是此步驟的對應圖形，圖中的 Yes 或 No 的記號是為了說明上的方便才加入，一般實際的 PDPC 未必都會使用它。總之，PDPC 法的精神只要能反應在圖上就行了。

以下介紹兩種類型的 PDPC 展開法。

3. 類型 1 的實例 (逐次展開型 PDPC 的進行方法)

【事例】

某區的電器店決定向區內的頑固先生推銷 P 公司新上市的薄型電視。要如何向頑固先生開口說出呢？……會出現何種反應呢？……不試試看是不得而知的。在此種狀況下，於事態的進展過程中調查未來，思考實施事項，決定達成「推銷 P 公司新上市的薄型電視」。這是在達成目標前的過程，由於不做做看是不得而知的，因此擬使用 PDPC 法來展開可能事態。

因此，電器店的銷售員以「決心向頑固先生推銷 P 公司新上市的薄型電視」作為出發點，將「成功推銷 P 公司的薄型電視」當作目標，在達到

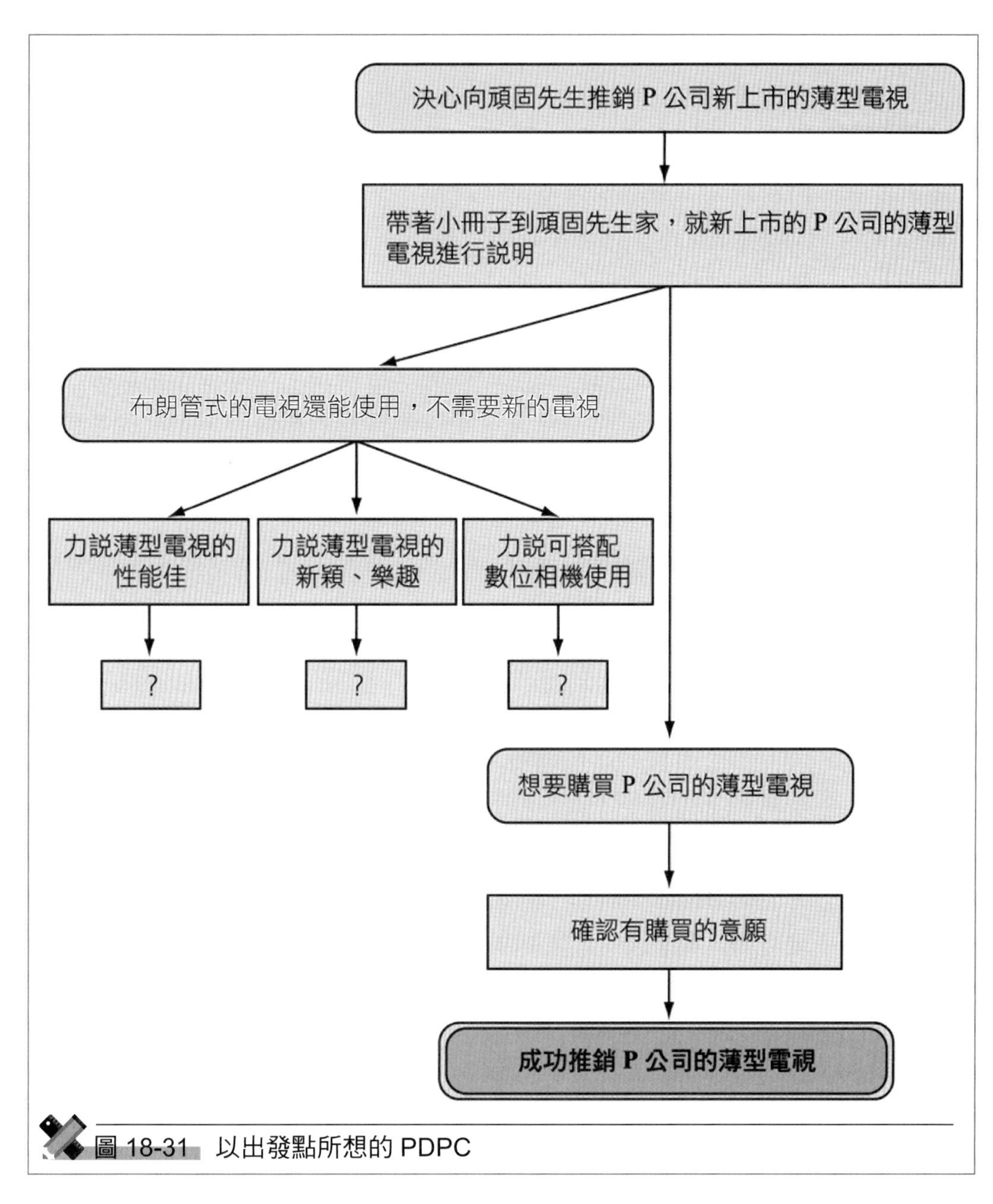

圖 18-31　以出發點所想的 PDPC

此目標的過程中，逐次充實計畫，設法到達目標即「成功推銷 P 公司的薄形電視」。

步驟 1　決定出發點

在推銷新上市的薄型電視時，所設定的出發點是「決心向頑固先生推銷 P 公司新上市的薄型電視」，目標是「成功推銷 P 公司的薄型電視」。

步驟 2 擬定出發點的著手計劃

銷售員於出發點根據取得的資訊，從出發點到目標為止，一面預測事態的動向，一面擬定著手計劃。

實施事項以四方形□，預見事項以長橢圓 ⬭ 表示，將它們以箭線連結，製作著手時點的計劃。將它表示在圖 18-32 中。

帶著小冊子前往頑固先生的住處，說明新上市的薄型電視時，不一定能輕易的說服他購買。此時所預見的事情是，頑固先生會說出「布朗管式的電視還能使用，所以不需要新電視」。

當如此說時，應對的實施事項，想到如下三個。

(1) 力說薄型電視的性能好。

(2) 訴求薄型電視的新穎、樂趣。

(3) 說明數位相機所照的孫兒相片可以放大觀賞。

這三個之中的任一個，或者全部都能順利進展時，頑固先生就能從「想要購買 P 公司的薄型電視」連結到「成功推銷 P 公司的薄型電視」。可是，此三個是在碰到頑固先生之後當他說出「布朗管式的電視還能使用，所以不需要新電視」時，因為是察看頑固先生的臉色才要說的，因之要說出哪一個，現時點是無法決定的。就它的結果來說，此處判斷不需要考慮，以 ⬭ 表示並以線連結。

步驟 3 實施最初的實施事項

到頑固先生家的銷售員聽到了意想不到的話。

頑固先生說「想換成 Q 公司的薄型電視」。

原本預見會說出「布朗管式的電視還能使用，不需要新電視」一事，卻突然落空了。

特地準備的三個實施事項變得毫無用處。

因為說出了未預見的事，銷售員瞬間畏縮了，但急中生智乃請教「為什麼想要購買 Q 公司的電視呢？」

銷售員努力向頑固先生請教為何想買 Q 公司的電視呢？因之，使頑固先生的情緒轉好。因此，在卡片上寫下「在誠懇請教的姿態下，可使情緒轉好」而以長橢圓表示。另一個是「Q 公司的電視 CM 的影響大」。這也寫在卡片上以長橢圓圍著。實施了目前的路線的結果，由於很明確而以粗線表示。

「在誠懇請教之姿態下，可使情緒好轉」，如能順利進展時，認為可從「想要購買 P 公司的薄型電視」連結到「成功推銷 P 公司的薄型電視」而以箭線連結。

另一者「Q 公司的電視 CM 的影響大」，如想好的實施事項時，頑固先生即可從「想要 P 公司的薄型電視」連結到「成功推銷 P 公司的薄型電視」，但現時點因為不知道要如何做才好，因之以？表示並以箭線連結。至此所製作的 PDPC，即為圖 18-32。

步驟 4 逐次充實計畫

在頑固先生的反應已知的時點，性急地逼迫頑固先生認為會產生反效果的銷售員，姑且先回到店裡。

腦海中想著頑固先生受到 Q 公司的電視 CM 的影響是這麼的大，乃想出了以下三個實施事項。

(1) 讓他觀賞 P 公司的電視 CM。

(2) 邀請出席商品介紹發表會。

(3) 與 Q 公司的電視相比，說明 P 公司的電視較優良。

銷售員為了實施此三項，再度訪問頑固先生。

此處也是如果三個實施事項能順利進展時，雖可從「想要購買 P 公司的薄型電視」連結到「成功推銷 P 公司的薄型電視」，但現時點，實施後如未看頑固先生的反應時是不得而知的，因之以 ⍰ 表示並以箭頭連結，至目前為此的 PDPC 表示在圖 18-33。

步驟 5 表示計畫達成

3 個實施事項之中，「邀請出席商品介紹發表會」與「與 Q 公司的電視相比說明 P 公司的電視較優」較能順利進展，使「想要購買 P 公司的薄型電視」變得實際，達成了目標的「成功推銷 P 公司的薄型電視」。

已實施的地方，每次將箭線變粗，表示是已實施的PDPC。對於「推銷新上市的薄型電視」來說，計畫完成時的 PDPC 表示在圖 18-34。

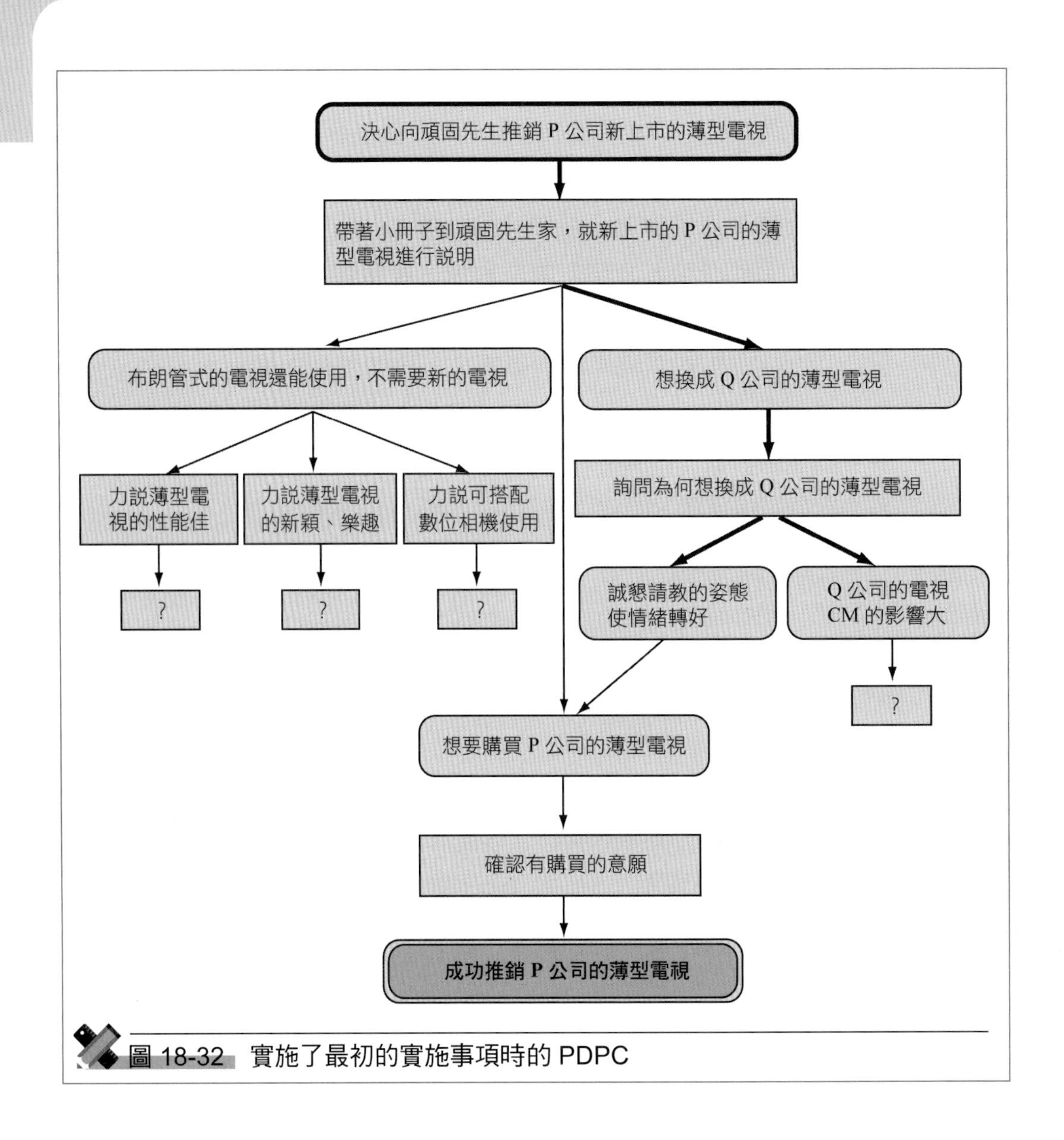

圖 18-32 實施了最初的實施事項時的 PDPC

4. 類型 II 的實例 (強制連結型 PDPC 的進行方法)

將某個不可倒置 (不能將捆包上下顛倒) 的易碎品運送到一個未開發國家時，為了使這個行李能安然地抵達收件人的手中，於是做成過程決定計畫圖，思考行李上岸後可能發生的種種情況 (參閱圖 18-35)，設想行李送達前的不良狀態 Z。

(1) 如果在行李上沒有註明注意的話，送達後造成 Z 狀態將是無法避免的。將「不可倒置」四個字以紅色英文字書寫，通常，英文是國際通行的語

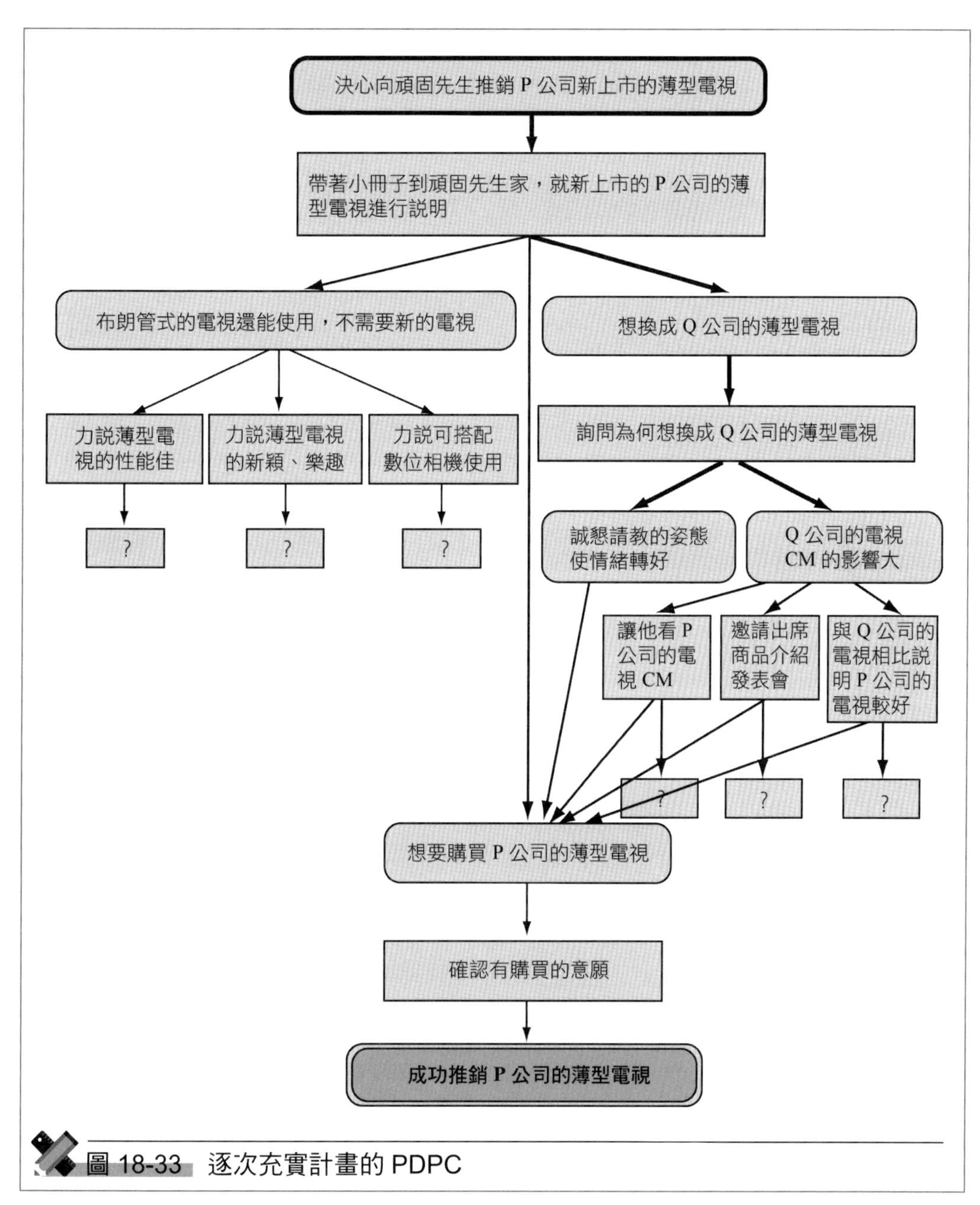

圖 18-33　逐次充實計畫的 PDPC

言，運送人看了注意的說明後，應可正確地將行李送達。(2) 如果萬一運送人不懂英文的話，怎麼辦？此時必須以圖形來表示。只有一個圖形又恐怕不能了解其意，因此準備兩種圖形。一個是酒杯的圖形，表示如果將行李上下顛倒的話，酒將會溢出來，另一個是顯示吊索的位置，以便能使運送人自然

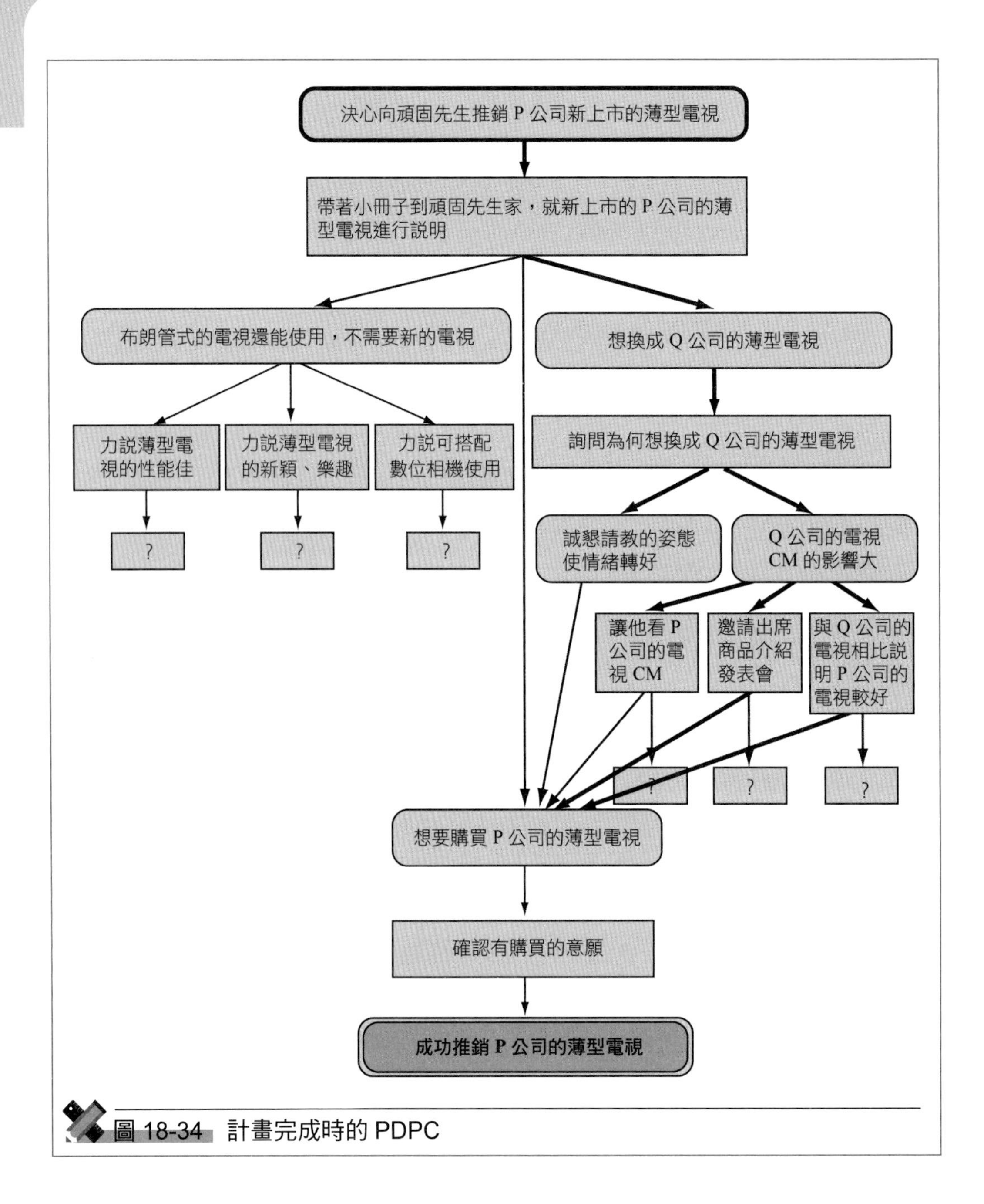

圖 18-34 計畫完成時的 PDPC

地了解上下的情況。(3) 如果運送人對圖形沒注意到的話，又怎麼辦？此時，也必須設想 Z 的狀態。設置吊繩以便手提。(4) 如果運送人一個人搬運稍嫌過重時，又不尋求別人幫助，只有一個人搬運時，怎麼辦？恐怕會將箱子轉來轉去。這麼一來還是會變成 Z 的狀態。為了使其無法翻轉箱子，亦即使其絕對不會將箱子倒置，要怎麼辦才好呢？將箱子的一面做成尖尖的屋頂形狀。

像這樣子作成過程決定計畫圖來看時，可了解到狀態 A 和狀態 Z 的連結可能性，並且為了使不良的狀態不會發生，究竟要採什麼對策，自然地會明朗化。

A 和 Z 的可能連結情況可以想出好幾個例子。將其變化的狀態以簡潔的文章來表現，並用框框圈起來，或者是圖解附註明文，將各種狀態以箭頭連結起來。思考這些對策時，不能只有針對特定的技術性知識，對於人體工學 (Human Engineering) 的檢討或心理學的考量也必須並行，將關聯事項多頭展開時，或可得到想像不到的好結果。

在這個行李運行的例子中，為了實現「不可倒置」的目的，可以獲得 (1) 以英文表示，(2) 二個種類的圖解，(3) 設置吊繩，(4) 改善行李的形狀 (將一面設計成尖形屋頂狀，可防止倒置) ……等四個對策。上述的說明作成 PDPC 時，即為圖 18-35。

18-2-7　矩陣資料解析法

此法的計算量多，通常利用電腦來計算。以下透過例題一面說明此法計算的步驟，一面解說其理論上的背景、結果的解釋方式。

下表是某企業的 14 家協力企業，從財務力到獨特的經營路線，以 7 個評價尺度，所評價的結果。

此 14 家之中，特別是第 1 家與第 3 家知是優良企業。此處，由表 18-3 是否能立即發現 1、3 企業比其他家好呢？也許 $7 \times 14 = 98$ 個資料甚多，想必不容易。因此，使用此法按以下步驟來整理考察看看。

如表 18-3 那樣整理成矩陣。

步驟 1　將資料整理成矩陣

步驟 2　計算平均值與標準差

就各評價項目求出平均值、標準差。請參考表 18-4。

步驟 3　將資料基準化

此處的資料全部是以 5 級評價，項目的評分的變動範圍相同。但

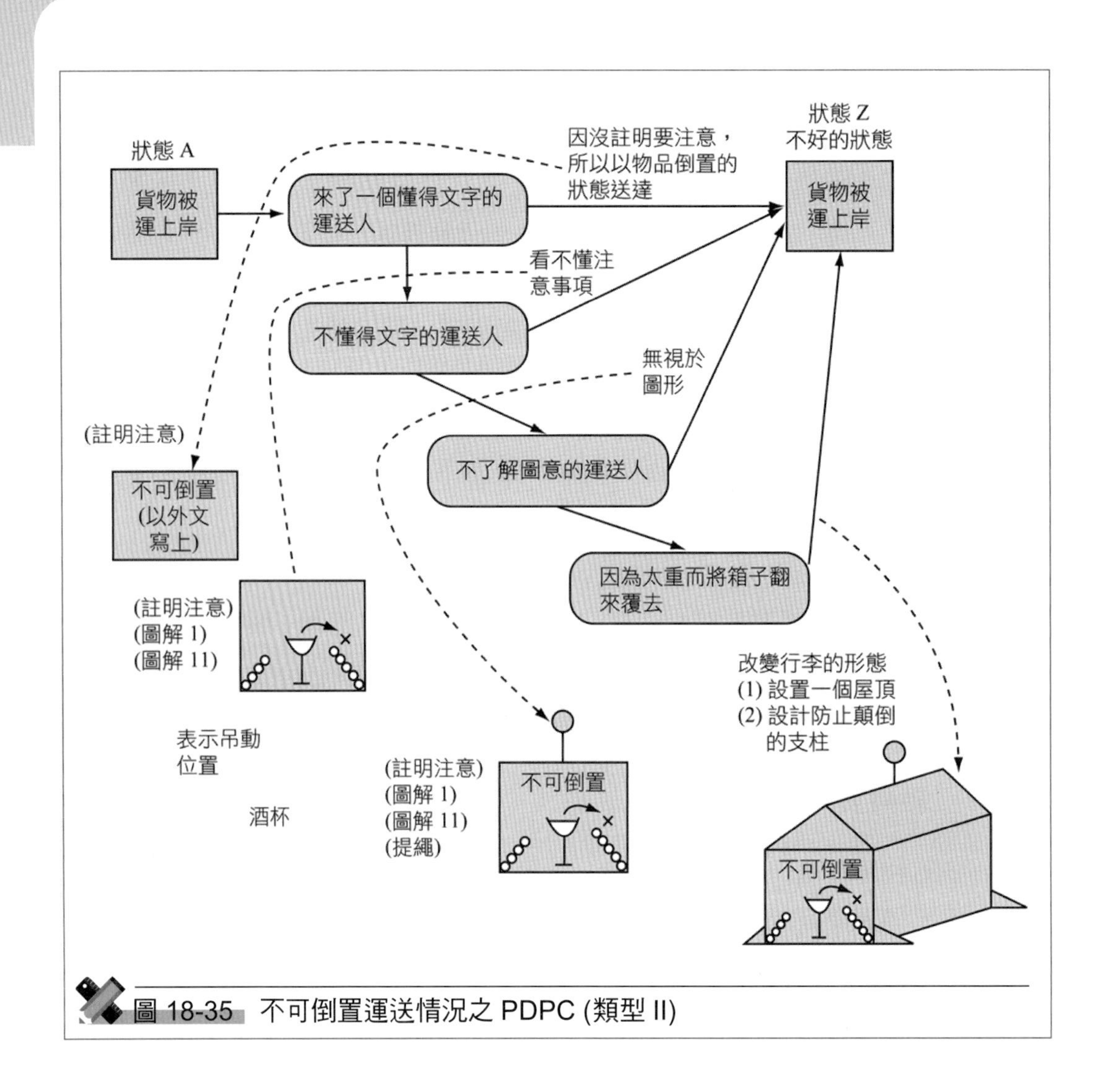

圖 18-35 不可倒置運送情況之 PDPC (類型 II)

評價項目像身高、體重、年齡等大小或單位不同的時候也有。如此無法比較原始數據，因之從原始資料按各評價項目減去平均值再除以標準差。此操作稱為標準化。結果，各項目的平均值、標準差分別成為 0，1。此計算結果如表 18-5 所示。

步驟 4 計算相關係數

就評價項目間計算相關係數。結果如表 18-6。相同的評價項目在散佈圖上顯示時即可在向右上升的 45° 線上點出數據。因此，相關係數即成為 1。並且，以 1 之值為界的對角要素來說，形成相同之值，因之省略。其中顯示 0.870 其絕對值接近 1 的評價項目有商品

表 18-3　企業的評價

企業	財務力	商品開發力	企業形象	市場成長性	人才	銷售力	獨特的經營路線
1	3.0	5	5	2	5	4	3
2	4.0	4	2	2	3	2	3
3	3.0	4	1	5	5	4	5
4	3.0	2	2	1	3	5	4
5	1.0	3	5	3	4	3	3
6	4.0	3	4	2	3	2	2
7	2.0	2	3	2	3	2	2
8	2.0	2	4	2	2	1	1
9	4.0	3	4	3	2	2	2
10	3.0	1	2	1	1	3	1
11	5.0	2	2	2	2	3	2
12	2.0	2	3	2	2	1	3
13	3.0	1	2	5	1	2	3
14	2.0	1	1	1	1	4	5

表 18-4　平均值與標準差

評價項目	平均值	標準差
財務力	2.93	1.07
商品開發力	2.50	1.23
企業形象	2.86	1.35
市場的成長性	2.36	1.28
人才	2.64	1.34
銷售力	2.71	1.20
獨特的經營路線	2.79	1.25

表 18-5 標準化的數據

企業	財務力	商品開發力	企業形象	市場成長性	人才	銷售力	獨特的經營路線
1	0.07	2.04	1.59	−0.28	1.76	1.07	0.17
2	1.00	1.22	−0.63	−0.28	0.27	−0.59	0.17
3	0.07	1.22	−1.38	2.07	1.76	1.07	1.77
4	0.07	−0.41	−0.63	−1.06	0.27	1.90	0.97
5	−1.08	0.41	1.59	0.50	1.02	0.27	0.17
6	1.00	0.41	0.85	−0.28	0.27	−0.59	−0.63
7	−0.87	−0.41	0.11	−0.28	0.27	−0.59	−0.63
8	−0.87	−0.41	0.85	−0.28	−0.48	−1.42	−1.43
9	1.00	0.41	0.85	0.50	−0.48	−0.59	−0.63
10	0.07	−1.22	−0.63	−1.06	−1.23	0.24	−1.43
11	1.93	−0.41	−0.63	−0.28	−0.48	0.24	−0.63
12	−0.87	−0.41	0.11	−0.28	−0.48	−1.42	0.17
13	0.07	−1.22	−0.63	2.07	−1.23	−0.59	0.17
14	−0.87	−1.22	−1.38	−1.06	−1.23	1.07	1.77

表 18-6 相關係數一覽表

	財務力	商品開發力	企業形象	市場成長性	人才	銷售力	獨特的經營路線
財務力	1.000						
商品開發力	0.205	1.000					
企業形象	−0.220	0.419	1.000				
市場的成長性	0.020	0.221	−0.057	1.000			
人才	−0.073	0.870	0.353	0.261	1.000		
銷售力	0.043	0.156	−0.311	−0.129	0.362	1.000	
獨特的經營路線	−0.184	0.176	−0.475	0.244	0.319	0.620	1.000

開發力與人才。這從表 18-3 可知，一方高的值，另一方的值也高。

步驟 5 計算特徵值

表 18-7 的特徵值是表示新的評價尺度在全體的資訊量 (變異的大小) 占了多少百分比。譬如，此表的第 1 個新的評價尺度 (此處稱為主成份) 在全體的資訊量中占了 33.69 % (特徵值 ÷ 評價尺度的各數，ex. 2.358 ÷ 7)。同樣，第 2 主成份是占了 27.16%。至第 4 主成份為止，只能說明全體的 92.46%。新的 4 個主成份，幾乎能掌握全體的資訊量。在計算特徵值方面，需要有矩陣計算的技巧。

步驟 6 計算特徵向量，因子負荷量

特徵向量如表 18-8 所示，表示各主成份的評價尺度的比重。與後述的因子負荷量一樣，用於計算主成份分數或命名主成份。並且，如表 18-9 所示，計算出各主成份與各評價尺度 (從財務力到獨特的經營路線) 的相關係數。稱此為因子負荷量。與特徵向量一樣用於命名主成份之意義。譬如，第 1 主成份是綜合了因子負荷量較大的 0.840，0.930 的商品開發力、人才的尺度，可以說是企業內部活力。同樣，在第 2 主成份中企業形象、獨特的經營路線顯示較大之值，因之可以說是表示在外界的形象。像這樣，命名各主成份的意義是很重要的。此外，特徵向量乘上各主成份的特徵值的平方根即為因子負荷量，如可記住就會很方便。

表 18-7 特徵值

主成份	特徵值	貢獻率 (%)	累計貢獻率 (%)
1	2.358	33.69	33.69
2	1.901	27.16	60.85
3	1.149	16.42	77.27
4	1.063	15.19	92.46
5	0.309	4.41	96.87
6	0.177	2.53	99.40
7	0.042	0.60	100.00

表 18-8 特徵向量

	第 1 主成份	第 2 主成份	第 3 主成份	第 4 主成份	第 5 主成份	第 6 主成份	第 7 主成份
財務力	−0.004	0.019	0.907	−0.189	−0.073	0.236	0.282
商品開發力	0.547	−0.304	0.207	−0.098	0.370	0.048	−0.646
企業形象	0.103	−0.642	−0.247	−0.138	−0.361	0.582	0.167
市場的成長性	0.236	−0.014	0.179	0.856	−0.411	−0.004	−0.102
人才	0.605	−0.190	−0.057	−0.067	0.049	−0.495	0.585
銷售力	0.352	0.446	−0.063	−0.422	−0.658	−0.034	−0.247
獨特的經營路線	0.380	0.510	−0.183	0.142	0.351	0.597	0.247

表 18-9 因子負荷量

	第 1 主成份	第 2 主成份	第 3 主成份	第 4 主成份	第 5 主成份	第 6 主成份	第 7 主成份
財務力	−0.006	0.027	0.973	−0.194	−0.041	0.099	0.058
商品開發力	0.840	−0.419	0.222	−0.101	0.205	0.020	−0.133
企業形象	0.159	−0.885	−0.265	−0.142	−0.200	0.245	0.034
市場的成長性	0.362	−0.019	0.192	0.883	−0.228	−0.002	−0.021
人才	0.930	−0.262	−0.061	−0.069	0.027	−0.208	0.120
銷售力	0.540	0.615	−0.068	−0.435	−0.366	−0.014	−0.051
獨特的經營路線	0.584	0.704	−0.197	0.147	0.195	0.251	0.051

步驟 7 計算主成份分數

有需要在新的評價尺度上評估輸入的數據。此評價分數即為主成份分數。亦即，主成份分數是意指在主成份上的新評價分數。譬如，在表 18-10 的第 1 主成份上，第 3 家公司的 3.13 之值，即為主成份分數。主成份分數的計算方法，是將表 18-5 已基準化的數據與表 18-8 的特徵向量按各主成份評價尺度相乘再相加的結果。譬如，表 18-10 的企業 1，第 1 主成份的 2.72 是表 18-5 的第 1 列與表 18-8 的第 1 行分別相乘再相加。

表 18-10 主成份分數

企業	第 1 主成份	第 2 主成份	第 3 主成份	第 4 主成份	第 5 主成份	第 6 主成份	第 7 主成份
1	2.72	−1.40	−0.16	−1.21	−0.26	0.23	−0.20
2	0.55	−0.17	1.26	−0.20	1.19	−0.08	−0.24
3	3.13	1.53	0.53	1.51	0.10	−0.59	−0.01
4	0.66	1.84	−0.37	−1.48	−0.39	0.01	0.21
5	1.28	−1.18	−1.95	0.37	−0.54	0.11	0.02
6	−0.04	−1.28	0.87	−0.44	0.07	0.26	0.34
7	−0.56	−0.59	−0.81	0.09	0.17	−0.65	0.21
8	−1.53	−1.70	−0.75	0.28	0.13	−0.30	−0.09
9	−0.31	−1.15	1.05	0.28	−0.29	0.63	−0.18
10	−2.19	0.41	0.09	−0.94	−0.51	−0.66	−0.32
11	−0.81	0.45	1.90	−0.63	−0.35	−0.08	0.24
12	−1.00	−0.41	−0.86	0.61	0.96	0.23	0.18
13	−1.14	0.81	0.41	2.32	−0.69	0.31	−0.04
14	−0.76	2.86	−1.21	−0.55	0.40	0.57	−0.12

步驟 8 將主成份分數的散佈狀態作成圖形

如圖 18-36 那樣，以特徵值大的主成份的組合畫出主成份分數的圖形。本例，從第 1 主成份到第 4 主成份中的每 2 個合計，6 個畫出 6 張圖形。圖 18-36 是第 1 與第 2 主成份的組合所畫出的圖形。

步驟 9 考察結果

由表 18-8，表 18-9 知，評價尺度可以縮減成以下 4 個主成份。

(1) 企業內部活力 (商業開發力，人才)。

(2) 在外界的形象 (企業形象，獨特的經營路線)。

(3) 財務力。

(4) 市場的成長性。

並且，由圖 18-36 知，優良企業的第 1 家、第 3 家比其他企業來說具企業內部活力。之後，對企業內部活力，進行詳細解析，掌握

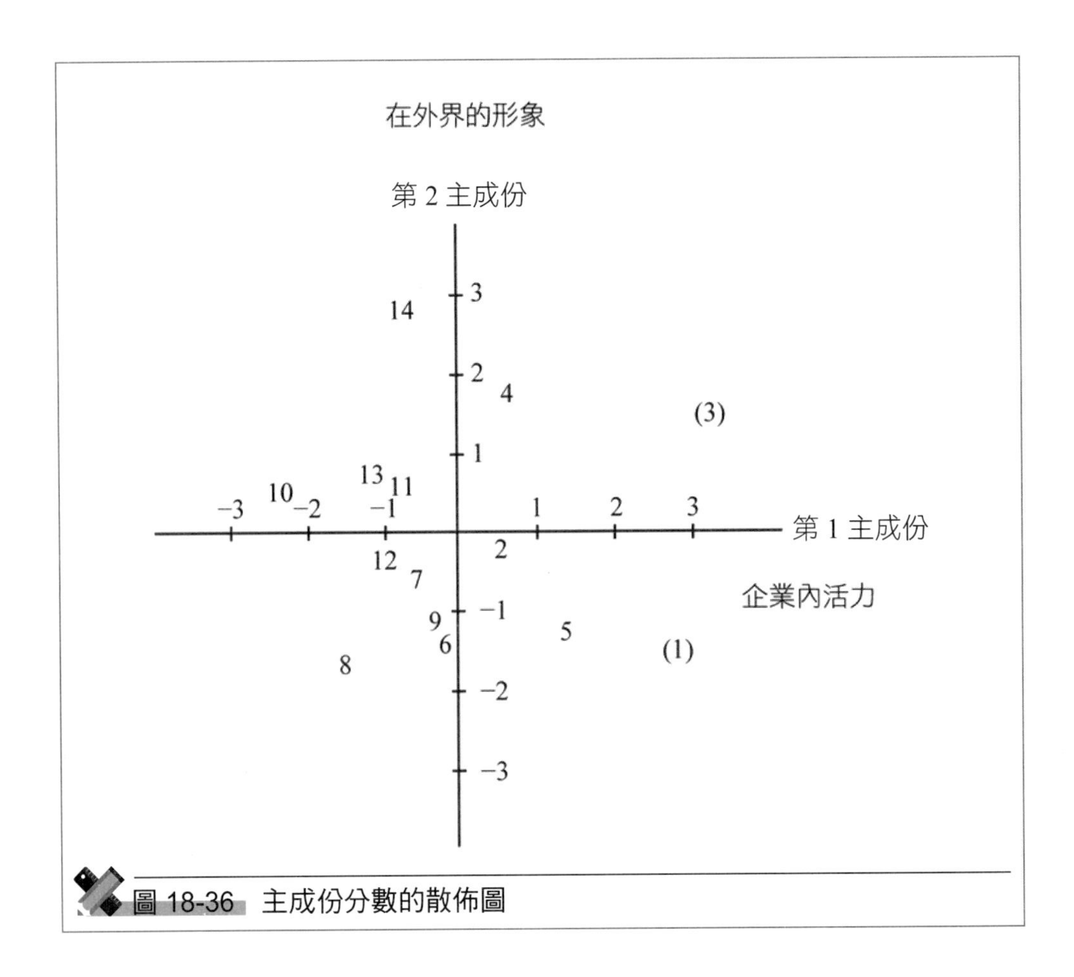

圖 18-36 主成份分數的散佈圖

能採取具體手段的要因之後，思考對策並去執行，即為以下的步驟所要考慮的。

由以上可知，矩陣資料解析法是將多種多量的矩陣資料從各種角度分析，以縮減評價尺度，讓樣本間的差異明顯的一種手法。

Part 4

TQM篇

Chapter 19

何謂 TQM

19-1 TQM 的目的

所謂 TQM (Total Quality Management; 全面品質管理) 是指在高階的領導下，組織形成一體，為了生產出顧客滿意的產品或提供顧客滿意的服務所進行的一連串活動。如果是製造業，有需要使生產的產品「品質」良好；如果是服務業，有需要使服務的「質」良好。因之 TQM 在製造業、服務業等所有的業種，以及從小的組織到大的組織，不管組織的規模大小均是有效的活動。此外，為了實踐 TQM，像改善的步驟與統計的手法，為了有組織地運作，所需的方針管理與日常管理，作為部門間溝通的品質機能展開，以及支援此等的各種有效想法等均被建議採行。

產品的品質與服務的質如果不佳，不能被顧客接受就會從市場消失。像這樣可以直覺地了解品質•質的重要性。那麼，要如何實現好品質的產品或質佳的服務呢？負責產品的生產部門或提供服務的部門只要努力就行嗎？

譬如，考察車子時，即使車門順利開啟關閉也全無鬆脫，但原本它的設計不佳，開啟關閉時造成搭乘的上下不易，此車的品質仍會被判斷不好吧！生產部門或服務的提供部門使產品的品質、服務的質良好是很重要的，但如此仍是不夠。設計部門也有需要積極地考量顧客的要求。在大飯店的服務方面，儘管按照顧客應對手冊所決定的事項從事應對，如果手冊中所規定的事項本身不佳時，顧客滿意的服務是無法提供的。像這樣，要提供好品質的產品品質佳的服務，不只是特定的部門，組織形成一體從事活動是很重要的。

本書的目的是針對 TQM 說明它的概要。提供好品質的產品品質佳的服務是不能等閒視之。在高階的領導下，各個部門掌握關鍵點從事活動是有需要的。本書介紹 TQM 的想法、方法及歷史的背景等等。以及對於晚近的話題如 ISO9000 與美國展開的六標準差等也略為涉及。

19-2 何謂品質•質

19-2-1 品質的好壞是利用顧客的滿意加以測量

首先本節就 TQM 之中的 Q：品質•質來考察。品質•質的好壞並非是由產品・服務的提供者所決定的，而是看顧客對產品或服務的滿意程度如何來決定的，此概念如圖 19-1 所示。亦即，在議論品質・質時，會出現「顧客」、「產品・服務」、「提供產品・服務的組織」等三者。此處的顧客在狹義來說是指產品的實際使用者或接受服務提供的人。廣義地來說是指與產品・服務有關的所有利害關係人。

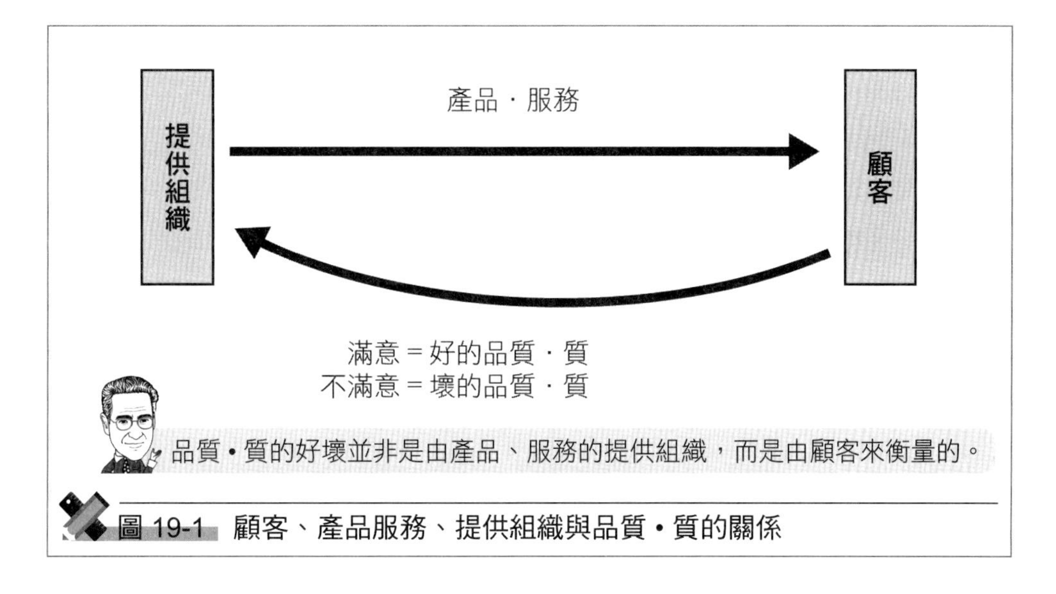

圖 19-1　顧客、產品服務、提供組織與品質・質的關係

此外，取決於顧客的滿意，就會被判斷「此產品的品質佳」或「此服務的質佳」。如果顧客並未接受它，品質不能說是好的。

本書對硬體等的產品使用「品質」，對服務等的情形使用「質」來表現。不管是品質或質，對應英語的名稱均是 quality。端視產品或服務而使用品質・質，以用語來說有些不自然。學生的品質此意是可以理解，但是像「狗的人格」之類的用語似乎就有些奇怪了。

19-2-2　品質・質的變遷

決定品質・質的好壞，就如下所述：

提供組織

➡ 使用者 (狹義的顧客)

➡ 不僅使用者也包含社會 (廣義的顧客)

是隨著時代而改變的。此變遷從產品的生產組織、服務的提供組織來看，可看出如下的變遷，即：

產品、服務是否滿足規格？
➡ 規格是否被顧客接受？
➡ 不只是直接的顧客，是否也被環境、社會所接受？

此外，從產品、服務的直接顧客來看，有如下的變遷，即：

基本機能是否滿足？
➡ 機能對顧客而言是否滿足？
➡ 接受產品、服務的提供在環境面上是否也被社會所接受？

何時發生改變，取決於產品、服務的種類或社會情勢等而有不同。

1970 年代初期的「鉛筆」所購買的產品有很多是未具備「可以書寫」的機能。以最差勁的鉛筆來說，有「筆芯折斷」的情形。在購買的時點，木頭的內側的筆芯已折斷，每當削鉛筆時，折斷的筆芯即出現而無法使用。此外，筆芯含有異物，書寫的味道非常難聞的鉛筆也為數不少。

此時，與其思考這家公司在做什麼，不如認為運氣不佳，而感到無可奈何。亦即無奈的承認產品有好的與壞的。這可以看成產品的提供者決定品質好壞的表現。

從此種時代到幾乎買不到不良的鉛筆，就像「鉛筆要能書寫是理所當然之事」，到了產品合乎規格是理所當然的時代。譬如，從「不故障所以這車子不錯」到「行駛順暢」等，顧客是否能積極地滿足，已成為相當重要的時代。此階段如圖 19-2(a) 所示，可以掌握的是物理上的充足與否是會影響到滿意的。最近出現以二元性的方式掌握物理上的充足狀況與滿意度的關係。以此二元性的認知方法來說，如圖 19-2(b) 所示之狩野紀昭博士所提倡之「當然品質、魅力品質」是為人所熟知的。

譬如，即使車子能行駛不覺得有積極的滿足感，但是不能行駛就會不滿。這在圖中是以當然品質來說明。而且，縱然未附加高精度的導航系統也不會感到不滿，但如能附加，積極地感到滿意的人也不少。此種類型是以魅力品質來說明。此外，省油車感到滿足，另一方面耗油車感到不滿的人也有

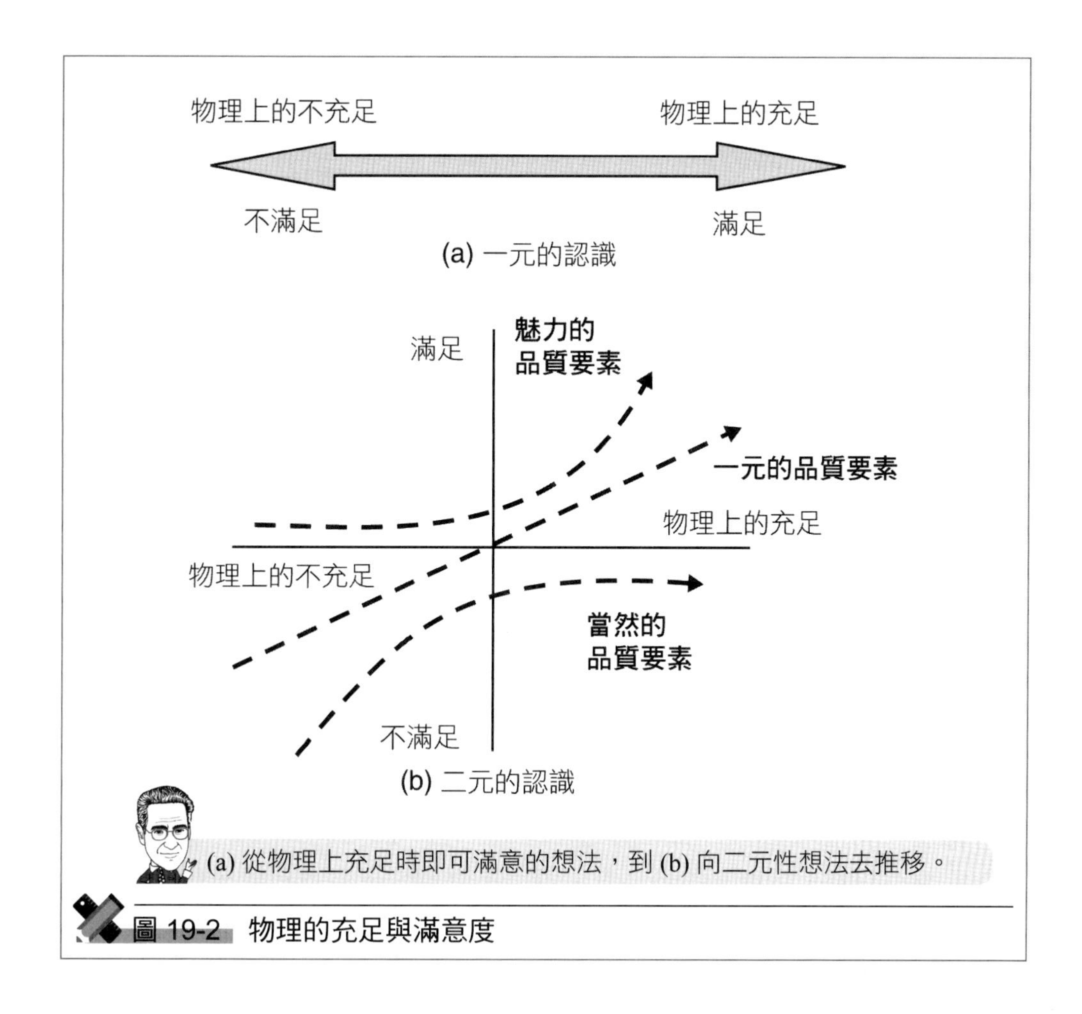

(a) 從物理上充足時即可滿意的想法，到 (b) 向二元性想法去推移。

圖 19-2　物理的充足與滿意度

不少。這是以一元性品質來說明。

當然品質就像「車子能行駛」的例子一般，是產品 • 服務的基本機能，與其存在理由有關。因此，提供產品 • 服務的組織，首先要好好確保當然品質之後，再設法附加魅力品質是課題所在。

19-2-3　品質 • 質的擴大

隨著競爭的激烈化，品質 • 質的範疇逐漸在擴大中。對於此擴大來說，以概念來說明者即為圖 19-3。以汽車的情形來說，曾經是不會故障地行駛、能否發揮車子的基本機能是問題所在。之後，不只是能不故障地行駛，也從搭乘性、安定性等的種種觀點來進行評價。此擴大今後也會持續下去。

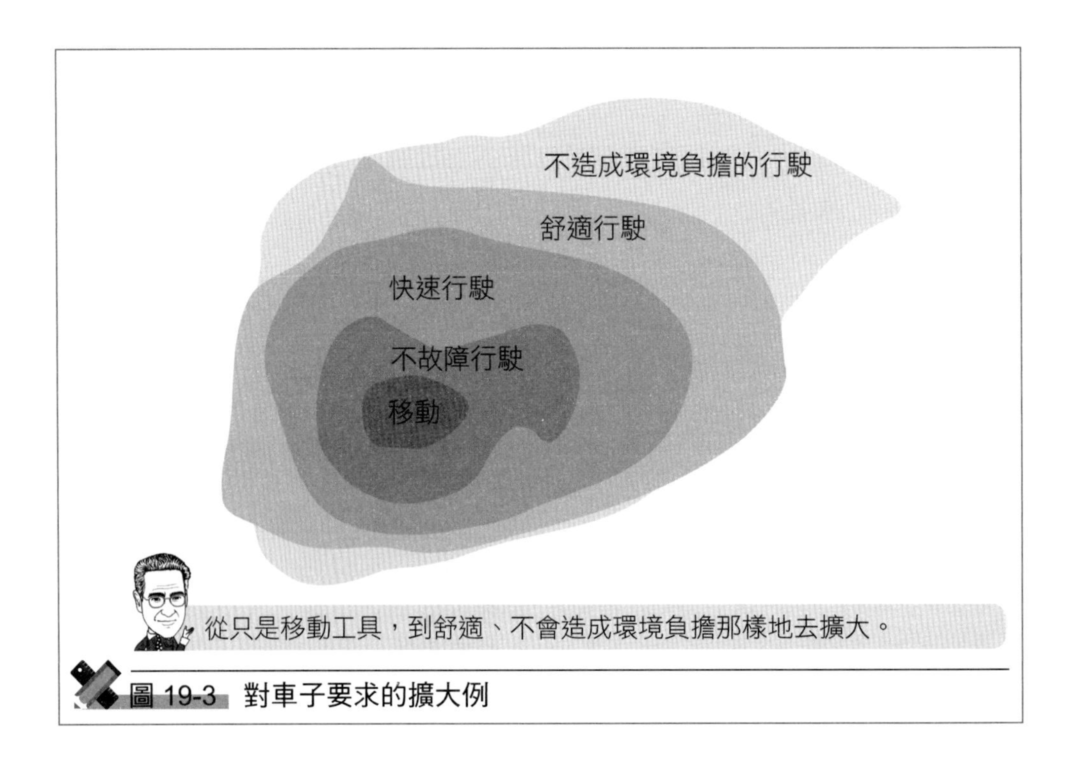

圖 19-3 對車子要求的擴大例

此外，近來頻繁地出現持續地成長這句話，此概念如圖 19-4 所示。如對應此圖來想時，對顧客來說品質•質是否良好，以及實現該品質•質的環境負荷是什麼？甚至對社會的貢獻是什麼等，可以說是面臨被追究的時代。

以出現此傾向來說，可以舉出美國的幾位電影演員在頒獎儀式的現場穿著禮服，搭乘著對環境甚為體貼的小型車出場。此頒獎儀式一般是搭乘大型車、禮車；相對的，此種小型車的出現正是訴求自己對環保意識的高漲。這表示減少對環境的負荷也是一項重要的品質要素。

並且，對社會的貢獻也很重要。關於對社會的貢獻與產品的品質、服務的質有何種關聯來說，目前並無完整的方法論與概念，都是個別式的應對。產品或服務的提供組織有需要具有對社會貢獻的意識。在二十一世紀初，雖然並無為此所需的 TQM 式的手法、概念，但從重要性來想，今後必須體系化才行。

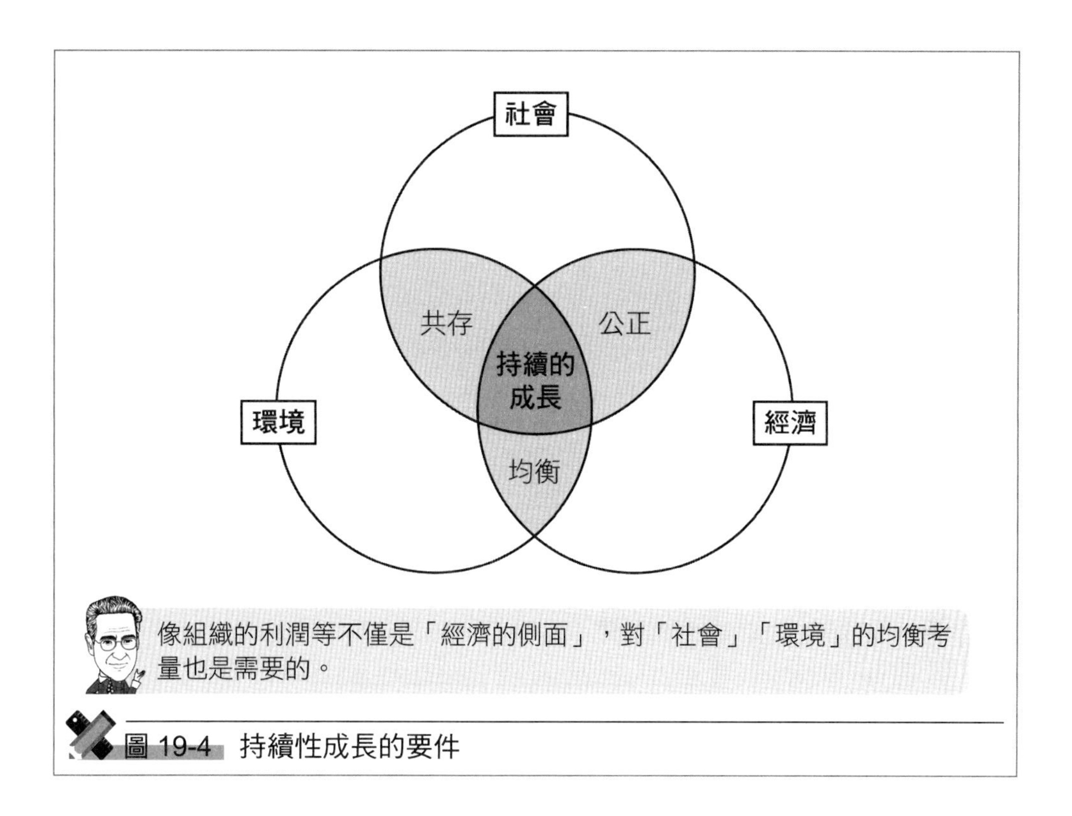

圖 19-4 持續性成長的要件

19-3 管理 (Management)

19-3-1 管理是決定目標且達成目標的活動

TQM 中的 Management，對應「管理」或「經營」，是表示決定目標並確實達成它的活動。品質管制是由美國傳進來的 quality control 的譯語。Control 的直接翻譯是管制、控制。其涵義並未包含決定目標，而是目標給與時的達成。如圖 19-5 所示，迅速地接近目標值的活動是控制 (control)。

管理是「控制」加上要如何「設定目標」，洞察市場的動向，如何設定品質目標等也是管理的範疇。它的重要想法，是後面會詳述的 PDCA 循環。亦即，訂立目標，並計劃 (Plan) 實現此目標的手段。接著，為了實施而預先準備，然後再實施 (Do)。然後，將實施的結果與目標比較，確認 (Check) 情形如何，最後基於該結果採取處置 (Act)。

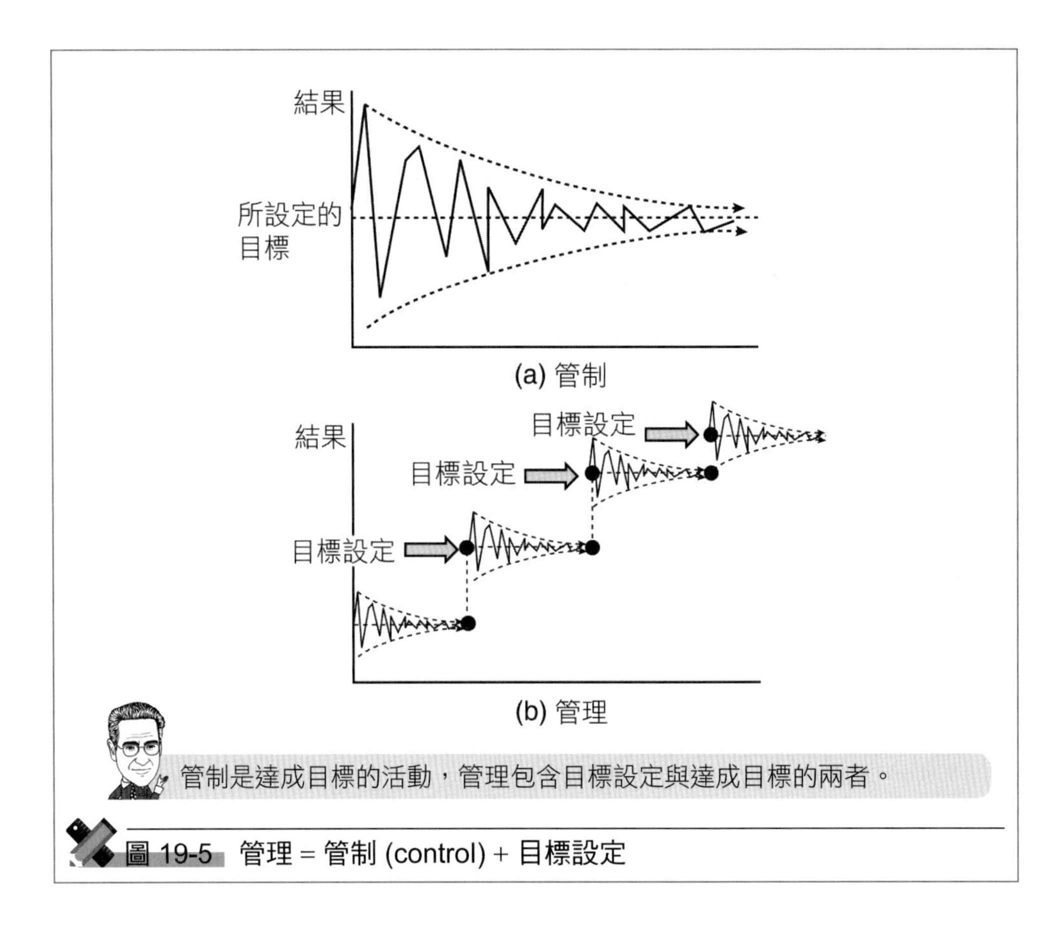

圖 19-5 管理 = 管制 (control) + 目標設定

19-3-2 適切的目標是從組織的品質方針展開

各部門中的目標，是經由展開組織全體的品質 • 質方針所得出。亦即，基於組織的理念、願景、策略等，決定出有關「品質」•「質」的方針。將此組織的品質 • 質的方針，向計畫、設計、生產、營業、流通等所有部門去展開，再決定出各個部門的目標。

在網路上以關鍵字搜尋「品質方針」時，可以確認出許多公司在網頁上均提示出品質方針。將此方針展開成各個部門中的品質 • 質的目標，以此工具來說，有後述的方針管理。這在方針管理的章節中會詳細說明 (參照第 22 章的 3 節)。

19-3-3 維持與改善

管理有維持與改善的二個側面。所謂維持是使結果能持續保持目標水準的活動。對維持來說，將對結果最有影響的要因保持在一定的水準是原則所在，另一方面，改善是將目標本身設定在高的水準，再去實現它的活動。所以，維持已改善的狀態，重複數次循環，持續性地進行即可保證結果會越變越好。

品質管理被認為是在 1920 年代由美國的修哈特 (Shewhart, W. A.) 博士提出管制圖 (control chart) 的時候開始的。管制圖是將維持的根幹即管制 (control) 具體實現的工具。時系列圖形如圖 19-6(a)，管制圖如圖 19-6(b) 所示。

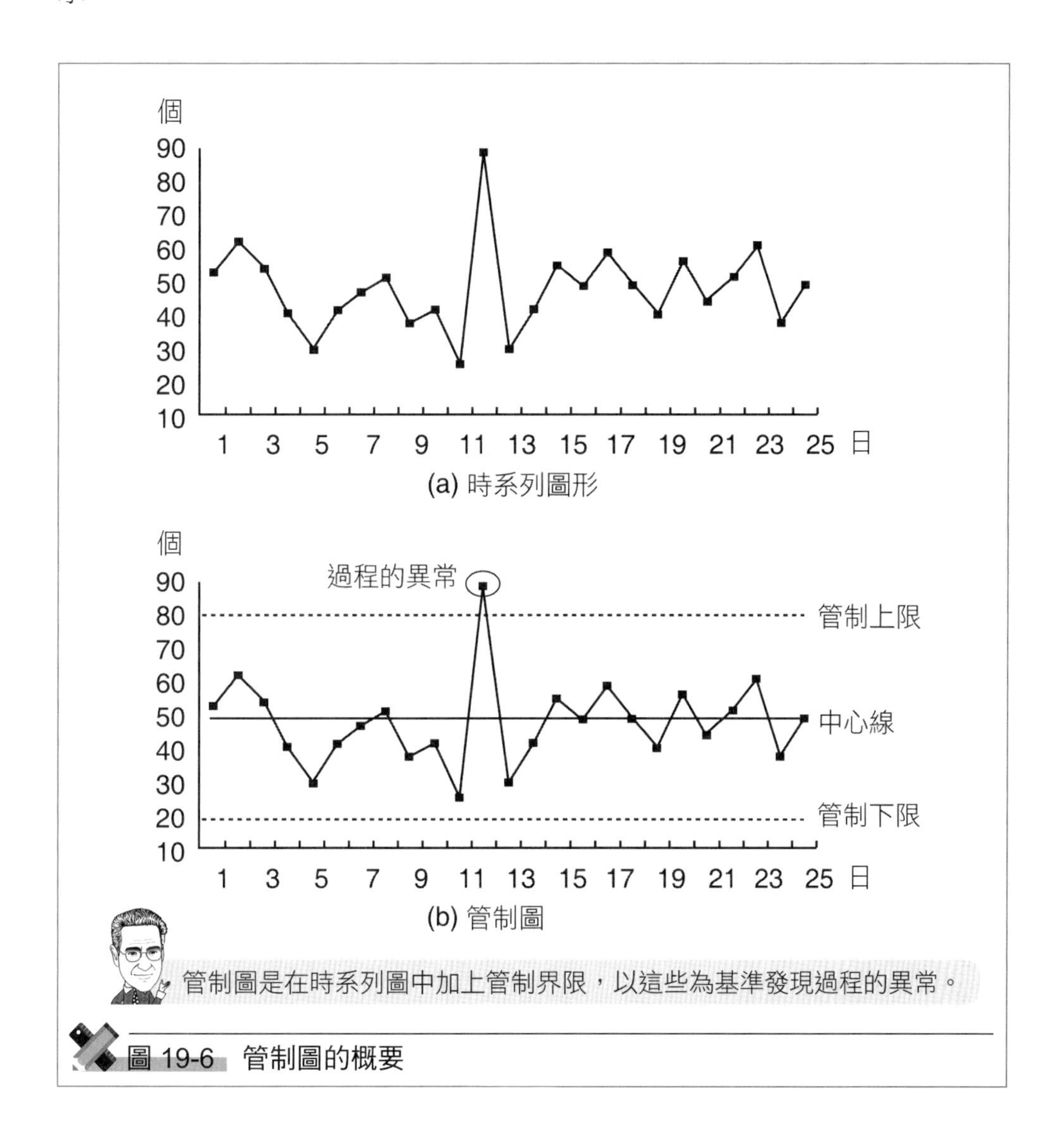

圖 19-6　管制圖的概要

管制圖與時系列圖形一樣，縱軸取測量產品特性等結果的指標，橫軸取時間軸，兩者只有一處不同，是管制界限的存在。通常我們收集的數據均有變異，管制界限是明示因偶然發生之誤差引起變異的範圍。因此，數據超過它的範圍出現時，可以解釋產生結果的製程出現異常。所謂製程是指產生結果的一連串手續，像作業過程、服務的提供過程等被定義成有意義的區塊。

另一方面，點在管制界限的範圍內沒有習性的變動時，該製程並無異常的原因，經常處於安定的狀態，可以解釋數據的變異只因偶然所引起的。像這樣，使用管制圖可以確認製程是否在相同的安定狀態下，因之用於維持的管理是非常有效的。

改善是在目標未能達成或應有的狀態與現狀有偏離時，解決它們的一連串活動。為了進行改善活動，正確掌握現狀並適時的判斷是有需要的。

19-3-4 製程的好壞與結果的好壞

製程處於維持的狀態，與結果是理想的狀態是不同的，因之有需要考慮此兩者。圖 19-7 所示，為了使結果成為良好的狀態，經常監視結果與製程，對製程採取處置。

製程與結果的二元性關係，如表 19-1(i) 所示，有下面四種情形。

(1) 製程安定，未出現不符合規格的產品或服務。

(2) 製程不安定，未出現不符合規格的產品或服務。

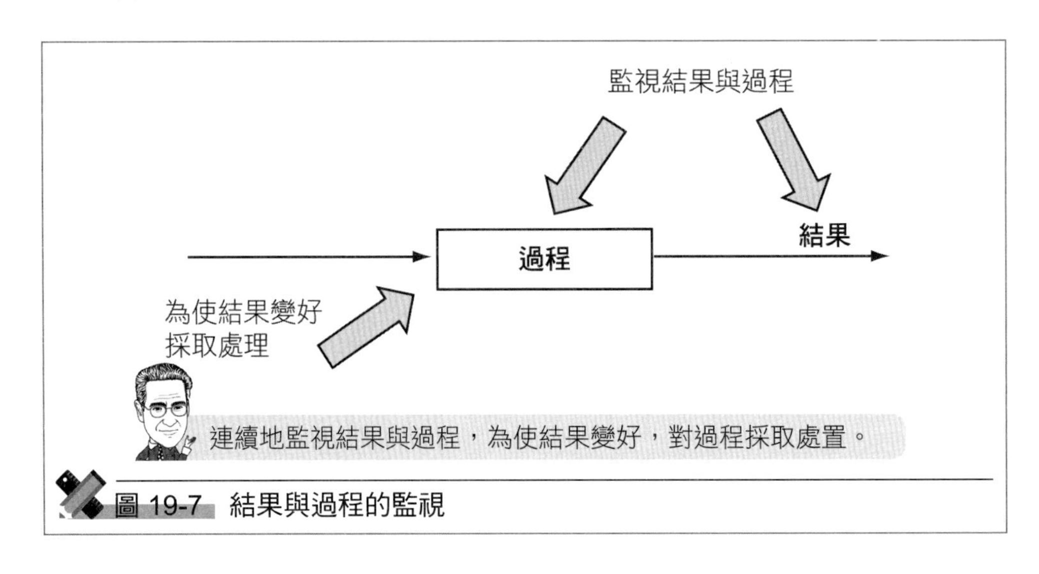

圖 19-7 結果與過程的監視

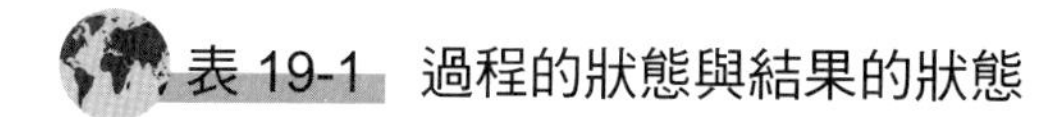
表 19-1　過程的狀態與結果的狀態

(i) 2 × 2 = 4 種狀態

		過程	
		安定	不安定
結果	好	(a) 現在好，將來也好	(b) 今後有壞的可能性
	壞	(c) 安定卻是壞的狀態(慢性不良)	(d) 過程與結果均壞

(ii) 今後

		過程	
		安定	不安定
結果	好	(a) 持續今後的努力	(b) 讓過程安定以 (a) 為指向
	壞	(c) 需要與過去不同的著眼點	(d) 首先讓過程安定

取決於結果與過程處於如何的狀態，有需要改變今後的攻擊方式。

(3) 製程安定，出現不符合規格的產品或服務。

(4) 製程不安定，出現不符合規格的產品或服務。

將它們的處理方式加以整理者即為表 19-1(ii)，將此內容比喻作學生的考試結果與努力的過程即可明白。

(a) 是積極地參加平常的上課，穩定且持續地認真預習與複習等，同時考試結果也好的情形。亦即，讓學習過程能安定在良好的狀態，並且結果也處於好的水準。此學生可以預期今後的考試也可出現好的結果。如果是產品時，使製程持續安定，今後也可預期不會出現不符合規格的產品。

其次的 (b) 是平常不出席上課，預習與複習等也不認真且過程不佳，但以結果來說卻是通過考試的情形。此情形是此次的考試也許及格，但今後的考試也許就不一定會及格。以產品的例子來看時，目前偶爾未出現不符合規格的產品，但今後也無法保證不出現不符規格的產品。有需要貫徹標準化，努力使過程安定。

(c) 是儘管出席上課也認真預習與複習，結果卻是未通過考試的情形。這因為是依據老師的指示使過程安定在理想的狀態，此與其說是學生的問題，不如說是教師的授課譬如上課內容、預習的指示等有問題。以產品為例來說，儘管作業只按照作業標準安定地從事作業，卻出現不符合規格的產品，此情形並非作業員的作業有問題，而是管理者一方有問題。因此，必須重新檢討管理方法。

最後的 (d) 是學生不做練習與複習，過程處於不佳狀態，結果未能使考試及格的情形。此情形的首要課題是使過程安定處於理想的狀態。以產品・服務的情形來說，此種狀態是在過程的著手階段中經常出現。首先應使過程安定，並設定標準類且教育作業員使之能遵從。

(c) 與 (d) 相比時，解決較為困難一般是 (c)。至於 (d) 的課題是遵守標準，使過程安定在理想的狀態。換言之，要做什麼應使之明確。另一方面，(c) 是所謂的慢性不良，被認為是重要的事項在進行時所發生的問題。因此，要從什麼著手才好由於不明，因之與 (d) 相比，解決較為困難。

「全面性 (Total)」活動為何需要

19-4-1 TQM 的「全面」有二個側面

TQM 中的 T：全面的意義有二個側面，

(1) 綜合地考量品質・質。
(2) 組織全體綜合性地參加。

首先就 (1) 來說，過去只要符合規格就可以了，規格本身對顧客而言是否讓人滿意就顯得很重要。而且，顧客的滿意，像過去那樣「個人性滿意」被視為重要的時代，到了變成包含顧客本身在內追求「全面性滿意」的時代。譬如，複合車除了省油可讓顧客個人滿意之外，對環境的顧慮也被當成顧客滿意的一項而被考量。由以上來看，今後的品質・質會向更為綜合的方向進行。

又在 (2) 這方面，所有部門有需要考慮品質・質，譬如，最有機會聽到顧客心聲的部門是哪一部門？那正是營業部門，要高度地追求顧客的滿意，營業部門有需要積極地收集顧客的心聲，並將它連結到企劃部門，企劃部門更詳細地分析顧客的心聲，如先前的 (1) 那樣綜合地考量品質・質，並且考量技術面的可行性再製作企劃案；另一方面，設計部門則有需要與企劃部門、研發部門合作，基於顧客的心聲從事設計，像這樣，組織全體均參與品質・質的提供是有需要的。

19-4-2　高階綜合地研擬方針，向各部門展開

就進行 TQM 來說，高階基於組織的願景、策略設定有關綜合的品質・質的方針，將它展開成各部門的目標，基於該目標進行各部門的活動是很重要的，高階的任務，是為了能持續的成長考量各面的均衡後，明示組織應朝哪一方向進行的方針。如果只考慮一個面時，使活動的方向一致是很簡單的，但出現數個面時，各自向任意的方向進行的情形也有。因此，高階綜合地設立方針，將它向各部門展開，各部門再基於它進行活動。

19-4-3　全面性地推進維持及改善是核心所在

TQM 的核心是全面性地考量品質・質。所有部門在各自的立場重複地實踐持續性的改善與維持。此處所說的改善不只是以既有的系統為前提來提高品質・質的方法，基於新系統的建構大幅提高品質・質的活動也包含在內。有些書將前者當作改善，將後者當作創造或革新加以區別，本書的目的並不在這方面的詳細記述，而是基於比現狀更好之意，統一地使用改善這個名詞。

19-5 TQM 的歷史變遷

19-5-1　TQM 在經濟發展中的任務

TQM 對日本戰後的經濟發展，有過甚大的貢獻，誰都知道日本並無天然資源卻可以透過輸出獲取利潤達成發展。因此，在戰後的經濟復興、發展

中，除工業化以外，別無生存之道。因之，在政治面使之安定，確保在安全的狀態是第一優先。其次，像運輸手段的港灣與道路的充實，生產的動力來源的電力與水利的充實等，為了加強基礎建設而不遺餘力。

儘管基礎建設已充實，產品或服務也不一定能被市場接受。必須還要有「什麼」才行。譬如，輸出產品也需要有其他公司所沒有的「什麼」。對於此「什麼」來說，日本許多企業選擇提供「好品質的產品」、「質佳的服務」。

本節介紹日本的品質管理的歷史變遷，此與日本的經濟發展階段是相對應的。圖 19-8 是表示以美金來觀察日本每人的 GDP (國內總生產) 的推移。觀此圖時，可以清楚了解日本戰後的發展、高度經濟成長，以及 1990 年代之後的停滯情形。

從品質管理的立場來看，如將圖 19-8 區分成如下四個期間時，可以清楚了解日本各個的時代背景、經營環境的變化、品質管理的目的、方法的變

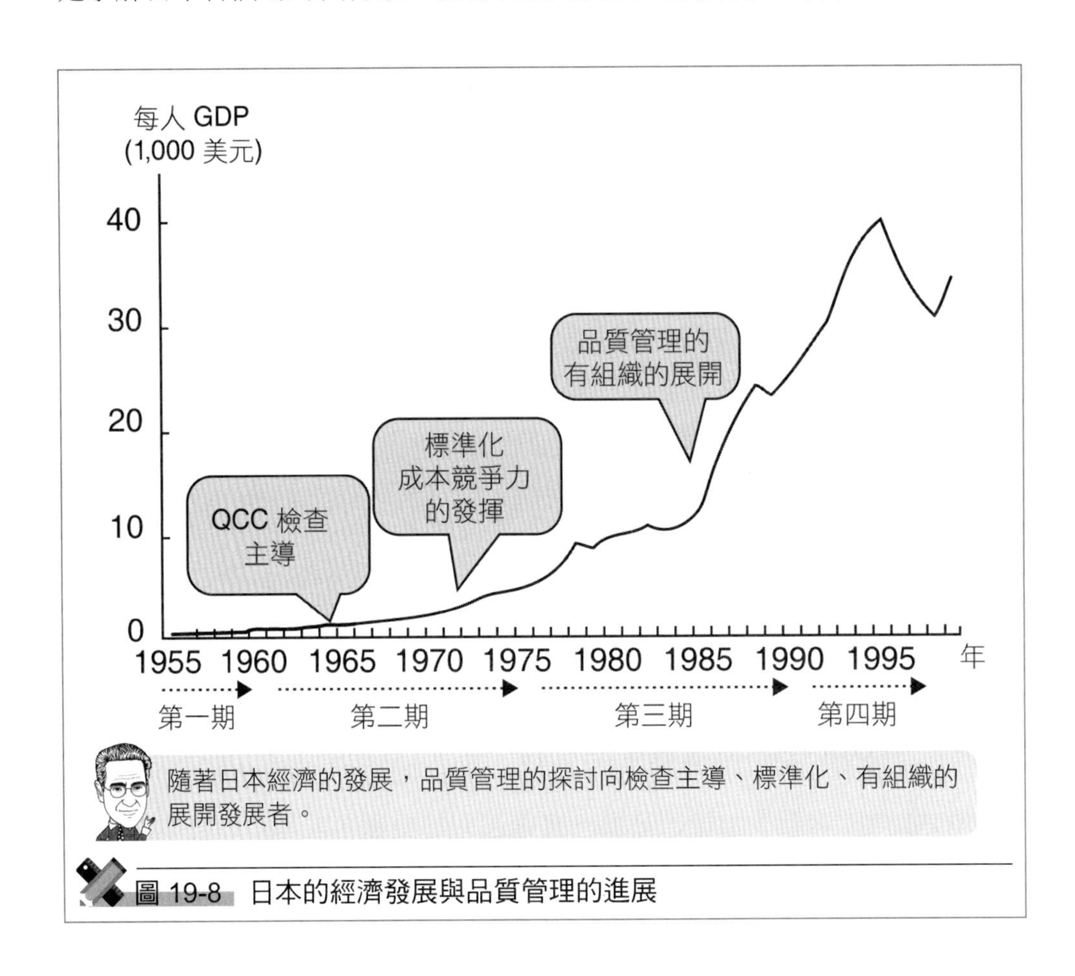

圖 19-8 日本的經濟發展與品質管理的進展

遷。另外，以下是全體的傾向，當然取決於業種而有少許的不同。

19-5-2 第一期：1960 年左右為止

至 1960 年左右為止，成為工業國的基礎建設要如何維持，是最優先要考慮的課題。至 1950 年代初期為止，日本製是廉價、不良的粗劣品的代名詞，日本為了洗刷此污名，品質管理的引進對許多的企業來說是課題所在。具體來說，1950 年戴明 (Deming, W. E.) 博士來日本，講授品質管理。此時代也包含初級的統計方法的應用在內，建立管理的基盤，基礎手法的應用受到重視的時代。此時期的指向是有控制意涵的 Qulality Control。

19-5-3 第二期：至 1975 年為止

從 1960 年代起，開始充實身為工業國的基礎建設。另一方面，每人 GDP 是 3,000 美金左右，與歐美的先進國相比，還算是貧乏的時代。貧乏同時意指輸出的成本競爭力低。從第一期的低廉粗劣脫離，第二期是實現標準的品質 • 質，將此成本競爭力當作武器進行活動的時代。

與此時期所開發的品質管理有關聯的工具來說，可以舉出有 5S，亦即整理、整頓、清掃、清潔、教養。以及，將作業標準化，消除過程的變異，並且，從第一期開始實踐的統計品質管制 (SQC: Statistical quality control)，以製造現場為中心開始生根。小集團活動的 QCC (品管圈活動)，被許多工業中引進，也是這個時候。

另外，當時「舶來品」這句話，是指搭船而來的物品，由海外而來，所以是暗示好品質之意，「媚外品」這句話，是此暗示的表徵。

19-5-4 第三期：1990 年左右為止

1980 年代日本達到急速的成長，而且來到泡沫經濟互解之前。此時期每人的 GDP 從 1 萬美元增加到 3 萬美元，從世界來看日本是富裕的大國。這有著失去成本競爭力之意。如此一來，必須取得其他方面的競爭力才行。日本的許多企業選擇「實現好品質 • 質」作為策略。直截了當地說，以標準的價格提供好品質 • 質的產品、服務作為取向。

那麼，要如何實現此事才好呢？關鍵字就是綜合性 (Total)。亦即，歐美先進國企業各部門的本位意識甚強，「品質・質是品質・質部門的工作」、「品質・質的責任在於檢查部門」的風氣甚為常見；相對的，日本企業綜合地掌握品質・質，組織全體為了使之良好從事活動，可以說是 TQM 骨架的 TQC (Total Quality Control) 是在此時代的初期誕生。並且，從此期的中段起，品質管理的對象從建設業向通信業、服務業等其他業種開始展開。

此時期，基於綜合展開品質管制 (QC) 之意，而泛用 TQC 的名稱。並且，在今日的 TQM 之中，方針管理、日常管理、機能別管理等許多管理方法是在此時期中提出。

19-5-5 第四期：面對二十一世紀

隨著泡沫經濟的瓦解，日本企業家提出「組織全體綜合地從事品質・質」，也被外國企業仿效實踐。它們幾乎都是以日本企業做法為範例，因應該國的文化再將體系使之完備。譬如，從 1990 年代後半，美國的六標準差活動蔚為風行，此做法是以日本的 TQM 為基礎，配合美國的文化將該方法予以調整，詳細情形會在第 24 章的第 4 節敘述。

另外，第 24 章第 1 節會詳細說明的「ISO 9000 系列」此品質管理系統的國際規格也開始出現。ISO 是國際標準化組織，此規格的第一版是在 1987 年發行，當初在日本國內並未產生甚大的迴響。可是，第二版、第三版分別於 1994 年、2000 年發行時，日本企業受到國際化波潮之影響，不可相應不理，不得不去取得此規格的認證情形也與日俱增。在 2000 年的大改訂中，日本的 TQM 有相當部分以其範本去修訂規格。

「日本的 TQM 變舊了！」對企業來說果真是不需要的活動嗎？不！絕非如此。隨著經營環境的多樣化，如第三期以前那樣將日本企業的做法彙總以幾行來說明是有困難的，但卻有以下六個特徵。

(1) 實踐 TQM 時，在第三期中已帶來繁榮，相對地，面臨二十一世紀的現在，有組織的活動成為生存的必要條件。亦即，不僅日本在海外也保有競爭力的企業，為提供可以取得顧客高度滿意的品質・質而實踐 TQM，是確保生存的必要條件。但是，取決於組織未使用 TQM 之名稱的情形也有。譬如，美國雖然使用六標準差的名稱，但其實態與日本的 TQM 大部分是相關的。

(2) 確保國際性品質 • 質的優位性的企業，將第三期為止的 TQM，再以企業獨自的方法使之進化，譬如，豐田汽車的情形是①隨著策略性的技術開發，基本上是②連續性落實地實踐品質管理，持續地謀求水準的提升。

(3) 未考慮提供顧客滿意的品質 • 質的企業，會從市場上被淘汰。並且，像標準的遵守等對 TQM 的基礎馬虎草率的企業，在品質 • 質方面會發生問題而被市場所淘汰。

(4) 將 TQM 應用在醫療等的領域也見到不少。

(5) 透過 IT (資訊技術) 的有效活用，可以及時掌握顧客資訊，許多企業引進活用 IT 的體制。

(6) 品質 • 質的掌握方式，比第三期以前更為綜合性。成功的企業，在環境與社會的貢獻以及經濟面上適切保持平衡，同時就此設定品質 • 質的有關方針。

19-6 TQM 的要素與本篇的構成

構成 TQM 的要素如分成如下三者來想時，它的願景會更好。

(1) 行動指針與基本的想法 (第 20 章說明)。
(2) 各個過程中的實踐工具 (第 21 章說明)。
(3) 組織全體的推行工具 (第 22 章說明)。

此概要如圖 19-9 所示。

TQM 的一個特徵，並不只是提示進行什麼此種目的，也提示實踐它的手段。首先，第 20 章說明之「行動指針與基本想法」，在實踐 TQM 時，不管是何種場面，過程是經常要放在心中的事項。並且，第 21 章中說明的「各個過程中的實踐方法」，也包含標準化與統計手法等。另外，第 22 章的「組織全體推進方法」，是把重點放在依據高階所決定的方針，組織全體推進活動。

第 23 章，產品的生產與服務的提供過程，通常分成「研究開發」、「企

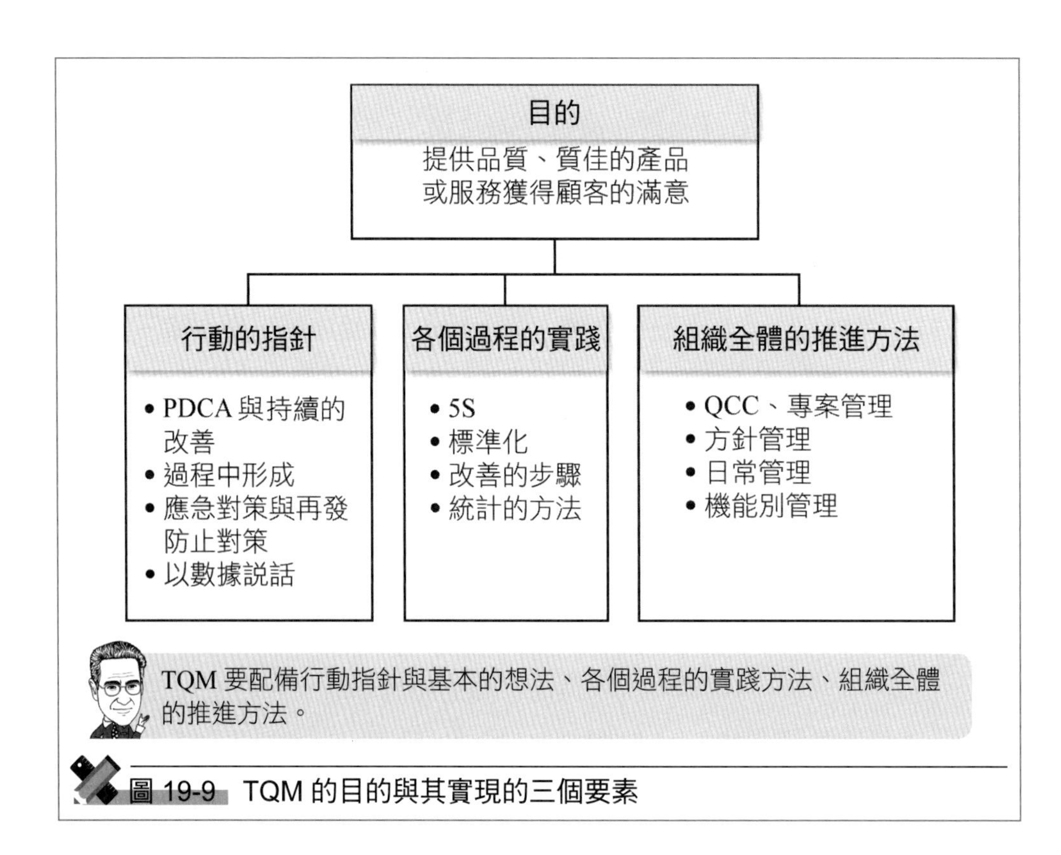

圖 19-9 TQM 的目的與其實現的三個要素

劃」、「設計」、「生產、提供」、「流通」等，所以按各階段說明 TQM 的要點。另外，第 24 章像 ISO 9000、六標準差等，就最近的 TQM 模式予以涉獵之餘，也對實踐 TQM 的風土文化進行解說。

Chapter 20

支撐 TQM 的行動指針與基本想法

20-1 PDCA 與持續性改善

20-1-1 基本原理的 PDCA

為了獲得顧客的滿意，所需的管理原理是 PDCA 循環，此概要如圖 20-1 所示。PDCA 是取計劃 (Plan)、實施 (Do)、確認 (Check)、處置 (Act) 的第一個字母而成。

計劃 (P) 的階段，是由「決定目的、目標」與「決定達成目的、目標的方法」所構成，在實施 (D) 的階段可分成「實施的準備」與「依照計畫實施」。在確認階段 (C) 是評估實施的結果是否如事前所決定的目標、目的那樣。以及在處置 (A) 的階段中，則是取決於目的、目標與實施的結果之差異而採取處置。目的、目標未達成時，調查未達成的理由，從下次起改變實施的方式、重新設定目標、目的等，視未達成的理由採取處置。

譬如，生產液晶電視的工廠，想開始生產能讓性能提高的新產品。首先，

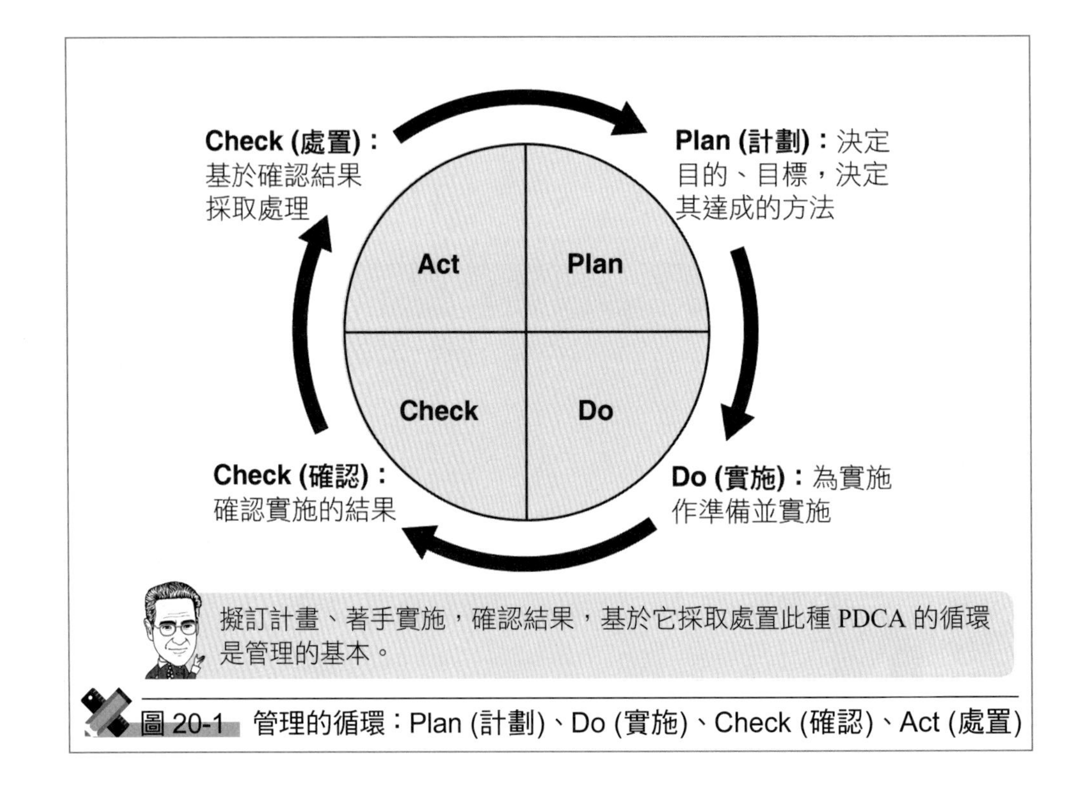

圖 20-1 管理的循環：Plan (計劃)、Do (實施)、Check (確認)、Act (處置)

在計劃的階段 (P)，根據市場的分析結果與生產能力等，決定至何時為止要生產多少的數量之此種目標。接著，為了要滿足這些目標，決定出要如何供應零件，在哪一條生產線上要如何裝配等。

其次，在實施 (D) 的階段，首先以生產的準備來說，調整生產線所使用的機械人，也包含為從業員的教育等而作準備，然後依照計畫生產。

接著，在確認 (C) 的階段，則確認目標的數量，是否能在目標期限以前生產出來。此確認像是目標的品質 • 質是否達成？數量是否足夠？以 Q (品質 • 質：Quality)、C (成本：Cost)、D (交期：生產量：Delivery) 為中心，列舉出各種的側面。在處置 (A) 的階段，譬如數量的目標未達成時，目標本身的設定是否妥當？目標的達成方法是否妥當？實施的準備是否就緒？實施是否妥當？為何發生未達成呢？……等進行分析。然後依據其結果採取處置。譬如，當知道作業方法有問題時，進行作業標準的改訂，使問題不再發生。然後，重新從計劃 (P) 階段再進行活動。

20-1-2　持續的改善是從連續的 PDCA 循環開始

讓 PDCA 的循環發展時，此即連結到持續改善的概念。

譬如，儘管最初在 P 的階段中所決定的目標並未達成，但在採取適切的處置下，仍可期待目標的達成。因此，逐次提高目標，假定目標即使未達成，但採取適切的處置，也可期待達成高度水準的目標。像這樣，持續性實踐 PDCA 的循環，結果的水準即可持續性加以改善。將此圖示在圖 20-2。

譬如，某汽車製造公司以全公司級的方式貫徹此持續性改善。以其中一環來說，譬如生產現場實施 QCC、提案制度等。各個生產現場持續地實踐 PDCA，並將結果提升至更高的水準。

20-1-3　PDCA 是管理系統的基本原理

PDCA 的想法不只是與產品的品質或服務的質有關聯，一般性的情形也可使用。譬如，在第 24 章擬介紹的品質管理系統的國際規格 ISO 9000，其基本的想法之一是引進了 PDCA。並且，環境管理系統的國際規格 ISO 14000，以管理的基本原理來說也引進了 PDCA。

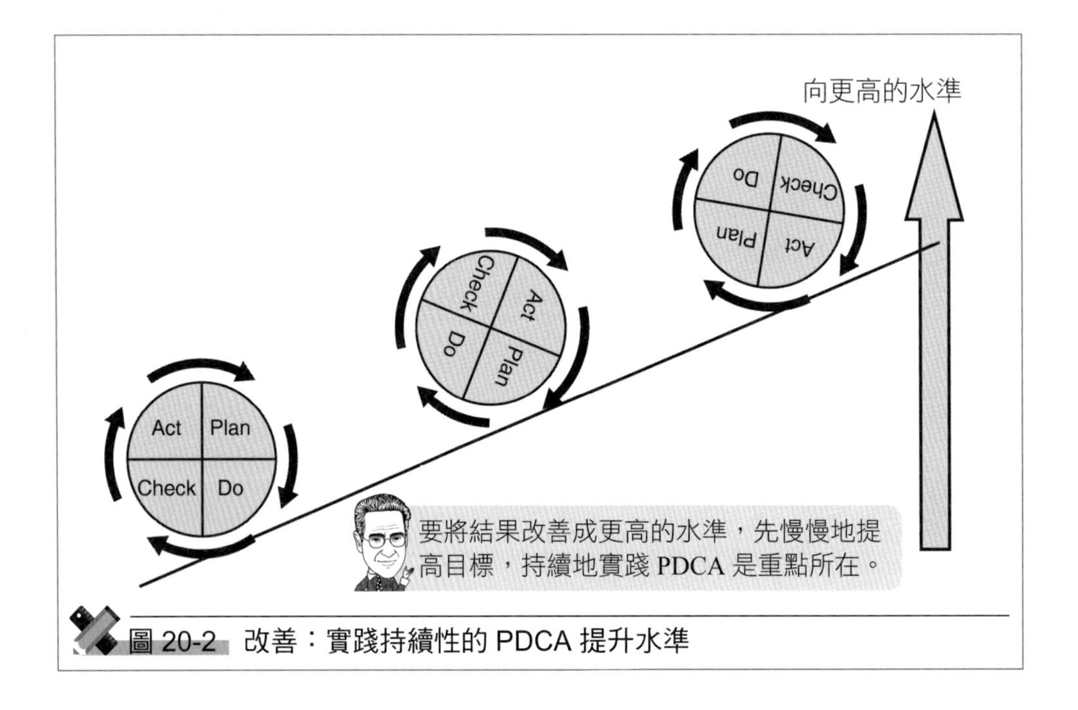

圖 20-2 改善：實踐持續性的 PDCA 提升水準

20-2 在過程中形成

20-2-1 不只是控制結果更要在過程中形成

為了提供好品質的產品或質佳的服務，積極地管理過程，在過程中做好產品、服務的態勢是很重要的。在提供給顧客之前的檢查，基於不將不合規格的產品、服務提供給顧客之意，它扮演著非常重要的功能。可是，光是如此是不夠的。

以例子來說，本頁的內容之中請計數「的」的出現個數。其次，將同樣的工作拜託周圍的人，或自己本身再次實踐看看。怎麼樣？「的」的個數是否相同呢？或許數字不同吧。

這說明即使進行檢查，也有可能發現不出不合規格「的」的產品或服務。亦即，檢查乃是在某種程度以內可以發現「的」，然而發現的機率並非100%。

只是檢查是做不好品質的，以例子來說，試考察麵包的製造過程。想提供一定重量的麵包給顧客。此處，100g 到 150g 之間當作是在規格內。就麵包的重量來說，測量各個產品的結果假定如圖 20-3。此處，提供符合 100g 到 150g 之規格的麵包是目的所在，圖 20-3(a) 的塗黑的部分是不良品，無法將此提供給顧客。因之，強化檢查的作法如圖 (b)，是只提供落在規格界限內的麵包，這不僅是先前檢查的疏忽，在資源的浪費等的意義上也是有問題的。

在過程中形成，就像圖 20-3(c) 那樣，麵包的重量為了能落在一定的範圍內而設法減少重量的變異。像這樣，如果能夠使過程安定，將來不良品交給顧客的可能性也會減少，並且資源的浪費等也可消除。

20-2-2 為了在過程中形成

為了在過程中形成好品質的產品、質佳的服務，對於過程是由何種要素

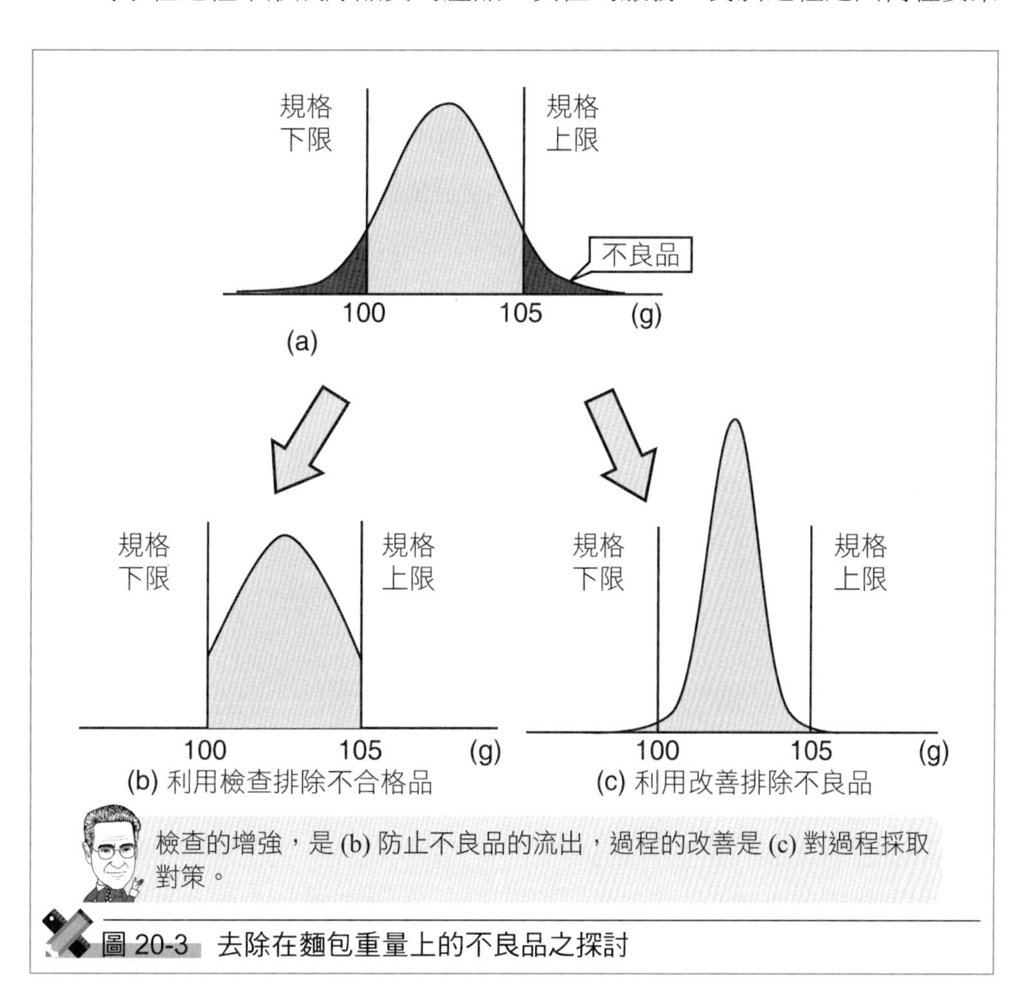

圖 20-3 去除在麵包重量上的不良品之探討

所構成的要使之明確，並且分別將應管理的項目明確化。接著，在與這些項目有關聯之下充實標準類，並遵守它是很重要的。又在 ISO 9000 中，將一連串過程的系統之運用稱為「過程分析 (Process Aproach)」，將此運用當作品質管理系統的基本原則之一。

試考察過程是什麼。所謂過程是將輸入變換成輸出的程序。譬如，製造裝配產品時，各個零件是輸入 (Input)，裝配完成後的產品是輸出 (output)。裝配此零件變換成產品的程序即為過程 (process)。

如設定好過程時，接著在各個過程中，針對要做哪些工作去製訂標準。此時，將對結果造成甚大影響者重點性地予以標準化。然後，依據該標準，進行生產、服務的提供，再確認結果。並且，基於結果採取必要的處置。亦即，為了在過程中做好品質，要轉動 PDCA 的循環。

20-2-3 後工程是顧客

過程中做好品質 (質) 的重要概念是「後工程是顧客」。如考慮過程時，通常它是由幾個子過程所構成。圖 20-4 說明餐廳中服務的過程例。

當顧客來店時，首先櫃檯先打聽有無預約？人數多少？希望座位？再確定餐桌。這是最初的過程，接著，將此資訊傳達給負責接待者，此負責接待者再引導到餐桌。此時，從接待者來看，為了有好的接待，「顧客有幾名？」「此次的來客是全員嗎？還是後面陸續到來呢？」「初次來店嗎？」等的資訊是需要的，櫃檯的負責人，認為已結束自己的工作，所以往後可以不做什麼，此種蠻不在乎的做法，對顧客是無法有周密的應對。

為了使過程間的連繫密切，且明確地做好自己的工作的想法即為「後工程是顧客」。自己的工作是下一個工作的開始，所以要適切地執行，此種意識要使之貫徹。

在實施品管的初期曾使用「下工程是顧客」的用語，但最近則普遍使用「後工程是顧客」的用語。事實上「後工程是顧客」比「下工程是顧客」的想法更為貼切，下工程 (Next process) 是指自己的下一個工作，而後工程 (Succeeding process) 是包含自己的工作及其後方的工作，工作是連續性的，不能短視地只考慮到下一個工作，更應全面性地考慮到自己對後方的每一個工作的影響，此有如珍珠項鍊那樣，若其中有一顆珍珠有瑕疵，就無法造就

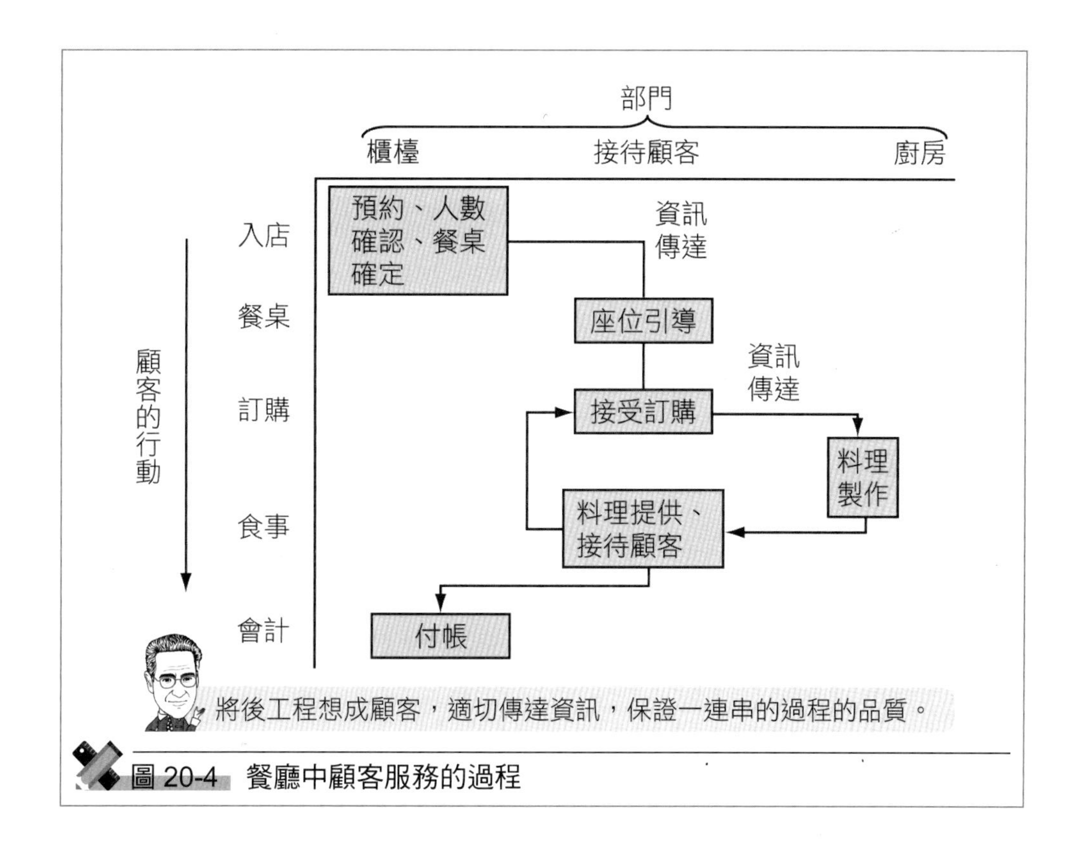

圖 20-4　餐廳中顧客服務的過程

整條美麗亮眼的珍珠項鍊。

20-3 在過程中做好服務品質的餐廳事例

舉出剛才餐廳的服務，試考察在過程中做好服務品質的情形。以此餐廳的服務來說，有進入店裡、引導到餐桌、訂菜、用餐、結帳等服務的一連串過程。進入店裡時，櫃檯負責人先確認「有無預約」「人數多少」「等候的狀態」「過去的來店經驗」等決定座席之後，將這些一連串的資訊傳達給餐桌的接待負負人是很重要的。因此，櫃檯向顧客尋問的事項，以及傳達給招待負責人的事項，可利用「櫃檯接待手冊」進行標準化。

其次的過程是座席的引導。接受來自櫃檯負責人的資訊，預約人數全部一致時，即探尋所希望的菜色。又預約時，如也有菜色的預約時，要確認是按原來的料理呢？或是有新的變更呢？像這樣，依據櫃檯的資訊將接待的方法記入到手冊，將它標準化。

與這些一樣，決定好材料的供應商，關於料理的製作也按食譜予以標準化，使之經常可以提供一定水準以上的飲食。不光是針對飲食，傳達「本日的特餐」、「已賣完的料理」的資訊也很重要，這些資訊的流程也要標準化。像這樣，對結果有甚大影響的事項要在所有的過程中加以標準化，在後工程是顧客的想法下，力求做好高水準的品質的服務。

20-4 應急對策與再發防止對策

20-4-1 對策必須從「應急」、「再發防止」的觀點來看

針對問題採取對策時，有需要從二個側面即為了解決眼前碰到的問題所需的「應急對策」，與類似的問題為了不發生兩次所需的「再發防止對策」。

假定有一位顧客因為引擎事故將車送進汽車保養廠。從汽車保養廠的立場來看，首先最優先的事項是去除車子的引擎事故。接著，為了不發生類似的引擎事故，將事故的資訊回饋給汽車公司，採取根本的對策是有其需要的。前者對故障車的對策是應急對策，後者為了不發生兩次同樣的情形所採取之對策，即為再發防止對策。

此應急對策、再發防止對策的想法，對我們的生活也有幫助。當感冒時，以應急對策來說，首先為了治療此次感染的感冒，乃到醫院去檢查、靜養，並攝取有活力的飲食。以再發防止對策來說，平常就要多運動，努力強化體力，過著有規律的生活，培養不會感冒的體質。

20-4-2 應急對策、再發防止對策的探索

應急對策是有需要儘早去除所發生的現象、問題；另一方面，在再發防止對策方面，適切地實踐以下事項是很重要的。

(1) 究明發生問題的原因。
(2) 要能認知該問題只是冰山的一角。
(3) 探索類似的問題，也對它採取對策。
(4) 以長期間的數據去確認對策的效果。

首先，就 (1) 問題的原因探究來說，為什麼會發生引擎事故？問題是供油系統或是電氣系統呢？有需要掌握真正的原因，更換一個引擎，對該顧客來說也許是應急對策。可是，同樣的引擎事故也有可能發生在其他顧客身上。為了防止問題，原因的究明是很重要的。

其次就 (2) 來說，問題發生時許多的人都想轉移視線。可是，必須要有此事故是冰山一角的認知。此次顧客帶進來的引擎事故，也有可能發生在其他顧客身上。所以，顯在的問題只是冰山的一角，全員必須有此種認知才行。

接著，就 (3) 來說，有需要過濾出類似的問題。當有引擎事故時，不只是修理有事故的引擎，就相同機種的引擎，也要檢討是否會發生同種的事故，再採取對策。此外，不僅是相同機種，對類似機種也要找出問題。像這樣擴大範圍去思考，謀求再發防止。

最後是 (4)。問題發生了也謀求再發防止對策時，經長期間的觀察它的效果之後必須進行確認才行。如先前冰山之一角這句話，問題有很多是偶然發生的，它是否會再發生有需要長期間的觀察。

20-4-3　如讓「應急對策」、「再發防止對策」再發展時，即是「未然防止對策」

近年來，在許多的現場中「未然防止」被視為重要。所謂未然防止，是致命性的事故在未發生過一次之前即予以防止。這是讓應急對策、再發防止對策再發展下去才能達成。

應急對策、再發防止對策通常是針對已發生的問題所採取的對策。相對地，未然防止對策，是使問題一次也不讓它發生的做法。前者是針對已發生的問題，後者是事先思考未曾發生的問題，至於探討的方式被認為是完全不同的，但那是誤解。未然防止是事前預測有可能發生的問題，對它周密地採取對策的行動。預測有可能會發生的問題，針對與對象的產品、服務相類似的產品、服務，分析過去所發生過的問題也是有效的。此分析是將再發防止的分析擴大視野來進行的。

20-5 以數據來說話

20-5-1 TQM 的核心是「以數據來說話」

TQM 的核心在於根據數據所顯示的事實正確地作決策，且進行維持、改善品質 • 質的活動。支持維持、改善的最重要想法是「以數據來說話」。此想法也稱為「基於事實的管理」。

此處所說的數據，不只是以何時、在何種狀態下接受幾件客訴此種數值化者，也包含來自顧客心聲的記錄、顧客行動的記錄等。亦即，以此數值更廣的概念，表現事實者。換言之，並非腦海中所想的假設，而是表現發生的現象。適切認識事實，基於它從事正確的活動是「以數據來說話」的意義所在。

20-5-2 為何以數據說話

使用數據是為了「防止自以為是的判斷」，同時「以客觀地且合乎邏輯地判斷」。打算好好地做，結果卻不理想，是自以為此處不佳所以結果不順利，以自己認為的方式來判斷，因之該判斷是不適切的。

基於此不適切的判斷即使進行處置，也無法順利。製造現場中慢性不良的發生，簡直就是此例。到發生慢性不良為止，通常都會謀求幾個對策，認為此處不好所以才作出不良品，或者就是這個原因造成不良品的發生進而採取處置，因為方向搞錯，所以才無法順利解決。防止此搞錯方向的是「以數據來說話」。

其次，對於第二項的「客觀且合乎邏輯地判斷」來說，試以例子來說明。某營業部門經手市場規模日見縮小的某個產品。此營業部門畫出了一段期間的銷售收入圖形之後，如圖 20-5(a) 中對策引進前所顯示的那樣，從第 1 期到第 10 期的銷售收入一直步入減少一途。因此，第 10 期結束後，為了提高銷售收入，引進了促銷的對策。此促銷活動在成本面上甚為膨大。

雖然第 10 期以後持續著此活動，但如圖 20-5(a) 所示，銷售收入還是在減少中。到了第 20 期，來到重新思考所持續的促銷活動之時期。由此數據

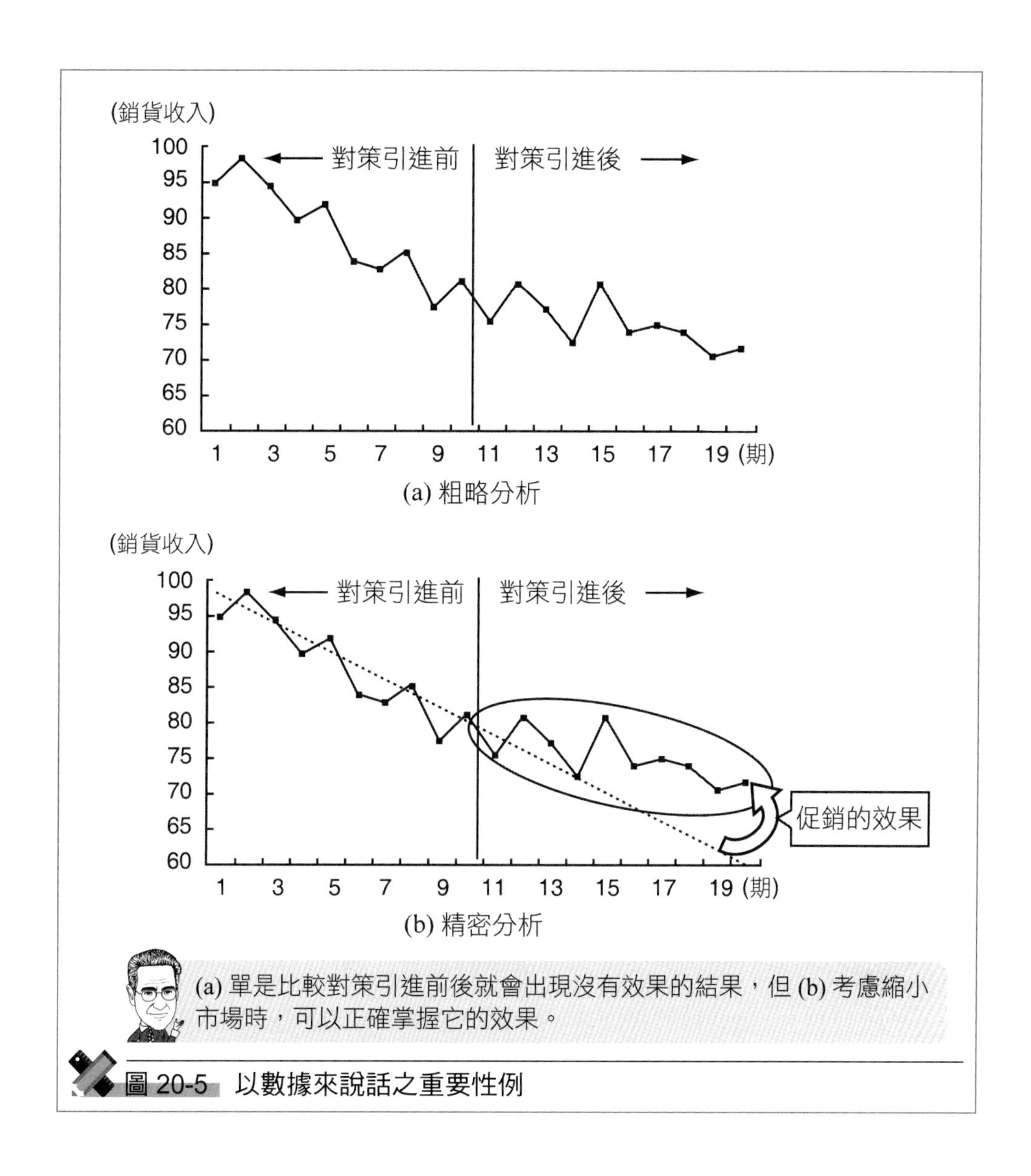

圖 20-5 以數據來說話之重要性例

來看，促銷活動可以判斷有效果嗎？或者是因為沒有效果所以可以判斷應中止促銷活動嗎？

對於此詢問來說，經常得到的回答是「引進促銷活動後，銷貨收入仍在減少，所以沒有效果。因此，應該中止促銷活動」。可是，這樣可以嗎？以粗略的看法來說也許沒錯，但此處在經手的是「市場逐漸萎縮的產品」。因此促銷對策效果之有無，與市場的縮少程度相比，該公司的產品的銷貨收入下降到何種程度呢？應根據此情形來討論。亦即如圖 20-5(b) 那樣，應根據促銷活動的效果，與市場的下降程度相比來討論。

此例的情形是對策引進後，銷貨收入雖然下降，但其下降的程度與市場的縮小程度相比是小的。亦即，銷貨收入是在減少，但與市場的縮小程度相比，其減少幅度小，此部分相當於促銷的效果。如果，不採取促銷對策時，如圖 20-5(b) 的點線那樣，可以預料銷貨收入會減少。

只是比較促銷活動的引進前後，討論促銷活動的成果時，有效果的當做沒有效果來判斷就會發生損失。除此以外，要客觀地且合乎邏輯的方式評價事實的情形仍有許多。從這些來看，「用數據來說話」是受到重視的。

20-5-3 以數據來說話時，重點即可看見

在 TQM 的實踐中，並非針對目的胡亂地採取對策，鎖定重點採取對策是有需要的，即使想成為顧客滿意度高的餐廳，可以採取的對策有很多，像外在氣氛、內部裝潢、店員的應對、料理的種類、料理的品質等。儘管一句話說要「質佳」，也有無限之多的做法，事先調查何者是重要的，再針對它們進行重點性的活動。

在鎖定重點性的活動上，第 21 章第 4 節中介紹概要的柏拉特圖是有幫助的。柏拉特是義大利的經濟學者，指出所得分配的不均 (偏向富)。指出品質問題也是一樣的是朱蘭 (Juran, J. M.) 博士。譬如，當思考產品的不良品時，即使簡單說是不良，也仍有各種不符規格的情形。因此，調查幾個重要的事項，再針對它們重點性地採取對策。

20-5-4 「以數據來說話」若應用統計手法更具效果

以數據來說話，如應用第 21 章第 4 節所介紹的 QC 七工具或統計的手法時甚為有效。以先前的例子來說，市場規模縮小一事即使概念上明白，但要如何將它定量性表示才好呢？從銷貨收入的繪圖來看也可明白，這些數據是有變異的。變異幅度有多大是否可以估計出來呢？對於這些問題來說，應用統計手法是很有效果的。此工具或統計方法如先前銷貨收入問題中效果的估計那樣，定量性地處理數據，即有助於正確作決策。

日本的 TQM 受到世界矚目後，各企業競相把心力投入到此種手法的教育上。然後這些企業就培養出適切觀察事實，並且以數據說話的實力。

但是，隨著泡沫經濟的互解，有不少企業基於降低成本的理由中止此種的教育。中止教育之後，雖然以往仍有實力，問題並未表面化，但歷經數年實力下降的程度就開始很明顯了。從基礎再行培養「以數據說話」的實力就不是容易的事了。

運動選手停止基礎訓練，如果是一、二日，以休養來說也許是可以的，但休息數年就無法回到原先的狀態。此「以數據來說話」的能力也是一樣，持續性是很重要的。泡沫經濟瓦解以後也未改變保持品質・質的國際競爭力的企業，即使目前也仍適切地實踐統計的手法。於是，「以數據來說話」的文化才可使之生根。

20-5-5 「以數據來說話」是創造的第一步

「以數據來說話」是作出全新的物品邁向創造的第一步。重視數據時，就會產生與他人相同的物品，有礙於「創造」，認為如此的人也許會有，但那是完全誤解的。只是動腦筋的「想像」，雖然不用數據來說話也行，但對於產生有價值的新事物，數據的力量是需要的，要產生全新的事物，正確掌握既有的事實是什麼之後，就必須思考新事物才行。過去有過偉大發明的人，都是在該領域正確掌握所發現的事實，適切地抓住要點之後再進行創造。

新產品・服務的情形，市場規模、開發成本、市場風險等是無法正確知道的。可是，雖說是新產品，不可能沒有數據的。此時，過去的「類似」產品・服務、「競爭」產品・服務的市場資訊等，此等數據的綿密分析是需要的。並非沒有數據就只有放棄，儘可能取得資訊，以數據來說話，基於它做決策才是成功的捷徑。最後，雖然要利用專門的知識來判斷，但為了使判斷儘可能適切發揮功能，「以數據綿密地說話」是很重要的。

Chapter 21

提升各過程水準的方法

21-1 5S

所謂 5S 是指「整理」、「整頓」、「清掃」、「清潔」、「教養」。此 5S 的稱呼是以羅馬字取日文發音的第一個字母 (因都有 S 之緣故)。此 5S 與其說是直接與品質•質有關的活動，不如說是支撐日常業務，改善專案等的基礎。

到生產現場時，如果材料、工具散亂的話，認為可以作出好品質的產品嗎？或者文件零亂的顧客中心，認為可以正確回答顧客的洽詢嗎？

從此例可知，5S 不管是哪個業種、何種工作場所、何種業務型態，它的實踐是不可欠缺的。換言之，5S 不能實踐的地方，不只是 TQM，其他的各方面也是無法順利進行的。試觀察 5S 的個別意義看看。

1. 整理

明確地區分需要的與不需要的，將不需要的加以處分的活動。如果未能整理時，不需要的東西就會變多，無效地使用空間，資金也會無謂地浪費。

2. 整頓

什麼放在何處，使之可以立即了解狀態的一種活動。如未整頓時，譬如，尋找工具就會花時間，或尋找所需文件更是會花時間。在工作場所中找不到數據、文件，乃是未進行整頓的一種現象。

3. 清掃

以美觀的工作場所作為旗幟，經由使之美觀的製程，實踐工作場所中維持管理的基礎。譬如，機械設備的清掃，是維持機械設備的基礎。並且，桌上的資訊處理，使桌子的周圍美觀，是指透過清掃的過程，維持容易進行資訊處理的環境。

4. 清潔

不光是衛生方面的問題，也指歷經長期間維持上述已整理、整頓、清掃的狀態進行維持的行動。譬如，工廠中的「清潔」，不只是去除對人體造成影響的雜菌，也具有經常能作到整理、整頓、清掃的狀態。

5. 教養

就整理、整頓、清掃、清潔來說，不仰賴指示，自己能率先地實施。譬如，整頓的基本之一有「用完要歸位」。要實踐此事，並非是因為被告知或記述在作業標準書中，所以才去做，而是基於「自己率先實施，職場環境就會變好」的意識去實踐，這就是教養。

21-2 標準化

TQM 的基礎是過程的標準化。這是將產品 (服務) 的品質 (質) 維持在一定水準以上的方法。過程的標準化不管在何種的產品、服務中均是 TQM 的基盤。

21-2-1 何謂標準

所謂標準是就產品或過程等，規定工作的作法，作成標準稱為標準化。在我們的周遭，被標準化的東西有很多。譬如，電力的電壓。目前的電氣產品在國內任何地方均可使用。這是因為電壓標準化在 110V 所致。又螺絲也被標準化。如果知道正向螺絲或負向螺絲時，即可使用適切的起子。

如果未標準化時會如何呢？譬如，由台北搬到台中時，為了因應不同的電壓，就必須重新購買電氣產品。並且，螺絲的形狀如果未標準化時，每次購買螺絲就必須要購買專用的起子。

此種標準不限於產品。也有決定工作方式的過程標準。譬如，像是工廠等都規定有作業的作法。或者，在大飯店中，規定有要如何應對顧客。也有稱為作業指示者、顧客應對手冊者。這些並非將完成的產品或提供的服務加以標準化，而是將其提供的過程加以標準化。

21-2-2 為何標準化是需要的

過程的標準化之所以需要，是為了使產品、服務的品質 (質) 安定化之緣故。並且，近年來將過程讓外界看得見，兼顧能讓顧客積極滿意的一面也有。對於前者，將其概念如圖 21-1 所示。圖 21-1 是將結果與要因的關係表現成特性要因圖。

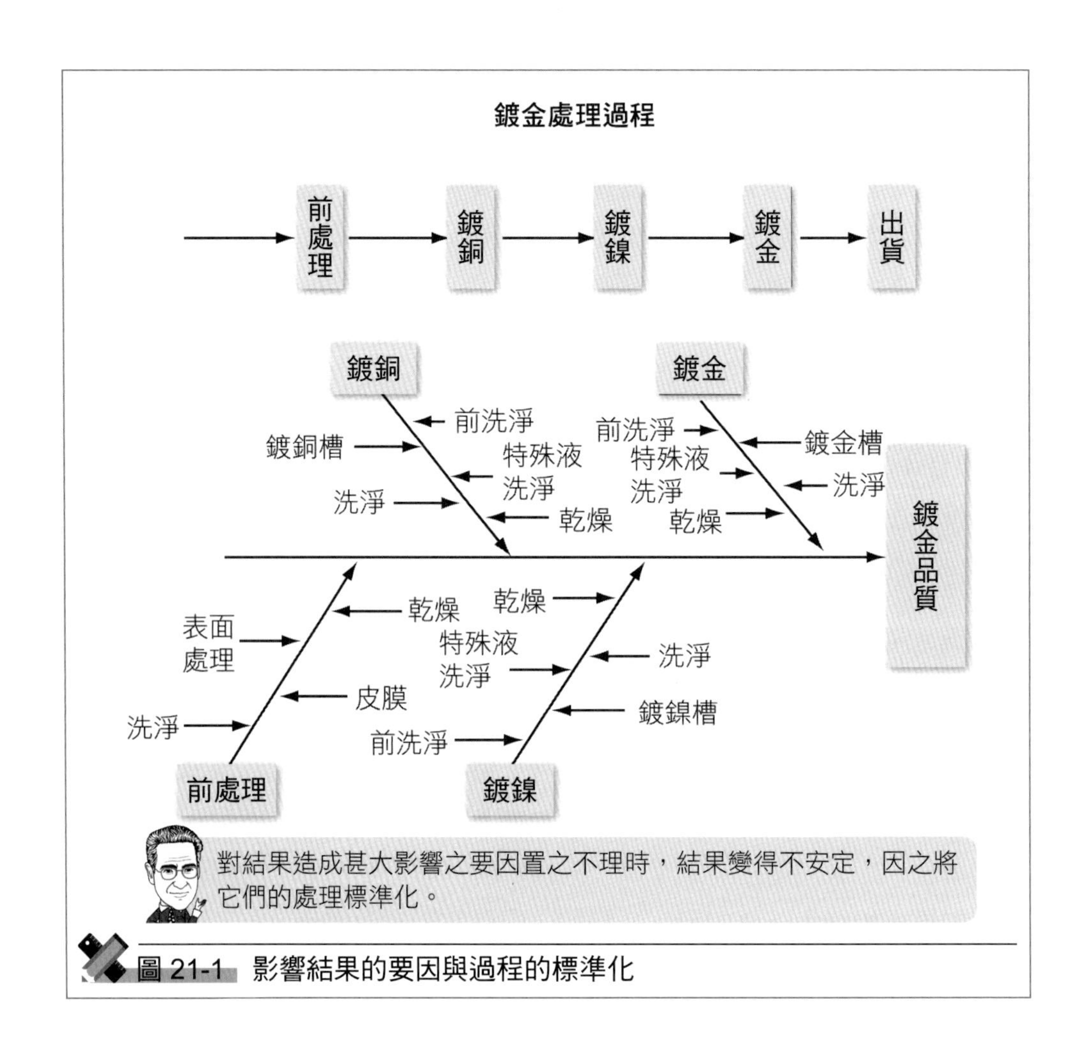

圖 21-1 影響結果的要因與過程的標準化

此圖是列舉進行電鍍處理的過程，思考讓鍍金品質安定化。如此圖的上半部所示，鍍金處理是由前處理、鍍銅處理、鍍鎳處理、鍍金處理所構成。另外，即使取出鍍金處理一個來看，像洗淨、電鍍處理、乾燥之類，這也有許多的處理。

對鍍金的品質，原料、電源時間、電渡液的狀態、洗淨方法等，有各式各樣會造成影響。由於有各種原因對結果造成影響，因之如未決定其作法，結果就不會安定。因之過程的標準化是需要的。

以上是產品的例子，對於服務也是一樣的。譬如，對於大飯店的服務來說，A 從業員對顧客進行細膩的應對，顧客的滿意度非常地高。可是，它的應對內容並未加以標準化，僅止於 A 先生的腦海中，情形又是如何呢？新人的 B 從業員，不知道要做什麼才好，結果無法獲得顧客的滿意。為了避免此種事態，要將過程標準化，使結果安定。

過程的標準化就像「我們公司是如此做的！請放心！」，將組織的過程內容向他人提示，對獲得積極的滿意也有貢獻。譬如，考察在 A 公司與 B 公司之中要與哪一家交易。A 公司的說明是「我們公司的產品很好。請購買吧！」另一方面，B 公司的說明是「我們公司的產品很好。依據此步驟如此製作的，並且如此進行管理的。」哪一方比較有說服力呢？主張產品本身的良好此點，A 公司、B 公司是相同的，但說明到內容此點，B 公司的說明較具有說服力。

近年來，網際網路的發展，經營環境也國際化，新企業加入的機會增加。此時，將組織的過程標準化，將它積極地提示，擅用商機的組織有不少。第 24 章所述的 ISO9001 是將過程標準化，使之能提示組織的管理系統，使用第三者認證的方式，對打開商機有所貢獻。

21-2-3　過程標準化的進行方式

過程的標準化，以下甚為重要。

(1) 設定適切的標準。
(2) 利用教育訓練等建立能遵守標準的狀態。
(3) 使之能遵守標準。

首先，就 (1) 來說，設定能使結果變好的標準是很重要的。在先前的電鍍例中，調查要多少的通電時間，電鍍的品質才會變好，將成為其最佳狀態的作業方法作成標準。在大飯店的例子中，考察讓顧客具有良好印象的應對方法，將它作成標準。

其次就 (2) 來說，建立能遵守標準的環境是需要的。譬如，大飯店的情形，對於英語是母語的顧客能以英語應對，對顧客而言是非常高興的事。要在大飯店中提供此事，必須實踐「能以英語會話」的教育。只是在顧客應對手冊中寫上「對方以英語開口時，就要以英語應對」，服務是無法提供的。接著，對於 (3) 來說，必須遵從過程的標準從事作業或提供服務是無庸置疑的。此實踐的準備階段是 (1)，(2)。

在實際的場合中，不依從過程的標準，獨自進行處理的例子有不少。1999 年的鈾燃料加工設施 JCO 的臨界事故，雖有作業標準，但並未依據它從事作業，所以才發生事故。像這樣，雖有作業標準，卻未按照標準作業時，要以哪一個著眼點來推進標準化才好呢？

以著眼點來說有「不知道、不會做、不去做」此 3 項。首先應遵守標準的人，必須知道標準為何。關於此，讓標準普及的活動是需要的。「不會做」時，從先前的大飯店的例子似乎可知，雖然知道卻不會做，所以使標準實際些或實踐教育訓練是有需要的。這很明顯是管理一方的問題。最後就「不去做」來說，未完全告知標準的重要性才發生的。儘管具有依從標準進行作業的能力，卻未遵守標準，幾乎是標準本身的重要性並未滲透的緣故。因此，未遵守標準時，會發生何種問題呢？應充分地討論。

21-2-4 在標準化上美日的差異

關於過程的標準，經常將「美國重視步驟」「日本重視教育」相對比。當我年值 36 歲時，在美國的某家超市購買啤酒，對方說要看身份證明書 (ID)。事實上我也長得還算年輕。從這些事情來想，在超市的收納員的標準中因記載有「賣啤酒等有酒精成份的飲料時，要以 ID 確認年齡」，所以可以認為收納員是依標準行事。

從此例也可明白，美國的組織是將細膩的處理流程作成標準有此傾向，接著，要求依據它從事作業，因為是許多國籍、文化混合的國家，因之將過程的標準仔細地加以規定。

另一方面，日本的情形則是規定過程的手續僅止於最小限；相對的，教育卻有費時的傾向。這也可以說是同質文化的國家所致。此外，最近正在瓦解的永久任勤的體制，對規定手續的標準使之最少限也有貢獻。某餐廳對於像是接待顧客時的用詞遣字等，只製作規定少數重要事項的手冊，之後徹底實踐教育。譬如，以教育的一環來說，讓他在其他一流餐廳中用餐，何種的著眼點是自己不足的，由自己去發覺的一種做法。

標準化與教育，並非兩者選一，兩者都是需要的。美國組織將著力點放在標準化，日本組織則把著力點放在教育，此差異是以整體的傾向來看的。當然，並非所有的美國組織或日本組織都是如此，採取中間做法的組織也有很多。

21-2-5 標準化完成之後的創造性

如果正確理解標準化的意義，並能推進適切的標準化時，標準化是可以促進創造性的，雖然經常聽到標準的劃一作法會妨礙創造性。這是起因於未理解標準化的意義，或者將標準化過度地形式化在推進等不適切運用所引起的。所謂創造是新作出過去所沒有的事物，因之如不知道過去有什麼是無法創造的。表現此過去的作法者即為標準。

譬如，新式樣汽車的設計，何種程度是全新的呢？即使是大幅的式樣變更也好，儲存有過去設計的相當資訊量才能應用。亦即，如有全新的部分時，也就有沿用過去的技術的部分。全新的部分需要創造，但沿用了過去的技術可以使用的部分，在保證效率、設計的品質上更具有效果。為了此沿用，過去的技術的標準化是很重要的。

21-3 改善的步驟

改善是具有將進行方式之步驟使之規律化的作法，如依據此作法時，成功機率會提高。圖 21-2 是說明維持與改善的概念。在此圖中讓品質・質等安定化的活動是維持，而標準化對維持有甚大的貢獻。

相對的，要改善品質・質，需要有使結果成為好水準的活動。整理改善的步驟時，即為如下。

(1) 整理改善的背景、投入資源、日程、應有姿態等 (背景的整理)。
(2) 徹底調查現狀 (現狀的分析)。
(3) 探索問題的要因 (要因的探索)。
(4) 基於要因的探索結果去研擬對策 (對策的研擬)。
(5) 驗證對策的效果 (效果的驗證)。
(6) 將有效果的對策引進到現場中 (引進與管理)。

本書中並未區分大幅改善與小幅改善之別。不管大幅或小幅，基本上利用此步驟推進是成功的捷徑。此步驟也稱為 QC 記事 (QC story)，用語與表

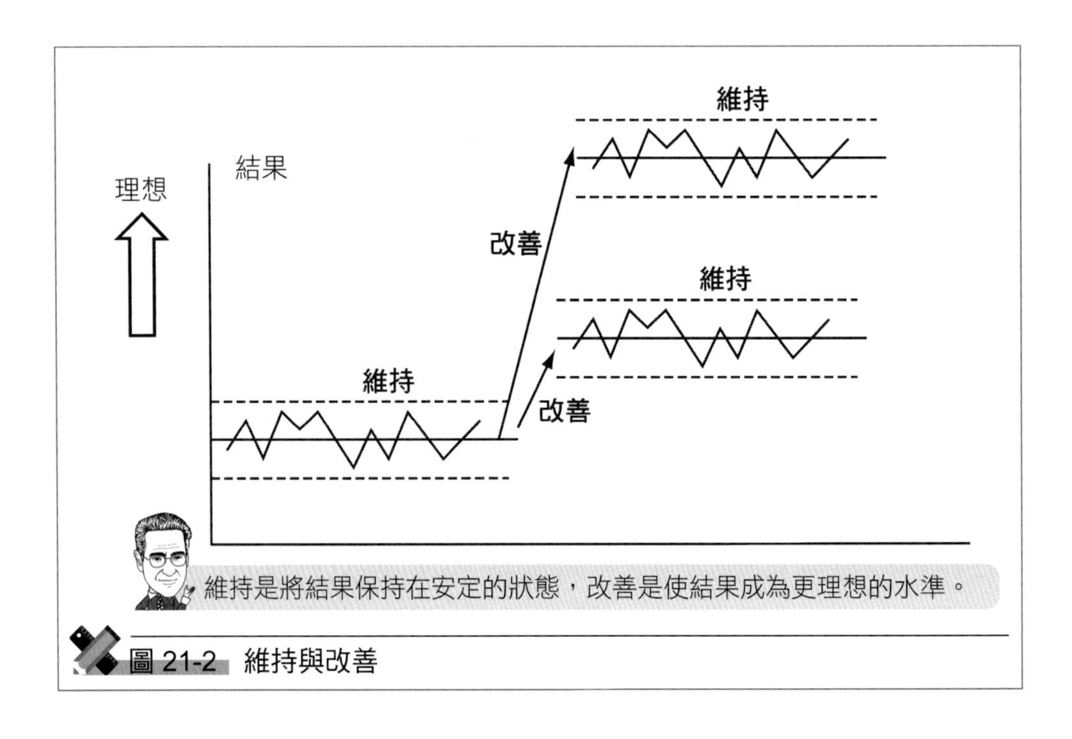

圖 21-2 維持與改善

現取決於書籍有若干的不同，但本質上是由上記的步驟所構成。又，在美國，最近的六標準差蔚為風行，其中扮演核心功能的是改善的步驟：DMAIC。此 DMAIC 是根據 QC story 所推導出來的。以下就這些步驟的目的說明概略，詳細情形則參閱第二篇「改善篇」。

21-3-1 背景的整理

改善的最初階段，是要使改善的需要性、投入資源、日程、原本的應有姿態等的背景明確。譬如，考察降低鍍金膜厚的變異時，先整理如下事項：像為何此改善是需要的呢？減少多少程度的變異呢？過程的變更允許到何種地步？在何時以前要進行等。另外，如考察大飯店的改善時，要於事前決定好改善對象的範圍，像是以改善櫃檯的應對，提高顧客滿意度作為目的呢？或者包含大規模的改裝在內，全面性的翻新呢？

21-3-2 現狀的分析

此步驟是徹底地調查結果，在下個階段就要考察為何會發生該結果。以尋找犯人來比喻，此階段是徹底調查現場所遺留的狀況，另一方面，尋找犯人的線索，檢討不在場的證據則是其次的階段。改善步驟的特徵之一是區分出將焦點放在結果徹底調查現狀的步驟，以及考量結果與要因之關係的步驟此點。譬如，對於電鍍的膜厚，從時系列、機械別等種種的觀點調查結果成為如何。又，大飯店的情形是徹底地調查現狀的顧客滿意度何處是高的，又何處是低的。

21-3-3　要因的探索

現狀掌握的步驟是徹底調查結果，而此「要因探索」的步驟是探索使結果接近理想姿態的要因。經常有省略分析現狀的步驟，冒然地思考問題的原因之情形。無法順利是因為在深信下所想的要因有偏差，所以基於深信所想的對策也就無法對症下藥。因此，為了防止此事，基於現狀分析以科學的方式思考要因。

譬如，針對電鍍膜厚使用管制圖等的統計手法，依據變異的現狀考察要因。又，大飯店的翻新，區分顧客的使用目的進行解析，探索影響滿意度的要因。

21-3-4　對策的研擬

結束要因的探索後，基於它研擬使結果接近應有姿態的對策。在此階段讓應用領域的知識與統計的解析有效果的融合是有需要的。以一個例子來說，當更深入考察電鍍膜厚的現狀時，可以想到電流密度的影響，因之為了使它均一化，引進電鍍槽構造的對策。又，對於大飯店來說，為了使商務顧客如同有自己的辦公室那樣，以設置可以使用的商務中心為取向，採取了如此的對策。

21-3-5　效果的驗證

研擬對策，將它引進到過程時，就要驗證對策的效果。譬如使電流密度均一化的對策對降低變異是否有效？以實際的數據去確認即為效果的驗證。又大飯店的商務中心，試著提供預定的服務，觀察顧客的反應即為此例。

21-3-6 引進與管理

此步驟的目的是將已驗證效果的對策標準化，以教育及配合實驗的方式引進到過程中，並管制它。譬如，對降低電鍍膜厚的變異有幫助的對策，將之標準化使之可應用在實際的過程中。又對大飯店來說，把提供標準化服務的對策編入服務提供手冊即為此例。

21-4 改善的手法

要有效果的進行改善，依照用途應用各種手法是有需要的。以下，就經常所使用的手法，介紹其概要。不僅日本，即使海外，這些手法亦為教育的對象。不管哪一個國家，它們之所以成為教育的對象，是因為活用這些手法，可超越地域非常有效的緣故。

21-4-1 首先應用看看的手法：QC 七工具

查檢表、柏拉圖、直方圖、推移圖、管制圖、特性要因圖、散佈圖、層別是品質管理中經常所使用的手法，稱為 QC 七工具。這些雖然是基礎但效果甚大。依據日本品管大師石川馨博士的說法，現實問題的 95% 適切應用這些手法均能獲得解法。以下簡單地介紹其概要。詳細情形請參第三篇「品管常用手法篇」。

1. 查檢表

所謂查檢表是為了容易在實際的現場中收集數據所使用的表單。製作此查檢表並無特別規定的格式與製作的步驟。設法能正確且迅速收集數據，此點是很重要的。

2. 柏拉圖

柏拉圖是按出現次數的多寡順序將項目排列顯示，找出可以重點打擊哪一個現象才好的一種工具。重點導向在 TQM 中也是一項重要的行動指針，柏拉圖對此有幫助。

某大飯店將無法因應顧客要求的次數，按場所別整理作成柏拉圖即為圖 21-3。由此圖可以明白看出，在門房、商務中心中無法因應顧客要求的情形

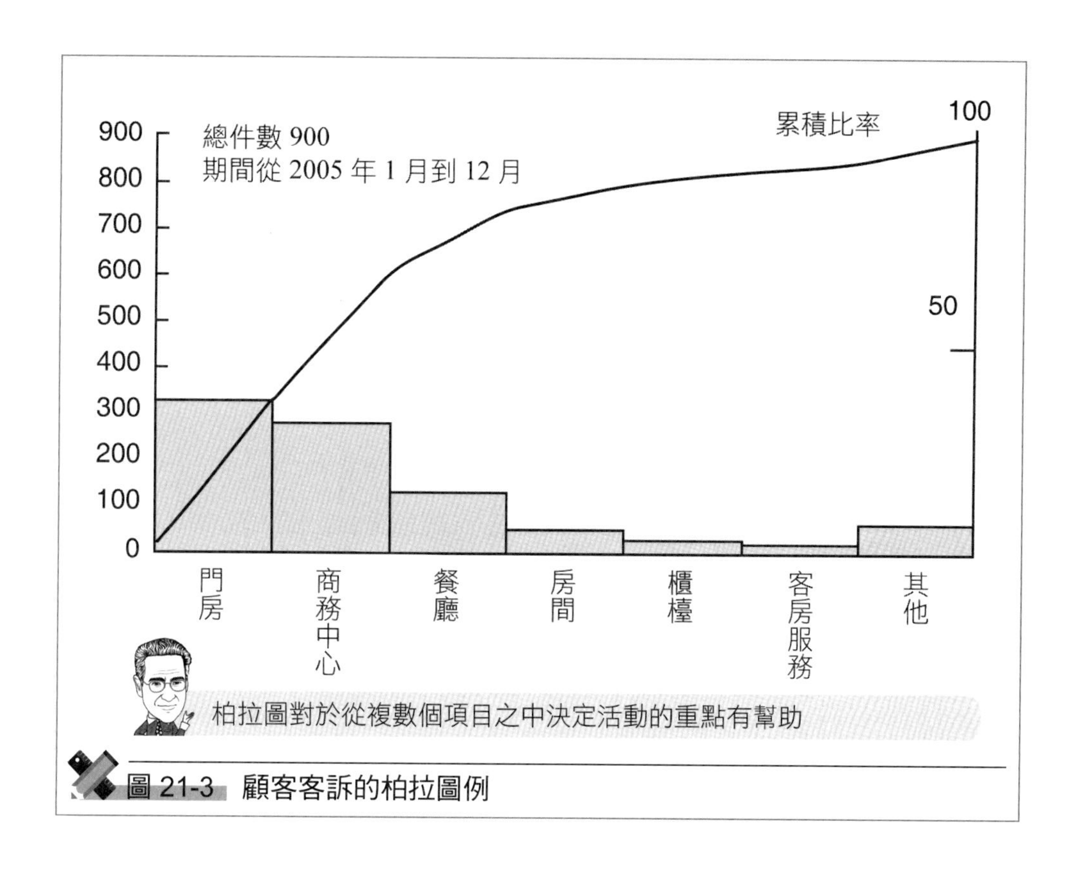

圖 21-3 顧客客訴的柏拉圖例

甚多，全體的 70% 以上的客訴是由此兩者所發生。因此，採重點導向時，有需要針對門房、商務中心採取對策。

3. 直方圖

直方圖是針對量的數據，分成區間，整理每一區間出現的次數。直方圖根據連續量的數據，可以探尋數據的出現狀況，有助於掌握製程能力、解決問題等。圖 21-4 是說明電鍍膜厚的直方圖。

4. 推移圖、管制圖

品質管制被視為在 1920 年代由修哈特 (W. A. Shewhart) 所想出的管制圖開始的。管制圖如圖 19-6 所示，在時系列的推移圖中加入中心線、管制上限、管制下限。

過程的輸出數據通常是有變異的，到何處為此可想成是因偶然引起的變異，從何處開始可想成因過程有變化所引起的變異，是問題所在。管制圖對

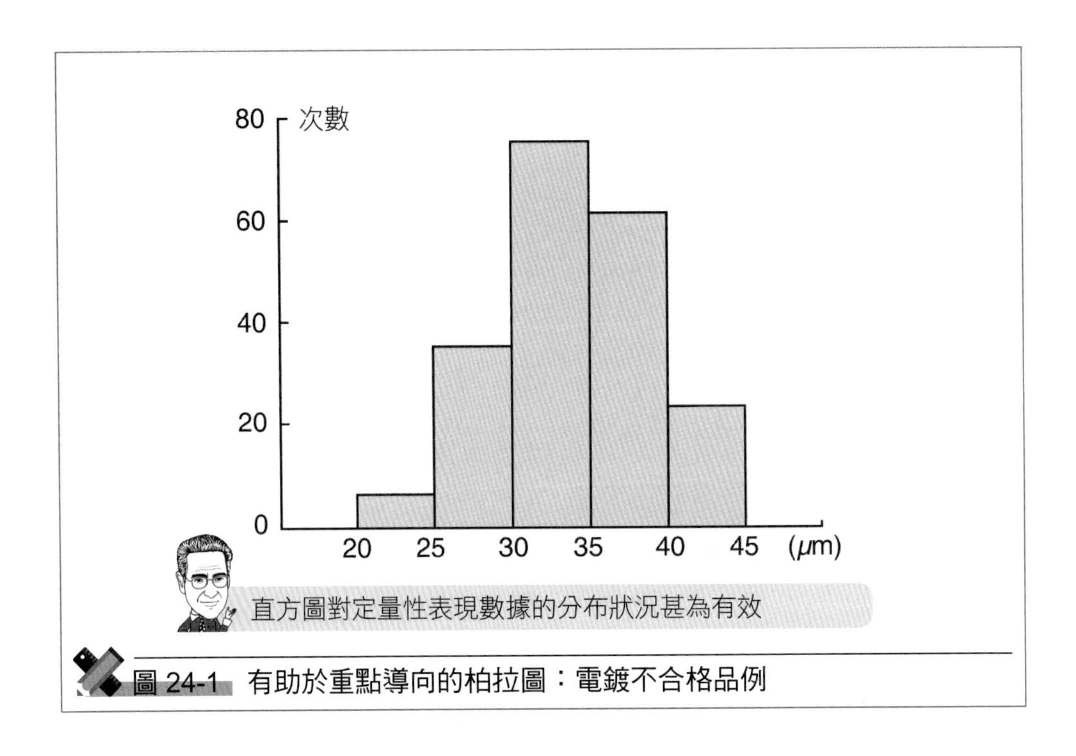

圖 24-1 有助於重點導向的柏拉圖：電鍍不合格品例

此判斷是有效的。點落在管制界限以外時，判斷製程有異常。另外，管制界限是使用了標準差法根據數理統計學所設計的。

5. 特性要因圖

特性要因圖是將結果的特性與被認為對結果有影響的要因之關係，按構造加以整理的圖形。在圖 21-1 中，是將電鍍處理過程中的特性要因圖，配合標準化的概念予以提示。如此圖那樣，特性要因圖是將特性的要因按過程別等的觀點加以整理者。像這樣表現時，有助於共享特性與要因的相關知識及探索要因。

6. 散佈圖

散佈圖是將二個變數的成對數據按視覺的方式加以表現的圖。譬如，在顧客滿意度調查中，為了針對客房的滿意度與大飯店整體的滿意度的回答，調查其間關係而加以使用。由此可以得出許多資訊，像是對客房表示高滿意度的顧客，對整體大飯店的滿意度也高的資訊，或者是兩者完全無關聯的資訊。因此，此成為調查結果與要因之關係時有助益的工具。

7. 層別

所謂層別是將所收集的數據按屬性的水準區分數據後進行解析，以探索傾向的技巧。譬如，就顧客滿意度調查，根據顧客屬性的利用目的，將散佈圖予以層別等即是。對於所有顧客中看不出商務中心的滿意度與大飯店整體的滿意度之關聯者，利用層別將顧客的利用目的分成「商務目的」及「其他」，則可看出在「商務目的」的情形中，商務中心的滿意度與大飯店整體的滿意度有關聯等之傾向。

21-4-2　將問題定性整理的手法：新 QC 七工具

QC 七工具是處理定量性的數據；相對地，對於定性的數據，表 21-1 所示的新 QC 七工具是有幫助的。由此表可以知道，將語言資料等定性資訊基於類似性進行整理的手法等均包含在內。談到新 QC 七工具，也許會認為先前所提的 QC 七工具是舊的。表 21-1 的方法是新的，在機能上也較為優越，但完全不是如此，這些方法是視數據的種類可作為補強之用。

新 QC 七工具的概要

No.	名稱	目的
1	親和圖法	將模糊不明的大量語言資料基於類似性按階層所整理的圖形
2	關聯圖法	整理原因與結果，目的與手段的關係，表現成圖形，使容易觀察構造的方法
3	系統圖法	將問題根據著眼點表現成份歧圖的方法
4	矩陣圖法	將問題的事項與要素，對應矩陣的列與行表現關聯狀態的圖
5	箭線圖法	將活動之要素的前後關係使用箭線配合日程所表現的圖
6	PDPC 法	為了使今後活動的展望變得明確，將所設想的事態配合對策方案所表現的圖
7	矩陣資料解析法	使用結果指標的數據使之減少成少數指標的方法

新 QC 七工具是以處理語言資料為主體，取決於資料的種類，最好併用 QC 七工具。

21-4-3 有助於決策的統計手法

基於被數據化的資料，活用統計手法實踐維持、改善正是TQM的核心。這些手法大略來區分時，可分成已收集有資料的「解析手法」，以及說明要收集何種的資料才好的「計畫手法」。在設計的上游階段，利用實驗設計法改變條件找出最適設計是課題所在。

又在近年來的企劃階段中，假想式的提出幾個企劃案，解析所評價的資料以提出最適的企劃。像這樣，即使是企劃階段，統計方法也是有幫助的。此外，解析既有資料的方法，也經常用於分析不良問題或市場的問題。其代表性的統計方法，容以下介紹其概要。

1. 基本統計量 (平均、標準差等)

所謂基本統計量是當有許多數值資料時，從特定的觀點將它當作一個數值來彙整者。最為人所熟知的「平均」，是當表示長度、重量等量的資料有很多時，從中心位置的觀點將它彙整者。又「標準差」是從數據變異的觀點將此等資料予以彙整者。

報紙上經常有「○○平均」的表現，平均是日常生活中經常使用的。計算過程也非常容易理解，是將數據的總和除以數據個數。另一方面，「標準差」是表示變異的統計量。標準差分成「標準」與「偏差」來想，就非常容易理解。所謂偏差是數據的中心與各個數據之差。又，「標準」是與標準大小的意義相同，具有「平均」之意。因之標準差即是偏差的平均大小之意。

定量性地表現變異的是「標準差」，如基於常態分配的數據時，平均 ± 標準差之間約占全體 70%，平均 ± 2 標準差之間則是 95%，平均 ± 3 標準差之間約包含所有數據的 99.7%。

像是考試的分數，取決於科目有的高有的低，或變異有的大有的小，因之偏差值是將它統一化的尺度。將原先的數據變換成使平均成為 50，標準差成為 10。因此，如應用常態分配的理論時，偏差值從 40 到 60 之間占全體的大約 70%，30 到 70 之間占全體的大約 95%，20 到 80 之間占全體大約是 99.7%。

像健康診斷設定有正常範圍，如數據落在此範圍就可放心。這基本上是針對能被視為正常的許多人的檢查項目資料，計算平均 ± 2 × 標準差的區間。

因此，正常的人大約 95% 是包含在此區間中。

2. 工程能力指數

根據產品的特性所設定的規格上下限以及特性的標準差，可以求出工程能力指數。這是將規格的範圍除以 6 × 標準差而得，評估變異與規格範圍相比是小到何種程度。此指數如在 1.33 以上時，變異十分小，如在 1.0 以上時，判斷變異幾乎可以滿足。另一方面，低於 0.5 以下則變異相當的大，因之需要改善。

3. 檢定、估計

譬如，從 10 個左右的少數數據，來調查產生數據的原始母體是處於何種狀態，檢定與估計是基於數理統計學的理論來調查的方法。檢定是調查事前的假設是否成立，估計是調查對象在何種的範圍。根據少數的顧客心聲，評估對策的效果時可以使用。

4. 相關分析

相關分析是針對成對的數據，利用相關係數等探索它們的關係。相關係數是以 −1 到 +1 之間的數值來表現，相關係數是正 1 時，兩者以向右上升的直線來表現，另一方面是負 1 時，則形成向右下降的直線。

5. 迴歸分析

迴歸分析是針對表示結果的目的變數，與認為對它有關聯的說明變數，根據已收集的數據，調查它們之間的關係的一種方法。具體言之，目的變數與說明變數之關係可用比較簡單的數學式來表示。譬如，從原料濃度預測產品濃度，或者將產品濃度控制在一定水準時，求出原料濃度要成為多少才行。

6. 實驗設計法

實驗計劃法是針對對象有計劃地收集數據，將它以統計的方式解析，有效地求出最適條件的方法。實驗設計法如表 21-2 所示有許許多多。從基本的手法即要因設計 (多元配置) 到可提高實施效率的部分因子設計，以及列舉連續性因子的反應曲面法，求穩健條件的田口方法等，有許許多多。如能

表 21-2 有效率地從數據提出結論的實驗設計法

方法	內容
要因設計(多元配置)	實驗設計法的基礎，就所有可能想到的條件的組合實施實驗。結果可以精密地調查；相反地，實驗次數變多。
部分因子設計	實施條件組合的一部分，減少實驗次數。直交表等是有效的手法。
集區設計	實驗的場所不易管理，呈現不均一時，為了克服它，引進集區因子實施實驗。
分割實驗	條件變更困難的因子或前工程大量批處理時，有效率地進行實驗的方法。
反應曲面法	像溫度、長度、重量等，以連續量的因子作為對象，有效率地求出最適條件的方法。
田口方法	針對使用環境的變數等，求出成為穩健條件的方法。
最佳化設計	基於統計模式，有效率地設計實驗求出最經濟之條件的方法。

活用實驗設計法時，可飛躍性地提高改善、研究開發的效率。即使企劃階段也可以多加利用。

理解實驗設計法及統計手法，改善、研究開發、產品企劃等的效率均可大為提高。

7. 多變量分析

多變量分析是取決於目的，解析大量資料的方法論的集大成。多變量分析像顧客滿意度數據的解析、產品設計、製造等可用在廣泛的階段中使用。譬如，探索大飯店的滿意度的要素時，收集顧客的心聲時，包含有相同心聲者與相反心聲者。如應用多變量分析的主成份分析時，即可分類。像這樣，從數據整理模糊不清的狀況或建立假設時是非常有幫助的。

21-4-4 有助於對策的檢查，防範未然的手法

在進行改善時，如對策已推敲到某種程度的話，引進到該過程中是很重要的。關於此，有需要事先預測引進對策時會發生何種問題，在可靠度解析的領域中經常使用的 FMEA 與 FTA 是很有效的。

所謂 FMEA (Failure mode and effect analysis) 是「故障型態影響解析」，

當系統的某要素發生故障時，有系統地調查此故障造成的影響。當得出對策或系統方案時，事前評估該問題點，有助於未然防止。

所謂 FTA (Fault Tree Analysis) 是「故障樹解析」，故障是在何種條件下發生，將故障的發生當作上層事件，將它向下部去展開，故障的構造如樹木一般加以展現的工具。FMEA 是由下向上進行展開；相對的，FTA 是由上向下進行展開。

另外，所謂防呆化 (Fool proof) 是過程中所設想的作業儘管有失誤，作業仍向正確的方向進行的一種方法。Fool 是愚笨之意，proof 是避免之意。Fool proof 也稱為「愚巧法」。人的作業，失誤的可能性必定是存在的。雖然利用教育可以減少失誤的機率，但使機率成為零是不可能的，因之可以考慮防呆裝置。防呆化的實踐，消除作業本身是最具效果的。如果不能消除作業時，不使用人而改用機械來作業。此外，如機械的引進有困難時，可使作業變得容易。這些的原則稱為「排除」、「替代」、「簡化」。

Chapter 22

提升組織全體水準的方法

22-1 綜合性推進的要點

要有組織地推進 TQM，以下幾項是要點所在。

(1) 在各個過程中實踐著維持、改善 (品管圈、專案小組)。
(2) 將改善朝向有組織、有所統一的方向去推進的體制 (方針管理)。
(3) 確實維持日常業務的體制 (日常管理)。
(4) 部門間的橫向性活動 (機能別管理)。
(5) 組織是否向目標方向去推動的確認機能 (高階診斷)。

( ) 內所記述者，是 TQM 之中經常所使用的方法。以下就這些詳細說明。

22-2 品管圈、專案小組

22-2-1 品管圈、專案小組的任務

品管圈 (QCC) 或專案小組，是在各自的現場維持過程，為了能成為更好的水準，基於改善的目的所構成的。將過程標準化再進行維持或改善時，個人的能力是有限的。因此以過程為單位，由數名人員一起實踐。品管圈與專案小組，由數名人員的小組維持或改善產品 (服務) 的品質 (質)，在意義上是相同的，但目的、歷史的經緯等是不同的。以下分別說明。

22-2-2 何謂品管圈活動

品管圈是日本在戰後的經濟發展之中誕生，是日本特有的小集團活動。在 QCC 誕生的時代，品質管制是使用 QC 的名稱，所以品管圈是使用 QCC 稱之。QCC 的目的是在相同職場工作的成員，自主地解決自身職場的問題，透過工作發現生存的價值，並且提高個人的幹勁與能力。日本在經濟上發展之時，發揮甚大任務的是製造業，在職場第一線工作的人員，以培育新能力的機會所發展起來的。又從經營的立場來看，雖然也可提高產品的品質、服務的質，但品管圈誕生之時，成員的成長此一面是最受到重視的。

QCC 的目的是成員的成長，石川馨博士對 QCC 經常使用的特性要因圖

曾提及與此有關的話題。特性要因圖如第 3 章第 4 節中的介紹，是將結果與認為對它有影響的要因以構造的方式加以整理。石川馨博士曾提及製作特性要因圖的目的是現場的教育。製作特性要因圖時，小組成員相互提出智慧，討論問題的構造。此時，前輩、後輩均一起參與討論，各自具有的片段性知識濃縮成特性要因圖，成員透過此過程學習了有關對象的過程。

隨著產業構造與教育體系的變化，近年來 QCC 的圈數雖在減少，但活動仍是在持續的。並且，隨著契約人員的增加，教育必須持續，將 QCC 視為教育的場所是有需要重新加以正視的。

22-2-3　專案小組

專案小組是針對特定的問題組成小組謀求它的解決。此小組的名稱，取決於組織而有許許多多。QCC 是舉出與現場有密切關係的問題；相對的，專案小組是針對較大規模的問題或跨部門的問題。以組織型態來說，是以日常的組織為基礎組成小組，或不同於日常組織組成跨部門的小組。

改善的執行需要有統計手法等的知識。因此，成為專案核心的成員需要高級手法的教育，以及支援的成員需要有基礎手法的教育。以基礎手法來說，有先前所介紹的 QC 七工具、改善的步驟、基礎的統計手法。另一方面，專案的核心成員，除了基礎的手法外，像實驗設計法、多變量分析等的教育也是需要的。

以日常組織為基礎構成的小組所進行的改善活動，與跨部門所構成的小組所進行的改善，有互為表裡的優點、留意點。以日常管理作為基礎時，容易取得全員參與之意識，並且對日常性管理的體制也較為熟悉有此優點。另一方面，被日常的工作所束縛，而難以實現大膽的改善也有此等問題點。

跨部門的小組所進行的改善，與此相反，能大膽地從事改善；相反地，會有脫離日常業務的情形，不熟悉日常業務的情形有很多。

將這些概要加以整理如表 22-1 所示。在實際的現場中，考慮這些的均衡後再推進甚為重要。日本的組織是以日常組織為基礎推進改善的較多；相對的，美國或歐洲脫離日常組織推進改善的似乎較多。

表 22-1 在改善小組的組織構成所見到的優點、留意點

	優點	留意點
以日常組織為基礎	與日常管理有密切關係的改善較為容易	受制於既有的系統，大膽的改善較為困難
脫離日常組織	利用系統的變更等大膽的改善容易	在日常管理之中的改善活動有困難

以日常組織為基礎呢？或脫離日常組織呢？有互為表裡的優點、留意點。

22-2-4 改善提案制度

為了促進 QCC 或專案小組的活動，也有引進提案改善制度。這是從業員在某期間內提出能在自身的職場中改善的方案。並且，為了獎勵提案，配合獎金制度實施的也有。這些也可以說是有組織地推進改善的體制。

22-3 方針管理

22-3-1 方針管理是什麼

所謂方針管理是為了實現從組織的理念、願景等到高階所決定的品質方針，將它展開成中長期的目標，再展開成短期的、部門的層級，有效率達成目標的一連串活動。此處所說的品質方針，是指決定組織的方向。直截了當地說，所謂方針管理是在組織所決定的方向上，使組織能形成一體的活動。將此以模式來表現者即如圖 22-1 所示。

各個箭頭是表示各部門中的活動、改善的方向。如圖 22-1(a)，如果各自的改善方向零零散散時，以組織來說就無法朝向有效果的方向進行。因此，為了組織能順利進行，有需要使方向一致，此即為方針管理。

譬如，也考慮環境與社會高水準品質，以實現顧客滿意作為方針提示時，依據技術動向、經濟環境展開成中長期目標，接受它之後再展開成短期目標。並且，各個部門在接受這些目標後，就要決定應該實現哪些事項。

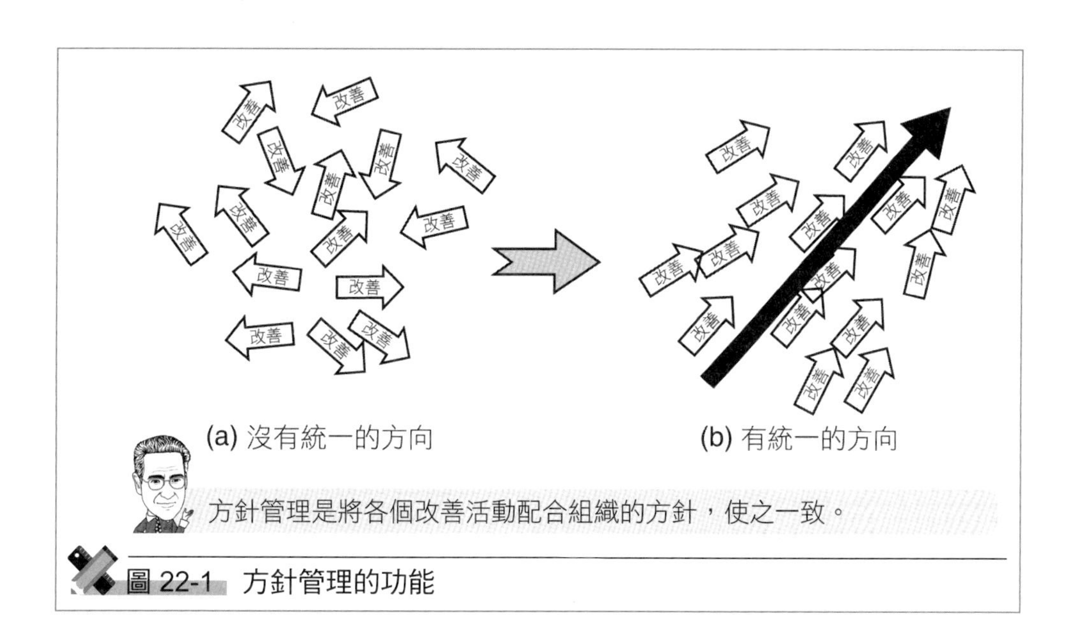

圖 22-1　方針管理的功能

22-3-2　方針展開例

某汽車零件製造公司，檢討理念、策略之後，提出削減成本 20% 的目標。對於削減此成本 20% 來說，表示展開的過程者如圖 22-2 所示。

在此圖的例子中，為了削減成本 20%，企劃部門企劃出不使用材料也行的省資源化產品。又，開發部門發現在輕量新素材上削減其成本的方案，提出削減重量 10% 與提高強度。通常愈重就愈強，因之挑戰相剋的命題是開發部門的工作。

像這樣，為了與上位方針相整合，將方針向各部門去展開，並表示出實現它的方案。此時，並非高階單方面的決定，有需要與部門的主管商討並根據各部門的能力再決定。

方針管理並不只是將組織級的方針展開成各個部門的目標，適切地轉動 PDCA 的循環是有需要的。亦即，方針的制訂或向各部門的目標展開是相當於計劃 (P)。接著是依據計劃實施 (D)。這與敘述的日常管理也有關聯，依據先前決定的方案從事活動。接著是確認 (C)，確認方針管理中所決定的目標是否達成。這可在部門層級中實施，又重點方案容後介紹可作為高階診斷的主題。高階參與到何種地步，取決於組織的規定。一般來說，重要的是要利用高階診斷等，並且高階有需要自己去確認。

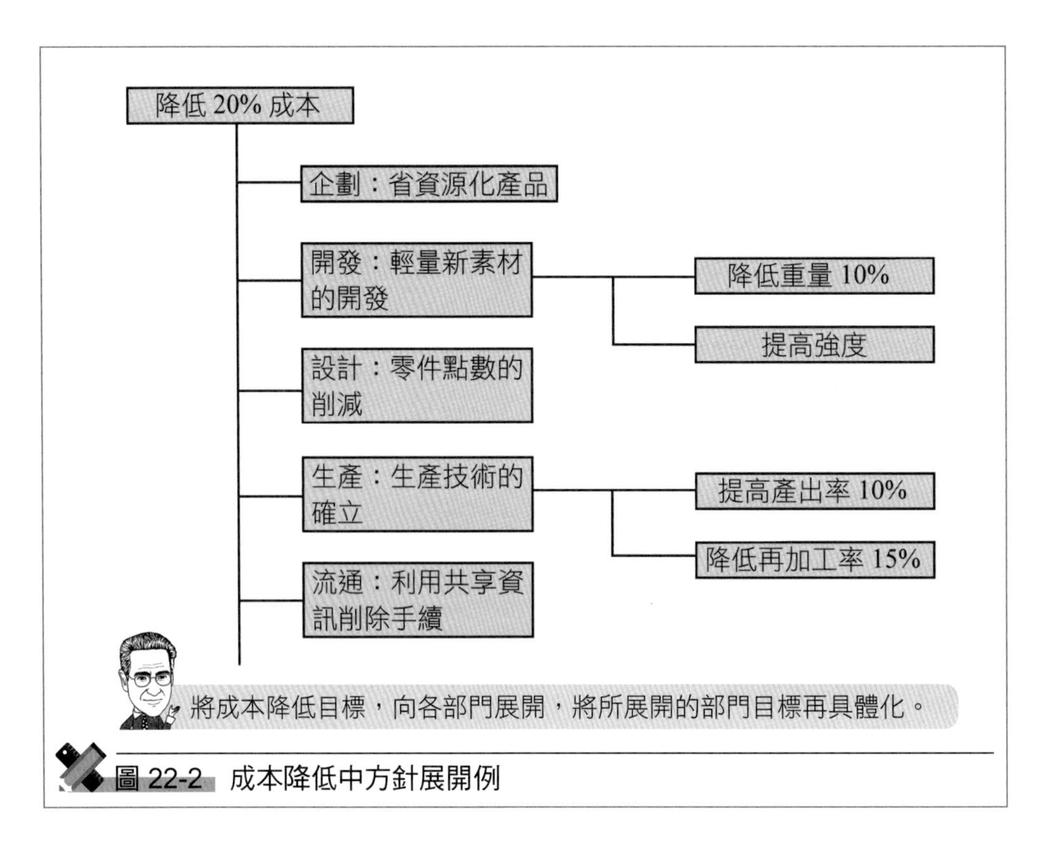

圖 22-2 成本降低中方針展開例

斟酌實施結果，基於它採取處置 (A)。具體來說，要查明能達成與不能達成的地方。目標能達成時，考量其理由並思考今後是否能持續達成。另外，目標無法達成時，查明為何無法達成。是目標高不可及呢？是方案不佳呢？無法依據方案實施呢等，有各種可能性。需正確區分符合哪一項。接著，取決於為何無法實施再去改訂方針管理的體系。又，依據方案實施結果也不佳時，要檢討方案本身。像這樣，再次進行方針的展開、方案的決定、再去實施。

22-3-3 方針管理的重點

最後整理方針管理的重點。方針管理是由以下二個概念所構成的，即「將來自於理念的方針、方案向組織全體去展開」與「PDCA 的有效實踐」。這些聽起來似乎是理所當然之事。但不管是 TQM，或是其他的經營管理活動，並無魔法那樣的東西。確實地實踐理所當然之事的體制是需要的，方針管理是相當於此。

方針管理並非限定於品質・質的體系。像環境或成本降低等，它是整個組織為了綜合地推動所需的大眾運輸工具。所以在方針管理之中，可以舉出對環境、社會的貢獻、成本等各種議題。

方針管理可當作將以往的做法使之更加完善的體制來使用。在此意義上可稱之為「動態管理」方法。另一方面，組織並不只是動態管理，維持一般做法的「靜態管理」也是需要的。關於此，日常管理即成為有效的工具。

22-4 日常管理

22-4-1 何謂日常管理

所謂日常管理，以組織而言為了使之能確實執行每日應進行的事項所需的管理活動。就像平常的「應該要變成如此，可是奇怪的是……」那樣，有無未實踐理所當然的事項而困擾的事情呢？為了不要有此種事情，能確實地實踐過程，每日進行的管理即為日常管理。先前的方針管理是使現狀朝向更好的方向的動態性管理；相對的，日常管理是固定目標使之能確實實踐它的靜態性管理，各個部門確實地實踐原本應該要做的事項是目的所在，因之此活動是各部門去實踐。

日常管理是維持良好狀態的方法。方針管理列舉的課題大多是使結果變得更好，像改善、滿意度提高等；相對的，日常管理是維持良好狀態所需的體制。整理此概要即為圖 22-3。譬如，大飯店列舉滿意度的提高作為方針管理的課題，為此設定接待員的應對方法、與顧客的連絡方法等相關對策是有效的。對此情形來說，今後要將有效果的應對方法標準化，並維持它的狀態。此維持即為日常管理。此外，日常管理也與方針管理一樣，並非只以品質・質作為對象。它的管理對象是多元紛歧的。

22-4-2 進行方法的要點

引進日常管理後要有效地維持它的體制，有幾個重點，以下從中鎖定在重要的四點進行解說。

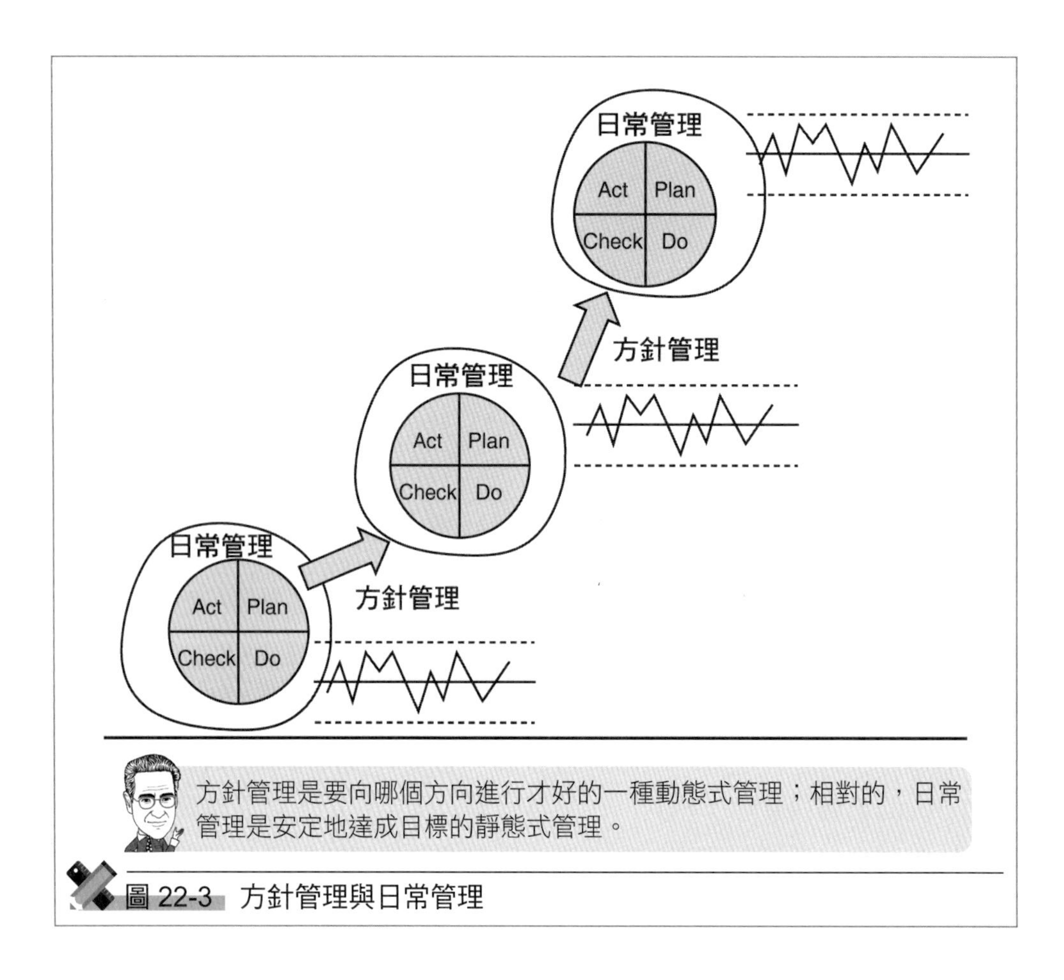

圖 22-3 方針管理與日常管理

1. 引進後 PDCA 的實踐

引進日常管理後，為了有效地維持它的體制，考量依從 PDCA 的管理體制是基本所在。譬如，改善大飯店的服務時，要如何維持它的改善狀態，就要研擬計畫 (P) 包含教育在內，基於它來實施 (D)。接著，確認 (C) 時，要考慮顧客滿意是否如目標的水準，視需要採取處置 (A)。

2. 日常管理的基本是標準化

日常管理的基本是標準化。以組織來說應明確需要實施的事項，為了能確實地實踐，標準化是基本所在。日常管理未能順利進行時，要正確地斟酌標準是否妥當？是否依從標準實施呢？再採取處置。

3. 監視並管理過程與結果

在考察日常管理方面，如圖 22-4 所示，觀察輸入、過程、結果是否處於管制狀態是很重要的。以大飯店為例，顧客滿意的水準是結果。因此，利用顧客滿意度調查的結果，來監視結果。結果的指標稱為管理項目。

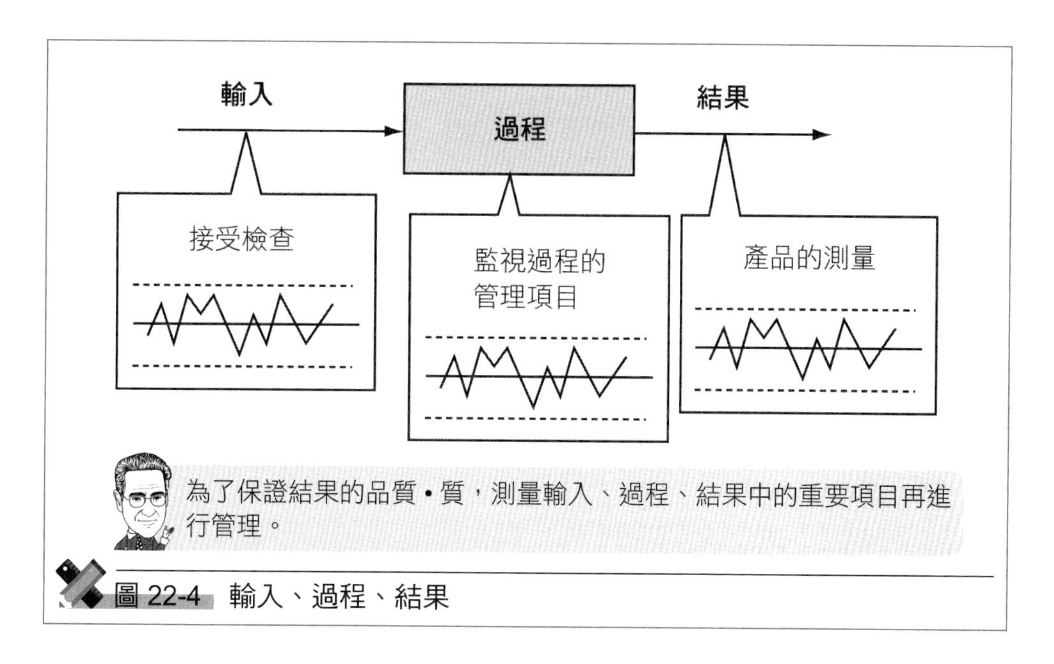

圖 22-4 輸入、過程、結果

另一方面，只是如此是不夠的。對顧客的滿意有甚大影響的要因或輸入也要監視。櫃檯中能以英語應對人數，是考慮國際應對的過程指標。像這樣，對過程也要管理。這些稱為要因的管理項目或點檢項目。

4. 防止僵化的檢討

不限於日常管理，認為理所當然可行的項目，常有任性地自認為「應該可行」、自以為是、形式化、僵化的傾向。為了防止形式化、僵化，需要各種的對策。譬如，定期地提出高階診斷中所討論的項目。又，在美國的組織裡，活動的內容不太改變，似乎以改變名稱打破僵化為取向。

22-5 機能別管理

22-5-1 機能別管理的目的

所謂機能別管理是為了打破企劃、研究開發、設計、生產、營業、流通等各部門的障礙，以品質•質、成本、生產量等的機能為中心，跨部門實踐的管理活動。從其活動實態來看，也有稱為跨部門管理 (Cross Functional Management)。此處的機能 (Function) 其意是指品質‧質、成本、生產量等。

儘管知道要打破部門間的障礙，但實際上要消除它並不容易。典型的例子像「設計部門說賣不出去是企劃不好，企劃部門說是設計不佳」，或是「設計說是生產不佳，生產則說是設計不佳才發生不良」。有關此種部門間不整合的話題，不勝枚舉。

因此，留意著與跨部門有關的話題，根據它進行管理。圖 22-5 是表示機能別管理的概念。企劃、研究開發、設計、生產、營業、流通等部門內部的活動，是以日常管理為基本以縱式組織的活動來表現的也有。相對的，品質 (質)、成本、生產量等的活動，當作橫方向的活動來表現。像這樣，準備好跨部門的活動，打破部門間的障礙，像資訊的授受等使之順暢地進行活動。

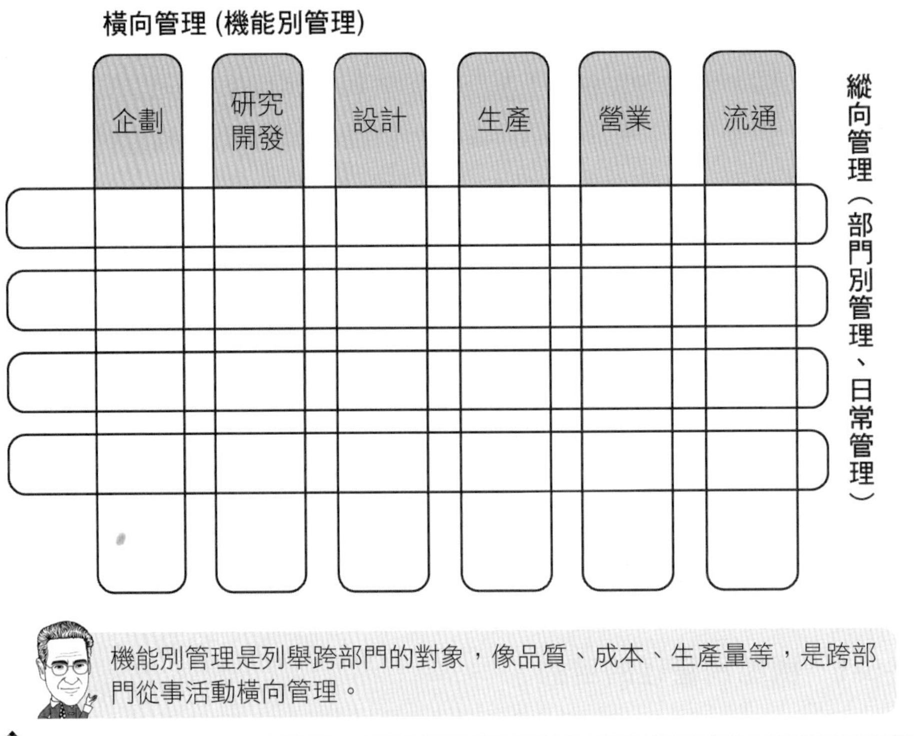

圖 22-5 機能別管理是跨部門的活動

22-5-2 活動的實踐

機能別管理的實踐，是針對品質 (質)、成本、生產量等設置委員會。委員會的成員是由企劃、研究開發、設計、生產等各部門所屬的人員所構成。各個委員，接受公司內部方針展開、部門立場等的資訊，從各自的立場提出意見進行討論。

22-5-3 機能別管理的重點

第一個重點是如何構成跨部門的組織。跨部門委員會或小組，也有以日常管理為基礎以兼任的方式來承擔，也有與日常管理完全脫離，當作特別的專案來考慮。這如表 22-1 中所介紹，有互為表裡的優點與留意點。

像前者以日常組織為基礎來考慮時，各部門的意見可以強烈反應，可以期待確實達成，對大膽的改革來說，因為來自對部門的歸屬意識，不得不搖擺不定。另一方面，脫離日常組織時，可以期待大膽的改革，而原本的目的「吸取部門的想法，跨部門地活動」是否能順利進行就不清楚了。基於這些，有需要考慮跨部門的專案形成。

第二個重點是機能的實踐是在各個部門中進行。實踐機能別管理所決定的事項是各部門。換言之，從事活動的是自己，各部門如果沒有此意識時，機能別的活動就無法順利進行。

第三個重點是機能間的調整。各機能常常過度主張各自的重要性而有不相讓的狀況，那樣組織是動彈不得的。因此，使之與方針管理相連結，以何種的平衡去考量品質、成本、生產量等，有需要以組織明示重要與否。

22-6 高階診斷

22-6-1 高階診斷的目的

所謂高階診斷是針對品質 (質)、成本、生產量等組織全體的方針，它是否確實地被實踐，親赴現場進行綜合診斷的一種方法。高階在組織中的任務，有各式各樣。像決定組織應進行的方向、決定組織的主張、建立體系使組織能按決定的方向確實進行等。

高階除了有許多權限外，也有各式各樣的責任。另一方面，只要是高階，全天工作是不會變的。那麼組織的高階對於依據自己所決定的方針的組織運作來說，要將重點放在哪一個活動？哪一個活動可以授權給部下呢？

高階必須要進行的任務，首先是決定組織的方向。接著，對於重要事項，要確認結果的妥當性。只要決定出決策的方向時，往後就交給執行部門或許是可以的，但組織並非如此簡單就能運作。因此，高階診斷要訪問幾個現場，觀察其實態。

高階診斷較為詳細的意義是：

(1) 以眼睛觀察掌握各個部門的實態，有助於今後的決策。
(2) 察覺在會議的報告中未顯露出來的事項。
(3) 拉近現場與高階的距離，使組織的溝通良好。
(4) 根據親身體驗的資訊，作為考慮今後方針的基礎資料。

將以上整理時，高階尋找問題並非重點，表示其姿態組織形成一體推進活動才是目的。

本節並未出現品質、質的用語。高階診斷的功能，並非 TQM 特有的作法。高階診斷是在 TQM 中也可使用的重要活動，診斷項目包含品質 • 質，從 TQM 的觀點來看是非常重要的。

22-6-2 高階診斷要點

高階診斷的要點有許多，從 TQM 的立場可以舉出：

(1) 與方針管理一體化後再進行。
(2) 調查過程。

方針管理中確定為重要的事項是否適切在進行？以及實際運用的過程是否確實？有需要考量。當然在這些的診斷中，不要流於形式也是要留意的地方。

22-6-3 診斷事項

高階診斷中提出來的是組織的重要事項、組織當然要實施的事項。就前者來說，重點有：

(1) 專案的進行狀況。
(2) 方針管理的運作狀況。

特別是從與方針管理的整合性之立場來看，有需要考量：

(1) 上位方針與部門方針的整合性。
(2) 方針內容的適切性以及與上年度實施事項的整合性。
(3) 實踐能力與成果。

又從基礎資料的側面來看，提高能實踐與日常管理有關聯之事項與改善之能力。基於此意，可以舉出如下項目：

(1) 改善的推進能力。
(2) 教育訓練與其實施狀況。
(3) 過程異常、事故的發生狀況。
(4) 標準的改廢、工作的改善狀況。
(5) 提案改善件數、QCC 實施狀況。

以上，列舉出查檢項目，除此之外，有需要以態度表示高階認為重要的事項。

Chapter 23

各階段 TQM 的重點

23-1 品質保證體系的配備

23-1-1 何謂品質保證體系

組織全體要有效果地推進 TQM，須明確地規畫 (P) 各部門關於品質 (質) 應實踐的任務，基於它著手實施 (D)，再確認 (C) 其實施是否妥當，而後有體系地採取處置 (A) 是有需要的。至提供產品、服務為止的過程，如圖 23-1 是企劃、研究開發、設計、生產準備、採購管理、營業、物流 (或稱配銷)。在這些的階段中，TQM 的有效推進是很重要的。

在服務方面，對應生產準備的是教育，名稱有少許的改變，但基本上是與圖 23-1 一樣的過程。又，企劃與研究開發的順序關係雖有一些差異，基本上仍是圖 23-1 的過程。對於這些的一連串過程，讓各自的任務明確，依從組織的方針，以提供良好品質的產品或質佳的服務為目標。

23-1-2 品質保證體系的配備

為了彙整各個過程的任務，經常使用品質保證體系圖。品質保證體系圖的概要如圖 23-2 所示。名稱不同的情形也有，但在考慮提高品質・質的組織上，以實體而言均是建構如此的體系。如被問到「品質・質保證的體系情形如何？」要如何回答才好呢？最直接的回答是提示此品質保證體系圖。

品質保證體系圖中某一方的軸是提供產品、服務的 PDCA，另一方的軸

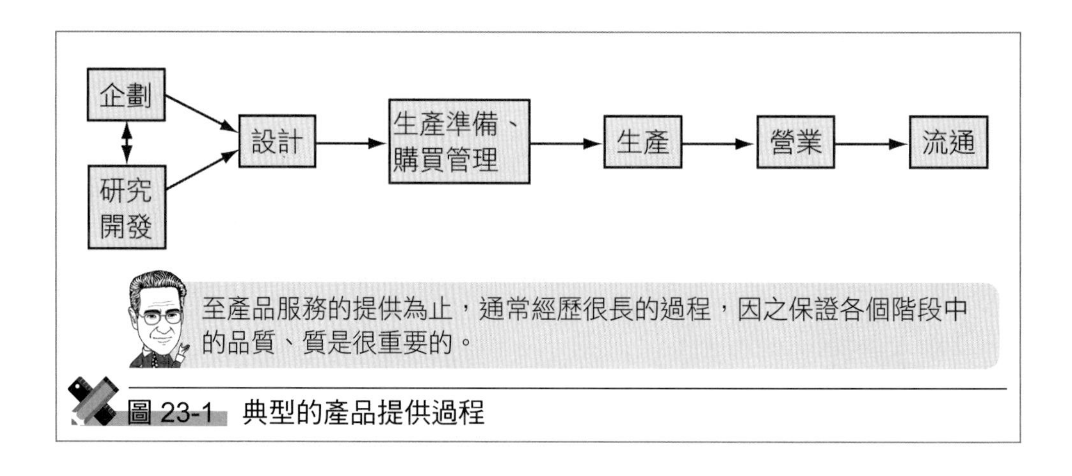

圖 23-1 典型的產品提供過程

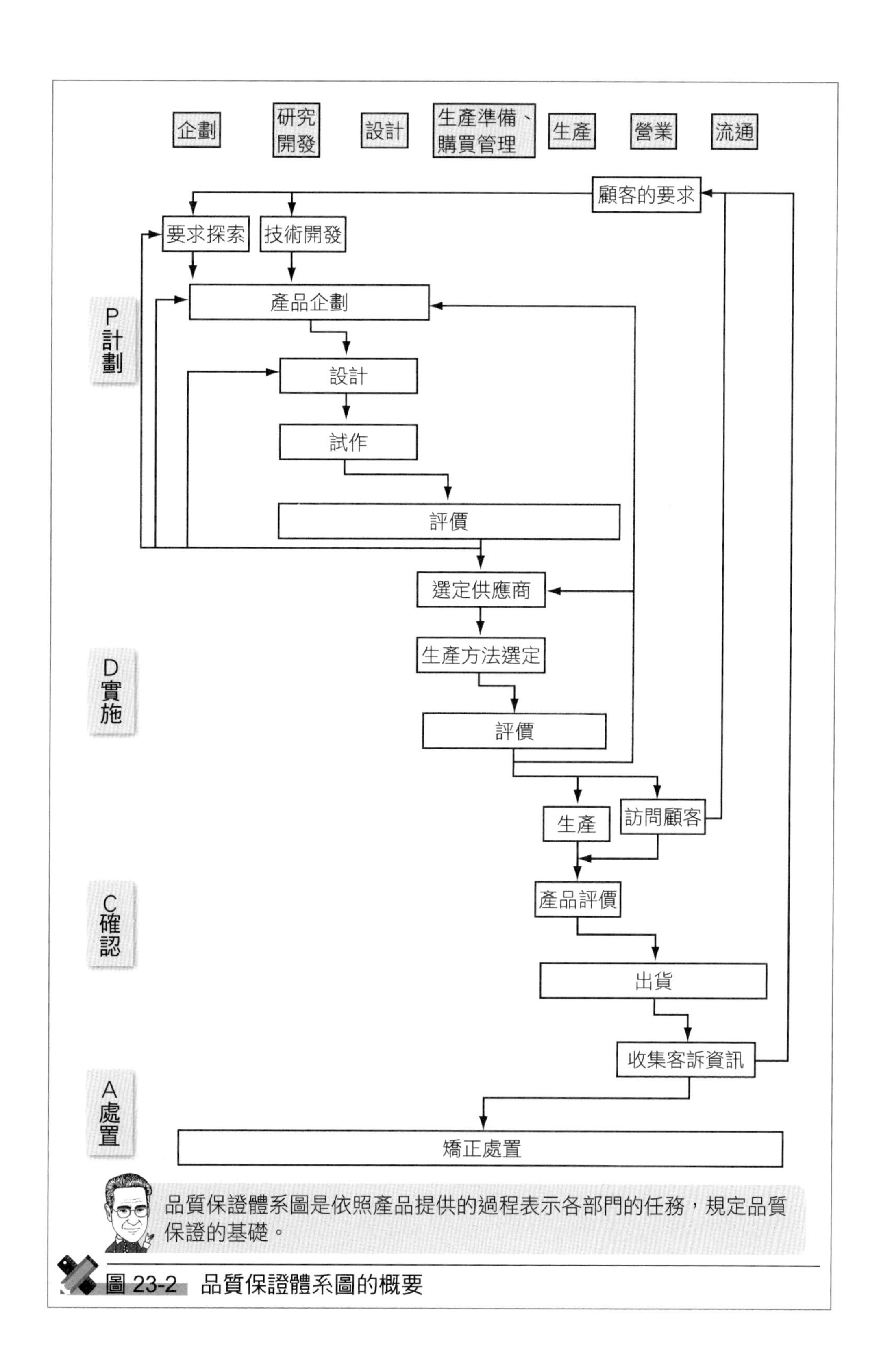

圖 23-2 品質保證體系圖的概要

是對應部門。在圖 23-2 中，縱軸是 PDCA，橫軸是部門。為了明確高階的任務，在品質保證體系圖也有包含經營層、經營企劃室的情形。

企劃、研究開發、設計、生產準備、採購管理等，是屬於生產產品的企劃階段 (P)。接著，進行生產，並實際進行營業活動，讓產品物流。如從組織全體來看時，是屬於實施 (D) 階段。那麼，確認 (C)、處置 (A) 是什麼呢？確認是自我評價或顧客的評價，或第三者評價。並且，基於由經營者確認之意，也實施高階診斷。此事以組織來看時，即是確認組織是否依從品質方針在運作。接著，基於此確認的結果，視需要，組織採取矯正的處置。

組織全體的 PDCA 的內部，在各個部門中也有 PDCA。譬如，只著眼於生產階段時，計劃 (P) 如何作出多少的產量，基於此計畫從事生產 (D)，接著評價生產的結果，視需要從事改善活動等的處置 (A)。

23-1-3　提升過程的速率

在產品、服務的競爭非常激烈的現在，提升企劃、研究開發……一連串過程的速率是一項課題。對於此過程的速率提升，可採取如下方案。

(1) 提升各個過程的速率。
(2) 將各個過程並列化進行。

關於 (1) 的關鍵是在於標準化。譬如就設計來說，適切區分新的設計部分與過去設計的沿用部分，對於過去的設計部分來說，使用過去已標準化之設計，即可讓過程的速率提升。又對於 (2) 來說，事前預測於並列化時可能會發生之問題點，儘可能在上游階段消除這些問題此種預防甚為重要。對此來說，後述的「設計審查」是很有效果的。

23-2 研究開發、企劃階段

23-2-1　研究開發、企劃階段中的要點

在研究開發、企劃階段中，TQM 的要點是探索顧客滿意的產品或服務，開發能實際提供它的技術。換言之，這些過程的產出是產品的企劃案與技術

力，它的好壞是以能否實現顧客滿意，以及是否符合組織的方針來評價。

研究開發、企劃何者先行，取決於時間與場合而定。有了顧客要求為了實現它而從事研究開發時，稱為「需求導向研究」(needs oriented approach)；另一方面，如有基礎的技術力，為了將它商品化的研究，稱為「技術種子導向研究」(seeds oriented approach)。何者是好是壞無法一概而論。總之，符合顧客要求，而且產品、服務有實現性是很重要的。只見到顧客的要求，就會有企劃不老長壽藥之虞。如只考慮技術時，研究開發部門恐有孤芳自賞之嫌。考慮這些之平衡再實踐是有需要的。

23-2-2　探索顧客要求的要點

企劃階段對於顧客期望什麼？(1) 一面考慮與開發部門共享資訊，(2) 一面綿密地掌握顧客的要求甚為重要。就 (1) 來說，開發部門、企劃部門不要各自獨立，攜手合作的活動是很重要的。(2) 的要求事項的探索，行銷機能是很重要的。

要周密地調查 (2) 顧客的要求，不光是顧客的顯在化要求，探索潛在化要求之同時，也要將它們按階層構造加以整理。以探索顯在化要求或潛在化要求的方法來說，有假想的產品調查、訪談調查、問卷調查等。

顧客的心聲是非常曖昧不清的。譬如，儘管 A 先生與 B 先生都說「好汽車」，此兩人並不一定指的同一件事情。以大飯店的櫃檯服務為例來考察看看。顧客的要求像是「應對差」、「很難聽清楚電話的聲音」之類，一般是含有不同階層的要求。「很難聽清楚電話的聲音」是「應對差」的一部分。如果一直殘留著模糊不清的要求時，在下一個設計階段就會不知道要如何做顧客才會滿意，設計活動就無法順利進行了。因之，就作為對象的產品、服務來說，將其要求按一次、二次、三次那樣按構造的方式去展開的方法是經常使用的。

表 23-1 是說明大飯店的櫃檯服務中顧客要求的例子。在此例中，將受理的服務業務分成登記 (check in)、與核對預約。接著，對於登記來說，一次要求有「登記的正確性」、「速度」、「應對柔軟」。並且，對於「登記的正確性」來說，二次要求展開成「意圖可傳達」、「容易理解」等。像這樣，將服務按一次、二次展開，以鉅細靡遺且構造式的整理顧客的要求。

表 23-1 大飯店的櫃檯服務中，顧客要求的展開例

主要業務	過程	1 次要求	2 次要求
受理	登記	登記的正確性	意圖的傳達
			容易了解
			正確的說明
		速率	迅速說明
			對詢問迅速回答
		應對柔軟	和氣
			穩重的氣氛
		…	
	與預約的比對	預約的確認	
	房間費	…	
洽詢	掌握意圖	…	
	回信正確		
支付	…		

顧客的要求是曖昧不明的，將它正確展開再採取對策。

最後，企劃部門並非只要見到顧客就行，來自營業階段的回饋也是很重要的。營業階段經常有實踐顧客滿意度調查的作法。顧客滿意度調查，從某個角度可以看成是確認企劃、設計、製造的好壞的一種方法。關於其實踐，容於本章 23-6 節「營業階段」再行說明。

23-3 設計階段

23-3-1 設計的功能

設計的主要機能是接受企劃部門與研究開發部門的資訊，一面考慮產品的生產能力、服務的提供能力、成本，一面決定顧客能夠滿意的產品、服務的規格。所謂產品、服務的規格，如果是產品是指規定長度、重量等產品的狀態，又如果是服務時，仔細規定提供資訊的內容、對顧客的應對方法等。

譬如，設計事務處理過程時，如不考慮事務處理的速率時，實際的事務處理就會延誤。並且，成本由於反應在價格上，因之考慮品質•質之同時，成本也有需要控制在一定水準之下。像這樣在設計階段中，經種種考慮後再決定品質•質的規格。

23-3-2 設計階段應控制的要點

設計階段在決定規格時，從提供更好的產品、服務的立場來看，「企劃部門與生產部門密切溝通」、「如有問題儘早提出」此兩點甚為重要。

首先，企劃部門、生產部門、服務提供部門之間要密切溝通，是為了使產品、服務的規格不要成為設計者的自我陶醉、自以為是，要就顧客的要求、生產能力、成本去實現綜合面的最佳平衡。顧客的要求，通常是像「容易使用的產品就好」那樣地模糊不清。企劃部門儘管將要求如表 23-1 那樣展開，它仍是將顧客的模糊不清的要求予以構造化無法決定規格。因此，將顧客的心聲展開成產品、服務的具體規格是有需要的。因之下節 23-3-3 要介紹的品質機能展開之工具甚為有效。

其次，問題的早期檢出是重要的理由。譬如，以產品來說，在開始生產的階段，如查明設計上的問題時，那麼生產準備階段的辛苦也是白廢的。又，至目前為止所生產的部分全部必須修改。另一方面，同種的問題如已在設計階段發現時，那麼在設計階段經修改即可解決。像這樣，過程進展之後才發現問題，事後的修正是要花費龐大的時間的。服務也是如此。設計服務後，為了提供服務完成了從業員的教育之後才發現問題時，從業員的教育就變成白費。因此，為了早期檢出此問題，23-3-4 節介紹的設計審查是有效的。

23-3-3 何謂品質機能展開

所謂品質機能展開 (QFD: Quality Function Deployment) 是按階層整理顧客的要求，將它們變換成對應產品規格之特性的一種工具。圖 23-3 是以英語補習學校為例，說明品質機能展開的概要。首先圖的縱軸是展開顧客的要求。顧客的要求幾乎是模糊不清，並且在階層上也未整理。

將模糊不清的顧客要求，儘可能鉅細靡遺地並且考慮階層來整理是有需要的，實踐此做法即為圖 23-3 的縱軸。將要求按一次、二次、三次向細部

顧客＼提供一方			留學方案						場所						生活					文化方案				經濟	
			會話時間數	文法時間數	閱讀時間數	擔當教員	其他科目構成	：	離都市距離	居住人數	：	：	：	寄宿	：	：	：	：	地域活動	學內活動	：	：	基本費用	選課費用
1 次要求	2 次要求	3 次要求																						
可用英語寫書信	可說	可傳達希望	○										○	○										
		…	○	○																				
	可寫	…		◎	◎	◎	◎																	
		…	◎	◎																				
	舉止	…		◎	◎											○	◎	◎						
		…	◎								○	○	○	○	○		◎	◎						
可理解英語	…	…		○							○	○	◎	◎				○	○					
		…		○	○						○	○					○							
	…	…		○	○																			
可用英語溝通		…																			◎	◎	◎	
	…	…		◎	◎																◎	◎	◎	
可接觸不同文化	…	…																			○	○	○	
		…	○	○																	○	○	○	
可輕鬆學習																								

設計者的用語

關聯度

顧客心聲模糊不清的

品質展開是按階層構造的方式展開顧客心聲，表現它與設計要素之關聯，以實現顧客要求為目標。

圖 23-3　英語學習學校的品質機能展開例

去展開。

另一方面，此圖的橫軸，是有關決定產品服務之規格的特性。學習計畫、學習方式是提供服務一方表示要決定之質的特性。如果是產品，那麼尺寸、材質等即與它相當。

接著，中央部分是表示對服務的要求與服務的質特性有何種關係。中央加上圓圈的地方是表示要求與質特性的對應是密切的。此中央部分的品質表，譬如是表示留學費用的多寡與留學期間有對應關係，並且場所也有關係。

企劃階段掌握此圖中縱軸的顧客要求的構造，再決定所重視的要求。另一方面，設計階段要滿足要求，利用中央部分的對應關係，並且也考慮生產階段的能力，針對這些特性決定出要作成何種規格。譬如，決定教育計畫的構成需要如何？班級的人數需要幾人……等。

23-3-4　設計審查

所謂設計審查 (Design Review)，是為了儘可能在上游階段檢出產品、服務的問題以採取對策，在設計達到某種程度的階段，聚集與產品、服務有關的人員，斟酌考量設計之質的活動。圖 23-4 是說明到達設計審查的過程例。在此圖中，顯示出像企劃、研究開發、設計、生產準備、生產等各種部門參與設計審查的情形。

在圖 23-4 中，縱軸對應時間。橫軸是對應企劃、研究開發、設計、生產準備、生產、營業、物流等等部門。如此圖所示，企劃、研究開發結束時，即進入設計。設計在某種程度完成的階段，這些部門形成一體，斟酌對象產品、服務的設計之質。譬如，從企劃的立場來看，檢討設計是否正確反應顧客的要求。從生產的立場來看，檢討是否可以成為合理生產的規格。

並且設計審查中如有問題時，要重新設計，再重新實施設計審查。使之儘早發現問題，是為了削減解決問題的成本與時間。

圖 23-5 中說明發現問題的階段與解決所花費之成本的關係。

譬如，企劃階段如發現了問題時，那只有重新推敲企劃案。另一方面，如在生產階段發現設計的問題時，需要重新再檢討設計，有需要從中修改。像這樣，愈到下游，愈要花成本與時間。基於此意，為了儘早發現問題，要

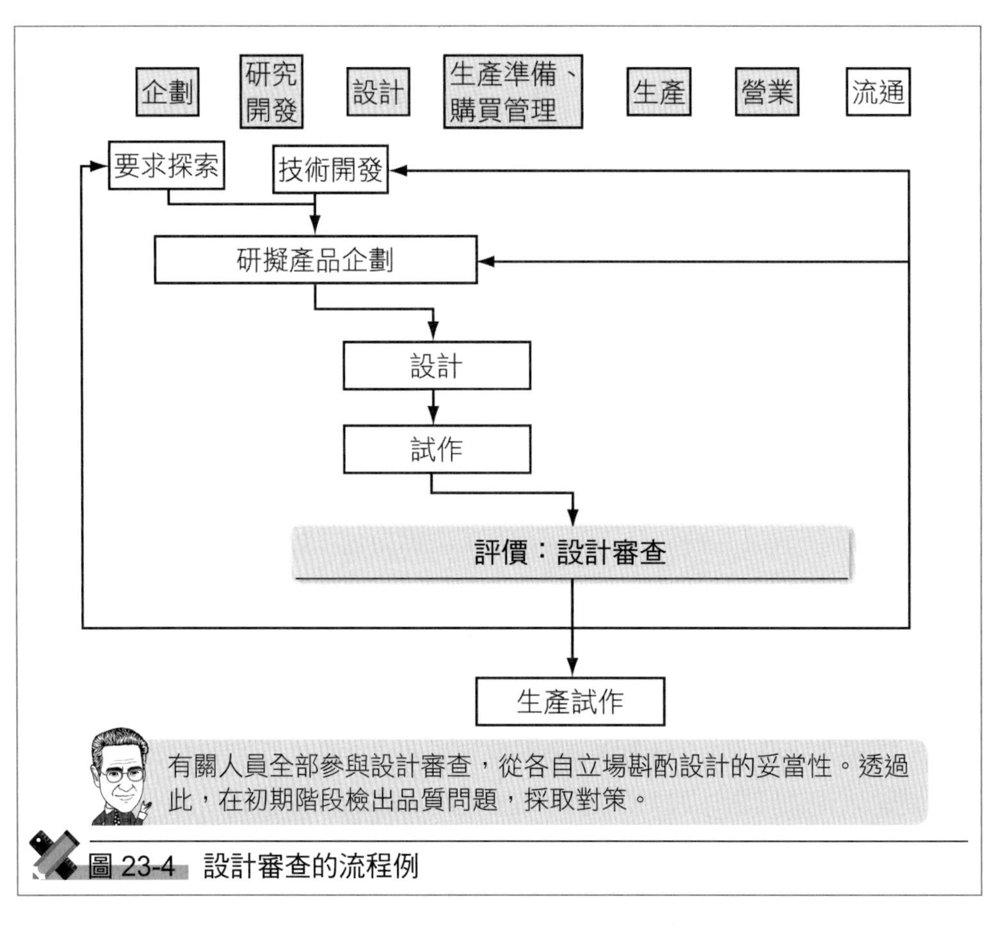

圖 23-4 設計審查的流程例

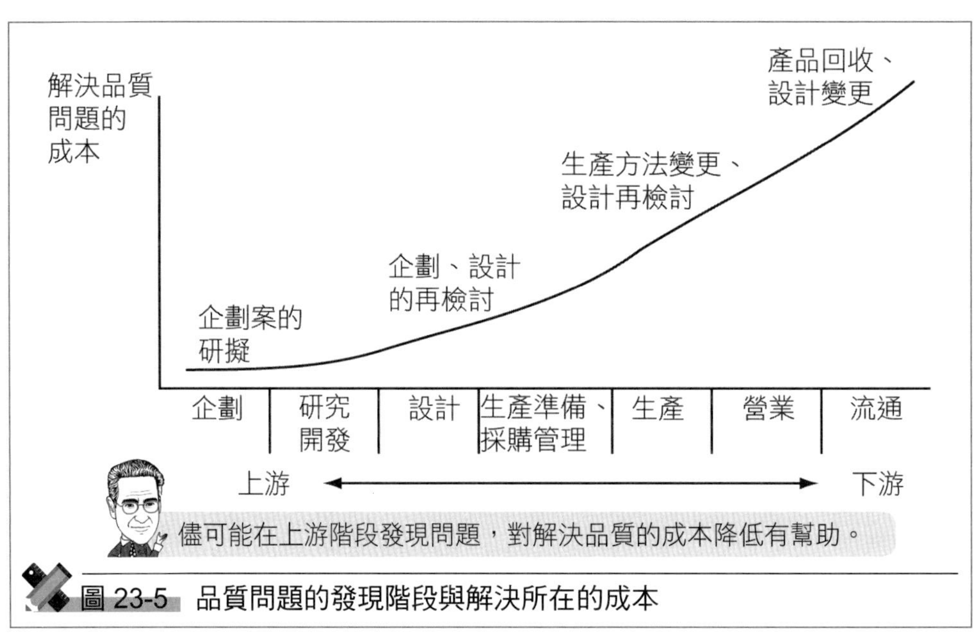

圖 23-5 品質問題的發現階段與解決所在的成本

所有部門均參與設計審查。

23-4 生產準備、採購管理階段

23-4-1 品質管理上的目的

進入生產、服務提供之前，生產準備階段的目的，是發現「作法」，只要按此作法去做，實際上即可依照目的去生產，或者如提供此作法時，實際上即可依照目的提供服務。

以汽車來想，儘管說設計結束卻也不能立即生產。要使用何種的設備？要作成何種的作業步驟？以及要如何供應零件等，必須要作各種的決定。又以大飯店的服務提供來說，實際提供服務時，如何確保人才？如何進行教育？等服務提供的準備是需要的。

23-4-2 生產準備的重點

在考量生產、服務提供的準備上之關鍵語是「試製」、「標準化」。首先，所謂「試製」是嘗試製作物品看看，或嘗試提供服務看看，再評估其結果的活動。觀察設計階段所決定的設計後考量要如何設定作法或提供方法，實際嘗試看看。

當評價試製品或試供服務的結果時，像「產品可適切作出來嗎？」、「服務可以提供嗎？」從產品的品質、服務之質的觀點，以及生產或服務是否順暢從生產者一方的觀點進行評價。圖 23-6 說明試製品的評價項目之例子。又從生產力的觀點來說，引進的項目像是要多少時間作出來此種每小時的生產力或作業的容易性等。

在試製階段不管如何做產品仍無法滿足要求時，就要重新設計。試製品或服務的試供後，直到可以得到滿意的結果為止要持續著生產準備。然後最終導出可以生產滿意產品的生產方式、服務的提供方式。

其次，要將可以生產滿意產品之生產方式、服務提供方式標準化，亦即，如作業標準或服務提供要領那樣，適切地作成步驟，並且要如何實踐使之明確。此外，為了能依照作業標準或提供步驟實踐，要進行教育。

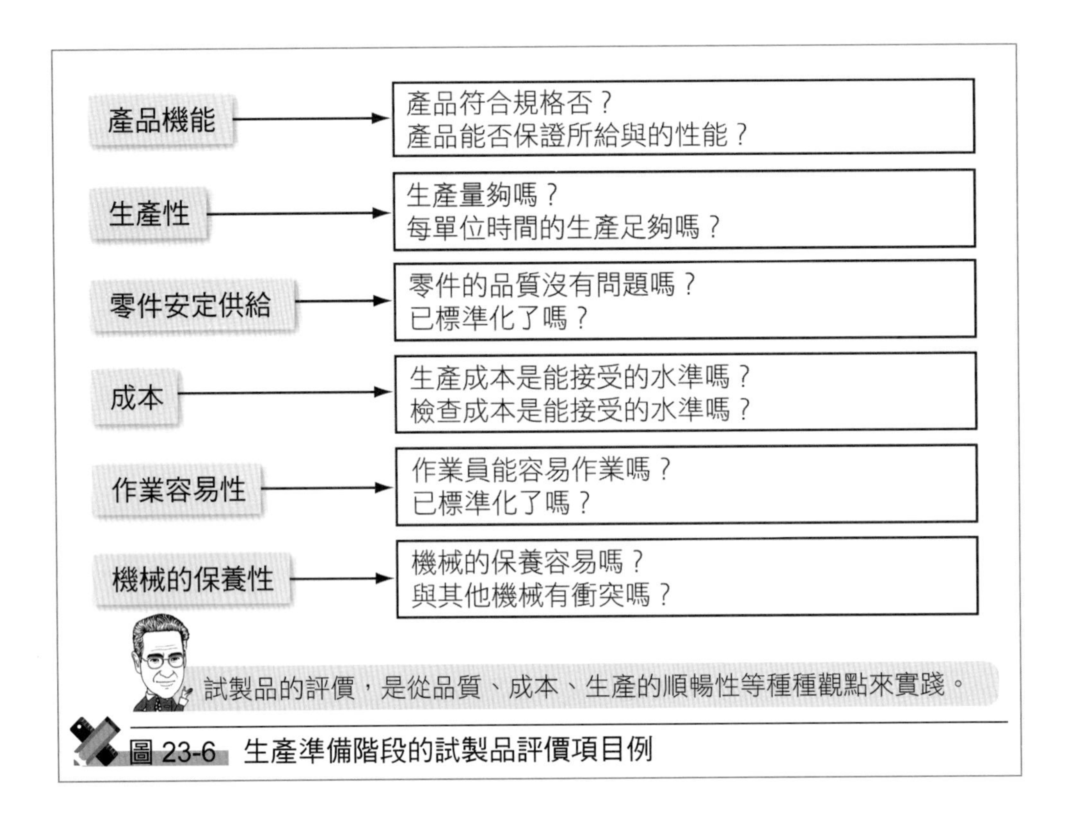

圖 23-6 生產準備階段的試製品評價項目例

製作作業標準或服務提供步驟的一方，與依據它作業或提供服務的人不同的情形似乎不少。如果這樣，不能依照制訂一方所想的那樣去實踐，或者不去做的情形也很多。像此種情形，要採取適切的應對，像改訂標準、實踐教育。

23-4-3 採購管理的重點

所謂採購管理是選定供應商、查核是否持續供應，如有需要則採取處置的一連串活動。在採購管理中的計畫 (P)，是選定今後要採購的供應商。此選定是依據品質•質、價格、交期等各種觀點的評價去實施。特別評價困難的是品質•質。關於價格明示〇〇元容易了解，交期也是「何時為止要 ×× 個」之表現，這些都是容易理解的。品質的情形如何呢？各個零件品質，儘管可以評價這個好這個不好，以全體來說要如何評價才好，不得而知的情形經常是有的。

譬如，考察料理店選定魚板供應業者的狀況吧。以供應魚板的公司來說，有魚板 (a) 家與魚板 (b) 家，調查最近兩家魚板的重量分配時即如圖 23-7 所示。此時如選定 (a) 家時，可讓此家供應從 100g 到 105g 重的魚板。另一方面，(b) 家的情形，形成不自然分配。也許料理店指定 100g 到 105g，因之只供應此重量的魚板，之後在內部想必會進行處理吧。能安心訂購的是 (a) 家。像這樣，有需要選定能充分滿足要求品質之供應商。

如選定供應業者時，接著就是實踐採購，確認交貨狀況。在某時點以前是按照要求交貨，但某時點起品質變壞的情形也有。此時需要採取處置。此時，「所交貨的零件不佳，不足的部分要再補交」是應急對策。要採取再發防止對策，有需要將目前的狀態回饋給供應業者。此時，不要單方的強迫，謀求資訊共享，建立協力體制的做法是有需要的。

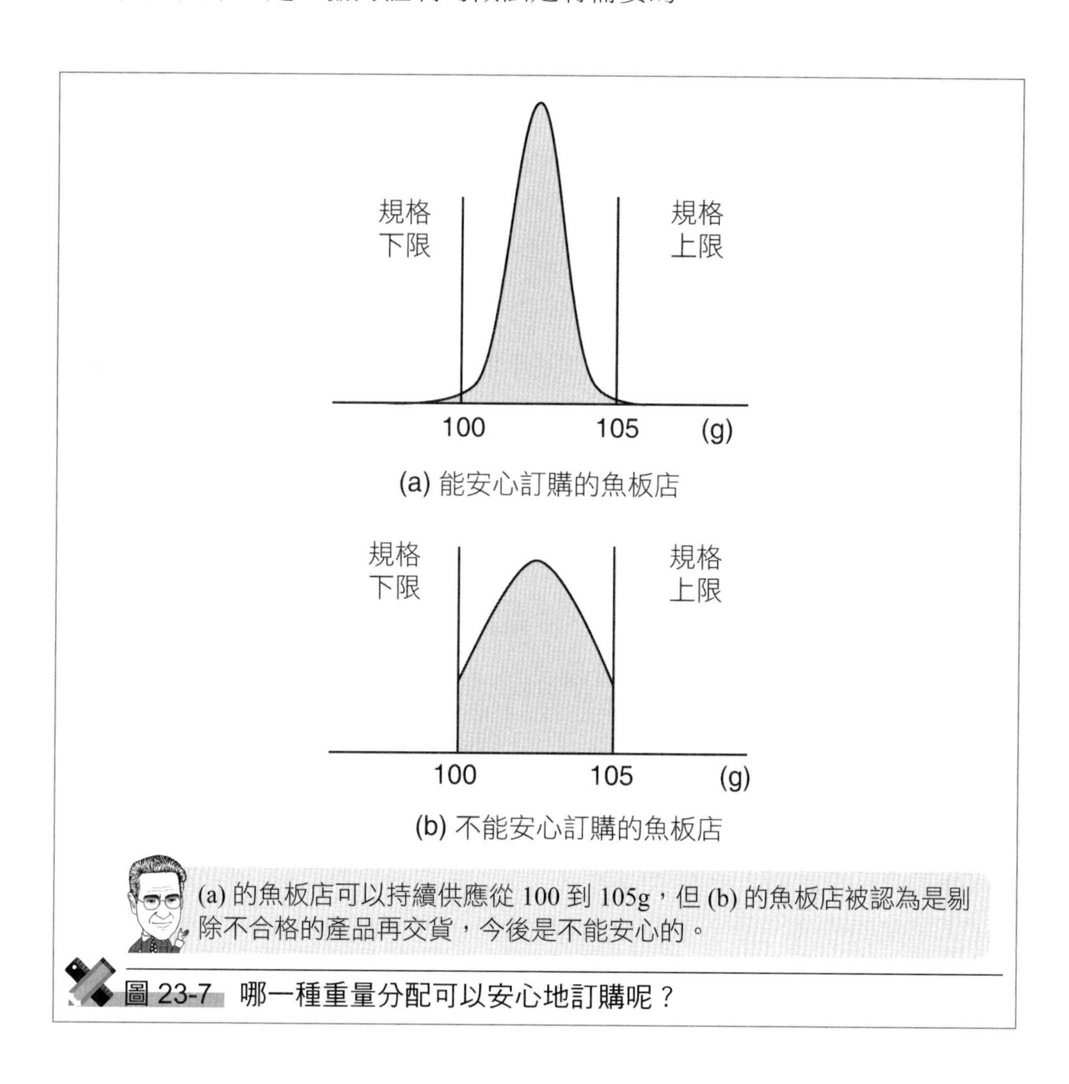

圖 23-7　哪一種重量分配可以安心地訂購呢？

日本的汽車業有一個特徵，即系列交易。這雖然在資本上有相連之意、但透過此種採購管理也可相連。從交貨一方來看，來自顧客的回饋可成為改善的寶貴資訊。

23-5 生產、服務提供階段

23-5-1 生產、服務提供階段的目的與要點

在生產、服務階段中，如依照計畫從事生產或服務的提供，確認其結果是否正確，然後視需要採取處置此種活動是很重要的。以下分別考察看看。

按照計畫實行，是說按照生產準備所決定的那樣實踐它的作業。在餐廳的情形中，從準備階段所決定的供應商購買料材，以所決定的食譜製作所決定的菜色，又接待負責人按所決定的步驟去接待客人。

其次是確認生產服務的提供結果。以餐廳的情形來說，確認能否在規定的時間內作出所決定的菜色，可否圓滿地接待客人等等。然後，根據確認結果進行判斷，如有需要就須採取處置。

譬如，製作料理的時間比所設想的還長時，查明增長的時間有多少？其次，調察是否按照事先所決定的「作法手冊」製作料理呢？如果是照所決定的規定製作時，並非料理人的作法不好，而是所設定的「作法手冊」有問題。另一方面，未能按照所決定的作法去製作時，可以想到「料理人知道卻無法做」、「不知道不會做」、「知道不去做」等的情形。「知道卻無法做」時，要檢討標準本身是否作法上有不合理的地方，或者對料理人重新教育製作料理之能力。又「不知道不會做」時，要讓料理人了解作法。像這樣，取決於為何不能做，採取適切的處置是有需要的。

23-5-2 初期流動管理

在生產、服務提供階段，先估計到熟悉為止的學習效果，再實踐初期流動管理是有其需要的。以餐廳的情形來說，初次製作料理時，經常是大費周章花了不少的時間。另一方面，一旦熟悉時，即可在短時間有技巧的製作出來。考慮有此種的學習效果，再設定標準時間，並且管理時也是一樣。

設定標準時，有的是以學習效果作為基礎。對於此種情形來說，心中要存有初期階段是會花時間的念頭。又，像銀行的窗口事務，不習慣的人就會花時間，另一方面，已習慣且有技巧的人很快就可結束，考慮此種學習效果是需要的。此外，此處雖以時間說明，而對於產品的品質、服務的質來說，雖然初期階段不能順利進行，但隨著時間的經過，結果變好的情況有不少。

像這樣，以時系列觀察時，最初的階段需要特別的考慮，它的應對即為初期流動管理。初期流動管理的要點，是在有學習效果的前提下配備標準額，轉動 PDCA 的循環。

23-5-3　維持與改善

結束初期流動管理之後，重要的事情是維持良好的狀態，並且在適當的時機下進行改善。圖 23-8 是說明初期流動管理、維持、改善的概念圖。

在初期流動管理中如已達到目標時，就要將該狀態予以維持。為了維持，標準化是最重要的。將結果變好的狀態當作標準，依據它從事作業或提

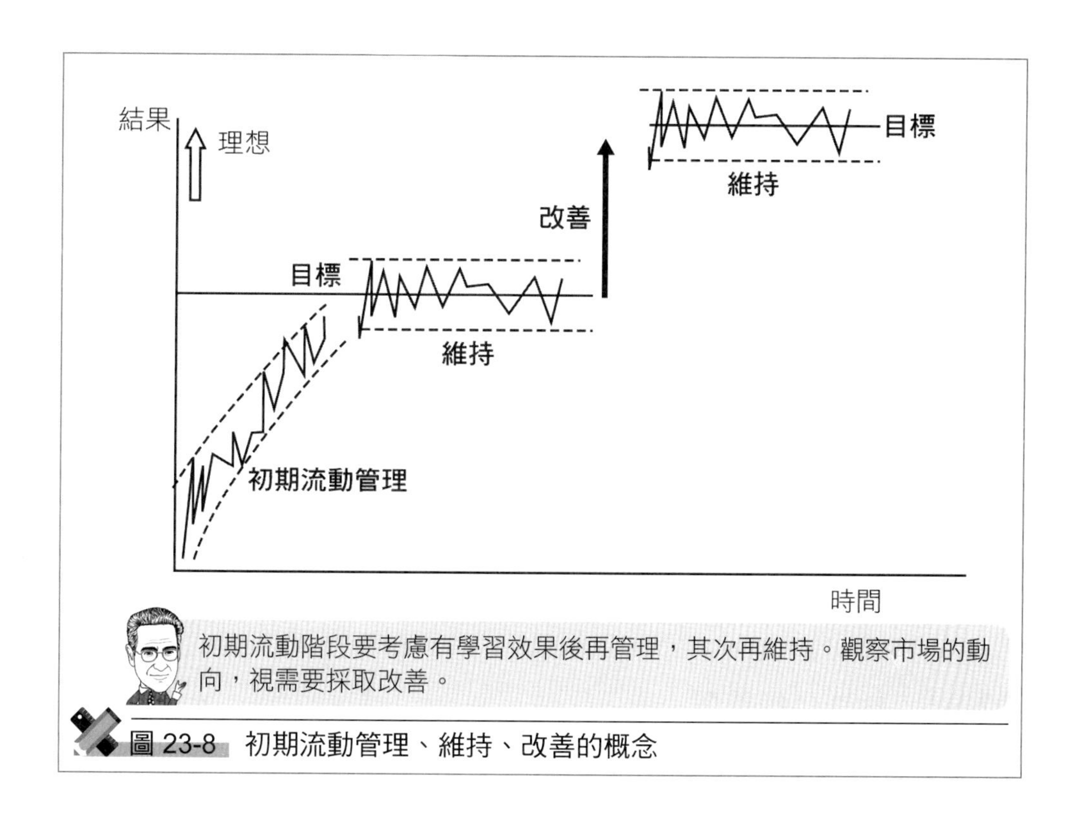

圖 23-8　初期流動管理、維持、改善的概念

供服務。找出能讓顧客的滿意度提高的接待方法，將該作法使全員能使用。

當已能做到維持時，之後視需要進行改善。那是因為一直提供與現狀相同的產品、服務時，不知何時市場中的產品品質、服務的質的水準相對地就會下降的緣故。因此，動態地，適切地設定目標，設法改善現狀的水準是需要的。為了改善，有幾個規則。詳細情形請參第二篇「改善篇」，此處只說明其原則。那是：

(1) 要讓結果的變異減少，就要控制要因的變異。

(2) 要讓結果的平均改變，就要讓要因的平均改變。

(3) 有異常的狀態時，就要將異常狀態與正常狀態相比較。

為了改善，首先要查明結果成為如何，再依據 (1)、(2)、(3) 推導出適切的對策。

23-5-4　作出好物品時，成本會下降

作出好的物品時，綜合的成本會下降。這是從 1970 年代起開始被接受的想法。在那之前，與其作出好的物品，不如將心力放在檢查，防止不合規格的產品流出，最終而言，成本即可下降的想法是主流。此傾向在專家主義及本位主義之想法甚強的歐美非常明顯。可是，基於許多的事例與經驗可知，儘可能在上游階段發現不合格品的作法，其綜合的成本較小。

關於品質 • 質的成本，稱為品質成本，可以大略分成預防成本、評鑑成本、失敗成本。另外，失敗成本又分為在外部發現失敗時的外部失敗成本，以及在內部發現失敗時的內部失敗成本。所謂預防成本是為了不使品質失敗所投入的成本，所謂評鑑成本是評價品質時所花的成本。

一般以成本的構造來說，在上游階段發現失敗，綜合的成本較小。並且，外部的失敗成本比內部失敗成本出奇的大。內部的失敗成本只是材料費、用人費等，但外部的失敗成本除此之外還要加上回收、保證等各式各樣的成本。因此，儘可能及早地發現失敗是有需要的。

23-5-5　檢查也很重要

只是依賴檢查，想完美的作出品質 • 質是不可能的，但檢查活動卻是非

常重要的。防止不合規格的產品流到市場是檢查的主要目的。其次，檢查的記錄是有關品質•質的數據，有助於各種的改善活動。另外近年來，提示自己的過程的正確性，取得顧客的安心的一面也有。此時，基本所需的是檢查數據。在 ISO 9000 系列的規格中，至 2000 年為止與檢查有關的要求甚為嚴格即為其例。不要單純地把檢查想成只是調查、區分不合規格者，它仍是具有種種任務，此點是要理解的。

23-6 營業階段

23-6-1 探索顧客的評價與潛在要求的營業部門

營業階段中 TQM 的目的，是探索顧客對產品、服務的顯在化評價以及潛在的要求。以前顧客的要求較為單純。譬如，以 1970 年代來想，要求車子不故障能行駛，電視不故障可收視之此種單純要求。可是，到了二十一世紀之後，這些要求變得更為複雜化、高度化。探索顧客的潛在要求，獲得基礎資訊即為營業部門的功能。

在圖 19-2 所示的當然品質、魅力品質中，本質上要認識品質•質時，可用二元的方式掌握物理上的充足狀況與個人主觀的滿意度。過去物理上如果充足時，顧客就可獲得滿足。可是，現在車子沒有任何問題可以行駛是理所當然的。如果不能行駛，就是不滿的原因，雖說能行駛卻無法獲得積極的滿足。企業的課題是在確實達成此當然品質之後，就要創造出顧客感動的魅力品質，因之對營業部門來說，仍有收集顧客心聲的重大任務。

23-6-2 收集顧客的心聲，探索新的服務

與顧客最接近的是營業部門。當想要改善已提供的產品、服務時，第一線索即為營業部門所收集的顧客心聲。針對顯在化的不良品或客訴資料要優先應對。顧客所希望的「非這樣不可」積極表現的意見，可當作顯在化的顧客不滿來掌握。並且，如圖 23-9 所示，要有「顯在化的客訴只是冰山一角」的認知，儘可能將冰山浮出水面是很重要的。

探索潛在的顧客要求的方法，有「觀察顧客的行為」、「不 (NO) 的記

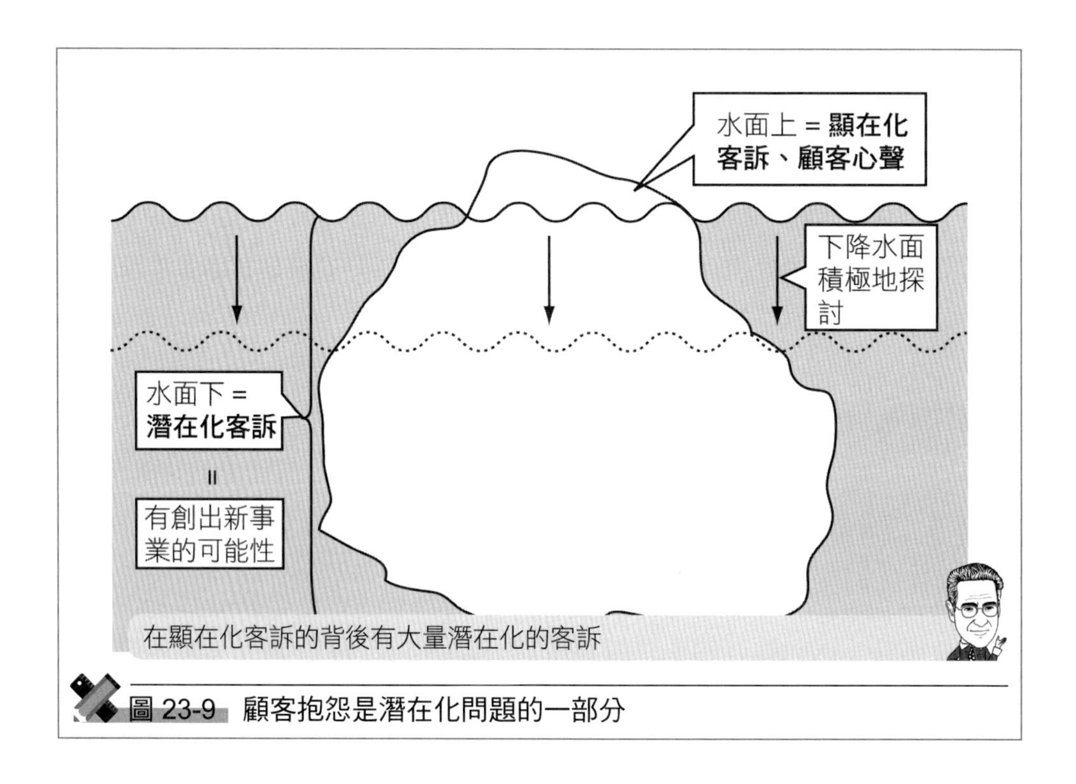

圖 23-9 顧客抱怨是潛在化問題的一部分

錄」，日本的某個研究專案，提出在秋葉原的咖啡店創出新服務，其中觀察了顧客的行為。該咖啡店是位於秋葉原，許多的顧客會在電氣街購買產品。其中，有幾位顧客不看菜單，就訂購了咖啡、飲料，之後對飲料並不太關心，卻熱中地把剛才已購買的產品，從袋中取出來把玩。並且，也出現有「怎麼沒有電源的插頭呢？」之聲音。對這些顧客來說，與其要求解渴、休息的咖啡店機能，不如要的是想使用電源，想馬上看見所買的東西。

此咖啡店改裝店面引進試用區之後，評價變得非常高。這在圖 23-9 中可以想成是將水面下的冰山即潛在化的顧客心聲積極地取出，創出新服務的例子。

並且，對顧客的詢問回答「NO」無法提供的服務記錄也很重要。當被問到「沒有電源的插頭嗎？」，在回答「沒有」時，顧客也許會認為「此處是咖啡店，所以沒有辦法」。可是，另一方面，這卻意指商機。對於現在無法提供的服務，回答「不」是沒有辦法的。此處重要的是，記錄此「不」的狀況，當作創出新服務的線索之想法。

23-6-3 對提供的產品進行顧客滿意度調查

在創出新服務方面，收集顧客的心聲是很有效的；相對的，對提供中的產品、服務進行顧客滿意度調查也是很有效的。這是針對產品、服務的重點項目，調查顧客的滿意度。在汽車業界中有 JD POWER 公司的滿意度調查。為了對服務調查滿意度，使用問卷的大飯店有不少。此調查結果，作為大飯店提供服務的點檢、今後的改善活動等均有幫助。

23-6-4 與其他部門的合作

以營業部門與其他部門合作的方式來說，將顧客的心聲、滿意度回饋給企劃部門、設計部門、生產部門是有需要。譬如，如果是潛在性的要求時，將該資訊傳達給企劃部門。並且，與規格有關之事項，即向設計部門去展開資訊。另外，認為是生產上的不當資訊，即傳達給生產部門。換言之，圖 23-10 所示，考慮顧客的心聲、滿意的狀態，視需要將該資訊傳達給想要的

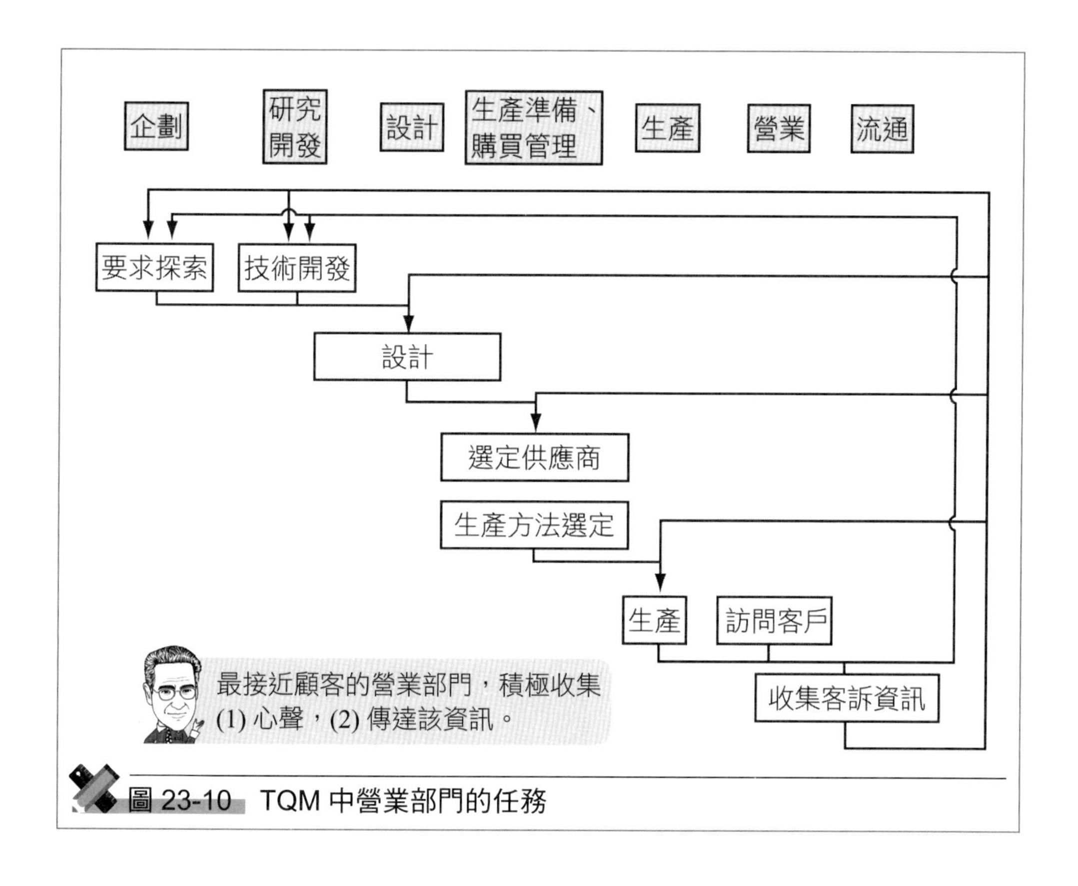

圖 23-10 TQM 中營業部門的任務

部門，可以說是營業部門的重要任務。

23-7 庫存、物流階段

庫存、物流階段，是在進行保管、物流期間，為了不損及規定的品質而予以監視、管理是重點所在。一般來說，產品、服務在庫存，物流階段幾乎不會產生附加價值的。

由此事來看，基於成本等的顧慮常會惋惜勞務，在產品、服務的安全面上有可能變成致命。這在食品中是非常顯著的。像生產過程中引進 HACCP 等的體制確保安全性，物流階段是很容易疏忽的。為了避免此事態，在庫存、物流階段，設計可確保品質 • 質的作法，依據它視需要採取處置，貫徹此種管理的原則是有需要的。

23-7-1 庫存階段要考慮時間性的變化

從品質 • 質的面來看，庫存期間中為了不使機能劣化，有需要持續性地善加保管。一面考慮品質•質的時間上變化，一面設定適切的庫存保管方法，依據它從事管理。並且，經常監視結果採取必要處置，轉動此種 PDCA 循環。

23-7-2 物流階段資訊共享甚為重要

物流階段不僅自身的組織，像輸送業者發揮它的機能的情形也有，因之各自機能的分擔與資訊的傳達是很重要的。當運送食品時，說出「要在 −10°C 以下」，與傳達「因為是新鮮的魚，所以要在 −10°C 以下」，聽的一方的意義有所不同。前者只是告知希望作什麼；相對的，後者除此之外再加上為什麼要這樣。

並不需要將所有的資訊都流到運送負責人。可是，確實地將保管、輸送方法告知業者，使之能確實地達成所規定的處理。因之，查明產品的主要品質、服務的主要質，有需要過濾出對機能會造成影響的要素。

Chapter 24

TQM 的模式與其效果的活用

24-1 ISO 9000 系列規格

24-1-1 ISO 9000 系列是什麼

所謂 ISO 9000 系列規格是由國際標準化機構所規定的有關品質管理系統的一系列國際規格。國際標準化機構的英語名稱是 International organization for standardization，基於希臘語意謂「平等」之意的 ISOS 與語感等之理由，並非 IOS 而是簡稱為 ISO。ISO 9000 系列有規定用語的 ISO 9000；為認證而規定要求事項的 ISO 9001；表示績效改善的指針的 ISO 9004 等。

談到國際規格，最有名的是針對產品的國際規格。譬如，A 國也好、B 國也好，均使用相同的螺絲，是因為有國際規格的緣故。使用國際規格時，任何國家均以相同的規格在生產、使用，所以能夠國際共存甚為方便。成為國際規格者，並不只是產品規格。譬如，有規定數據的統計處理方法，對管理系統也有規格。

此 ISO 9000 系列是有關管理系統的規格。管理系統規格並非像產品規格那樣規定產品本身，而是組織為了達成所規定的方針、目標，就管理體系予以規定。具體來說，方針、目標的制訂、實現的過程、實施持續的改善等均為其對象。又 ISO 9000 是以製程 (process) 的輸出定義產品。不管硬體的產品或服務均包含在內稱為產品，此與本書中的用語有異。

24-1-2 第三者認證與其優點

ISO 9001 成為在 ISO 中最受矚目的規格，其最大的理由是有第三者認證的此種架構，審查產品的生產者、服務的提供者在管理系統上的能力，有助於組織與顧客的交易。此聽起來像是非常複雜的體系，但在日常生活中也經常使用。

譬如，測驗英語能力的全民英語或 TOEIC 等即為其例。像英檢或 TOEIC 等，為了顯示英語的能力而接受測驗，它的測驗成績對入學、進入公司等有幫助。不是為了進入英檢的組織或 TOEIC 的組織而接受測驗。亦即，英語的能力由第三者即英語或 TOEIC 來表示，此人日後入學、就職就能更為順利。

這些以概念來表示即如圖 24-1 所示。接受英語測驗的人假定是 A 先生，A 先生希望的任職對象是 B 公司，B 公司看了他的 TOEIC 的分數即可判定 A 先生的英語能力。因此，B 公司就不需要獨自進行英語的評價。又以 A 先生來說，如一度接受 TOEIC 的測驗時，也可用在 C 公司、D 公司的就職考試，有此優點。

ISO 9001 的認證也是此種體系，X 公司顯示自己公司的品質管理系統的能力，有助於想與 Y 公司交易，對 Y 公司來說，獨自評估 X 公司是累人的作業，因之第三者的審查結果是有幫助的。此審查結果是世界各國共通的，在某個國家取得認證之結果，基本上在海外的其他國家也是有效的。具

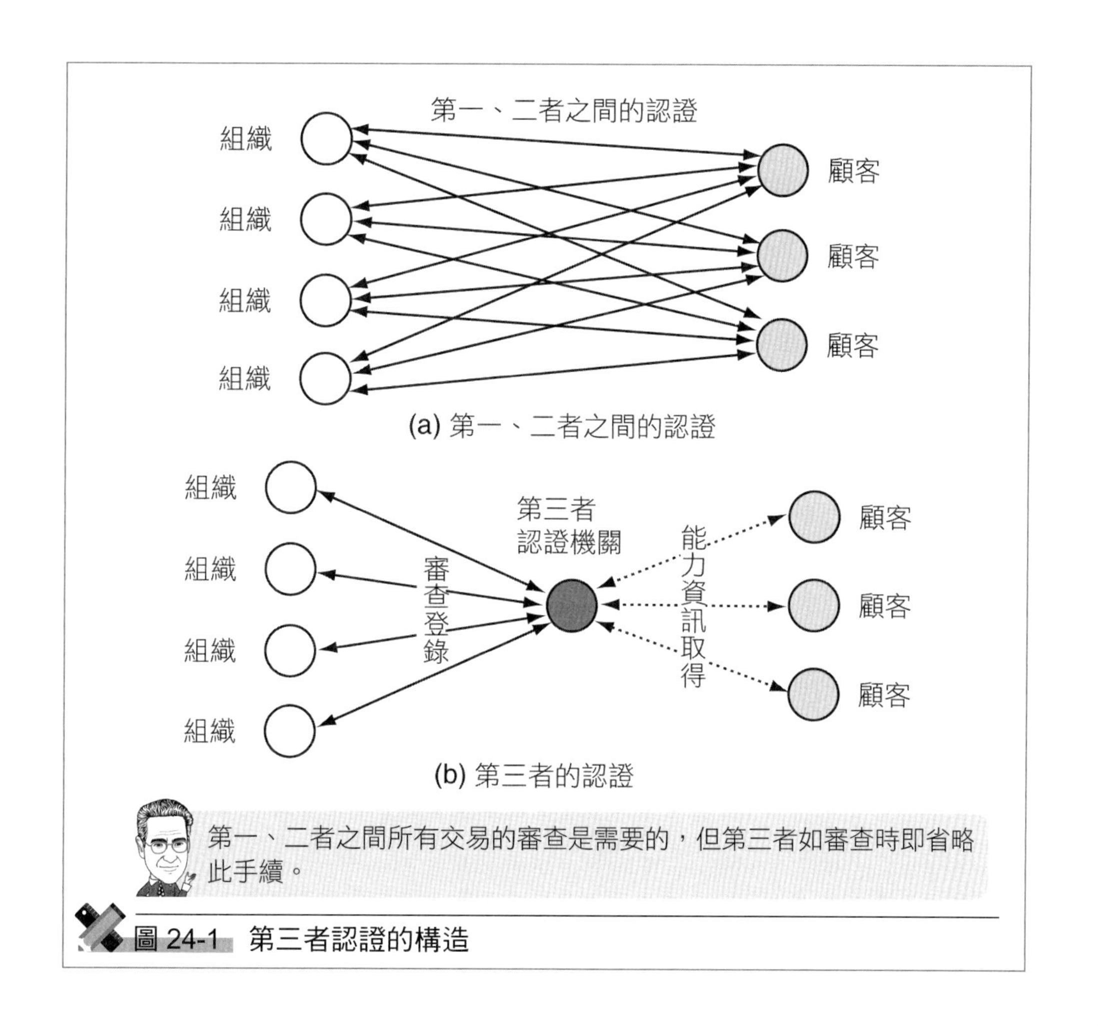

圖 24-1　第三者認證的構造

有品質護照功能的正是 ISO 9001。另外，ISO 14000 系列是有關環境管理系統的國際規格，ISO 14001 也是用於第三者認證的架構上。

24-1-3 ISO 9000 系列中的基本想法

ISO 9000 的基本想法，全部包含在 TQM 所強調的想法中。換言之，ISO 9000 規定的是高階對品質決定適切的方針，將此有組織的展開，在各個現場中確實地去實踐它的活動。並且，對此實踐來說，像 PDCA、持續的改善、過程研究等均是有效的。ISO 9001:2000 的要求事項表示在表 24-1 中。與過去 TQM 的說明是位在同一方向上。亦即，如果 TQM 能有效地實踐時，在活動實體上，ISO 9001 的認證取得並無問題。

24-1-4 認證取得的要點

實踐 TQM 的國內企業，在取得 ISO 9001 的認證上，將工作的作法詳細記述並提示的做法並不熟悉。國內企業的業務規定，與歐美企業相比較為不足。許多的企業習慣的是不明示體系的運作。

有效實踐 TQM 的企業，對取得 ISO 9001 的認證感到吃力的是 ISO 9001 的要求事項與自公司的體系如何對應的明示。ISO 9001 是以第三者認證為前提，具備能讓第三者看得懂的品質管理系統是很重要的。

24-1-5 ISO 9001 的活用

以 ISO 9001 的活用來說，「透過 ISO 9001 的認證取得，以確認基礎事項的實施狀況」。ISO 9001 的要求事項基本上是國際級的「標準」。ISO 9001 的認證取得，在確認基礎事項上是很有效的。另一方面，不可誤解的是，儘管取得了 ISO 9001 的認證，也不能說在品質‧質上具有競爭力。想將用人費的低廉當作國際競爭力的企業，會將 ISO 9001 的認證取得當作經營的契機。亦即，取得 ISO 9001 的認證，自己公司的品質管理系統是標準級的，可以當作後盾。

用人費的低廉直接反應到價格。對購買者來說，雖然可以立即知道價格的水準，但品質‧質的水準是不知道的。此時，如取得 ISO 9001 的認證時，那麼「請放心！本公司是取得 ISO 9001 的認證，我們公司的品質管理系統

表 24-1 ISO 9000:2000 要求事項的概要

序文
- 0.1 一般
- 0.2 過程研究
- 0.3 與 JIS Q 9004 之關係
- 0.4 與其他的管理系統的並立性

1. 適用範圍
   - 1.1 一般
   - 1.2 適用
2. 引用規格
3. 定義
4. 品質管理系統
   - 4.1 一般要求事項
   - 4.2 與文件化有關之要求事項
     - 4.2.1 一般
     - 4.2.2 品質手冊
     - 4.2.3 文件管理
     - 4.2.4 記錄的管理
5. 經營者的責任
   - 5.1 經營者的責任
   - 5.2 顧客重視
   - 5.3 品質方針
   - 5.4 計畫
     - 5.4.1 品質目標
     - 5.4.2 品質管理系統的計畫
   - 5.5 責任、權限及溝通
   - 5.6 管理審查
     - 5.6.1 一般
     - 5.6.2 管理審查的輸入
     - 5.6.3 管理審查的輸出
6. 資源的運用管理
   - 6.1 資源的提供
   - 6.2 人力資源
     - 6.2.1 一般
     - 6.2.2 教育訓練
   - 6.3 基礎建設
   - 6.4 作業環境
7. 產品實現
   - 7.1 產品實現之計畫
   - 7.2 顧客關聯之過程
     - 7.2.1 與產品關聯之要求事項之明確化
     - 7.2.2 與產品關聯之要求事項之審查
     - 7.2.3 與顧客的溝通
   - 7.3 設計、開發
     - 7.3.1 設計、開發的計畫
     - 7.3.2 設計、開發的輸入
     - 7.3.3 設計、開發的輸出
     - 7.3.4 設計、開發的審查
     - 7.3.5 設計、開發的驗證
     - 7.3.6 設計、開發的妥當性確認
     - 7.3.7 設計、開發的變更管理
   - 7.4 採購
     - 7.4.1 採購過程
     - 7.4.2 採購資訊
     - 7.4.3 採購品的驗證
   - 7.5 製造及服務提供
     - 7.5.1 製造及服務提供的管理
     - 7.5.2 過程妥當性的確認
     - 7.5.3 識別及追蹤
     - 7.5.4 顧客的所有物
     - 7.5.5 產品的保存
   - 7.6 監視機器及測量機器之管理
8. 測量、分析及改善
   - 8.1 一般
   - 8.2 監視及測量
     - 8.2.1 顧客滿意
     - 8.2.2 內部稽查
     - 8.2.3 過程的監視及測量
     - 8.2.4 產品的監視及測量
   - 8.3 不適合品的管理
   - 8.4 數據的分析
   - 8.5 改善
     - 8.5.1 持續改善
     - 8.5.2 矯正處置
     - 8.5.3 預防處置

ISO 9001 不取決於業界，而以一般管理系統應該具備的條件當作要求事項表示。

沒問題。所以請使用價格低廉的本公司產品吧。」，可以向顧客訴求。

24-2 戴明獎

戴明獎是對已故美國的品管專家戴明 (Deming, W. E.) 博士的貢獻所設立的獎，戴明博士從 1950 年初來日本之後，舉辦為數甚多的有關品質管理的研討會，這些對日本的品質管理發揮甚大的作用。

戴明獎至 2005 年為止總共有 188 家獲獎，而日本品質管理獎總共有 19 家。幾乎大企業均獲有戴明獎。獲獎企業之業界範圍廣泛，有鋼鐵、化學、電機、汽車、建設等。另外，1989 年美國佛羅里達電力公司也獲獎，近年來許多的海外企業也陸續在申請中。

24-2-1 戴明獎的特徵

此獎的特徵之一是評價組織自主所開發的 TQM 的實踐情形。亦即，以評價項目來說是先決定好某種程度的架構，為了實現它，該組織是如何開發出獨特的方法。另一方面，我國的國家品質獎則仿照美國仔細規定它的評價構造。評價項目愈鬆，可以培養出種種創造性的手法、概念。相反地，如仔細決定時，即容易看出應前進的方向。戴明獎所期待的是新方法、概念的育成，它的例子有方針管理。這並非是理論主導所誕生的，而是從 1960 年後半，作為組織推動的方法論，以實踐的方式所誕生出來的。

24-2-2 戴明獎中的 TQM 定義

戴明獎是將 TQM 定義為「為了能適時適價地提供具備有顧客滿意的品質之產品或服務，有成效地運作企業的所有組識，為了達成企業目的而有所貢獻的有體系活動」。在定義的一開始「具備有顧客滿意的品質的產品或服務」，並非一般性的經營管理活動，而是說明以品質 • 質為對象。從此定義可以知道，TQM 的核心，具有提供「顧客滿意」的品質 • 質的此種理念。戴明獎是從「1. 基本事項」、「2. 有特徵的活動」、「3. 高階的任務與其發揮」三點來評價組織。以下個別觀察其構造。

24-2-3 戴明獎的評價基準

1. 基本事項

關於基本事項的評價項目如表 24-2 所示。由此表知，TQM 中高階的強烈承諾是很需要的。亦即，以經營方針來說，明示品質的重要性，其展開中引進有第一項的評價項目即「1. 有關品質管理系統的經營方針與其展開」。

其次的「2. 新商品的開發及 / 或業務的改變」、「3. 商品品質及業務之質的管理與改善」、「4. 品質、量、交期、成本、安全、環境等管理系統的配備」是以品質 • 質為核心實現它的系統。在 2. 中，討論著新商品的開發是否高度追求顧客的滿意。又，在 3. 中，是討論日常管理、持續性改善之業務的質。另外，在 4. 中是議論 2. 與 3. 以系統來說是否在運作。

又，對於「5. 品質資訊的收集、分析與 IT (資訊科技) 的活用」、「6. 人才的能力開發」來說，可以解釋成為了支撐 TQM 的核心而建立基礎。由於與品質有關的資訊很重要，所以最好能適切處理它。又，人才育成的重要性，不管在哪個領域均具普遍性，TQM 也要引進它。

以上的基本構造是表示 TQM 的架構。換言之，當評價自己的組織時，從此等六個觀點評價時，即可議論 TQM 的滲透程度是如何。

2. 有特徵的活動

「有特徵的活動」是由組織自己宣言，再審查它的達成水準，這是戴明獎的一個特徵。「我們的作法中，這是最突出的，盼能評價它」，由接受審查的組織自己宣言的類型。如先前所介紹的方針管理那樣，積極地評價組織

表 24-2　戴明獎 (基本事項) 的評價項目

1. 與品質管理有關的經營方針與其展開
2. 新商品的開發及 / 或業務的改變
3. 商品品質及業務之質的管理與改善
4. 品質 • 質、量、交期、成本、安全、環境等的管理系統的配備
5. 品質資訊的收集、分析與 IT (資訊技術) 的活用
6. 人才的能力開發

ISO 9001 不取決於業界之以一般管理系統應該具備的條件當作要求事項表示。

獨自產出的方法。在人事的錄用面試上，如詢問「你的賣點是什麼？」依其回答來評估該人是一樣的想法。

3. 高階的任務與其發揮

實踐 TQM 中，高階的承諾是很重要的，因之設有此評價項目。譬如，對 TQM 的理解與熱心，組織的社會責任與 TQM 的關聯等也要加以斟酌考量。此項目是對高階可期待有多大的承諾的一種表現。

24-3 六標準差

24-3-1 美國開發的品質管理活動

所謂六標準差是以日本的 TQM 為範本，為了能符合美國的風土與文化所準備的品質管理活動。以名稱來說是六標準差，看起來與管制圖中的三標準差相對應，但就此來說讓實務、統計相連結的根據薄弱，只是明示方向的旗幟。

談到品質 • 質就會被提及日本的 1980 年代，美國為了確保國際的競爭力，六標準差是被當作對策提出來。許多的美國企業，將當時稱為 TQC 的日本式活動原封不動地引進來，可是，儘管是適合日本的方法，但多數卻無法被美國接受。譬如，QCC 雖然具有以自己的意願，透過工作自己學習成長的目的，但這無法被以職務規定為基礎來行動的美國社會所接受，只流於形式上的活動，終究無法生根。

六標準差的契機是摩托羅拉公司，以 1980 年代的日本作法為基礎，配合美國的文化以建構品質管理體系為目標。之後慢慢地成熟，1995 年 GE (通用電氣) 公司的引進成為導火線，造成甚大的熱潮。從 1990 年代後半，甚至美國把品質管理稱為六標準差，似乎有此風潮。

24-3-2 六標準差與 TQM 的共同點與相異點

六標準差在組織上是推進品質管理的體系，其品質管理的基礎想法、工具、基本原理是與 TQM 相同。可是，推進型態依該國的文化、經營環境等有若干的不同。具體言之，如比較日本典型的 TQM 與美國典型的六標準差，共通點是：

1. 以組織的方式改善品質・質，以持續成長為目標
2. 高階的重要性、顧客主義等是品質管理的行動指針
3. 使用的統計方法
4. 改善步驟的本質 (但稱呼略有不同)

因此，這些可以說是超越國家、組織、文化的重要概念。

另一方面，對於由 5. 到 8. 來說，可以看出與 TQM 不同的。這些以方法論來說，並無絕對的好與壞，取決於組織的文化、風土、經營環境，適用的方法是不同的。以下所敘述的是典型的日本 TQM 與美國的六標準差。當然位於兩者之間的組織也是有的。

5. 以改善的特別組織或日常組織為基礎進行改善

六標準差是設置品質改善的專任活動者來建構組織，相對地 TQM 是對日常組織不加以特別地改變，實踐改善是一般的情形。六標準差典型上準備有如圖 24-2 所示的組織構造。觀察名稱時，有黑帶、綠帶等。這些名稱被視為來自空手道或柔道的黑帶，但在空手道中並無綠帶之名。這一定是美國式所安排的。

在表示六標準差的典型組織中，統領 (Champion) 從經營的觀點，主任黑帶 (master Blackbelt) 是從現場執行專案的觀點，選定改善專案。黑帶是執行所給與的改善專案。典型上選出 20 歲到 30 歲有實務經驗三～五年左右的人。另一方面，綠帶是以日常業務為基礎與專案有關。

六標準差是另外構成專案基礎的組織，它是以實踐改善專案為典型。像典型的 TQM，以日常組織為基礎進行改善活動時，可以呈現與現場有密切的活動；相反的，會出現所屬部門的歸屬意識，難以進行大膽的改善。另一方面，像六標準差脫離現場組成改善專案，容易進行大膽的改善，但現場整體的水準不會提升，反而擔心品質管理會與日常業務相悖離。

6. 獲得利益的顧客滿意或獲得顧客滿意可帶來利益

六標準差是為了獲得利潤進而以獲得顧客滿意的想法推進活動；相對的，TQM 是獲得顧客滿意可帶來利潤的想法推進活動。這是因為 1980 年代

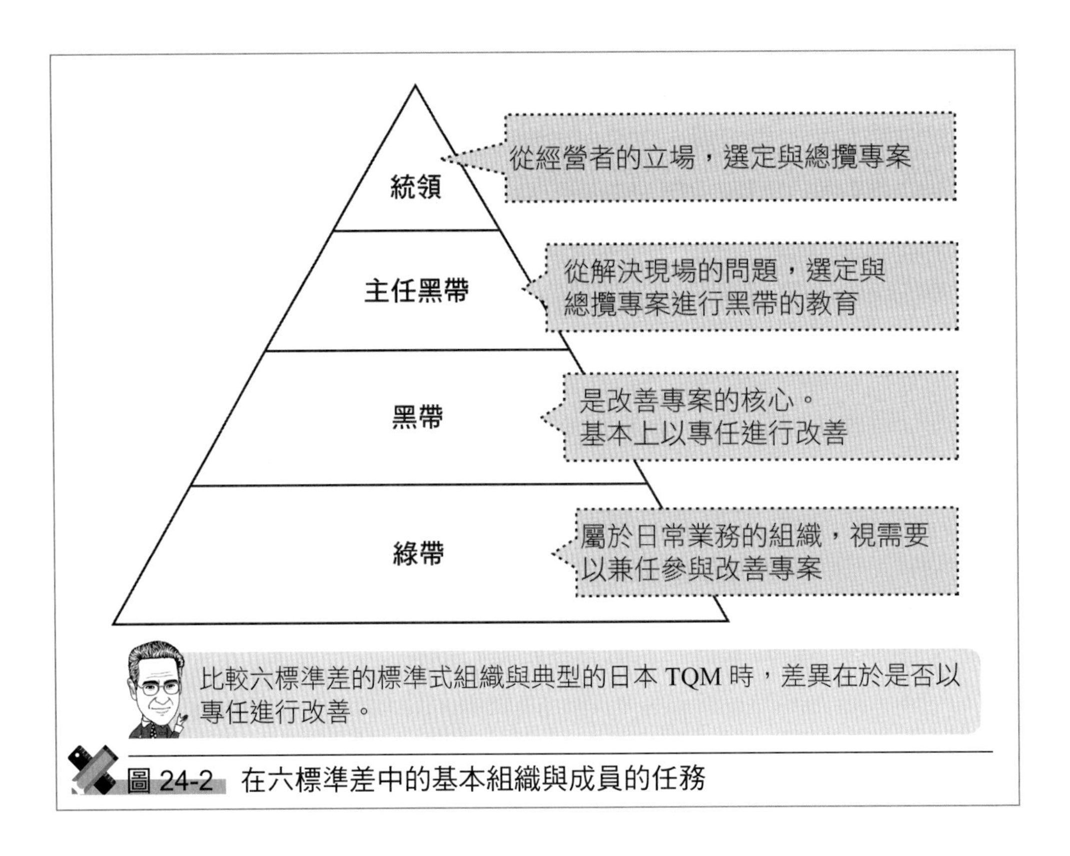

圖 24-2 在六標準差中的基本組織與成員的任務

在日本股東的概念很稀薄；相對的，美國是起因於企業是股東所有的思想。亦即，六標準差，考慮到股東對利潤敏感，改善專案是從經濟面來選定。

如將獲得利潤當作第一要務時，行動的方向容易理解有此優點，相反地太過於強調時，有陷於粉飾決算的危險，另外，推進經濟、社會、環境三者均衡的活動就變得困難。另一方面，像 TQM 以獲得顧客滿意作為第一要務時，如適切定義顧客時，可以保持這些的均衡；相反的，經濟的部分就會看不見，活動變得不易理解。

7.「由上而下」或「由上而下 + 由下而上」

六標準差是由上而下決定改善主題作為主流；相對的，TQM 是擔當改善的成員自身決定改善的主題，或著手由高階所給與的主題。亦即，六標準差是「由上而下」作為主流，TQM 是「由上而下 + 由下而上」的混合作為主流。以由上而下決定主題，組織形成一體朝同一方向推進有此優點，但另一方面，由下而上來決定，則有與日常業務相整合，培養基礎能力的優點。

8. 標準式的改善過程或自主式的改善過程

六標準差強調的是以 DMAIC 的改善進行方式與統計手法作為配套，將改善過程標準化再實踐作為取向。另一方面，日本的 TQM，是針對品管記事 (QC story) 等的改善進行方式與統計手法進行全盤的教育，它的使用則委交給改善承擔者採自主式的進行方式，有此傾向。

24-3-3 六標準差與 TQM 的相互介入

以上 5. 到 8. 是整理較具代表的差異，但對這些來說，何者較好則很難一概而論。因有互為表裡的優點、缺點，因之有需要取決於組織再決定引進。組織的活動開始僵化時，基於給與某種的刺激之意，對於由 5. 到 8. 來說，朝著過去未曾進行的方向去引進也是一種方法。

美國如活動僵化時，常有變更名稱之傾向。譬如，在六標準差之前，SPC (statistical process control：統計製程) 曾有過風行，因此六標準差的名稱今後也會改變成其他的名稱，但其核心「利用統計手法的活用，適切洞察事實，有組織地實踐品質•質的改善」，相信是會被傳承下去的吧。

24-4 TQM 的本質與模式的活用

24-4-1 TQM 的指向

TQM 的本質在於獲得顧客的滿意，維持產品的品質、服務的質，並進行持續性的改善。此處所說的改善，不只是以既有的系統為前提的務實改善，也包含建構新系統實現大幅度的改善。亦即，如圖 24-3 所示，組織提供了產品、服務，顧客針對它以滿意度決定產品的品質、服務之質的良窳，並持續維持與改善，即為 TQM 的本質。

TQM 的歷史變遷如本篇第 19 章所介紹，滿意度的掌握方式與時俱變。變化的方向如圖 24-3 所示，除了產品、服務本身的好壞與否外，像對社會、環境的影響等，也包含在此範疇中。儘管品質的掌握方式在擴大，TQM 的核心如圖 24-3 所示，仍是提高產品的品質、服務之質，實現高水準的顧客滿意。

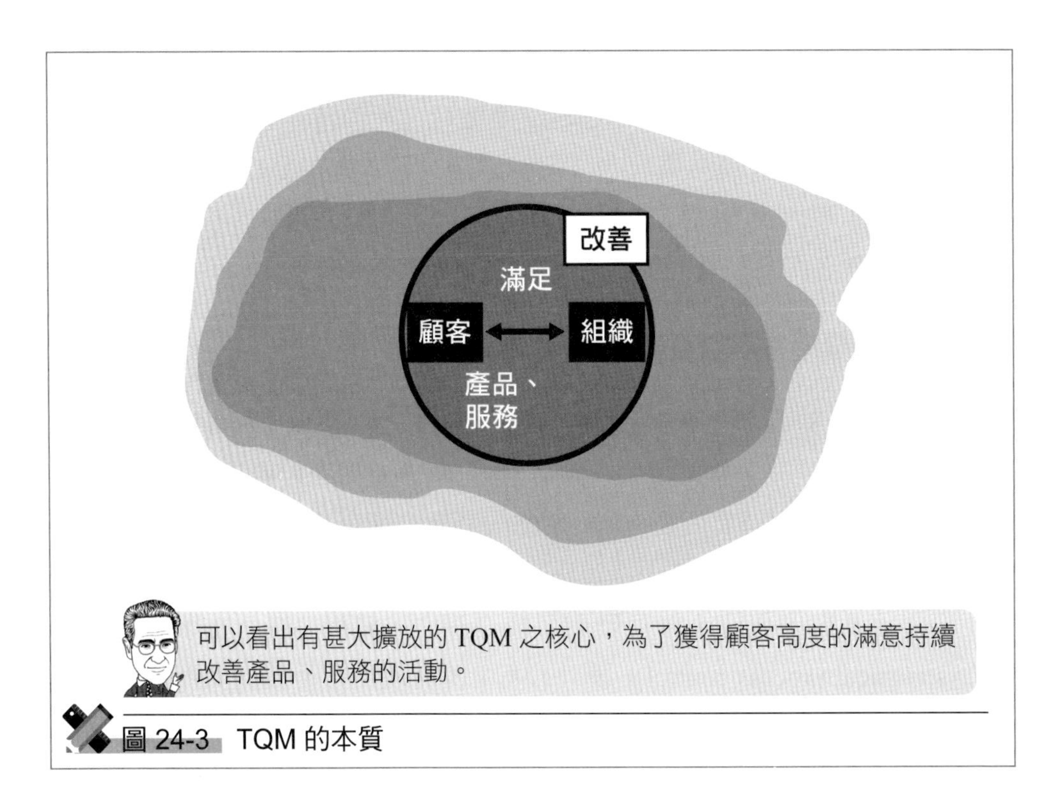

圖 24-3 TQM 的本質

一般活動變得複雜化時，手段的引進本身會被當作目的加以掌握，因而核心是什麼？常常會變得模糊不清。對於 TQM 來說，方針管理、日常管理等的引進本身也有被當作目的來掌握。可是，它的引進目的，則是顧客滿意的高度實現。

另外也常聽到「經營的質」也是 TQM 的範疇之呼聲。亦即提高經營之質的 TQM 想法。對於此可以說「對」，也可以說「錯」。從提升顧客滿意、提升經營之質的想法來看是對的。另一方面，評價經營之質，也有財務狀態、社會責任、對環境的顧慮等種種的觀點。TQM 並非將這些的想法、工具以每個事例的去應對，不是當作普遍性的作法來提供。提供的是改善產品品質、服務之質的想法與工具。亦即，除產品的品質、服務以外，改善經營之質是錯的。

24-4-2 要如何做才可實現高水準的顧客滿意

要實現高水準的顧客滿意，有充實各個過程的維持、改善活動，以及將它們綜合地彙總之活動，此二者甚為重要。對應本篇第 19 章所說明之品質變遷，有需要提升各個過程的水準。因之持續性的改善過程，且能因應品質•質的掌握方式在擴大是有其需要的。接著，支撐改善支柱的想法是「以數據來說話」。如觀察 TQM 的教育計畫時，一般都花甚多的時間在統計數據的處理上。此如有效地應用統計手法時，各個過程的改善即變得容易。

綜合地彙總各個過程的維持、改善所需的體制是方針管理、日常管理。縱使各個過程朝著理想的方向，整體來說未整合的情形也有很多。因此，方針管理是將高階所決定的方針向各個過程明確地去展開。根據此所展開的方針改善各個過程，使全體能朝向理想的方向。另外，為了維持，日常管理也很重要。日常管理的目的可以說是維持一度被改善成理想狀態的過程。由以上來看，將實現高度顧客滿意之方針，向各個過程去展開並進行改善、維持，此目的是實現高度的顧客滿意。

24-4-3 品質管理模式的有效活用

像 ISO 9000、戴明獎、國家品質獎均是 TQM 的推行模式。這在建構或評價組織有關品質•質的體系時甚有幫助。對於這些模式的活用，概略加以整理者即為圖 24-4。首先底邊是基礎教育與 5S，支撐著高度的體系。

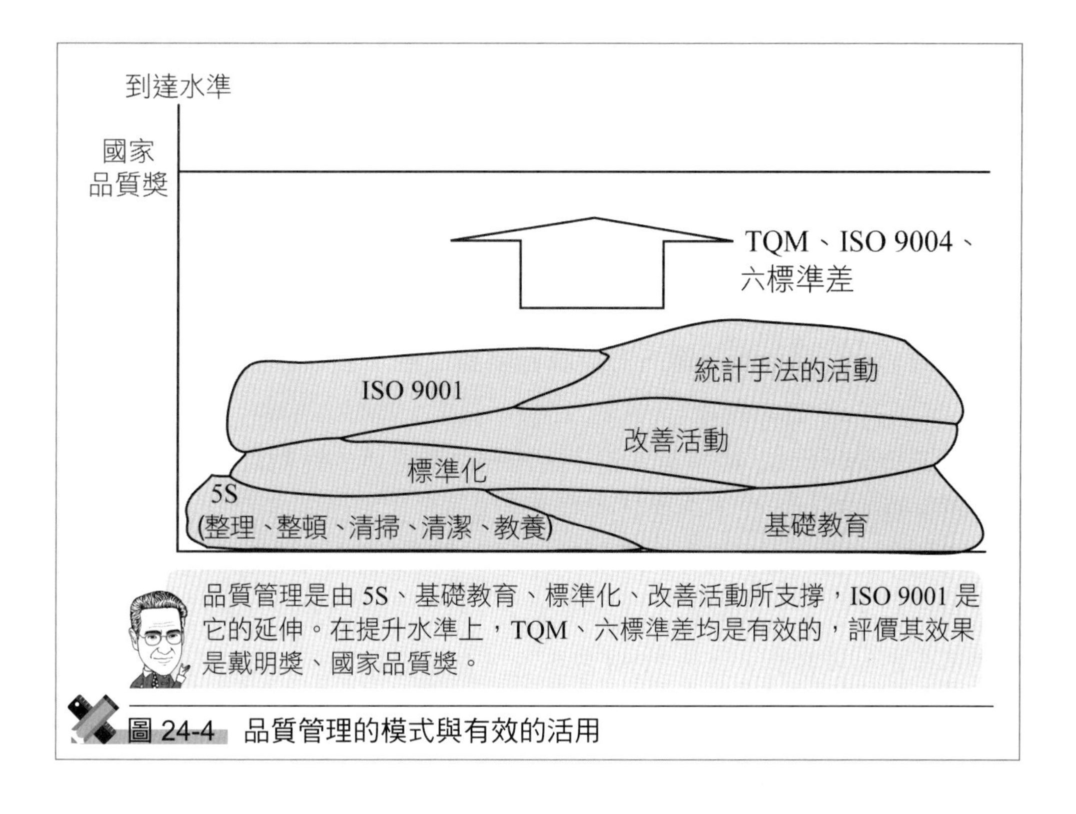

圖 24-4 品質管理的模式與有效的活用

接著其上方是標準化。另外，ISO 9001 是未固定業界的一般性規格。ISO 9001 並未規定要求的達成度，為了改善達成度的績效，ISO 9004 的模式或 TQM、六標準差都是可行的。另外，國家品質獎、戴明獎可視為評價的模式。因此，以 ISO 9001 進行基礎性的活動，實踐 TQM 的方針管理、六標準差等的改善活動去提升水準，再去評價所到達的水準是可行的吧。

24-5 TQM 所指向的文化、風土

24-5-1 有效地引進 TQM 時組織風土會改變

TQM 有效地被引進，組織所具有的文化是：

(1) 誰應該作什麼的溝通變好。
(2) 為了什麼在執行，可以獲得徹底周知。
(3) 遵守應做的事項。
(4) 未遵守時的應對明確。

換言之，可以確立能確實實踐理所當然之事的文化。

對於 1999 年所發生的核燃料加工設施 JCO 的臨界事故來說，從 TQM 的立場來說，標準類的遵守是問題所在。此處的事故原因，儘管作業的作法以標準加以規定，但作業員並未遵守該作法，並且管理者也默許它才是問題所在。亦即，不光是作業員，組織有疏忽脫離標準的問題。

另外，汽車業界也發生隱藏回收的問題。此意謂隱藏缺陷的倫理問題，以及從 TQM 的立場來看，將顯在化的問題當作冰山之一角所掌握的應急對策與再發防止活動並未貫徹。可以說侷限於目前，忘了最基本的要點是什麼。

引進 TQM 不久，經常有人說不合規格品或客訴的件數會增多。這並非是品質•質的惡化，以不合格品或客訴來說，以往未加處理的問題，如今被當作問題來處理，結果不合格品或客訴就有一部分會增加。如果能解決它，就會有利益，因之發現問題，就發現寶山，有了此種發想。因此，一部分增加的不合格品或客訴，隨著 TQM 的引進就會慢慢減少。

24-5-2 以建立有效的風土、文化為目標

在建立 TQM 能有效發揮作用的風土、組織文化方面，有如下幾個重要事項：

(1) 高階提示正確的方針。
(2) 方針的適切展開。
(3) 利用過程的研討方式 (process approach) 向每日的工作去展開。
(4) 利用教育來維持。
(5) 引進自律性的體系。

儘管每個人努力地從事活動，如果活動的方向不一致時是無法化成甚大力量。因之，高階基於組織的理念、願景等設定方針，再將此展開後去實踐的方針管理可加以採用。以組織面對的問題來說，當有替代方案 A、B 時要選擇何者，有時會感到迷惘。此時，參照相當於上位概念的方針再去判斷。如果沒有上位方針時，下面的組織要如何行動才好，就會不知所措。因之，高階有需要提示能實現、容易了解、有助於企業能持續成長的適切方針。

其次要考慮的是，將高階的方針分別適切地去展開。方針通常是針對要將結果變成如何加以定義。為了每日的實踐，為了獲得理想的結果，投入過程中是有需要的。此時有助益的是過程的研討方式 (process approach)。利用過程的研討方式連續性地掌握各自的工作，規定要做什麼，以確實實施為取向。

接著，最後基於過程研究實踐所企劃的活動。為了實踐，參與工作的人，分別要具有充分能達成它的能力。因為要與海外連絡，卻分派英語不擅長的人來製作人才計畫，它也是不會有成效的。換言之，適切引進 TQM 的要項，以組織而言可以說就能培養出理想的風土與文化出來。

24-5-3 要維持好的風土

一度形成的好風土與文化，維持是很重要的。對此來說，除了持續地教育以外，別無其他方法。在運動方面，要維持基礎體力，必須持續實踐基礎體力的訓練是一樣的道理。

對標準來說，初期的時候強調的是「要如何做」，以及「為何要作成如此的手續呢？」「如果沒有它時，什麼會困擾呢？」等。可是隨著時間的經過，常常會忘掉這些。於是最終只留下「要如此做」的方法，欠缺該方法的需要性部分。整理此情形者，即為圖 24-5。為了避免風化，持續地教育基礎能力與標準的重要性是有需要的。

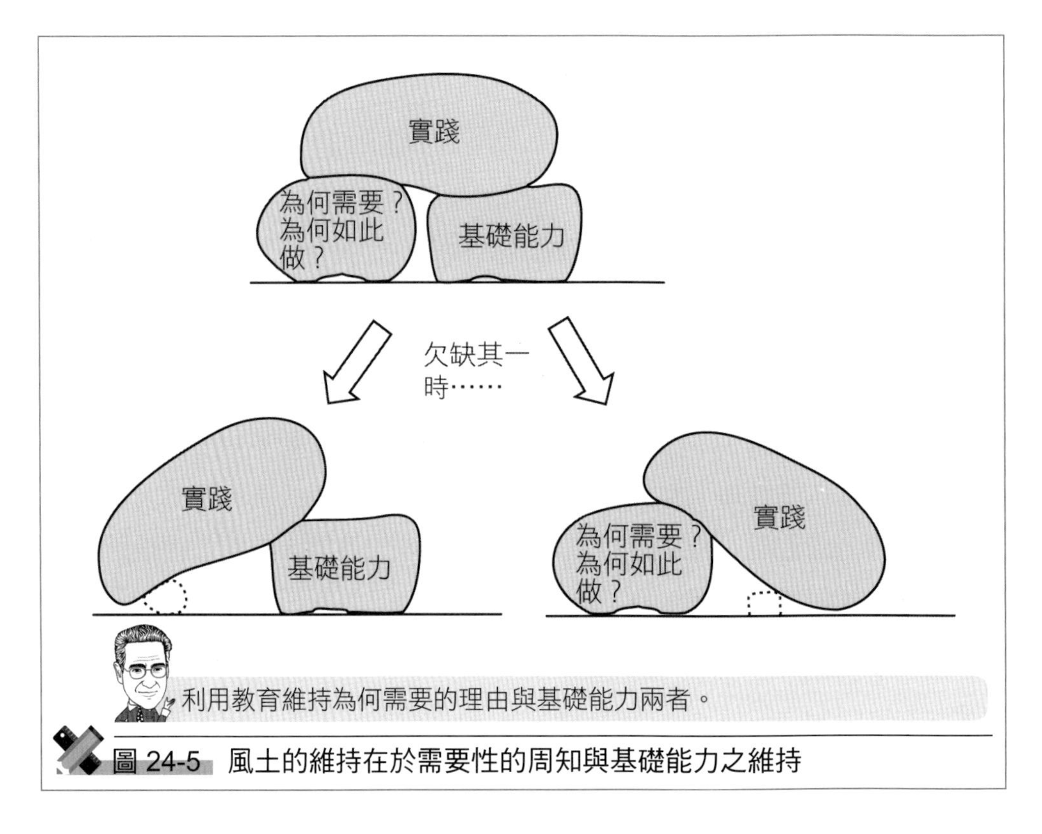

圖 24-5 風土的維持在於需要性的周知與基礎能力之維持

維持與改善的落實，也是重要的活動。無法落實改善的現場，進行大規模的改善是不可能的。某企業從三十年前即引進提案改善制度，自此以來一直實踐它。像這樣，高階不改變該方針，持續表示其重要性，此文化與風土即可維持。一度中斷後，是無法簡單恢復的。形成風土之後，經常意識要維持它並去進行活動。

24-6 引進 TQM 的重點

24-6-1 設置推進組織

引進 TQM 時，通常是在組織中設置 TQM 的推行負責人。為了引進 TQM，並非是增強設計部門或是增強生產部門。因為 TQM 是各個部門在各自的工作中實踐的整個組織的活動。為了能順利推進整個組織的活動，要設置推行負責人。

如果是大型組織，如圖 24-6 所示，將 TQM 推行組織定位成一個組織。並且，TQM 的推進，需要能跨部門傳達給組織全體的資訊，因之即成為跨部門的立場。也有同時負責環境與 CSR (企業的社會責任：Corporate Social Responsibility) 者。另外，如果是小型組織，任一部門也可擔當 TQM 的推行。

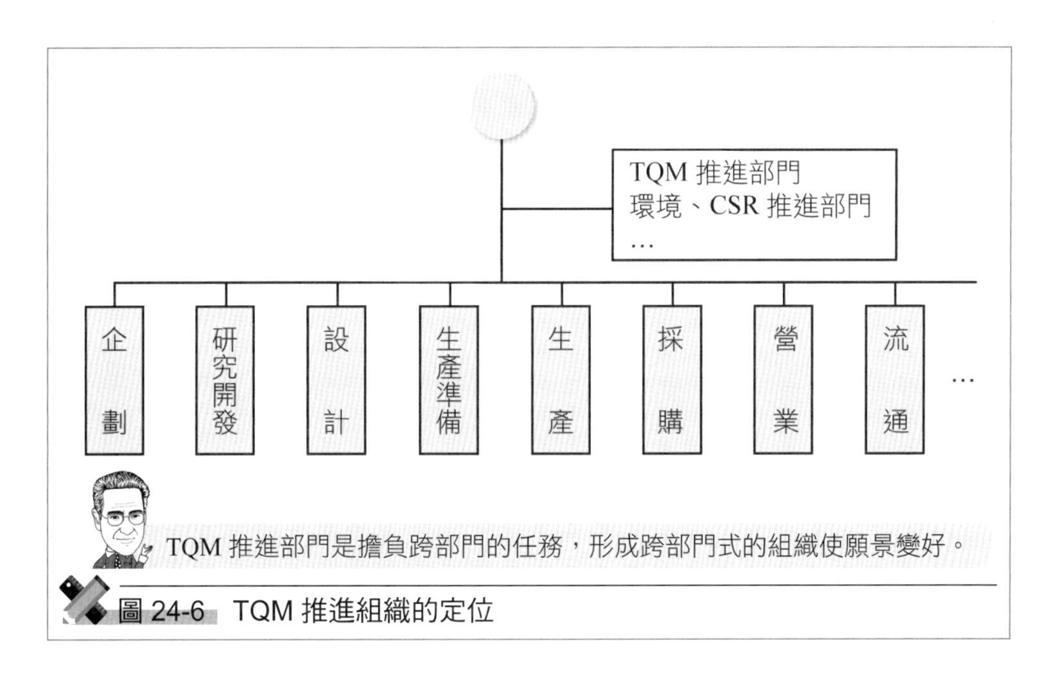

圖 24-6　TQM 推進組織的定位

24-6-2 推進部門的功能

推進部門在 TQM 中的功能，是為了實踐品質管理使 PDCA 能順利地轉動。首先，以計劃 (P) 階段來說，像是高階為了決定方針所作的調整，為實現方針制訂務實的教育方案、制訂各種標準化之推行計畫等。基於與教育有關之考量，像 QCC 等製造出能與外界有交流的機會。標準化等雖然各部門在實踐，但其日程管理由推行部門來負責或許是可行的。

又在實施 (D) 的階段，為了能按照規定進行活動所需的調整。以及，確認 (C) TQM 是否按照計畫進行。並且，適切地檢討方針的制訂有無問題，或者實踐上有無問題，視需要採取處置。像這樣涉及多方面，因之 TQM 成功的關鍵可以說是在於推行部門。

24-6-3 防止形式化

即使 TQM 也與其他的經營管理手法一樣有可能流於形式化。為了排除它的可能性，應意識 TQM 是為了什麼在進行的？給與刺激是很重要的。這並非是 TQM 的話題，其他的經營管理手法也是一樣的。

譬如，方針管理將品質 • 質的方針向各部門展開，並貫徹方針是目的所在；相對地，禮貌上的追加它的管理項目之數值是偏離本質的。又，對標準來說，把應遵守的事項，當成「步驟是步驟，實際是實際」也並非本質。

為了防止此種事項，經常思考目的是什麼，貫徹基礎教育，適時地給與某種刺激。活動因有其需要的理由，所以使大家認識它是很重要的。

參考文獻

1. 山田秀，TQM 品質管理入門，日經文庫，2006。
2. 山田秀，品質管理的改善入門，日經文庫，2007。
3. 永田靖，品質管理的統計方法，日經文庫，2008。
4. 中條武志，ISO 9000 的知識，日經文庫，2006。
5. 青山保彥，六標準差，鑽石社，2006。
6. 青山保彥，六標準差引進策略，鑽石社，2007。
7. 狩野紀昭，服務產業的 TQC，日科技連出版社，1990。
8. 水野滋，全社總合品質管理，日科技連出版社，1984。
9. TQM 委員會，TQM 21 世紀的總合「質」經營，日科連出版社，1998。
10. 木暮正夫，日本的 TQM，日科技連出版社，1990。
11. 狩野紀昭，現狀打破 • 創造之道，日科技連出版社，1995。
12. 近藤良夫，全社的品質管理，日科技連出版社，1993。
13. 石川馨，日本的品質管理，日科技連出版社，1980。
14. 石原勝吉，TQC 活動入門，日科技連出版社，1985。
15. 唐津一，TQC 日本的智慧，日科技連出版社，1982。
16. 上滏實，我的品質經營，日科技連出版社，1986。

國家圖書館出版品預行編目資料

品質經營管理：提升品質是競爭力的源泉／鍾健平編著. 陳耀茂總校閱 －－初版. －－臺北市：五南, 2015.10
面； 公分
ISBN 978-957-11-8056-4（平裝）
1.品質管理

494.56　　104003246

1FTT

品質經營管理：提升品質是競爭力的源泉

作　　者－鍾健平
總 校 閱－陳耀茂
發 行 人－楊榮川
總 編 輯－王翠華
主　　編－張毓芬
責任編輯－侯家嵐
文字校對－許宸瑞　鐘秀雲
封面設計－盧盈良
排版設計－張淑貞
出 版 者－五南圖書出版股份有限公司
地　　址：106 台北市大安區和平東路二段 339 號 4 樓
電　　話：(02)2705-5066　傳　　真：(02)2706-6100
網　　址：http://www.wunan.com.tw
電子郵件：wunan@wunan.com.tw
劃撥帳號：01068953
戶　　名：五南圖書出版股份有限公司
電　　話：(07)2358-702　傳　　真：(07)2350-236
法律顧問　林勝安律師事務所　林勝安律師
出版日期　2015 年 10 月初版一刷
定　　價　新臺幣 650 元